普通高等教育“十一五”规划教材

数字电子技术

主　编　王秀敏
副主编　刘云仙
参　编　沈　晔　李敏丹　洪　波　肖丙刚
主　审　陈隆道

机械工业出版社

本书是面向普通高等教育电气工程与自动化类的“十一五”规划教材。本书大量精简了传统分立元件及小规模集成电路等内容，增加了反映最新电子设计技术发展的前沿水平及实现方法的 EDA 技术等内容，符合我国高等学校教学内容和课程体系改革的需要。

全书共分 12 章，主要包括数字电路基础、组合逻辑电路、时序逻辑电路、脉冲波形的产生与整形、数模与模数转换器、半导体存储器、可编程逻辑器件等内容。面对可编程器件的高度发展和新世纪对高等教育培养高素质人才的需要，在部分章节中增加了数字系统的 EDA 技术。为数字电路教学上的方便，同时增加了半导体器件的基本知识内容，各章前有内容提要、教学目标，各章末有小结、检测题和习题。

本书配有免费电子课件，欢迎选用本书作教材的老师登录 www.cmpedu.com 注册下载或发邮件到 wangyaxin1993@sohu.com 索取。

本书可作为高等学校电子信息类、电气信息类各专业本科生的教材，也可供本学科及其他相近学科工程技术人员参考。

图书在版编目（CIP）数据

数字电子技术/王秀敏主编. —北京：机械工业出版社，2009.9（2025.7 重印）

普通高等教育“十一五”规划教材. 浙江省“十一五”重点建设教材

ISBN 978-7-111-27950-1

Ⅰ. 数… Ⅱ. 王… Ⅲ. 数字电路—电子技术—高等学校—教材 Ⅳ. TN79

中国版本图书馆 CIP 数据核字（2009）第 133704 号

机械工业出版社（北京市百万庄大街 22 号 邮政编码 100037）
策划编辑：王保家 责任编辑：王雅新
版式设计：霍永明 责任校对：张晓蓉
封面设计：王洪流 责任印制：张 博
北京机工印刷厂有限公司印刷
2025 年 7 月第 1 版第 9 次印刷
184mm×260mm · 19.5 印张 · 480 千字
标准书号：ISBN 978-7-111-27950-1
定价：45.00 元

电话服务	网络服务
客服电话：010-88361066	机 工 官 网：www.cmpbook.com
010-88379833	机 工 官 博：weibo.com/cmp1952
010-68326294	金 书 网：www.golden-book.com
封底无防伪标均为盗版	机工教育服务网：www.cmpedu.com

序

随着科学技术的不断进步，电气工程与自动化技术正以令人瞩目的发展速度，改变着我国工业的整体面貌。同时，对社会的生产方式、人们的生活方式和思想观念也产生了重大的影响，并在现代化建设中发挥着越来越重要的作用。随着与信息科学、计算机科学和能源科学等相关学科的交叉融合，它正在向智能化、网络化和集成化的方向发展。

教育是培养人才和增强民族创新能力的基础，高等学校作为国家培养人才的主要基地，肩负着教书育人的神圣使命。在实际教学中，根据社会需求，构建具有时代特征、反映最新科技成果的知识体系是每个教育工作者义不容辞的光荣任务。

教书育人，教材先行。机械工业出版社几十年来出版了大量的电气工程与自动化类教材，有些教材十几年、几十年长盛不衰，有着很好的基础。为了适应我国目前高等学校电气工程与自动化类专业人才培养的需要，配合各高等学校的教学改革进程，满足不同类型、不同层次的学校在课程设置上的需求，由中国机械工业教育协会电气工程及自动化学科教育委员会、中国电工技术学会高校工业自动化教育专业委员会、机械工业出版社共同发起成立了“全国高等学校电气工程与自动化系列教材编审委员会”，组织出版新的电气工程与自动化类系列教材。这类教材基于**“加强基础，削枝强干，循序渐进，力求创新”**的原则，通过对传统课程内容的整合、交融和改革，以不同的模块组合来满足各类学校特色办学的需要。并力求做到：

1. 适用性：结合电气工程与自动化类专业的培养目标、专业定位，按技术基础课、专业基础课、专业课和教学实践等环节，进行选材组稿。对有的具有特色的教材采取一纲多本的方法。注重课程之间的交叉与衔接，在满足系统性的前提下，尽量减少内容上的重复。

2. 示范性：力求教材中展现的教学理念、知识体系、知识点和实施方案在本领域中具有广泛的辐射性和示范性，代表并引导教学发展的趋势和方向。

3. 创新性：在教材编写中强调与时俱进，对原有的知识体系进行实质性的改革和发展，鼓励教材涵盖新体系、新内容、新技术，注重教学理论创新和实践创新，以适应新形势下的教学规律。

4. 权威性：本系列教材的编委由长期工作在教学第一线的知名教授和学者组成。他们知识渊博，经验丰富。组稿过程严谨细致，对书目确定、主编征集、资料申报和专家评审等都有明确的规范和要求，为确保教材的高质量提供了有力保障。

此套教材的顺利出版，先后得到全国数十所高校相关领导的大力支持和广大骨干教师的积极参与，在此谨表示衷心的感谢，并欢迎广大师生提出宝贵的意见和建议。

此套教材的出版如能在转变教学思想、推动教学改革、更新专业知识体系、创造适应学生个性和多样化发展的学习环境、培养学生的创新能力等方面收到成效，我们将会感到莫大的欣慰。

全国高等学校电气工程与自动化系列教材编审委员会

汪槱生 陈伯时 郑大钟

前　言

本书是依据教育部“高等教育面向21世纪教学内容和课程体系改革计划”编写的，该教材在讲清基本原理的同时又兼顾了反映本学科正在发展的前沿内容。

本书是作者多年教学经验和教学改革的总结，编写过程中，在保证基本教学内容的前提下，注重培养学生的创造能力及综合分析能力。突出“保证基础、加强应用、培养能力、适应新技术发展”这一思路，教学内容重点突出，基本概念明确清晰，体系更趋完善，更符合教学要求和学生实际要求。

考虑到许多院校在安排教学计划时可能没有安排模拟电路课，所以本书增加了半导体二极管、晶体管及场效应晶体管基本知识的内容，这样无论是否已经学过模拟电子技术基础，都可以选用这本书作为数字电子技术基础课程的教材。

随着电子信息技术的快速发展，在电子技术设计领域，可编程逻辑器件已得到广泛应用。由于可编程逻辑器件仍然是制作在硅片上的半导体器件，所以分析半导体器件工作原理的理论基础仍然适用。同时，基本逻辑单元的工作原理以及组合逻辑电路和时序逻辑电路的基本概念、分析方法、设计方法也是使用这些新器件时必须具备的理论基础。目前，基于芯片的设计方法正在成为电子系统设计的主流。因此，本书缩减了传统分立元件及小规模集成电路等内容，增加了中大规模集成电路和可编程逻辑器件的比重，本书在部分章节中增加了数字系统的EDA技术。突出了采用硬件描述语言进行现代数字系统设计的方法，由浅入深地介绍了Verilog HDL语言的语法和语句，并给出了Verilog HDL数字设计的方法与技巧，对设计现代集成电路起到了快速入门和抛砖引玉的作用。

参加本书编写的教师多年从事着电子技术基础课程的教学，在教学中不断对教学内容和课程体系进行改革，积累了丰富的教学经验。本书由王秀敏任主编，负责全书的策划、组织和定稿。刘云仙为本书的副主编。第1、5、9章由王秀敏执笔、第6、10章由刘云仙执笔、第11、12章由沈晔执笔、第7、8章由李敏丹执笔、第2、4章由洪波执笔、第3章由肖丙刚执笔。教研室的其他老师也参加了部分工作。

浙江大学电工电子基础教学中心陈隆道教授担任本书的主审工作，他在百忙中认真审阅了全部稿件，提出了详细的修改意见。

本书配有免费电子课件，欢迎选用本书作教材的老师登录www.cmpedu.com注册下载或发邮件到wangyaxin1993@sohu.com索取。

由于编者水平和经验有限，书中难免会有一些不妥之处，敬请广大师生及参考本书的读者批评指正，帮助我们不断改进。

编　者

目　录

第1章　概　　述

内容提要

本章首先介绍了数字量与模拟量的概念、数制系统与编码。接着介绍了数字电路中常见的三种基本运算：算术运算、逻辑运算、关系运算。然后介绍了常见的数字器件：门、触发器等。给出了高、低电平和正、负逻辑的概念。本章最后详细介绍了数字系统的开发平台和设计流程。

教学目标

1. 掌握常用数制（二进制、八进制、十进制、十六进制）之间相互转换的方法，了解几种常见的BCD码（8421码、余3码、BCD Gray码）的编码形式。
2. 掌握算术运算、逻辑运算、关系运算的运算规则。
3. 了解数字器件的分类方法和种类。
4. 了解并行传输和串行传输两种传输方法各自的优缺点。
5. 掌握高、低电平和正、负逻辑这两组基本概念。
6. 掌握数字系统的设计流程。

1.1　数字量与模拟量

无论从时间上还是从信号的幅度上看都是连续变化的信号，称为模拟信号，模拟量是一个连续的值。在电子技术中，被传递、加工和处理的信号可以分成两大类：模拟信号和数字信号。模拟量是连续的值，例如，描述某一天温度随时间的变化应是一个连续的变化过程，它应是连续的光滑的曲线。时间、压力、声音、心电信号、三角波和温度信号等都是模拟信号。为了进行分析和处理，通常用传感器将这些物理量转换成电信号，如电流或电压，用模拟电路进行处理。工作信号为模拟信号的电子电路为模拟电路，如放大器、滤波器、信号发生器等。

时间和幅度都是离散的（即不连续的）信号，称为数字信号，数字量是分立的值。今天数字技术已经应用于各个领域，例如数字电视、数字电子钟、通信系统、雷达、导航和工业过程控制等。数字技术的发展经历了真空管电路到分立晶体管再到复杂的集成电路等。在实际应用中，数字信号优于模拟信号，在处理和传输信号的过程中，数字信号比模拟信号更可靠和有效，精度高，且抗干扰能力强。用数字信号完成对数字量进行算术运算和逻辑运算的电路称为数字电路或数字系统。数字电路是与模拟电路相对应的一种特殊电路，是用来实现数字逻辑的基本电路。图1.1.1是模拟信号和数字信号的波形图。

与模拟电路相比，数字电路具有如下一些特点：

1）数字信号用电压高低电平表示逻辑值1和0。

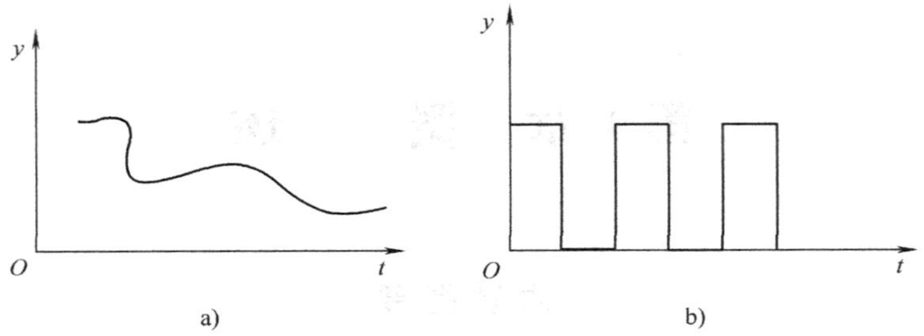

图 1.1.1 模拟信号和数字信号的波形
a）模拟信号波形 b）数字信号波形

2）数字信号又叫脉冲信号，在高电平和低电平之间快速变化。

3）对组成数字电路的元器件的精度要求不高，只要在工作时能够可靠地区分 0 和 1 两种状态即可。

由于数字电路具有上述特点，发展十分迅速，因而在电子计算机、数控技术、通信设备、数字仪表以及国民经济其他部门都得到了越来越广泛的应用。

数字电路研究的对象是数字电路的输出信号的状态（0 或 1）与输入信号的状态（0 或 1）之间的关系。这种关系是一种因果关系，也就是所谓的逻辑关系，即电路的逻辑功能。所以，在数字电路中不能采用模拟电路的分析方法，而是以逻辑代数作为主要工具，所以数字电路又称为数字逻辑电路。

1.2 数制系统和编码

1.2.1 数制系统

用数码表示数量大小时，仅仅用一位数往往不够用，因而常常采用多位数。多位数中每一位的构成和从低位向高位的进位规则称为数值或进位计数制（数制）。数制是进位制计数的简称，是计数的方法，进位计数制中，数是在选定的进位制中表示出这一数对应的值。任何一个数都是由符号和数值两部分组成的，而数值则是用数码和小数点来表示的，数码的个数及具体形式由采用的进位制决定。在计数制中，常用基数表示计数值符号的个数。在日常生活中，人们常用的计数制有二进制、八进制、十进制和十六进制数。在数字电路中通常采用的是二进制数。

1. 十进制

十进制是人们最熟悉的一种计数制。它用 0、1、2、3、4、5、6、7、8、9 十个数字符号，按照一定的规律排列起来，表示数值的大小。在十进制数中，进位规律是逢十进一。一种进位制所具有的数码个数称为该进位制的基数，该进位制数中不同位置上数码的单位数值称为该进位制的位权或权。因此十进制的基数为 10，十进制数中第 i 位上数字的权为 10^i。基数和权是进位制的两个要素，利用基数和权，可以将任何一个数表示成多项式形式。例如，十进制的 123.52 可表示成：

$$(123.52)_{10}=1\times100+2\times10+3\times1+5\times0.1+2\times0.01$$

$$=1\times10^2+2\times10^1+3\times10^0+5\times10^{-1}+2\times10^{-2}$$

通常，形式为 $d_2d_1d_0.d_{-1}d_{-2}$ 的数 D 可表示为

$$D=d_2\times10^2+d_1\times10^1+d_0\times10^0+d_{-1}\times10^{-1}+d_{-2}\times10^{-2}$$

由上例看出，小数点前的数码乘以基数的正次幂，小数点后的数码乘以基数的负次幂，例中的下脚注的 10 表示括号里的数为十进制数。一般地，任何一个十进制数 D 可表示为

$$(D)_{10}=\sum_{i=-n}^{p-1}k_i\times10^i \tag{1.2.1}$$

式中，p 表示整数部分的位数；n 表示小数部分的位数；10 表示基数；10^i 为第 i 位的权；k_i 表示第 i 位的系数。

若以 r 取代式（1.2.1）中的 10，即可得到任意 r 进制数展开式的普遍形式

$$(D)_r=\sum_{i=-n}^{p-1}K_ir^i \tag{1.2.2}$$

式中，r 为计数的基数；K_i 为第 i 位的系数；r^i 为第 i 位的权。

从计数电路的角度看，采用十进制是不方便的。因为构成计数电路的基本想法是把电路的状态与数码对应起来，而十进制的十个数码，必须由十个不同的而且能够严格区分的电路状态与之对应，这样将在技术上带来许多困难，而且也不经济。因此在计数电路中不直接采用十进制。

2. 二进制

由于二进制的数字简单可靠，运算规则简单，且运算操作方便，所以二进制数在数字电路中是最常用的，通常用二进制来表示数和进位运算。

在二进制数中，每一位仅有 0 和 1 两个可能的数码，所以计数的基数为 2，每一位的权是 2 的某次幂，其进位规则是“逢二进一”，故称为二进制。

根据式（1.2.2），任何一个二进制数均可展开为

$$(D)_2=\sum_{i=-n}^{p-1}K_i2^i \tag{1.2.3}$$

例如，二进制数 101.10 可以转化为十进制数 5.5

$$(101.10)_2=(1\times2^2+0\times2^1+1\times2^0+1\times2^{-1}+0\times2^{-2})_{10}=(5.5)_{10}$$

上式中的脚标 2 和 10 表示括号里的数是二进制和十进制数，也可用 B（Binary）和 D（Decimal）表示，八进制数和十六进制数的脚注 8 和 16 有时也可用 O（Octal）和 H（Hexadecimal）来表示。

3. 八进制

由于使用二进制数经常是位数很多，不便书写和记忆，因此在数字电子计算机中通常采用八进制或十六进制数。

八进制数由 0、1、2、3、4、5、6、7 这八个数字符号组成，计数基数为 8，权用 8^i 表示，进位规则是“逢八进一”。

任何一个八进制数 D 可以表示为

$$(D)_8=\sum_{i=-n}^{p-1}K_i\times8^i \tag{1.2.4}$$

4. 十六进制

十六进制由 0、1、2、3、4、5、6、7、8、9、A、B、C、D、E、F 组成。其中 A ~ F 分别

表示10，11，12，13，14，15，计数基数为16，权用16^i来表示，进位规则是“逢十六进一”。

任何一个十六进制数D可以表示为

$$(D)_{16}=\sum_{i=-n}^{p-1}K_i\times16^i \tag{1.2.5}$$

1.2.2 数制转换

同一个数可以用十进制或二进制等不同的形式来表示，那么二进制数、十进制数、八进制数、十六进制数之间也一定存在着转换关系。

1. 非十进制数转化为十进制数

将非十进制数写成按权展开的形式，相加的结果就是与之对应的十进制数。例如：

$$(712.1)_8=(7\times8^2+1\times8^1+2\times8^0+1\times8^{-1})_{10}=(458.125)_{10}$$

2. 十进制数转化为非十进制数

（1）十进制数转化为二进制数　十进制数的整数部分转换为二进制整数一般采用“基数连除”法，用二进制的基数2连续去除待转换的十进制数的整数部分，直到商为0，每次除得的余数作为要转换数的系数，先得到的余数为低位，后得到的余数为高位，也称为“除2取余”法。

例如，将$(169)_{10}$转换为二进制数，方法如下：

169 ÷2 =84　余数为1，最低位（LSB）
÷2 =42 余数为0
÷2 =21 余数为0
÷2 =10 余数为1
÷2 =5 余数为0
÷2 =2 余数为1
÷2 =1 余数为0
÷2 =0 余数为1，最高位（MSB）

故$(169)_{10}=(10101001)_2$

十进制小数部分转换为二进制小数一般采用“基数连乘”法，用二进制的基数2连续去乘待转换的十进制小数，取其整数，作为新进位制的有关数位。将每次乘2后所得乘积的小数部分再乘以2，直到所得到积的小数部分为0或满足所给的精度为止，便可求出二进制小数的每一位。然后把每次得到的整数按先得到的为高位，最后得到的为最低位进行排列，此法称作基数连乘法或“乘2取整”法。

例如，将$(0.125)_{10}$转换为二进制小数，方法如下：

0.125 ×2 =0.250　整数部分为0，最高位（MSB）
×2 =0.500　整数部分为0
×2 =1.000　整数部分为1，最低位（LSB）

$(0.125)_{10}=(0.001)_2$

综上所述，十进制转换为二进制的方法归纳如下：

将整数部分和小数部分分别进行转换。整数部分采用基数连除法，先得到的余数为低位，后得到的余数为高位；小数部分采用基数连乘法，先得到的整数为高位，后得到的整数为低位。转换后再合并。

（2）十进制数转化为任意进制数　将十进制数转化为二进制数的规则加以推广，可得到十进制数转换为任意进制数的一般规律。十进制数转换为其他进制数，分为整数和小数两部分，它们的转换方法是不同的。整数部分的转换采用“基数连除”法，将待转换的十进制数的整数部分除以将转换为新进位制的基数，取其余数。具体步骤如下：

1）将待转换的十进制数的整数部分除以新进位制基数 r（如：二进制的基数是 $r=2$，八进制的基数是 $r=8$），取其余数作为新进位制数的最低位（LSB）；

2）将前步所得之商再除以新进位制基数 r，记下余数，作为新进位制的次低位。

3）反复将每次所得的商再除以新进位制基数 r，分别记下余数，就得到新进位制数相应的各位，直到最后相除之商为0，这时的余数即为新进位制的最高位（MSB）。小数部分的转换采用“基数连乘”法，将待转换的十进制的小数部分，逐次乘以将转换为新进位制的基数 r，取其整数，作为新进位制的有关数位。

3. 二进制数与八进制数、十六进制数之间的相互转换

（1）二进制数与八进制数之间的转换　一位八进制数可以用3位二进制数表示，3位二进制数8种不同的组合可以表示8种不同的状态。所以八进制与二进制之间有简单的对应关系：

八进制	0	1	2	3	4	5	6	7
二进制	000	001	010	011	100	101	110	111

利用这种对应关系，方便地实现了八进制与二进制之间数的转换。由二进制数转换为八进制数的方法是：以小数点为界，将二进制的整数部分从低位开始，小数部分从高位开始，每3位分成一组，头尾不足3位的补0，然后将每组的3位二进制数转换为1位八进制数。

例如：将 $(1011110011.01011)_2$1 转换成八进制数：

$$(1011110011.01011)_2=(001\quad 011\quad 110\quad 011.010\quad 110)_2$$
$$=(1\quad 3\quad 6\quad 3.2\quad 6)_8$$

八进制数转化为二进制数是上面转换过程的逆过程。将八进制数转化为二进制数，只要将每1位八进制数用3位二进制数表示即可。

（2）二进制数与十六进制数之间的转换　4位二进制数有十六种不同的组态，1位十六进制数的16个数码正好与4位二进制数的16种不同组合相对应。利用这种对应关系，可方便地实现二进制与十六进制之间的转换。

十六进制：	0	1	2	3	4	5	6	7	8	9	A	B	C	D	E	F
二进制：	0000	0001	0010	0011	0100	0101	0110	0111	1000	1001	1010	1011	1100	1101	1110	1111

二进制数转换为十六进制数的方法是：以小数点为界，将二进制数的整数部分从低位开始，小数部分从高位开始，每4位分成一组，头尾不足4位的补0，然后将每组的4位二进制数转换为1位十六进制数。

十六进制数转换成等值的二进制数是上面转换过程的逆过程。

1.2.3 编码

当计算机内部处理数据信息时，通常都是用二进制数表示的。而实际上需要有十六进制数、十进制数等，而且还有各种文字符号。用以表示数字系统中数值、字母、控制命令等信息的一定位数的二进制数码称为代码。用二进制代码表示有关信息的过程称为二进制编码。编制代码所遵循的规则叫做码制。

n 位二进制码元可以组成 2^n 种不同的代码，代表 2^n 种不同的信息，对 N 项信息编码时，可用公式

$$2^n > N \tag{1.2.6}$$

二－十进制码是一种用 4 位二进制代码表示一位十进制数的编码方式，简称 BCD 码（Binary Coded Decimals）。BCD 码的本质是十进制，其表现形式为二进制代码。这种编码至少需要用 4 位二进制码，4 位二进制码有 16 种组合，而 BCD 码只有 10 种，取不同的 10 种组合，就得到了不同的编码。BCD 码有很多种形式，表 1.2.1 列出了几种常用的 BCD 码编码方案。

表 1.2.1　几种常用的 BCD 码

十进制数	8421 码	余 3 码	BCD Gray 码	5421 码	2421 码
0	0000	0011	0000	0000	0000
1	0001	0100	0001	0001	0001
2	0010	0101	0011	0010	0010
3	0011	0110	0010	0011	0011
4	0100	0111	0110	0100	0100
5	0101	1000	0111	1000	1011
6	0110	1001	0101	1001	1100
7	0111	1010	0100	1010	1101
8	1000	1011	1100	1011	1110
9	1001	1100	1000	1100	1111
权	8421			5421	2421

1. 8421BCD 码

8421BCD 码是代码中最常用的一种，它和 4 位自然二进制码相似。在这种编码方式中，8421BCD 码是从 4 位二进数 0000 到 1111 共 16 种组合中选取了前 10 种，其余 6 种是无效的。因各位的权值依次为 8、4、2、1，与自然二进制码的位权一致，故称为 8421BCD 码。8421 码中每一位的权是固定不变的，因此它是一种恒权码。

虽然 8421 码的权和二进制数的权一样，但是它们有本质的不同，前者是十进制，而后者是二进制。值得注意的是，对于多位十进制数，因为 4 位二进制码表示的 BCD 码只是十进数的一位，所以应将每一位用 BCD 码表示，然后组合在一起。

用 BCD 码可以方便表示多位十进制数，十进制数 $(357.68)_{10}$用 8421BCD 码表示为

$$(357.68)_{10} = (0011\quad 0101\quad 0111.0110\quad 1000)_{8421BCD码}$$

2. 5421BCD 码和 2421BCD 码

5421BCD 码和 2421BCD 码是有权 BCD 码，各位的权值分别为 5、4、2、1 和 2、4、2、1，它们的编码方案不唯一。2421 码是一种恒权代码，它的 0 和 9、1 和 8、2 和 7、3 和 6、4 和 5 也互为反码。

3. 余 3 码

余 3 码是常见的无权 BCD 码，它由 8421 码的每个码组加 3（0011）得到，无权码没有确定的位权值。如果把每一个余 3 码看做 4 位二进制数，则它的数值要比它所表示的十进制数码多 3，故而这种代码叫做余 3 码。从表 1.2.1 中可以看出：0 和 9、1 和 8、2 和 7、3 和 6、4 和 5 的余 3 码互为反码。

十进制数 $(357.68)_{10}$用余 3 码表示为

$$(357.68)_{10} = (0110\quad 1000\quad 1010.1001\quad 1011)_{余3码}$$

4. 格雷码

格雷码（Gray Code）是一种循环码，也叫单位距离码。其特点是任何相邻的两组代码中只有一位不同，其他位相同。这一特点使得格雷码在信号传输过程中降低了误码率，提高了可靠性。格雷码的编码方案有多种，典型的格雷码与十进制码及二进制码的对应关系如表 1.2.2 所示。由表 1.2.2 还可看出，格雷码以中间为对称的两组代码只有最左边一位不同，而其他位相同。例如：0 和 15、1 和 14、2 和 13、7 和 8 等等。

格雷码的缺点是与十进制数之间不存在规律性的对应关系，不够直观。格雷码也可用作二 - 十进制编码，BCD 格雷码的编码方案也很多，它的前 9 组代码与典型的格雷码相同，但最后一组是 1000，以保证最大数与最小数之间保持单位距离，如表 1.2.2 所示。

表 1.2.2 格雷码与十进制码及二进制码的对应关系

十进制码	二进制码	格雷码
0	0000	0000
1	0001	0001
2	0010	0011
3	0011	0010
4	0100	0110
5	0101	0111
6	0110	0101
7	0111	0100
8	1000	1100
9	1001	1101
10	1010	1111
11	1011	1110
12	1100	1010
13	1101	1011
14	1110	1001
15	1111	1000

5. ASCII 码

目前在数字系统及计算机中最常用的字符代码是 ASCII 码（American Standard Code for Information Interchange），它是世界上通用的一种国际标准码。ASCII 码由 7 位二进制数码构成，可以为 128 个字符编码。其中 0 ~ 9 的 ASCII 码是 30H ~ 39H，A ~ Z 的 ASCII 码是 41H ~ 5AH，a ~ z 的 ASCII 码是 61H ~ 7AH。在七单位 ASCII 码的基础上再加一位奇偶校验位就成为八单位码。

1.3 算术运算、逻辑运算和关系运算

1.3.1 算术运算

当两个二进制数码表示两个数量大小时，它们之间可以进行数值运算，这种运算称为算术运算。算术运算就是加减乘除一类的运算，在 C/C + + 语言中用一些符号 +，-，*，/ 等来表示。二进制数的算术运算非常简单，它的基本运算是加法。同十进制数一样，二进制数也可进行加、减、乘、除四则运算，二进制算术运算和十进制算术运算的运算规则基本相同，唯一的区别在于二进制数是逢二进一，而十进制数是逢十进一。在计算机中，引入补码表示后，加上一些控制逻辑，利用加法就可以实现二进制的减法、乘法和除法运算。

在数字电路和数字电子计算机中，二进制数也会有正有负，二进制数的正、负号也是用 0 和 1 表示的。在定点运算的情况下，以最高位作为符号位，正数为 0，负数为 1，其余各位 0 和 1 表示数值。用这种方式表示的数码称为原码。例如，绝对值为 35 的数，其原码形式为

$$(+35)_{10}=(00100011)_2$$

$$(-35)_{10}=(10100011)_2$$

在数字电路中两数相减的运算是用它们的补码相加来完成的。二进制数的补码是这样定义的：

最高位为符号位，正数为 0，负数为 1；正数的补码和它的原码相同，负数的补码可通过将原码的数值位逐位求反，然后在最低位上加 1 得到。

乘法运算可以用加法和移位两种操作实现，而除法运算可以用减法和移位操作实现。因此，二进制数的加、减、乘、除运算都可以用加法运算电路完成，这就大大简化了运算电路的结构。

1.3.2 逻辑运算

在数字电路中，1 位二进制数码的 0 和 1 不仅可以表示数量的大小，而且可以表示两种不同的逻辑状态。逻辑变量之间的运算称为逻辑运算，这种逻辑运算和算术运算有本质上的不同。逻辑运算通常用来测试“是”与“非”、“有”与“无”、“真”与“伪”及电灯的“亮”和“暗”等，这种只有两种对应逻辑状态的逻辑关系称为二值逻辑。逻辑变量的取值只有两种，如果用 1 表示真，用 0 表示伪，这样二进制数与逻辑取值一一对应起来。在逻辑代数里，表示具有逻辑属性的变量称为逻辑变量。普通代数的变量可以有各种各样的取值，而逻辑运算包括三种基本运算：逻辑与（And）、逻辑或（Or）和逻辑非（Not）。此外，还有异或运算（Xor）和复合运算等。计算机的逻辑运算是按位进行的，不像算术运算那样有进位或借位的情况。最常见到的逻辑运算就是循环的处理，用来判断是否该离开循环或继续执行循环内的指令。

1.3.3 关系运算

关系运算指的是“大于、小于、大于等于、小于等于、等于”等的运算，一般用符号

“>”，“<”，“>=”，“<=”，“==” 等表示。关系运算是表示两个操作数的关系的运算。例如：a==b；表示判断两个操作数是不是有相等这一关系的。

1.4 数字器件

数字电路是一门与数字器件的发展密切相关的学科。随着器件的发展，数字系统应用的基本理论、基本方法也在不断地变革，因此，当代数字器件的发展是数字电路发展的主线。数字电路按电路所用器件分类，可以分为：双极型（如 DTL、TTL、ECL、IIL、HTL）和单极型（如 NMOS、PMOS、CMOS）电路。按逻辑功能可以分为：组合逻辑电路和时序逻辑电路。能完成数字电路功能的器件称为数字器件。常用的有 SSI 数字器件、MSI 数字器件和 LSI 数字器件等。最基本的数字器件也叫做门。最基本的门电路有与门、或门、非门三种。门通常有一个或多个输入，并且产生一个输出，且输出是输入的逻辑函数。门电路是组成组合逻辑电路的最基本逻辑单元。组合逻辑电路在任何时刻，电路的输出仅取决于该时刻的输入，而与电路原来状态无关。

触发器是组成时序逻辑电路的最基本逻辑单元。时序电路的特点是电路在某一时刻的稳定输出状态不仅取决于当时的输入信号，而且还与电路的原状态有关，即与以前的输入有关，具有这种功能特点的电路叫做时序逻辑电路。

时序逻辑电路中必须含有具有记忆能力的存储器件。存储器件的种类很多，如触发器、延迟器等。

1.5 并行传输和串行传输

根据组成字符的各个二进制位是否同时传输或依据传输线数目的多少，可以将数据的传输分为并行传输和串行传输两种方式。

并行传输指的是在传输过程中有多个数据位同时在设备之间进行的传输，表示一个符号的所有数据位能同时沿着各自的信道并排的传输。一个编了码的字符通常是由若干位二进制数组成，如由 n 位二进制数组成的编码字符并行传输时就需要 n 个传输信道。图 1.5.1a 是 6 位二进制数的并行传输方式，二进制数 111001 从电路 A 传到电路 B，输出 A_5 是最高位，A_0 是最低位。电路 A 和电路 B 的各位对应连接，以便信息能同时被传送。从原理来看，并行传输方式优于串行传输方式。在相同频率下，并行传输的速率是串行传输的几倍。所以并行传输常用于短距离、高速率的通信。但随着传输频率的提高，传输信号线之间的串扰增大，从而限制了并行通信传输频率的提高。

串行传输是在传输中只有 1 个数据位在设备之间进行的传输，即将要传输的字符各位按位有序串行地发送到一个传输信道。图 1.5.1b 是串行传输方式。在电路 A 和电路 B 之间只有一条信道，电路 A 的输出将产生数字信号，其电压有规则地随着所传输的二进制数而变化，每次在一个信号线上只能传送一位。串行传输速率较慢，通信成本也较低，通常用于长距离、低速率的通信。目前计算机网络中所用的传输方式均为串行传输。串行通信没有串扰，传输频率可以进一步提高。

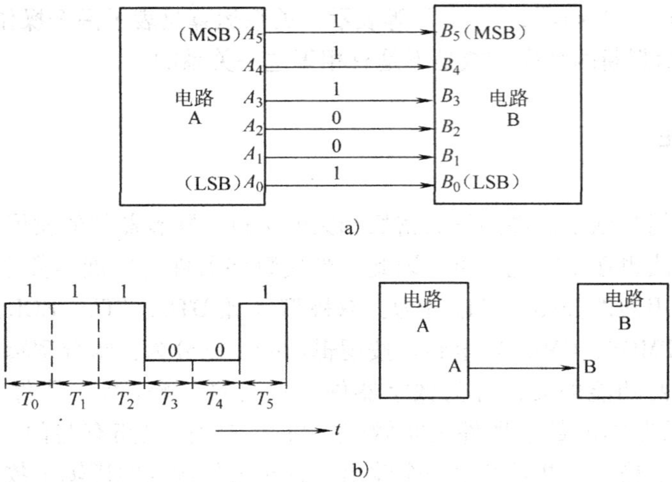

图 1.5.1 并行传输和串行传输
a) 并行传输 b) 串行传输

1.6 高、低电平/正、负逻辑

电位指绝对电压的大小，电平指一定的电压范围。数字电路既然用来实现二值逻辑关系，那么它的输出电压仍然有两种，两种电压相对比较，必定一个是高电平，另一个是低电平。此处讲的是高、低电平不是指某一个具体的电压值，而是一个电压范围。通常高电平不能低于高电平的下限值，低电平不能高于低电平的上限值。高电平常用 V_H表示，低电平常用 V_L表示。TTL 电路中，通常规定输入转换电平约为 1.4V，输出高电平额定值为 3V，输出低电平额定值为 0.3V ，但从 2 ~5V 都算高电平，从 0 ~0.8V 都算低电平。

既然数字电路的输出电压值只有高电平和低电平，那么用逻辑值 0、1 表示高、低电平就有了两种方法：用逻辑 1 表示高电平，逻辑 0 表示低电平，称作正逻辑；用逻辑 0 表示高电平，逻辑 1 表示低电平，则称作负逻辑。正逻辑和负逻辑只是对逻辑 1 和逻辑 0 所表示的逻辑电平的一种约定。

对于一个具体的数字电路，采用不同的逻辑体制，其逻辑功能也会不一样。通常采用的是正逻辑体制。在本书中，不特殊说明时，均采用正逻辑体制。

1.7 EDA 开发平台及设计流程

1.7.1 EDA 开发平台

半导体技术和计算机技术的发展，使数字系统的设计理念和设计方法都发生了深刻的变化。从电子 CAD（Computer Aided Design）、电子 CAE（Computer Aided Engineering）到电子设计自动化（Electronic Design Automation，EDA），设计的自动化程度越来越高，设计的复杂性也越来越高。PLD（Programmable Logic Device）器件和 EDA 技术给今天的硬件设计者提供了强有力的工具，同时也使得数字系统的设计思想和设计方式发生了根本的变化。PLD器件的设计与开发离不开 EDA 工具软件。现在的 EDA 开发软件有的由芯片制造商提供的，如 Altera 公司推出的MAX + PLUSII 软件、Lattice 为 ispLSI 器件提供的 ispDesignEXPERT 软件和 Xilinx 的 Foundation 软件等。有的是由专业的 EDA 软件商提供的，称第三方设计软件，如 Cadence，Synplify，Synopsys，Viewlogic，Mentor Graphics 和 EWB 等，第三方软件往往支持多家公司的 PLD 器件。

1.7.2 EDA 设计流程

下面介绍用集成 EDA 开发软件 MAX + PLUSII 设计数字系统的一般流程。

数字系统的 EDA 设计一般采用自上而下的设计方式。设计的第一步是对所设计的系统进行论证和分析，对系统要完成什么功能，达到什么样的性能指标，哪些功能用硬件电路来实现，哪些功能用软件实现做好规划；第二步是划分模块，把整个系统分为几个有机结合的模块；第三步则是分模块进行设计，针对每一个模块进行精心设计，如果有的模块仍然比较复杂，还可对该模块进行细分；第四步是对设计好的各个模块进行综合和优化，对整个系统进行仿真和模拟，如果仿真中出现问题，就需修改设计，然后重新仿真，再修改，直到达到预期目标；最后就是实现整个系统。

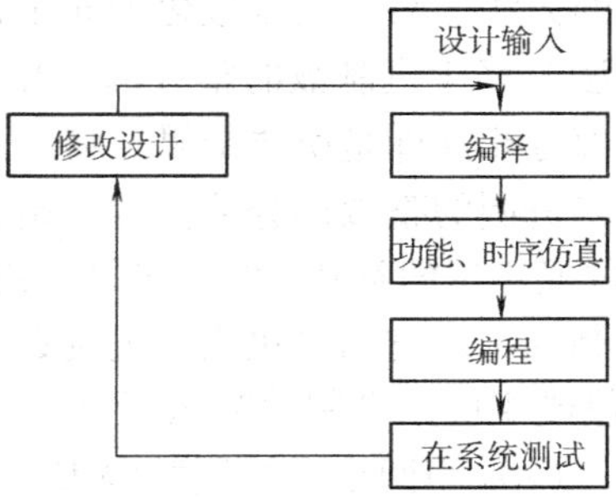

图 1.7.1 MAX + PLUSII 开发流程

使用 MAX + PLUSII 软件进行设计和开发的流程如图 1.7.1 所示，主要包括以下几个步骤。

1. 设计输入

设计输入（Design Entry）可以采用原理图输入、硬件描述语言 HDL、EDIF 网表输入及波形输入等几种方式。目前进行大型工程设计时，最常用的设计方法是 HDL 设计输入法，其中影响最为广泛的 HDL 语言是 VHDL 和 Verilog HDL。它们的共同特点是利用自顶向下设计，利于模块的划分与复用，可移植性好，通用性好，设计不因芯片的工艺与结构不同而变化，更利于向 ASIC 的移植。

2. 编译

编译（Compiling）首先根据设计要求设定编译参数和编译策略，如器件的选择、逻辑综合方式的选择等。然后根据设定的参数和策略对设计项目进行网表提取、逻辑综合和器件适配，并产生报告文件、延时信息文件及编程文件，供分析、仿真和编程使用。

3. 仿真

仿真（Simulation）包括功能仿真（Function Simulation）、时序仿真（Sequential Simulation）和定时分析，可以利用软件的仿真功能来验证设计项目的逻辑功能是否正确。电路设计完成以后，要用专用的仿真工具对设计进行功能仿真，验证电路功能是否符合设计要求。功能仿真有时也称为前仿真。通过仿真能及时发现设计中的错误，加快设计进度，提高设计的可靠性；将布局布线的延时信息反标注到设计网表中，所进行的仿真就叫时序仿真或布局布线后仿真，也叫后仿真。仿真后得到的延时文件包含了最全的延时信息，不仅包含了门延时，还包含了实际布线延时，所以布局布线后仿真，能够较好的反映芯片的实际工作情况。

一般来说，布线后仿真步骤必须进行，通过布局布线后仿真能检查设计时序与 FPGA 实际运行情况是否一致，确保设计的可靠性和稳定性。

4. 编程与验证

编程与验证（Programming and Verification）就是用经过仿真确认后的编程文件通过编程电缆配置 PLD，加入实际激励，检查是否完成预定功能。在设计过程中，如果出现错误，则需重新回到设计输入阶段，改正错误或调整电路后重复上述过程。

小　　结

本章主要介绍了数字电路与 EDA 技术的基本内容。归纳总结如下：

（1）非十进制数化为十进制数常采用将非十进制数各数位上的值乘以该数位权值再相加的方法。将十进制数化为非十进制数分 3 步进行，分别采用“基数连除法”和“基数连乘法”将十进制数的整数部分和小数部分分别化成非十进制的整数部分和小数部分，再将两部分相加即是所要结果。将二进制数化成八进制或十六进制数方法如下：以小数点为界，将二进制的整数部分从低位开始，小数部分从高位开始，每 3 位或 4 位分成一组，头尾不足 3 位或 4 位的补 0，然后将每组的 3 位或 4 位二进制数化成 1 位八进制或十六进制数。将八进制或十六进制数化成二进制数是上述过程的逆过程，只需将每一位八进制或十六进制数用 3 位或 4 位二进制数表示即可。

（2）当两个二进制数码表示两个数量的大小时，它们之间可进行数值运算，即算术运算。运算规则与十进制基本相同，只不过二进制是逢二进一。两个二进制数相减等于被减数加上减数的补码。利用此规则可将减法运算化成加法运算。逻辑运算包括：逻辑与、逻辑或、逻辑非、异或、同或运算和复合运算等。计算机的逻辑运算按位进行。关系运算是表示两个操作数的大小关系。

（3）电平指一定的电压范围。通常高电平不能低于其下限值，低电平不能高于其上限值。数字电路的输出电压只有高、低两种电平，这样用逻辑值 0、1 表示高、低电平就有两种方法。正逻辑用 1 表示高电平，用 0 表示低电平。负逻辑用 0 表示高电平，用 1 表示低电平。

（4）采用 PLD 器件来设计和实现数字系统有以下 4 步：设计输入、设计处理、模拟仿真、下载编程等。

检　测　题

一、填空题

（1）在时间和数值上都是连续变化的信号是__________信号；在时间和数值上是离散和量化的信号是__________信号。

（2）表示逻辑函数常用的方法有 4 种，它们是__________，__________，__________，__________。

（3）正逻辑体制高电平用逻辑__________表示，低电平用逻辑__________表示。

（4）任何进位计数制，数值的表示都包含两个基本的要素：__________和__________。

（5）$(96.75)_{10} = (\qquad)_2 = (\qquad)_8 = (\qquad)_{16}$

二、请完成下列题的进制转换

（1）$(1011001)_2 = (\qquad)_{10}$

$(736.4)_8=(\qquad)_{10}$

$(3F4C)_{16}=(\qquad)_{10}$

(2) $(30)_{10}=(\qquad)_2$

$(16.6875)_{10}=(\qquad)_2$

(3) $(1011101)_2=(\qquad)_8$

$(1010010.11010)_2=(\qquad)_8$

(4) $(127.65)_8=(\qquad)_2$

$(9A.16)_{16}=(\qquad)_2$

(5) $(1110101100)_2=(\qquad)_{16}$

$(1111.001)_2=(\qquad)_{16}$

三、选择题

(1) 在下列各数中，最小的数是（　　）

(a) $(101001)_2$　(b) $(52)_8$　(c) $(2B)_{16}$　(d) $(96)_{10}$

(2) $(100110000110)_{8421BCD}=(\qquad)_{余3BCD}$

(a) 100110001001　(b) 100110001000　(c) 110010000110　(d) 101100001100

四、简述题

(1) 为什么在数字系统中通常采用二进制？

(2) 何为进位计数制？何为码制？何为正、负逻辑？

(3) 算术运算、逻辑运算和关系运算的区别是什么？

习　题

[题1.1]　将下列十进制数转换为二进制数（转换后结果精确到小数点后5位）。

45；135；0.875；59.62

[题1.2]　将下列二进制数转换为十进制数。

11011；11100.1001；0.1001；10110101；11001

[题1.3]　将下列八进制数转换为十进制数。

32.56；0.64；73；545；114

[题1.4]　将下列十进制数转换为十六进制数。

423；59；367；3731.625；237.625

[题1.5]　将下列十进制数转换为八进制数。

0.62；3244；250；59；0.8125

[题1.6]　将下列二进制数转换为十六进制数。

110110111.010；111000111.011；10110110；1111100111.001

[题1.7]　将下列二进制数转换为八进制数。

101110101.011010001；100111010；111010110；10010111.1001

[题1.8]　将下列八进制数转换为十六进制数。

607.3；5456；217.5；4325；1236

[题1.9]　将下列十六进制数转换为十进制数。

0.B007；D6；1C2；A5.D；B2

[题1.10]　分别写出下述各真值的原码、反码和补码（用8位数码表示）。

+37；$(-37)_{10}$；$(+10011)_2$；$(-11101)_2$；$(+0010)_2$

[题1.11]　写出下列BCD码对应的十进制数。

(1) $(010110010110)_{8421BCD}$

(2) $(01001000111)_{8421BCD}$

(3) $(10011110010110)_{8421BCD}$

[题 1.12] 将十进制数 18 分别转换为 8421 码和余 3 码。

[题 1.13] 设 $n=8$，有两个正数 $A=10001$，$B=1101$，试用补码求 $A+B$，$A-B$。

[题 1.14] 写出对应下列二进数的格雷码。

1111；1100；1000

[题 1.15] 写出对应下列二进制数的余 3 码。

0001；0011；0101

第 2 章　逻辑代数与逻辑化简

内容提要

本章介绍分析数字电路逻辑功能的数学工具——逻辑代数。首先介绍了逻辑代数的基本公式、常用公式和基本定理，然后介绍了逻辑函数及其表示方法；最后介绍了如何利用公式和卡诺图化简逻辑函数的方法。

教学目标

1. 掌握逻辑代数的基本公式、常用公式和基本定理及逻辑函数描述方法。

2. 掌握逻辑函数的 5 种表示方法，了解这 5 种方法的优缺点。

3. 熟练掌握几种表示方法之间的相互转换。掌握逻辑函数的两种标准形式：最小项之和形式和最大项之积形式。

4. 掌握逻辑函数的最简表达式形式，要求能够熟练地运用公式法和卡诺图法化简逻辑函数和具有无关项的逻辑函数。

2.1　逻辑代数的公式和定理

布尔代数是由英国数学家乔治.布尔在 1849 年首先提出的，是描述客观事物逻辑关系的数学方法。后来，由于该代数在开关电路和数字逻辑电路的分析与设计中得到了广泛的应用，所以也将布尔代数称为逻辑代数。逻辑代数与普通代数一样，用字母表示变量，称这种变量为逻辑变量。在逻辑代数中，逻辑变量只有两种取值，用 0 和 1 来表示。这里的 0 和 1 并不表示数量的大小，而是表示两种对立的逻辑状态。

逻辑代数中的基本运算有与、或、非 3 种。它们的定义分别如下：

与运算定义：若决定一件事情的全部条件都具备了，这件事情才会发生，否则该事件将不发生，这样的逻辑关系称作逻辑与，或者称作逻辑乘。这一关系相似于算术中的乘法，用逻辑表达式表示为：$Y=A\cdot B$，简写为 $Y=AB$。

或运算定义：在决定一件事件结果的所有条件中，只要一个或一个以上的条件满足，这件事情就会发生，这样的逻辑关系称为或逻辑，也称作逻辑加。这一关系相似于算术中的加法，用逻辑表达式表示为：$Y=A+B$。

非运算定义：若决定一件事情的条件具备时，这件事情不会发生；当条件不具备时，事情反而会发生的逻辑关系，称作逻辑非，也称作逻辑取反。逻辑非的逻辑关系表达式为：$Y=\overline{A}$。式中字母 A 上方的符号“—”表示 A 的非或反运算。

在实际逻辑运算中，上述的基本运算很少单独出现。许多实际问题往往比与、或、非复杂得多，不过这些复杂的逻辑关系都可以由与、或、非的组合来实现。最常见的复合逻辑运算有与非、或非、与或非、异或、同或等。

与非运算的逻辑表达式为 $Y=\overline{A\cdot B}$，与非门由与门和非门组成。

或非运算的逻辑表达式为 $Y=\overline{A+B}$，或非门由或门和非门组成。

与或非运算的逻辑表达式为 $Y=\overline{AB+CD}$，与或非门由与门、或门和非门组成。

异或运算逻辑表达式为 $Y=A\overline{B}+\overline{A}B=A\oplus B$，异或运算规律为“不同为 1，相同为 0”。

同或运算的逻辑表达式为 $Y=\overline{A\overline{B}+\overline{A}B}=AB+\overline{A}\,\overline{B}=A\odot B$，同或运算规律为“相同为 1，不同为 0”。同或和异或互为反运算，它们之间存在着以下运算关系：

$$A\oplus B=\overline{A\odot B};\ A\odot B=\overline{A\oplus B}$$

2.1.1 基本公式

根据逻辑与、或、非 3 种基本运算，可推导出逻辑运算的一些基本公式。表 2.1.1 给出了逻辑代数的基本公式。其中有的定律与普通代数完全不同，使用时切勿混淆。

表 2.1.1 逻辑代数的基本公式

序号	公式	说明	序号	公式	说明
1 2	$A\cdot 1=A$ $A+0=A$	自等律	13	$\overline{\overline{A}}=A$	还原律
3 4	$A\cdot 0=0$ $A+1=1$	0-1 律	14 15	$(A\cdot B)\cdot C=A\cdot(B\cdot C)$ $(A+B)+C=A+(B+C)$	结合律
5 6	$A\cdot\overline{A}=0$ $A+\overline{A}=1$	互补律	16 17	$A\cdot(B+C)=AB+AC$ $A+BC=(A+B)(A+C)$	分配律
7 8	$A\cdot A=A$ $A+A=A$	重叠律	18 19	$\overline{A\cdot B}=\overline{A}+\overline{B}$ $\overline{A+B}=\overline{A}\cdot\overline{B}$	反演律（摩根定理）
9 10	$A\cdot B=B\cdot A$ $A+B=B+A$	交换律	20 21	$\overline{1}=0$ $\overline{0}=1$	求反律
11 12	$A\cdot(A+B)=A$ $A+AB=A$	吸收律			

有些公式可根据与、或、非三种基本逻辑运算法则推导出来。有些公式可以用真值表加以验证。如果将任何一组变量的取值代入公式两边所得的结果完全相等，那么等式两边也必然相等。

[**例 2.1.1**] 用真值表证明表 2.1.1 中公式 17 的正确性。

解 公式 17 的两边所对应的真值表如表 2.1.2 所示，由于等式两边函数的真值表一致，因此等式成立。

表 2.1.2 公式 17 的真值表

A	B	C	左边 $=A+BC$	右边 $=(A+B)(A+C)$
0	0	0	0	0
0	0	1	0	0
0	1	0	0	0
0	1	1	1	1
1	0	0	1	1
1	0	1	1	1
1	1	0	1	1
1	1	1	1	1

2.1.2 常用公式

表 2.1.3 列出了几个常用公式，这些常用公式是由基本公式导出的，直接应用这些常用公式将对逻辑函数化简带来很大的方便。

表 2.1.3 若干常用公式

序号	公式
22	$AB+A\overline{B}=A$
23	$A+\overline{A}B=A+B$
24	$AB+\overline{A}C+BC=AB+\overline{A}C$ $AB+\overline{A}C+BCD=AB+\overline{A}C$
25	$A\cdot\overline{AB}=A\overline{B}$ $\overline{A}\cdot\overline{AB}=\overline{A}$

常用公式的具体证明如下：

(1) $AB+A\overline{B}=A$

证明：$AB+A\overline{B}=A(B+\overline{B})=A\cdot 1=A$

上式说明：当两个乘积项相加时，若它们分别包含 B 和 $\overline{B}$ 两个因子而其他因子相同时，则两项定能合并，并且消去 B 和 $\overline{B}$。

(2) $A+\overline{A}B=A+B$

证明：$A+\overline{A}B=(A+\overline{A})(A+B)=1\cdot(A+B)=A+B$

说明：两个乘积项相加时，如果一项取反后为另一项的因子，则此因子是多余的，可以消去。

(3) $AB+\overline{A}C+BC=AB+\overline{A}C$

证明：
$$\begin{aligned}AB+\overline{A}C+BC&=AB+\overline{A}C+BC(A+\overline{A})\\&=AB+\overline{A}C+ABC+\overline{A}BC\\&=(AB+ABC)+(\overline{A}C+\overline{A}BC)\\&=AB(1+C)+\overline{A}C(1+B)\\&=AB\cdot 1+\overline{A}C\cdot 1\\&=AB+\overline{A}C\end{aligned}$$

说明：若两个乘积项分别包含了 A、$\overline{A}$ 两个因子，而这两项的其他因子为第三乘积项的因子时，则第三个乘积项是多余的，可消去。

2.1.3 基本定理

在逻辑代数中，有3个重要的基本定理，它们分别是代入定理、反演定理和对偶定理。

1. 代入定理

在任何一个包含变量 A 的逻辑等式中，若以另外一个逻辑式代入式中所有 A 的位置，则等式仍然成立。这就是所谓的代入定理。

利用代入定理可以很方便地扩展公式。

[例 2.1.2] 用代入定理证明反演律也适用于多变量的情况。

证明：

$\overline{A+B}=\overline{A}\cdot\overline{B}$，现以 $(B+C)$ 代替上式中 B 的位置，那么

$$\overline{A+(B+C)}=\overline{A}\cdot\overline{(B+C)}=\overline{A}\cdot\overline{B}\cdot\overline{C}$$

同理，反演律可以推广到 n 个变量，即

$$\overline{A_1\cdot A_2\cdot\cdots A_n}=\overline{A}_1+\overline{A}_2+\cdots+\overline{A}_n$$

$$\overline{A_1+A_2+\cdots A_n}=\overline{A}_1\cdot\overline{A}_2\cdot\cdots\cdot\overline{A}_n$$

2. 反演定理

对原函数取反函数的过程称为反演。对于任何一个逻辑函数式 Y，如果将式中的所有“·”换成“+”，“+”换成“·”，“0”换成“1”，“1”换成“0”，原变量换成反变量，反变量换成原变量，则所得到的函数式就是函数 Y 的反函数 $\overline{Y}$。这个规律就叫做反演定理。

利用反演定理可以很容易地求出一个函数的反函数。在使用反演定理时需要注意的是：

1）运算的优先顺序为先括号，后“乘”，最后“加”；

2）不属于单个变量上的反号应保留不变。

[例 2.1.3] 已知 $Y=\overline{A}\overline{B}+CD$，求 $\overline{Y}$。

解 根据反演定理可以写出

$$\overline{Y}=(A+B)\cdot(\overline{C}+\overline{D})$$

[例 2.1.4] 已知 $Y=A+\overline{B\overline{C}+\overline{D+\overline{E}}}$，求 $\overline{Y}$。

解 根据反演定理可以写出

$$\overline{Y}=\overline{A}\cdot\overline{(\overline{B}+C)\cdot\overline{\overline{D}\cdot E}}$$

3. 对偶定理

对于任何一个逻辑函数式 Y，如果将式中的所有“·”换成“+”，“+”换成“·”，“0”换成“1”，“1”换成“0”。而变量保持不变，则可得到一个新的逻辑函数式 Y'，Y' 称为函数 Y 的对偶函数。或者说 Y 和 Y' 互为对偶式。

若两逻辑函数相等，则它们的对偶式也相等，这就是对偶定理。

[例 2.1.5] 证明 $(A+B)(\overline{A}+C)(B+C)=(A+B)(\overline{A}+C)$。

解 根据对偶式的定义求出 $(A+B)(\overline{A}+C)(B+C)$ 的对偶式为 $AB+\overline{A}C+BC$，$(A+B)(\overline{A}+C)$ 的对偶式为 $AB+\overline{A}C$；根据常用公式24可知 $AB+\overline{A}C+BC=AB+\overline{A}C$，所以 $(A+B)(\overline{A}+C)(B+C)=(A+B)(\overline{A}+C)$。

此外，在对复杂的逻辑式进行运算和求对偶式时，还需遵守与普通代数一样的运算优先

顺序，即先算括号里的内容，其次算乘法，最后算加法。

2.2　逻辑函数及其表示方法

2.2.1　逻辑函数

对于任何一个具体的二元逻辑问题，我们常常可以设定此问题产生的条件为输入变量，设定此问题产生的结果为输出逻辑变量，从而用逻辑函数来描述它。这种逻辑关系称为逻辑函数，写作：

$$Y=F\ (A,\ B,\ C,\ \cdots)$$

下面我们举一个例子来说明逻辑函数的建立过程及它的描述方法。如图 2.2.1 所示，该图是一个举重裁判电路。

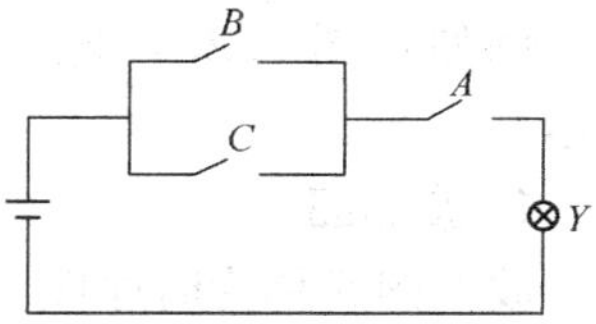

图 2.2.1　举重裁判电路

比赛规则为：一名主裁判和两名副裁判中，必须有两人以上（而且必须包括主裁判）认定运动员的动作合格，试举才算成功，否则不成功。我们用输入变量 A、B、C 来分别代表一个主裁判和两个副裁判的认定结果，指示灯 Y 表示运动员动作的结果。那么我们可以用不同种描述方法来描述这种函数关系。

2.2.2　逻辑函数的表示方法

常用的逻辑函数描述方法有：逻辑真值表、逻辑函数式、逻辑图、波形图和卡诺图等。它们在设计和分析逻辑电路时都非常重要。这一节只介绍前面四种方法，用卡诺图表示逻辑函数的方法在后面做专门介绍。

1. 逻辑真值表

真值表是将输入逻辑变量的各种可能取值和相应的逻辑函数值排列在一起而组成的表格。如图 2.2.1 所示的举重裁判电路的逻辑关系，A、B、C 为输入变量，Y 为输出变量。其中 A、B、C 用 1 表示开关闭合，动作合格；0 表示开关断开，动作不合格。输出 Y 用 1 表示灯亮，试举成功；用 0 表示灯灭，试举不成功。那么用真值表来表示该逻辑关系如表 2.2.1 所示。A、B、C 的取值组合有 8 种。对于有 n 个变量的逻辑函数，变量取值应有 2^n 种取值组合。

表 2.2.1　举重裁判电路图的真值表

输　入			输　出
A	B	C	Y
0	0	0	0
0	0	1	0
0	1	0	0
0	1	1	0
1	0	0	0
1	0	1	1
1	1	0	1
1	1	1	1

用真值表表示逻辑函数的优点是：直观明了，且具有唯一性。把实际的逻辑问题抽象成一个逻辑函数时，使用真值表是最方便的。当变量数目较少时能直观地反映输出逻辑函数与输入变量之间的逻辑关系；缺点是当变量较多时，列函数真值表较繁琐。

2. 逻辑函数式

把输入与输出之间的逻辑关系写成与、或、非等运算的组合式，就是逻辑函数式。在图2.2.1中，B 和 C 至少有一个合上并且 A 合上，灯才亮，应写成 $A(B+C)$，则得到的输出逻辑函数式为 $Y=A(B+C)$。

3. 逻辑图

根据逻辑函数式画逻辑图时，只要把逻辑函数式中各逻辑运算符用相应门电路的图形符号代替，就可以画出逻辑函数相对应的逻辑图。

例如：图2.2.1电路的逻辑函数式为 $Y=A(B+C)$，则相应的逻辑图如图2.2.2所示。

4. 波形图

波形图又称为时序图，反映逻辑函数输入和输出之间波形变化的图形。波形图能够清晰、直观地反映出变量之间映射规律和时间关系，常用于数字电路的分析和调试。波形图并非唯一的，描述同一个逻辑功能的波形图可能是多种多样的。

例如：图2.2.3是逻辑函数 $Y=A\overline{C}+BC$ 的一个波形图。

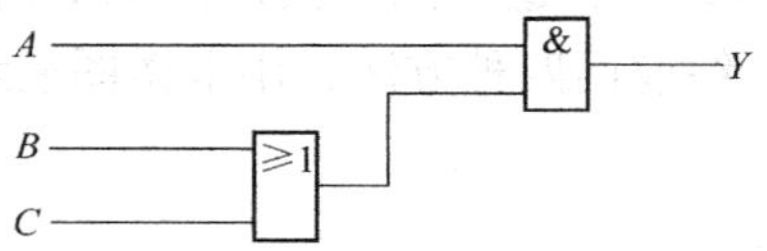

图2.2.2　图2.2.1电路的逻辑图

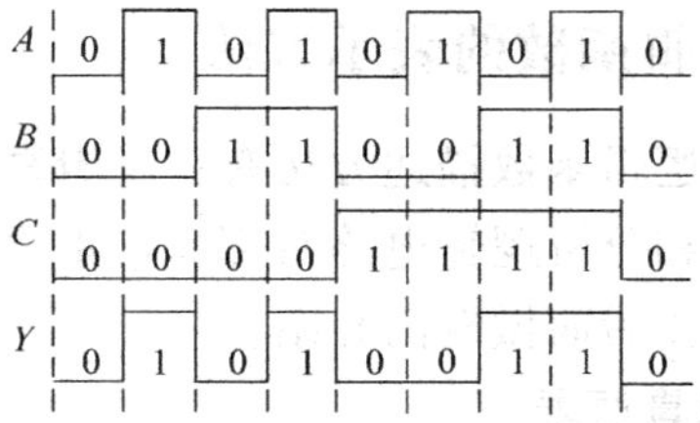

图2.2.3　表示逻辑函数 $Y=A\overline{C}+BC$ 的波形图

2.2.3 逻辑函数的两种标准形式

在讨论逻辑函数的标准式之前，首先要了解最小项、最大项的定义和性质，然后再介绍逻辑函数的“最小项之和”以及“最大项之积”这两个标准形式。

1. 最小项的定义及性质

在 n 个逻辑变量的逻辑函数中，n 个变量或者以原变量，或者以反变量的形式仅出现一次的具有 n 个因子的乘积项称作该组逻辑变量的最小项。由于每个变量仅有0、1两种形式，因此，n 个变量的逻辑函数中共有 2^n 个最小项。

例如，三变量 A、B、C 逻辑函数中，总共有8个最小项，分别是：$\overline{A}\,\overline{B}\,\overline{C}$、$\overline{A}\,\overline{B}C$、$\overline{A}B\overline{C}$、$\overline{A}BC$、$A\overline{B}\,\overline{C}$、$A\overline{B}C$、$AB\overline{C}$、$ABC$。

注意：当讲述最小项时，一定要说明变量的数目，否则最小项这一术语失去意义。

为了书写方便，常将每个最小项进行编号，用 m_i 表示。当我们把变量顺序确定后，最小项中出现原变量记为1，反变量记为0，所对应的组合即为其十进制编号 i。例如变量的最小项 $\overline{A}\,\overline{B}\,\overline{C}$，对应的组合为000，十进制编号为0，记 $\overline{A}\,\overline{B}\,\overline{C}$ 为 m_0；三变量最小项 $\overline{A}BC$，对应的组合为011，十进制编号为3，记$\overline{A}BC$为m_3。依次类推，得出的三变量最小项编号表如表2.2.2所示。相反，如果我们已知最小项的编号，也可以迅速写出它的最小项表达式。从最小项的定义出发，可以证明它有如下几个性质：

1）n个变量的逻辑函数有2^n个最小项。

2）在输入变量的任何取值组合下有且仅有一个最小项的值为1，其他最小项为0。

3）全体最小项之和为1，因为输入变量的任一组取值有且仅有一个最小项为1，而此时其他最小项为0，所以全体最小项之和为1。

表 2.2.2　三变量最小项的编号表

最　小　项	使最小项为 1 的变量取值 A　B　C	对应的十进制	编　　号
$\overline{A}\ \overline{B}\ \overline{C}$	0　0　0	0	m_0
$\overline{A}\ \overline{B}\ C$	0　0　1	1	m_1
$\overline{A}\ B\ \overline{C}$	0　1　0	2	m_2
$\overline{A}\ B\ C$	0　1　1	3	m_3
$A\ \overline{B}\ \overline{C}$	1　0　0	4	m_4
$A\ \overline{B}\ C$	1　0　1	5	m_5
$A\ B\ \overline{C}$	1　1　0	6	m_6
$A\ B\ C$	1　1　1	7	m_7

4）任意两个最小项的乘积为0，即$m_i \cdot m_j = 0$。

5）n个变量的逻辑函数的每一个最小项都有n个相邻项。当两个最小项只有一个因子不同，其余变量完全相同时，称这两个最小项为相邻项。两个相邻项之和，可以合并成一项，并消去相邻最小项中不同的那个因子。例如：

$$\overline{A}BC + ABC = (\overline{A} + A)BC = BC$$

2. 逻辑函数的最小项之和形式

任何一个逻辑函数均可表示成一组最小项的和，这种表达式称为逻辑函数的最小项之和表达式，也称作逻辑函数的标准与或表达式。任何一个n变量的函数都有一个且仅有一个最小项之和表达式。

利用基本公式$A + \overline{A} = 1$，可以把任一逻辑函数转化成函数的最小项之和形式。

［**例 2.2.1**］　将$Y = AB + AC + BC$转化成最小项之和的标准形式。

解　$Y = AB + AC + BC$的输入变量为A、B、C，那么

$$\begin{aligned} Y &= AB(C + \overline{C}) + A(B + \overline{B})C + (A + \overline{A})BC \\ &= ABC + AB\overline{C} + ABC + A\overline{B}C + ABC + \overline{A}BC \\ &= m_7 + m_6 + m_5 + m_3 \\ &= \sum m_i(3,\ 5,\ 6,\ 7) \end{aligned}$$

3. 最大项的定义及性质

在n个逻辑变量的逻辑函数中，若M是n个变量之和项，而且这n个变量中每个变量以原变量或反变量的形式仅出现一次，则称M为该组逻辑变量的最大项。由于每个变量仅有0、1两种形式，因此，n变量的逻辑函数中共有2^n个最大项。

例如：三变量 A、B、C 的最大项 $(\overline{A}+\overline{B}+\overline{C})$、$(\overline{A}+\overline{B}+C)$、$(\overline{A}+B+\overline{C})$、$(\overline{A}+B+C)$、$(A+\overline{B}+\overline{C})$、$(A+\overline{B}+C)$、$(A+B+\overline{C})$、$(A+B+C)$ 共8个。与最小项一样，为了便于书写和记忆，也将最大项进行了编号，只是对逻辑函数最大项的编号恰好与最小项的编号相反。当变量顺序确定后，将最大项中出现原变量记为0，反变量记为1，所对应的组合即为其十进制编号 i。三变量的逻辑函数的最大项及编号如表2.2.3所示。

表2.2.3　三变量最大项的编号表

最　大　项	使最大项为0的变量取值			对应的十进制数	编　　号
	A	B	C		
$A+B+C$	0	0	0	0	M_0
$A+B+\overline{C}$	0	0	1	1	M_1
$A+\overline{B}+C$	0	1	0	2	M_2
$A+\overline{B}+\overline{C}$	0	1	1	3	M_3
$\overline{A}+B+C$	1	0	0	4	M_4
$\overline{A}+B+\overline{C}$	1	0	1	5	M_5
$\overline{A}+\overline{B}+C$	1	1	0	6	M_6
$\overline{A}+\overline{B}+\overline{C}$	1	1	1	7	M_7

根据最大项定义同样可以得到最大项的几个性质：

1）n 个变量的逻辑函数有 2^n 个最大项。

2）在输入变量的任何取值下，有且仅有一个最大项的值为0。

3）任意两个不同的最大项之和为1。

4）全体最大项之积为0。

5）只有一个变量不同的两个最大项的乘积等于各相同变量之和。例如：

$$(A+B+C)(A+B+\overline{C})=(A+B)+C\overline{C}=A+B$$

上式的推导中将 $A+B$ 看作一个变量，并利用 $A+BC=(A+B)(A+C)$ 公式。

4. 逻辑函数的最大项之积形式

我们已经知道，任何一个逻辑函数均可化为 $Y=\sum m_i$。则反函数的最小项表达式为

$$\overline{Y}=\sum_{k\neq i} m_k \tag{2.2.1}$$

表示 $\overline{Y}$ 为 $\sum m_i$ 以外的那些最小项之和。

利用反演定理，式（2.2.1）可转化为

$$Y=\prod_{k\neq i}\overline{m_k}=\prod_{k\neq i}M_k \tag{2.2.2}$$

式中的“$\prod$”表示连乘。

因此，任何一个逻辑函数都可以化成最大项之积的标准形式。

［**例2.2.2**］　将逻辑函数 $Y=AB+BC$ 化为最大项之积形式。

解　由题意可以化为

$$\begin{aligned}Y&=AB+BC=\overline{A}BC+AB\overline{C}+ABC\\&=m_3+m_6+m_7=\sum m_i(3,\ 6,\ 7)\end{aligned}$$

根据式（2.2.2）可得

$$Y=\prod_{k\neq i}M_k=M_0M_1M_2M_4M_5$$
$$=(A+B+C)(A+B+\overline{C})(A+\overline{B}+C)(\overline{A}+B+C)(\overline{A}+B+\overline{C})$$

利用最大项之积标准形式可以将一个与或表达式变成或与表达式。

2.2.4　逻辑函数的卡诺图表示法

卡诺图是逻辑函数的一种图形表示法。它是由美国工程师卡诺首先提出来的，所以把这种图形称为卡诺图。该图形将 n 个变量的全部最小项各用一个小方格表示，并使小方格的排列顺序满足几何相邻与逻辑相邻。图 2.2.4 画出了 2～5 个变量的卡诺图。

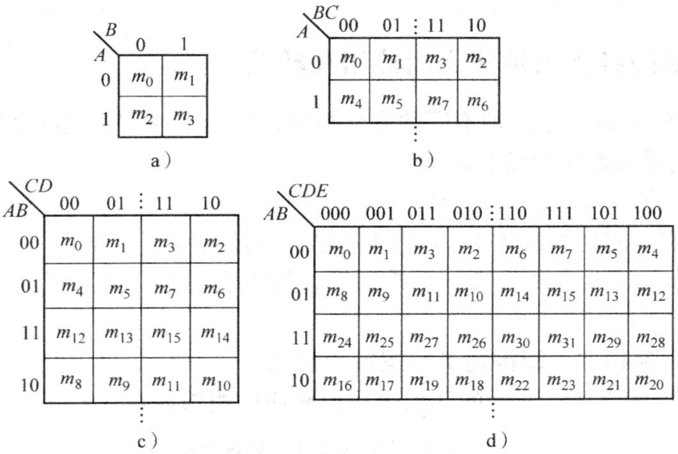

图 2.2.4　2～5 个变量的卡诺图

a）2 变量卡诺图　b）3 变量卡诺图　c）4 变量卡诺图　d）5 变量卡诺图

卡诺图的画法：①将 n 个输入变量分成行变量和列变量两组，行和列的变量数相等或列比行多一个变量，划分出 2^n 个小方格；②卡诺图中行、列两组变量按格雷码规律排列；③在变量的取值组合所对应的小方格内填入逻辑函数取值，即填入对应的最小项的值。

用卡诺图表示逻辑函数的特点：表示最小项的小方格按相邻性原则排列，便于化简函数。卡诺图和真值表一样，具有唯一性。

既然任何一个函数都能表示为若干最小项之和的形式，那么自然也就可以用卡诺图来表示任意一个逻辑函数。一般常用以下两种方法实现①先将逻辑函数转换成最小项之和的形式，然后再填卡诺图；②直接由表达式填卡诺图。

[例 2.2.3]　试用卡诺图表示逻辑函数 $Y=\overline{A}\,\overline{B}\,\overline{C}+\overline{\overline{AB}+C\overline{D}}$

解　方法一　$Y=\overline{A}\,\overline{B}\,\overline{C}+\overline{\overline{AB}+C\overline{D}}$

$$=\overline{A}\,\overline{B}\,\overline{C}+AB(\overline{C}+D)$$
$$=\overline{A}\,\overline{B}\,\overline{C}+AB\overline{C}+ABD$$
$$=\overline{A}\,\overline{B}\,\overline{C}(D+\overline{D})+AB\overline{C}(D+\overline{D})+AB(C+\overline{C})D$$
$$=\overline{A}\,\overline{B}\,\overline{C}D+\overline{A}\,\overline{B}\,\overline{C}\,\overline{D}+AB\overline{C}D+AB\overline{C}\,\overline{D}+ABCD+AB\overline{C}D$$
$$=m_0+m_1+m_{12}+m_{13}+m_{15}$$

$$= \sum m_i(0,\ 1,\ 12,\ 13,\ 15)$$

将 Y 中所含有的最小项位置填1，不含有的最小项位置填0，卡诺图如图 2.2.5 所示。

方法二　直接填图

首先将逻辑函数式转换成与或形式，即 $Y=\overline{A}\,\overline{B}\,\overline{C}+AB\overline{C}+ABD$。给 $\overline{A}\,\overline{B}\,\overline{C}$ 这个乘积项填卡诺图时，只要在 $A=B=C=0$ 对应的方格内填 1 即可。同理，给 $AB\overline{C}$ 乘积项填卡诺图时，只要在 $A=B=1$，$C=0$ 对应的方格内填 1 即可。给 ABD 乘积项填卡诺图时，只要在 $A=B=1$，$D=1$ 对应的方格内填 1，这样也可以得到如图 2.2.5 所示的卡诺图。

AB \ CD	00	01	11	10
00	1	1	0	0
01	0	0	0	0
11	1	1	1	0
10	0	0	0	0

图 2.2.5 ［例 2.2.3］逻辑函数卡诺图

2.2.5 逻辑函数的各种表示法之间的相互转换

既然同一个逻辑函数可用几种不同的方法描述，那么这些方法之间必定能够相互转换。

1. 真值表与逻辑函数式的相互转换

真值表转换为逻辑函数式的方式是：

1）找出真值表中使逻辑函数 $Y=1$ 的那些输入变量的取值组合。

2）将每组输入变量取值组合成一个乘积项，输入变量为 1 的写成原变量，输入变量为 0 的写成反变量。

3）将这些乘积项相加，即得到 Y 的逻辑函数式。

［例 2.2.4］ 由表 2.2.4 所示的真值表写出相应的逻辑函数。

表 2.2.4 ［例 2.2.4］的真值表

A	B	C	Y
0	0	0	1
0	0	1	0
0	1	0	1
0	1	1	0
1	0	0	0
1	0	1	1
1	1	0	1
1	1	1	1

解 由真值表 $Y=1$ 的输入变量 ABC 的取值组合含有 000，010，101，110，111，写出与其对应的最小项，即得到 $Y=\overline{A}\,\overline{B}\,\overline{C}+\overline{A}B\overline{C}+A\overline{B}C+AB\overline{C}+ABC=\overline{A}\,\overline{C}+AC+AB$

由逻辑函数式转换成真值表的方法，只需要将输入变量取值的所有组合状态一一代入逻辑函数式求出函数值，列成表，就得到逻辑函数的真值表。

［例 2.2.5］ 已知逻辑函数 $Y=B+A\overline{C}+\overline{A}\,\overline{B}C$，求它对应的真值表。

解 将 A、B、C 的各种组合状态一一代入逻辑函数式，将计算结果列表如表 2.2.5 所示。

2. 逻辑函数式与逻辑图的相互转换

用图形符号代替逻辑函数式中的运算符号，构成的图就是逻辑图。图 2.2.2 是逻辑函数

$Y=A(B+C)$ 的逻辑图。

表 2.2.5　[例 2.2.5] 的真值表

A	B	C	Y
0	0	0	0
0	0	1	1
0	1	0	1
0	1	1	1
1	0	0	1
1	0	1	0
1	1	0	1
1	1	1	1

由逻辑图到逻辑函数式，只需要从输入端到输出端逐级写出每个逻辑门对应的输出逻辑函数式，就得到整个逻辑图的逻辑函数式了。

3. 逻辑真值表与卡诺图之间的转换

卡诺图是真值表的一种变形，因此由真值表很容易画出卡诺图。直接在使得 $Y=1$ 的乘积项对应的小方块上面填上 1 即可，其他方块填上 0。

[例 2.2.6]　如果真值表如表 2.2.4 所示，试画出对应的卡诺图。

解　卡诺图如图 2.2.6 所示。

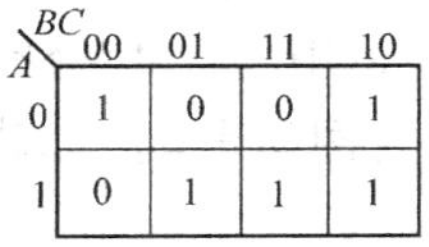

图 2.2.6　[例 2.2.6] 的卡诺图

4. 卡诺图与逻辑函数式之间的转换

该方法刚好与由真值表画出卡诺图的方法相反，即读取卡诺图，将卡诺图中取值为 1 的小方块对应的最小项相加，就得出逻辑函数的最小项之和标准形式。

2.3　逻辑函数化简

在进行逻辑设计时，根据逻辑问题归纳出来的逻辑函数式往往不是最简的逻辑函数式，并且可以有多种不同的形式。逻辑式越是简单，那么根据逻辑式画出相应的逻辑图就越简单，也就意味着用越少电子器件可以实现这个逻辑式。因此，我们常常需要对一个逻辑函数式进行化简来得到最简形式。

不同形式的逻辑函数有不同的最简表达式，而且这些表达式的繁简程度相差也很大。所以不论采用哪种逻辑函数形式进行最简化简都必须依据以下原则：在用化简后的逻辑式构成逻辑电路时，所需的门电路的数目最少，而且每个门电路的输入端数目也最少。

由于逻辑代数的基本公式和常用公式多以与或形式给出，在大多数情况下我们都将函数转换成与或式进行逻辑函数化简。在与或逻辑函数中，化简逻辑函数的目的就是要消去多余的乘积项和每个乘积项中多余的因子，使得包含的乘积项最少，每个乘积项的因子也最少。

2.3.1 逻辑函数的公式法化简

公式法化简的原理就是反复利用逻辑代数中的基本公式和常用公式消去函数中多余的乘积项和多余的因子，得到最简形式。常用的方法如下：

1. 并项法

运用基本公式 $A+\overline{A}=1$，将两项合为一项，消去 A，$\overline{A}$ 这一对因子。

［**例 2.3.1**］ 试用并项法化简下列逻辑函数

$$Y_1 = ABC + A\overline{B} + A\overline{C}$$

$$Y_2 = \overline{A}\,\overline{B}\,\overline{C} + A + B + C$$

解

$$\begin{aligned} Y_1 &= ABC + A\overline{B} + A\overline{C} = ABC + A(\overline{B}+\overline{C}) \\ &= ABC + A\overline{BC} = A(BC+\overline{BC}) = A \end{aligned}$$

$$\begin{aligned} Y_2 &= \overline{A}\,\overline{B}\,\overline{C} + A + B + C \\ &= \overline{A}\,\overline{B}\,\overline{C} + \overline{\overline{A+B+C}} \\ &= \overline{A}\,\overline{B}\,\overline{C} + \overline{\overline{A}\,\overline{B}\,\overline{C}} \\ &= 1 \end{aligned}$$

2. 吸收法

运用公式 $A+AB=A$ 可将 AB 消去，吸收了多余项。

［**例 2.3.2**］ 试用吸收法化简下列逻辑函数

$$Y = \overline{A} + \overline{A\,\overline{BC}}(B + \overline{AC+\overline{D}}) + BC$$

解

$$\begin{aligned} Y &= \overline{A} + \overline{A\,\overline{BC}}(B + \overline{AC+\overline{D}}) + BC \\ &= \overline{A} + (\overline{A}+BC)(B+\overline{AC+\overline{D}}) + BC \\ &= (\overline{A}+BC) + (\overline{A}+BC)(B+\overline{AC+\overline{D}}) \\ &= \overline{A} + BC \end{aligned}$$

3. 消因子法

运用公式 $A+\overline{A}B=A+B$ 可将 $\overline{A}B$ 中的因子 $\overline{A}$ 消去。

［**例 2.3.3**］ 试利用消因子法化简逻辑函数

$$Y_1 = AB + \overline{A}C + \overline{B}C$$

$$Y_2 = A\overline{B} + C + \overline{A}\,\overline{C}D + B\overline{C}D$$

解

$$\begin{aligned} Y_1 &= AB + \overline{A}C + \overline{B}C \\ &= AB + (\overline{A}+\overline{B})C \\ &= AB + \overline{AB}C \\ &= AB + C \end{aligned}$$

$$\begin{aligned} Y_2 &= A\overline{B} + C + \overline{A}\,\overline{C}D + B\overline{C}D \\ &= A\overline{B} + C + \overline{C}(\overline{A}+B)D \\ &= A\overline{B} + C + (\overline{A}+B)D \\ &= A\overline{B} + C + \overline{A\overline{B}}D \\ &= A\overline{B} + C + D \end{aligned}$$

4. 消项法

运用公式 $AB+\overline{A}C+BC=AB+\overline{A}C$ 或 $AB+\overline{A}C+BCD=AB+\overline{A}C$ 将冗余项 BC 或 BCD 消去。

[**例 2.3.4**]　试利用消项法化简逻辑函数

$$Y=A\bar{B}+A\bar{C}+CD+AD$$

解　$Y=A\bar{B}+A\bar{C}+CD+AD$

$=A\bar{B}+(A\bar{C}+CD+AD)$

$=A\bar{B}+A\bar{C}+CD$

5. 配项法

1）利用公式 $A+\bar{A}=1$ 将函数式中某一项乘以所缺变量 A 的（$A+\bar{A}$），然后拆成两项分别与其他项合并，达到化简的目的。

[**例 2.3.5**]　试化简逻辑函数 $Y=A\bar{B}+B\bar{C}+\bar{B}C+\bar{A}B$

解　$Y=A\bar{B}+B\bar{C}+\bar{B}C+\bar{A}B$

方法一　$Y=A\bar{B}+B\bar{C}+\bar{B}C+\bar{A}B$

$=A\bar{B}(C+\bar{C})+B\bar{C}(A+\bar{A})+\bar{B}C+\bar{A}B$

$=A\bar{B}C+A\bar{B}\bar{C}+AB\bar{C}+\bar{A}B\bar{C}+\bar{B}C+\bar{A}B$

$=(A\bar{B}C+\bar{B}C)+(A\bar{B}\bar{C}+AB\bar{C})+(\bar{A}B\bar{C}+\bar{A}B)$

$=\bar{B}C+A\bar{C}+\bar{A}B$

方法二　$Y=A\bar{B}+B\bar{C}+\bar{B}C+\bar{A}B$

$=A\bar{B}+B\bar{C}+\bar{B}C(A+\bar{A})+\bar{A}B(C+\bar{C})$

$=A\bar{B}+B\bar{C}+A\bar{B}C+\bar{A}\bar{B}C+\bar{A}BC+\bar{A}B\bar{C}$

$=(A\bar{B}+A\bar{B}C)+(B\bar{C}+\bar{A}B\bar{C})+(\bar{A}\bar{B}C+\bar{A}BC)$

$=A\bar{B}+B\bar{C}+\bar{A}C$

由上述两种方法化简，可以得到两个不同的结果，这说明最简式不是唯一的。

2）利用公式 $A+A=A$，在逻辑函数式中重复写入某一项，达到更加简化的化简目的。

[**例 2.3.6**]　试化简逻辑函数 $Y=A\bar{B}\bar{C}+\bar{A}\bar{B}C+A\bar{B}C+ABC$

解　$Y=A\bar{B}\bar{C}+\bar{A}\bar{B}C+A\bar{B}C+ABC$

$=(A\bar{B}\bar{C}+A\bar{B}C)+(\bar{A}\bar{B}C+A\bar{B}C)+(A\bar{B}C+ABC)$

$=A\bar{B}+\bar{B}C+AC$

3）利用公式 $AB+\bar{A}C=AB+\bar{A}C+BC$，在逻辑函数式中增加 BC 项，再与其他乘积项进行合并，以达到更加简化的化简目的。

[**例 2.3.7**]　试化简逻辑函数 $Y=AC+\bar{A}D+\bar{B}D+B\bar{C}$

解　$Y=AC+\bar{A}D+\bar{B}D+B\bar{C}$

$=AC+B\bar{C}+(\bar{A}+\bar{B})D$

$=AC+B\bar{C}+AB+\overline{AB}D$

$=AC+B\bar{C}+AB+D$

$=AC+B\bar{C}+D$

在实际化简复杂的逻辑函数时，往往将上述多种方法综合运用才能达到简化的目的。

[**例 2.3.8**]　化简下列逻辑函数

$$Y_1=AD+A\bar{D}+AB+\bar{A}C+\bar{C}D+A\bar{B}EF$$

$$Y_2=ABC+\bar{B}C+B\bar{D}+A(B+\bar{C})+\bar{A}BC\bar{D}+A\bar{B}DE$$

解　$Y_1=AD+A\bar{D}+AB+\bar{A}C+\bar{C}D+A\bar{B}EF$

$=A(D+\bar{D})+AB+\bar{A}C+\bar{C}D+A\bar{B}EF$

$=A+AB+\bar{A}C+\bar{C}D+A\bar{B}EF$

$=A(1+B+\bar{B}EF)+\bar{A}C+\bar{C}D$

$=A+\bar{A}C+\bar{C}D$

$=A+C+D$

$Y_2=ABC+\bar{B}C+B\bar{D}+A(B+\bar{C})+\bar{A}BC\bar{D}+A\bar{B}DE$

$=ABC+\bar{B}C+B\bar{D}+A\overline{\bar{B}C}+\bar{A}BC\bar{D}+A\bar{B}DE$

$=ABC+(\bar{B}C+A\overline{\bar{B}C})+(B\bar{D}+\bar{A}BC\bar{D})+A\bar{B}DE$

$=ABC+\bar{B}C+A+B\bar{D}+A\bar{B}DE$

$=(ABC+A+A\bar{B}DE)+(\bar{B}C+B\bar{D})$

$=A(1+BC+\bar{B}DE)+(\bar{B}C+B\bar{D})$

$=A+\bar{B}C+B\bar{D}$

公式化简法化简逻辑函数的优点是简单方便，没有局限性，对任何类型、任何变量数的表达式都适用。但是它的缺点也较为明显，需要熟练掌握和运用公式，并且要有一定的技巧，更重要的一点是公式法化简，往往不易判断化简后的结果是否是最简。只有通过多做练习，积累经验，才能做到熟能生巧，较好地掌握公式化简法。

2.3.2 逻辑函数的卡诺图法化简

利用卡诺图化简逻辑函数的方法称为卡诺图化简法或图形化简法。化简时依据的就是具有相邻性的最小项可以合并，并消去不同的因子。由于在卡诺图中最小项几何相邻与逻辑相邻是一致的，因而从卡诺图上可直观地找出那些具有相邻性的最小项并将其合并化简。

1. 卡诺图合并最小项的规则

在卡诺图中，逻辑相邻和几何相邻一致，所以，相邻是指上下、左右、上边下边、左边右边及四角为相邻。

1）2 个最小项相邻，则可合并为一个乘积项并消去一个取值不同的变量。在图 2.3.1a 中画出了四输入变量时 2 个最小项相邻的几种可能情况。在卡诺图中用圈表示合并。

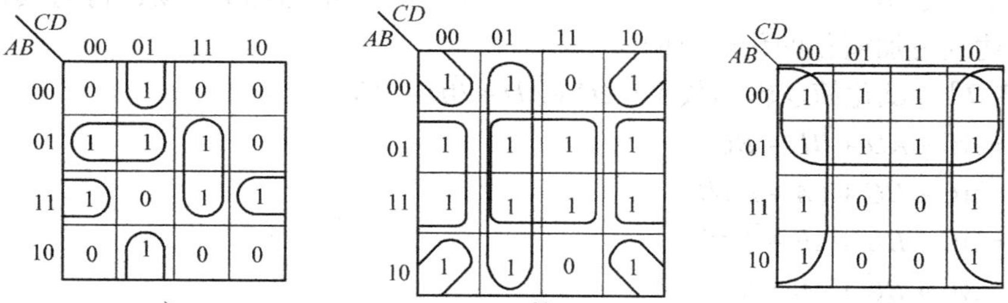

a)　　b)　　c)

图 2.3.1　最小项相邻的几种情况

a）2 个最小项相邻　b）4 个最小项相邻　c）8 个最小项相邻

例如，图2.3.1a 中，最小项 $m_1=\bar{A}\bar{B}\bar{C}D$ 与最小项 $m_9=A\bar{B}\bar{C}D$ 相邻（上边、下边相邻），将它们合并，$\bar{A}\bar{B}\bar{C}D+A\bar{B}\bar{C}D=(\bar{A}+A)\bar{B}\bar{C}D=\bar{B}\bar{C}D$，消去变量 A，在这个圈中，只有变量 A

取 0，又取 1，而其余变量取值只有一种情况，所以消去变量 A。

从上述分析中得知，在卡诺图中将 2 个相邻最小项圈在一起时，将圈中互为反变量的因子消去，保留共有的变量因子。合并的结果为只含有保留的变量的乘积项。乘积项的写法是：当保留变量为 0 时，写成反变量，当保留变量为 1 时，写成原变量。

2）若 4 个最小项相邻并排列成一个矩形组，则可以合并为一项，并消去两个变量。合并后的乘积项中包含公共因子。

图 2.3.1b 中画出了四输入变量时 4 个最小项相邻的几种可能情况。

例如，在图 2.3.1b 中，最小项 m_0，m_2，m_8，m_{10}圈在一起，将它们合并（四角相邻），$m_0+m_2+m_8+m_{10}=\overline{A}\overline{B}\overline{C}\overline{D}+\overline{A}\overline{B}C\overline{D}+A\overline{B}\overline{C}\overline{D}+A\overline{B}C\overline{D}=\overline{B}\overline{D}$，消去了变量 A，C。

3）若 8 个最小项相邻并排列成一个矩形组，则可以合并为一项，并消去 3 个变量。合并后的乘积项中包含公共因子。

图 2.3.1c 中画出了四输入变量时 8 个最小项相邻的几种可能情况。最小项 m_0，m_1，m_2，m_3，m_4，m_5，m_6，m_7合并在一起，即 $m_0+m_1+m_2+m_3+m_4+m_5+m_6+m_7=\overline{A}$，消去 3 个变量，仅包含这些最小项的公共因子 $\overline{A}$。最小项 m_0，m_4，m_{12}，m_8，m_2，m_6，m_{14}，m_{10}合并在一起，结果为 $\overline{D}$。

2. 卡诺图法化简的步骤

在卡诺图中，包含相邻最小项的圈越大，消去的变量就越多，因此得到的逻辑函数就越简单。这就是利用卡诺图化简逻辑函数的基本原理。

卡诺图法化简的步骤如下：

1）将逻辑函数化为与或式，画出逻辑函数的卡诺图。

2）找到可以合并的最小项，并合并之。

3）选取化简后的乘积项并相加，得到化简后的表达式。

合并最小项是卡诺图化简方法的关键，合并最小项在卡诺图上表现为画圈。画圈的原则有以下几点：

1）圈必须覆盖所有的 1，就是说卡诺图的方格中凡标 1 的都应被圈过，不能漏掉。

2）圈中 1 的个数必须为 2^n 个相邻的 1。

3）圈的个数尽量少。因为一个圈表示一个乘积项，所以，只有圈的个数最少，才使得化简后的逻辑函数的与项最少。

4）圈要尽可能大。就是说能圈 8 个 1，绝不能圈包含 4 个 1 的两个圈。

5）卡诺图中的 1 可以多次被圈，但每个圈中必定要有没被其他圈圈过的 1。

注意：圈 1 得原函数，圈 0 得反函数。以上只写圈 1 的原则，圈 0 的原则与之相同。

[**例 2.3.9**]　用卡诺图化简下列函数为与或函数式

1. $Y(A, B, C, D)=\sum m_i(0, 1, 6, 8, 9, 10, 11, 12, 13, 14, 15)$

2. $Y(A, B, C)=AB+AC+AB\overline{C}$

解　1. $Y(A, B, C, D)=\sum m_i(0, 1, 6, 8, 9, 10, 11, 12, 13, 14, 15)$

（1）画出四变量最小项的卡诺图，如图 2.3.2a 所示，填卡诺图，将逻辑函数式中的最小项在卡诺图的相应方格内填 1。

（2）合并相邻的最小项。

（3）将合并后的最小项所得乘积项相加，得 Y 的最简与或表达式：$Y=A+\overline{B}\overline{C}+BC\overline{D}$

2. $Y(A, B, C) = AB + AC + AB\overline{C}$

（1）画出三变量最小项的卡诺图，根据 $Y = AB + AC + AB\overline{C}$ 逻辑函数式，将逻辑函数式中的最小项在卡诺图的相应方格内填 1，如图 2.3.2b 所示。

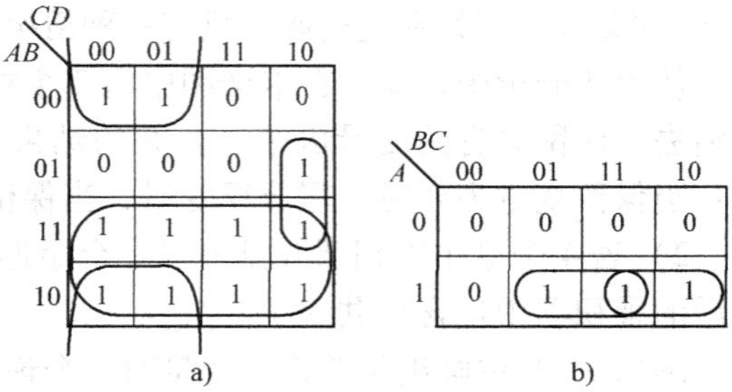

图 2.3.2 ［例 2.3.9］的卡诺图

即 $Y = AB(C+\overline{C}) + A(B+\overline{B})C + AB\overline{C}$

$= ABC + AB\overline{C} + ABC + A\overline{B}C + AB\overline{C}$

$= ABC + AB\overline{C} + A\overline{B}C$

（2）合并最小项。

（3）将所得的乘积项相加，得最简与或式：$Y = AC + AB$

2.3.3 具有无关项的逻辑函数化简

1. 无关项

前面我们讨论的逻辑函数是完全描述的逻辑函数。也就是说，对 n 个变量的 2^n 个输入组合都有明确的定义，任何一种输入组合使逻辑函数值为 1，或为 0。实际工程中并非总是这样。例如，有一些实际逻辑问题，输入变量的某些组合不可能或不允许出现，这些组合对应的最小项称为约束项。还有一些实际逻辑问题，其输入变量的某些组合出现时，输出逻辑值可以是任意的，则这些输入组合对应的最小项称为任意项。

这里以十字路口的红绿两色交通灯控制系统为例，说明约束项和任意项的概念。将红灯 A 和绿灯 B 当作输入逻辑变量，车 Y 当作输出逻辑变量，并且设定灯亮为 1，灯灭为 0，车行为 1，车停为 0。显然，在正常情况下，红绿灯同时亮是不可能出现的，因此，AB 全为 1 时对应的最小项 AB 为约束项。另一种情况，如果红绿灯都不亮，意味着交通灯控制系统停止工作，车根据实际情况可行可停，因此，AB 全为 0 时对应的最小项 $\overline{A}\,\overline{B}$ 为任意项。又譬如我们前面提到的 BCD 码，由于对应的是十进制数码，因此只采用了 0000 ~ 1111 这 16 种组合里面的 10 种。如果我们设计一个输入信号为 BCD 码的电路，必然有 6 种输入取值组合是不会出现的，显然，这 6 种组合对应的最小项就是约束项。

当限制某些输入变量的取值不能出现时，可以用它们对应的最小项约束项恒等于 0 来表示。例如，ABC 为 011，101，110，111 的 4 种取值不能出现，那么 $\overline{A}BC$、$A\overline{B}C$、$AB\overline{C}$、ABC 4 个最小项为约束项的约束条件可以写成：

$$\begin{cases} \overline{A}BC = 0 \\ A\overline{B}C = 0 \\ AB\overline{C} = 0 \\ ABC = 0 \end{cases} \tag{2.3.1}$$

或

$$\overline{A}BC + A\overline{B}C + AB\overline{C} + ABC = 0 \tag{2.3.2}$$

或

$$\sum d_i(3, 5, 6, 7) = 0 \tag{2.3.3}$$

以上三式称为约束项的约束条件关系式，字母 d 表示约束项。

值得注意的是，约束关系式不能单独存在，必须和逻辑函数表达式写在一起才成为约束条件关系。

在存在约束项的情况下，由于约束项的值恒为 0，所以既可以把约束项写进逻辑函数中，也可以把约束项从函数式中删除，而不影响函数值。同样，既可以把任意项写进函数式中，也可以不写进去，因为任意项所对应的输入变量取值，不影响函数式的值，即函数值可以为 0，也可以为 1。

由于逻辑函数的约束项及任意项并不决定逻辑函数的取值，故称它们为无关最小项，简称无关项。

在卡诺图或真值表中，无关项用“×”来表示，在化简逻辑函数时可以认为它是 1，也可以认为它是 0。

2. 具有无关项的逻辑函数化简

化简具有无关项的逻辑函数时，如果能够合理地利用这些无关项，会得到更加简化的化简结果。在化简过程中，无关项取值为 0 还是 1，要视具体情况而定。将卡诺图中的“×”当作 1，还是 0，一般应遵循得到的相邻最小项的圈最大且圈数最少的原则。

[例 2.3.10]　写出判断一个 1 位十进制数是否为 3 的倍数的逻辑表达式，并化简。

解　采用 8421BCD 码，则该问题的真值表如表 2.3.1 所示。表中对于十进制数的 0 ~ 9，函数的取值是确定的，但对于 10 ~ 15，由于它们不属于 1 位的十进制数，函数可以随意取值。

表 2.3.1　[例 2.3.10] 的真值表

十进制数	8421BCD 码				Y
	A	B	C	D	
0	0	0	0	0	0
1	0	0	0	1	0
2	0	0	1	0	0
3	0	0	1	1	1
4	0	1	0	0	0
5	0	1	0	1	0
6	0	1	1	0	1
7	0	1	1	1	0
8	1	0	0	0	0
9	1	0	0	1	1
10	1	0	1	0	×
11	1	0	1	1	×
12	1	1	0	0	×
13	1	1	0	1	×
14	1	1	1	0	×
15	1	1	1	1	×

由表 2.3.1 写出逻辑函数式：

$$Y = \sum m_i(3, 6, 9) + \sum d_i(10, 11, 12, 13, 14, 15) \tag{2.3.4}$$

式（2.3.4）等价为约束条件关系式

$$\begin{cases} Y=\sum m_i(3,\ 6,\ 9) \\ \sum d_i(10,\ 11,\ 12,\ 13,\ 14,\ 15)=0 \end{cases} \tag{2.3.5}$$

利用公式法化简式（2.3.5）中约束条件关系式还可以转化为

$$\begin{cases} m_{10}=0 \\ m_{11}=0 \\ m_{12}=0 \\ m_{13}=0 \\ m_{14}=0 \\ m_{15}=0 \end{cases} \tag{2.3.6}$$

将式（2.3.6）的约束项 m_{11}，m_{13}，m_{14}，m_{15}加到式（2.3.5）的 Y 的表达式中得到

$$\begin{aligned} Y &= m_3+m_6+m_9+m_{11}+m_{13}+m_{14}+m_{15} \\ &= \bar A\bar BCD+\bar ABC\bar D+A\bar B\bar CD+A\bar BCD+AB\bar CD+ABC\bar D+ABCD \\ &= \bar BCD+BC\bar D+A\bar B\bar CD+AB\bar CD+A\bar BCD+ABCD \quad (\text{添约束项 } m_{11}=A\bar BCD) \\ &= \bar BCD+BC\bar D+AD \end{aligned}$$

由以上的公式法化简可以看出，约束项可以反复写到逻辑函数式中，哪个约束项有利于化简，就将其加到表达式中，并不一定将所有的约束项都加到逻辑函数式 Y 中。

公式法化简太麻烦，不能直观地确定需加入哪些约束项，为有利于化简，下面采用卡诺图法化简。［例 2.3.10］的卡诺图如图 2.3.3 所示，画圈合并最小项。最后写出逻辑函数式

$$Y=AD+\bar BCD+BC\bar D$$

可见，具有无关项的逻辑函数化简采用卡诺图法更直观、简单，有一定的化简规律可循，不容易出错，所以常用。但是在逻辑变量超过 5 个时，就失去简单、直观的优点。

注意：一旦用“×”化简，任意项就变成了约束项，它们就不准出现，否则，将影响逻辑函数值。

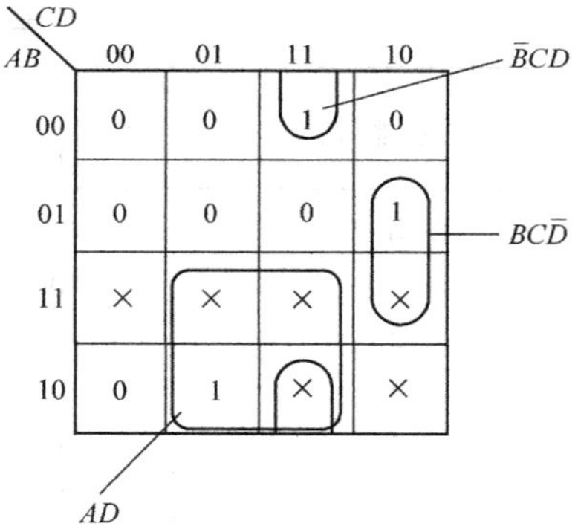

图 2.3.3 ［例 2.3.10］的卡诺图

2.3.4 逻辑函数的其他最简表达形式的化简

前面已经讲述了逻辑函数的最简与或表达式的化简。另外常见的逻辑表达式主要有 4 种形式，即最简与非—与非表达式、最简或非—或非表达式、最简或与表达式和最简与或非表达式。下面是一个三变量函数的 5 种常用表达式。

$$\begin{aligned} Y &= A\bar B+\bar AC && (\text{最简与或式}) \\ &= \overline{\overline{A\bar B}\cdot\overline{\bar AC}} && (\text{最简与非—与非式}) \\ &= (\bar A+\bar B)\cdot(A+C) && (\text{最简或与式}) \\ &= \overline{\overline{\bar A+\bar B}+\overline{A+C}} && (\text{最简或非—或非式}) \end{aligned}$$

$=\overline{AB+\bar{A}\bar{C}}$　　　　（最简与或非式）

1. 最简与非—与非式的转换方法

最简与非—与非表达式可以在最简与或表达式的基础上两次取反，再利用摩根定律去掉下面的非号得到。例如：

$$Y=A\bar{B}+\bar{A}C=\overline{\overline{A\bar{B}+\bar{A}C}}=\overline{\overline{A\bar{B}}\cdot\overline{\bar{A}C}}$$

2. 最简或与式的转换方法

求函数 Y 的最简或与表达式，可以先求出 $\bar{Y}$ 的最简与或表达式，然后在 $\bar{Y}$ 的最简与或表达式的基础上取反，并利用摩根定律或反演定理去掉非号可以得到。例如：

已知函数 $Y=A\bar{B}+\bar{A}C$，那么

$$\bar{Y}=\overline{A\bar{B}+\bar{A}C}=\overline{A\bar{B}}\cdot\overline{\bar{A}C}=(\bar{A}+B)(A+\bar{C})=\bar{A}\bar{C}+AB+B\bar{C}=AB+\bar{A}\bar{C}$$

利用反演定理可直接写出函数的最简或与表达式

$$Y=\bar{\bar{Y}}=\overline{AB+\bar{A}\bar{C}}=\overline{AB}\cdot\overline{\bar{A}\bar{C}}=(\bar{A}+\bar{B})\cdot(A+C)$$

3. 最简或非—或非表达式的转换方法

利用还原律在最简或与表达式基础上进行两次取反，再利用摩根定律去掉下面非号可以得到。例如：$Y=A\bar{B}+\bar{A}C$

$$=(\bar{A}+\bar{B})(A+C)$$

$$=\overline{\overline{(\bar{A}+\bar{B})(A+C)}}$$

$$=\overline{\overline{\bar{A}+\bar{B}}+\overline{A+C}}$$

4. 最简与或非表达式的转换方法

最简与或非表达式化简方法有两种，第一种方法是先求出 Y 的最简或非—或非表达式，再利用摩根定律去掉大非号下面的小非号得到。例如：

$$Y=A\bar{B}+\bar{A}C=\overline{\overline{\bar{A}+\bar{B}}+\overline{A+C}}=\overline{\bar{\bar{A}}\,\bar{\bar{B}}+\bar{A}\bar{C}}=\overline{AB+\bar{A}\bar{C}}$$

第二种方法是在 $\bar{Y}$ 的最简与或表达式的基础上直接取反得到。

$$\bar{Y}=AB+\bar{A}\bar{C}$$

$$Y=\bar{\bar{Y}}=\overline{AB+\bar{A}\bar{C}}$$

由上面所介绍的函数的各种最简表达式的转换方法，可得出如下结论：只要得到逻辑函数的最简与或表达式，再利用摩根定律进行适当变换，就得到逻辑函数其他几种类型的最简表达式。

小　结

（1）本章主要介绍了逻辑代数的基本概念、公式和定理，逻辑函数的表示方法，逻辑函数的化简方法等三个部分。

（2）为了进行逻辑运算，要求熟练掌握逻辑代数的基本定理和基本公式。对于常用公式，虽然可以由基本公式导出，但是由于这些常用公式在公式化简时，能大大提高运算速度，所以要求掌握尽可能多的常用公式。

（3）在逻辑函数的描述方法中，一共介绍了 5 种：真值表、逻辑函数表达式、逻辑电路图、波形图和卡诺图。这几种方法之间可以任意相互转换。逻辑函数表达式有两

种标准形式，分别是最小项之和表达式和最大项之积表达式。其中最小项之和表达式是最常用的表达式。

（4）逻辑函数的化简方法是本章的重点。本章先后介绍了两种化简方法——公式化简法和卡诺图化简法。公式化简法的优点是它的使用不受变量数的限制，缺点是化简方法无规律性，所以在用公式化简法化简一些复杂的逻辑函数时，不仅需要熟练地运用各种公式和定理，而且需要一定的技巧和经验。

（5）卡诺图化简方法的优点是简单、直观，而且有一定的化简步骤可循，缺点是这种化简方法受变量数的限制，当变量数目超过5个以上时，就会失去简单、直观的优点。

检　测　题

一、选择题

（1）满足____________时，与非门输出为低电平。

（a）只要有一个输入为高电平；

（b）所有输入都是高电平；

（c）所有输入都是低电平。

（2）对于未使用的或非门输入，正确的处理方法是____________。

（a）连接到地；

（b）直接连接到 V_{CC}；

（c）通过电阻连接到地。

（3）异或门的等效电路包含____________。

（a）两个或门、一个与门和两个非门；

（b）两个与门、一个或门和两个非门；

（c）两个与门和一个或门。

二、根据已知逻辑函数 Y 的真值表2.1，写出 Y 的逻辑函数式。

表2.1　真值表

A	B	C	Y
0	0	0	1
0	0	1	1
0	1	0	0
0	1	1	0
1	0	0	1
1	0	1	1
1	1	0	0
1	1	1	1

三、写出图 2.1 中逻辑电路的逻辑函数式。

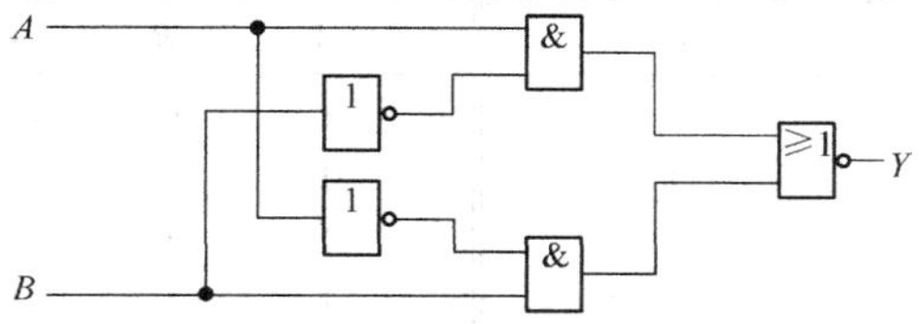

图　2.1

四、写出下列函数的反函数。

(1) $Y=\overline{A}+\overline{\overline{B}C+\overline{D+\overline{E}}}$

(2) $Y=\overline{A}\ (B\overline{C}+\overline{B}C)$

五、利用逻辑代数的基本公式和常用公式化简以下各式。

(1) $Y=AC\overline{D}+\overline{D}$

(2) $Y=AB(A+B)$

(3) $Y=ABD+ACDE+A$

(4) $Y=\overline{A}BC+(A+\overline{B})C$

(5) $Y(A,\ B,\ C,\ D)=\sum m_i(0,\ 1,\ 2,\ 4,\ 5,\ 6,\ 7,\ 14,\ 15)$

六、用卡诺图化简法化简以下逻辑函数。

(1) $Y=\overline{A}B+\overline{A}\,\overline{B}C+AB$

(2) $Y=AB+ABD+\overline{A}C+BCD$

七、化简逻辑函数

(1) $Y=A\overline{B}\,\overline{C}+ABC+\overline{A}\,\overline{B}C+\overline{A}B\overline{C}$　　给定的约束条件为 $\overline{A}\,\overline{B}\,\overline{C}+\overline{A}BC=0$

(2) $Y=\overline{A}\,\overline{B}\,\overline{C}+ABC+\overline{A}\,\overline{B}\,\overline{C}\,\overline{D}$　　给定的约束条件为 $A\oplus B=0$

八、已知三变量的逻辑函数表达式为 $Y=AC+AB\overline{C}+\overline{A}BC$

(1) 试用最少的与门、或门画出逻辑图；

(2) 试用最少的与非门画出逻辑图；

(3) 试用最少的与或非门画出逻辑图；

(4) 试用最少的或非门画出逻辑图。

习　　题

[题 2.1]　试用真值表证明下列等式成立。

(1) $AB+BC+AC=(A+B)(B+C)(A+C)$

(2) $\overline{AB}\cdot\overline{BC}\cdot\overline{AC}=\overline{AB+BC+AC}$

(3) $A\oplus\overline{B}=\overline{A\oplus B}$

[题 2.2]　逻辑函数的真值表如表 2.2a、b 所示，写出对应的逻辑函数式。

[题 2.3]　列出下列函数式的真值表。

(1) $Y_1=A\overline{B}+BCD+ACD$

(2) $Y_2=ABCD+B\oplus C$

[题 2.4]　写出图 2.2 所示电路的输出逻辑函数式。

[题 2.5]　写出下列各式的反函数，并转化为最简与或形式。

表 2.2a)

A	B	C	Y_1	A	B	C	Y_1
0	0	0	1	1	0	0	1
0	0	1	1	1	0	1	1
0	1	0	1	1	1	0	1
0	1	1	1	1	1	1	0

表 2.2b)

A	B	C	D	Y_2	A	B	C	D	Y_2
0	0	0	0	1	1	0	0	0	1
0	0	0	1	0	1	0	0	1	1
0	0	1	0	0	1	0	1	0	0
0	0	1	1	1	1	0	1	1	0
0	1	0	0	1	1	1	0	0	1
0	1	0	1	0	1	1	0	1	1
0	1	1	0	1	1	1	1	0	1
0	1	1	1	0	1	1	1	1	0

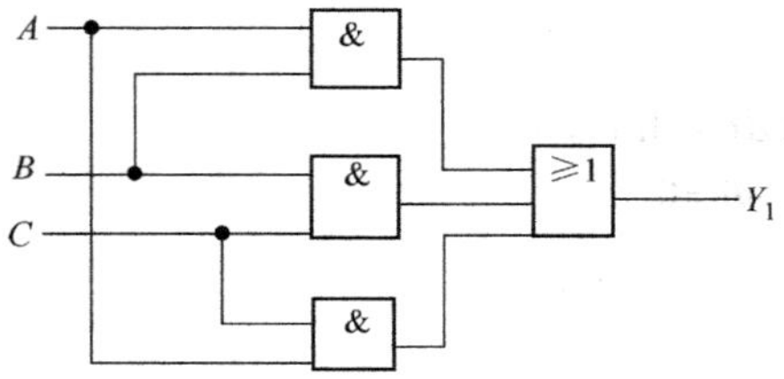

a)

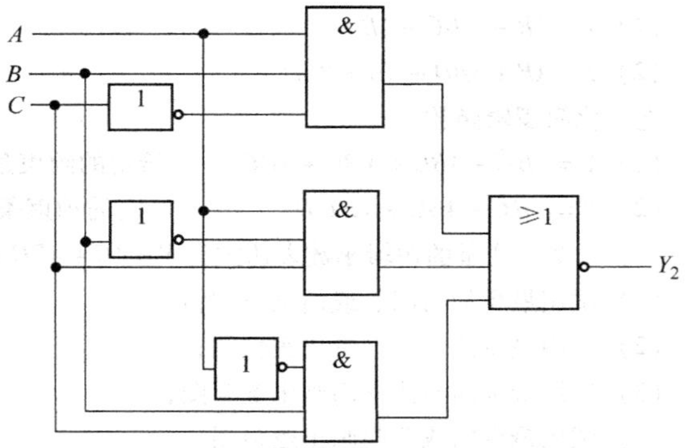

b)

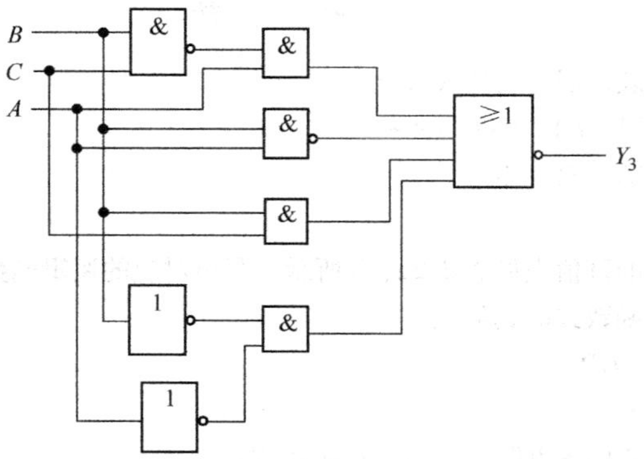

c)

图 2.2

(1) $Y=(A+BC)\ \overline{C}D$

(2) $Y=A+(B+\overline{C})\cdot\overline{D+E}$

(3) $Y=ABE+(\overline{A}+CD)(C+\overline{D}E)$

(4) $Y=ABC+(A+B+C)\ \overline{AB+BC+AC}$

(5) $Y=[\overline{A}B(C+D)][B\overline{C}\,\overline{D}+B(\overline{C}+D)]$

[题 2.6]　写出下列各式的对偶式。

(1) $Y=\overline{\overline{AB}+C+D}+E$　　(3) $Y=ACD+BCD+E$

(2) $Y=(A+\overline{B}+C)(AB+CD)$

[题 2.7]　将以下函数化成最小项之和的形式。

(1) $Y=AB+BC$

(2) $Y=\overline{A}B\overline{C}+AB\overline{D}+\overline{B}\,\overline{C}D$

(3) $Y=A+B+CD$

(4) $Y=\overline{(A\oplus B)(C\oplus D)}$

[题 2.8]　用逻辑代数的基本公式和常用公式将下列逻辑函数化为最简与或式。

(1) $Y=A\overline{B}+B+\overline{A}B$

(2) $Y=\overline{\overline{A}BC}+\overline{A\overline{B}}$

(3) $Y=A\overline{B}(\overline{A}CD+\overline{AD+\overline{B}C})(\overline{A}+B)$

(4) $Y=A\overline{C}+ABC+AC\overline{D}+CD$

(5) $Y=B\overline{C}+AB\overline{C}E+\overline{B}(\overline{A}\,\overline{D}+AD)+B(A\overline{D}+\overline{A}D)$

(6) $Y=\overline{AB+\overline{A\overline{C}}+\overline{B\overline{C}\,\overline{D}}}+BCE+A\overline{D}$

(7) $Y=(A+\overline{B}+C+\overline{D})(A+\overline{B}+\overline{C}+\overline{D})(\overline{A}+B+C+D)(\overline{A}+B+\overline{C}+D)(\overline{A}+\overline{B}+C+D)(\overline{A}+\overline{B}+\overline{C}+D)$

(8) $Y=A+\overline{\overline{B}+\overline{CD}}+\overline{\overline{AD}\,\overline{B}}$

(9) $Y=AC+\overline{B}C+B\overline{D}+C\overline{D}+A(B+C)+\overline{A}BC\overline{D}+A\overline{B}DE$

(10) $Y=AC(\overline{C}D+\overline{A}B)+BC(\overline{\overline{\overline{B}+AD}+CE})$

[题 2.9]　写出图 2.3 中各卡诺图所表示的逻辑函数式。

A \ BC	00	01	11	10
0	1	0	0	0
1	0	1	1	0

a)

AB \ CD	00	01	11	10
00	0	1	1	0
01	1	0	1	1
11	1	1	0	1
10	0	1	1	0

b)

AB \ CD	00	01	11	10
00	0	1	0	1
01	1	0	1	0
11	1	0	1	1
10	0	0	1	0

c)

图　2.3

[题 2.10]　用卡诺图化简法将下列逻辑函数化为最简与或式。

(1) $Y=ABC+ABD+A\overline{C}D+\overline{C}\,\overline{D}+A\overline{B}C+\overline{A}C\overline{D}$

(2) $Y=A\overline{B}+B\overline{C}\,\overline{D}+ABD+\overline{A}B\overline{C}D$

(3) $Y=(\overline{A}+B)(A+\overline{C}+\overline{D})(\overline{B}+C+D)(A+\overline{B}+\overline{C}+D)$

(4) $Y=A\overline{B}+\overline{A}\,\overline{B}+\overline{A}D+C+BD$

(5) $Y(A, B, C, D)=\sum m_i(1, 2, 3, 4, 5, 6, 7, 8, 9, 10, 11, 12, 13, 14, 15)$

(6) $Y(A, B, C, D)=\sum m_i(0, 1, 2, 3, 4, 5, 6, 7, 8, 9, 10, 11, 12, 13)$

(7) $Y(A, B, C)=\sum m_i(0, 1, 2, 5, 7)$

(8) $Y(A, B, C, D)=\sum m_i(0, 1, 2, 6, 8, 10, 11, 12)$

[题2.11] 将下列函数的与或式转换为或与式、或非式、与非式和与或非式。

(1) $Y=A\overline{B}+AC$

(2) $Y=\overline{A}B+A\overline{C}+C\overline{D}$

[题2.12] 将以下逻辑函数分别化成与非—与非式。

(1) $Y=AB\overline{C}+\overline{B}C+B\overline{D}$

(2) $Y=\overline{BC}+(A+\overline{B})(\overline{A}+B)\ C$

(3) $Y=\overline{(AB\overline{C}+\overline{B}C)}D+\overline{A}\,\overline{B}\,\overline{D}$

[题2.13] 化简下列逻辑函数（方法不限）。

(1) $Y=A\overline{B}+\overline{A}C+\overline{C}\,\overline{D}+D$

(2) $Y=\overline{(\overline{A}+\overline{B})D}+(\overline{A}\,\overline{B}+BD)\overline{C}+\overline{A}\,\overline{C}BD+\overline{D}$

(3) $Y=A\overline{B}D+\overline{A}\,\overline{B}\,\overline{C}D+\overline{B}CD+\overline{(A\overline{B}+C)}(B+D)$

[题2.14] 用卡诺图法化简下列函数式。

(1) $Y=AC+\overline{A}\,\overline{B}C$，约束条件关系 $\overline{B}\,\overline{C}=0$

(2) $Y(A, B, C, D)=\sum m_i(0, 2, 3, 5, 6, 7, 8, 9)$，约束条件关系 $AB+AC=0$

(3) $Y=\overline{A}\,\overline{B}C+A\overline{B}\,\overline{C}$，约束条件关系 $AB+AC+BC=0$

(4) $Y(A, B, C, D)=\sum m_i(1, 5, 8, 12)+\sum d_i(3, 7, 10, 11, 14, 15)$

(5) $Y(A, B, C, D)=\sum m_i(4, 6, 10, 13, 15)+\sum d_i(0, 1, 2, 5, 7, 8)$

[题2.15] 设计一个一位8421BCD码的奇数指示器，即当输入组合为0001（1）、0011（3）、0101（5）、0111（7）、1001（9）时，函数 Y 取值为“1”；当输入组合为0000（0）、0010（2）、0100（4）、0110（6）、1000（8）时，函数 Y 取值为“0”，其余输入组合均为无关项，要求：

(1) 写出函数 Y 的真值表。

(2) 给出函数 Y 的最小项表达式。

第3章 常用半导体器件的工作原理和开关特性

内容提要

本章主要阐述了半导体材料以及PN结的基础知识，在此基础上介绍最常用的半导体器件——半导体二极管、双极型晶体管、场效应晶体管的工作原理和开关特性。半导体材料的基本特性是理解半导体器件工作原理和开关特性的基础，本章3.1节重点讲述了半导体材料的基础知识以及PN结的结构和原理，3.2、3.3、3.4节分别介绍了半导体二极管、双极型晶体管、场效应晶体管的工作原理和开关特性。

教学目标

1. 理解和掌握半导体材料的特性和PN结的原理及特性。
2. 理解和掌握最常用的半导体器件——半导体二极管、双极型晶体管、场效应晶体管的工作原理和开关特性。
3. 掌握半导体器件——半导体二极管、双极型晶体管、场效应晶体管的应用。

3.1 半导体基础知识

自然界中的物质从形态上一般可以分为气体、液体、固体、等离子体。在固体材料中，按照其导电性能的不同，可以分为导体、半导体和绝缘体。有些物体，如钢、银、铝、铁等，具有良好的导电性能，称为导体，其电导率为$10^8 \sim 10^6$S/m；与此相反，有些物体如玻璃、橡皮和塑料等不易导电，称为绝缘体，其电导率小于10^{-8}S/m；还有一些物体，如第IV族的元素（锗、硅等）、砷化镓及大多数的金属氧化物和金属硫化物，它们的导电性能介于导体和绝缘体之间，称之为半导体，其电导率在$10^6 \sim 10^{-8}$S/m之间。

半导体可以分为元素半导体和化合物半导体，元素半导体位于元素周期表IV族，最常见的元素半导体是硅和锗，硅是集成电路中最常用的半导体材料，最外层有4个电子，它们的物理和化学性质主要由最外层的这4个电子决定，被称为价电子。硅晶体中，每个硅原子有4个相邻硅原子，每两个相邻原子之间有一对共用的电子，它们和两个原子核都有吸引作用，形成共价键，共价键的作用使得硅原子紧紧地结合在一起，形成晶体，其平面示意图如图3.1.1所示。

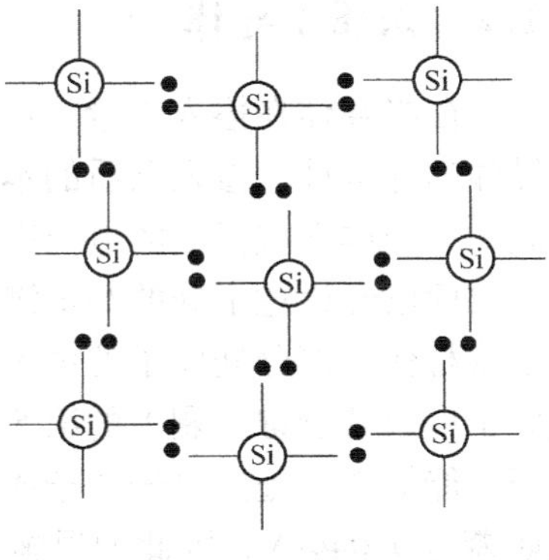

图3.1.1 硅晶体结构的平面示意图

半导体也可以是化合物，最常见的化合物半导体是由III族元素和V族元素所构成的III－V族化合物，比如

GaAs（砷化镓）、InSb（锑化铟）、GaP（磷化镓）、InP（磷化铟）、AlAs（砷化铝）等，其中 GaAs 是应用最广泛的一种化合物半导体。III－V 族化合物也是通过共价键结合的晶体，其结构和硅、锗非常相似，每个 III 族原子周围为 4 个 V 族原子，每个 V 族原子周围为 4 个 III 族原子，每个 V 族原子把一个电子转移给一个 III 族原子，形成 V 族的正离子和 III 族的负离子，因此它们最外层都具有 4 个价电子，相邻的离子间共有电子对，形成共价键。从上面可以看出，它们既靠共价键结合，又具有离子性，因此和同一周期内的 IV 族元素半导体相比，其结合强度更大，比如 Ge 共价键上的电子摆脱束缚所需要的能量为 0.78eV，而 GaAs 则需要 1.43eV 的能量。

当然半导体也可以是三元素化合物或者更复杂，比如 $Al_XGa_{1-X}As$，这里的 x 是低原子序数元素的组分。大多数半导体都是晶体，它们内部的原子都按照一定的规律排列着。但半导体并不一定是单晶，多晶、非晶材料也具有半导体特性，比如多晶硅、非晶硅等。

3.1.1 本征半导体

半导体的导电性能决定于杂质的种类和数量，因此把晶体中不含有杂质原子的材料定义为本征半导体。本征半导体是没有杂质原子和缺陷的纯净晶体，完全依靠半导体本身提供载流子。

在本征半导体中，比如硅，如果其共价键中的一个价电子获得足够的能量，受激发争脱原子核的束缚成为自由电子，同时会在原来的共价键上留下一个缺位，称之为“空穴”，这时候相邻原子的价电子比较容易离开它所在的共价键而填补到这个空穴中来，使该价电子原来所在共价键中出现一个新的空穴，这个空穴又可能被相邻原子的价电子填补，再出现新的空穴。价电子填补空穴的这种运动相当于带正电荷的空穴在运动，因此称为空穴运动，并把空穴看成是一种带正电荷的载流子。因此在本征半导体中存在两种类型的载流子：电子和空穴。本征半导体中的电流很大程度上取决于导带电子和价带空穴的数目，这些载流子的浓度是半导体的一个重要参数，这是半导体和导体在导电机理上的本质区别。

自由电子在运动过程中，如果遇到空穴，便可能会填充进去从而恢复一个共价键，一个“电子空穴”对便消失了，这一过程称为“复合”。热能使自由电子和空穴在本征半导体中总是成对出现，同时又不断复合，在一定温度下达到动态平衡，载流子便维持一定数目。载流子数目随温度的升高而增多，相应导电性能也就越好。因此，半导体器件性能受温度的影响很大。

3.1.2 杂质半导体

本征半导体在掺入少量、定量的特定掺杂原子后会显示出半导体真正的能力，可以控制半导体的导电性，掺入杂质的本征半导体称为杂质半导体。比如将硼以 $1:10^5$ 的原子比例掺入硅中，纯硅在室温下的电导率将增大 10^3 倍。掺入的杂质主要是 III 族或 V 族的元素。

前面已经论述了硅的共价键结合，如果在硅中掺入 V 族元素杂质，比如磷 P，那么磷 P 原子将替代一部分硅原子的位置，由于磷原子外层有 5 个价电子，其中 4 个价电子与周围的硅原子形成共价键，剩下的第 5 个价电子则松散地束缚于磷原子上。第 5 个电子被称为施主电子，能够提供施主电子的杂质原子称为施主（donor）。由于 V 族施主杂质的电离能很小，比如磷为 0.044eV，因此如果施主电子获得少量能量，比如热能，就能激发到导带，从而留下一个带正电的磷原子。导带中的这个电子就能够在整个晶体中运动形成电流，失去施主电子的磷原子不动。当硅中掺入施主杂质时，主要依靠施主杂质原子提供的电子导电，这样的半导体称为 N 型半导体，N 表示电子。

如果在硅中掺入的是 III 族元素，比如硼，硼有 3 个价电子，这些杂质硼原子将替代一部分硅原子的位置，并且与硅都形成了共价键，这时有一个共价键的位置将是空的，需要从其他共价键上夺取一个电子，这样硼原子将形成一个负电中心并且产生一个空穴，因此被称为受主（acceptor）。空穴可以在整个晶体中运动形成电流，带负电的硼原子不动。使空穴摆脱受主束缚所需要的能量就是受主的电离能，硅中 III 族元素的电离能很小，受主杂质全部电离，形成自由导电的空穴。受主杂质原子能在价带中产生空穴，但不在导带中产生电子，主要依靠受主提供的空穴导电，这样的半导体称为 P 型半导体，P 表示空穴。

晶格的热振动使电子不断发生从价带到导带的热跃迁，从而使得半导体中同时存在电子和空穴。在 N 型半导体中，主要依靠电子导电，同时也有少量的空穴，因此称电子为多子（多数载流子），空穴为少子（少数载流子）。相反在 P 型半导体中，主要依靠空穴导电，同样也有少量的电子，因此称电子为少子，空穴为多子。

半导体中的费米能级反映了电子的填充水平，随着施主杂质和受主杂质的掺入而改变，将偏离本征费米能级。N 型半导体的费米能级位于禁带的上半部，而且随着掺杂浓度的增大而升高；P 型半导体的费米能级位于禁带的下半部，随着掺杂浓度的增大而降低。

3.1.3　PN 结

大多数半导体器件都至少有一个 PN 结构，PN 结的原理和性质是分析半导体器件特性与工作过程的基础，也是学习半导体器件理论的关键。

在一块单晶材料的半导体中，一部分掺入施主杂质原子（比如磷等）形成 N 区，相邻的另一部分掺入受主杂质原子（比如硼等）形成 P 区，在 N 型区和 P 型区的分界面处就形成了 PN 结。图 3.1.2 给出了 PN 结的原理图和均匀掺杂的突变 PN 结的杂质分布情况。其中 N 型区均匀掺入施主杂质，浓度为 N_D；在 P 型区均匀掺入受主杂质，浓度为 N_A。在 N 型区和 P 型区的分界面处，如果杂质的分布有一突变，这样的 PN 结被称为突变结；相反，如果分界面处杂质的分布是逐渐变化的则被称为扩散结（缓变结）。

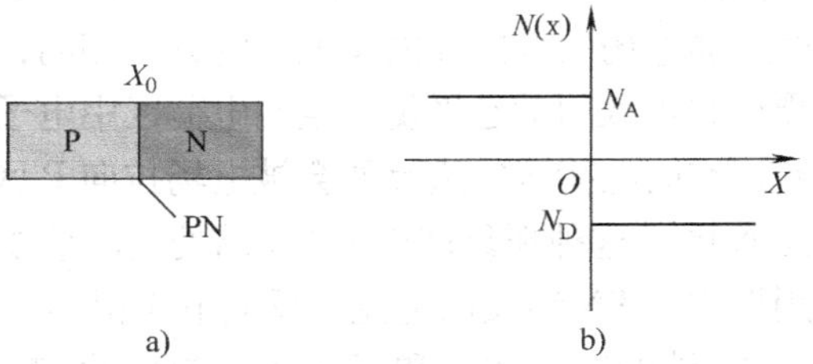

图 3.1.2　PN 结的原理图和均匀掺杂的突变 PN 结的杂质分布情况
a）PN 结的原理图　b）均匀掺杂的突变 PN 结的杂质分布情况

在没有外加偏压情况下，PN 结电子和空穴的浓度有一个很大的浓度梯度。在 N 型区电子是多子，空穴是少子，而在 P 型区空穴是多子，电子是少子，N 型区的电子向 P 区扩散，P 区的空穴向 N 区扩散。扩散的结果，在 N 区剩下带正电的电离施主，形成了一个带正电的区域，P 区剩下带负电的电离受主，形成了一个带负电的区域，因而在 N 型区和 P 型区的分界面两侧形成了带正、负电荷的区域，被称为空间电荷区。在没有外界偏压的情况下，这样的扩散不会无限地延续下去，在空间电荷区的正负电荷将会形成一个内建电场，其方向由正电荷指向负电荷，即由 N 区指向 P 区。内建电场的存在，将会使电子沿电场相反方向做漂移运动，即从 P 区向 N 区运动，空穴沿电场方向做漂移运动，即从 N 区向 P 区运动。因此在空间电荷区，内建电场引起的电子和空穴的漂移运动方向与电子和空穴的扩散方向相反，随着扩散的进行，空间电荷区的电荷数量不断增加，内建电场不断增强，直到电子和空穴的漂移运动和扩散运动相互抵消，这样就达到了动态的平衡，因此称没有外加偏压情况下的PN结为平衡PN结。在空间电荷区，由于内建电场的存在，不存在电子和空穴，所以也被称为耗尽区。图3.1.3为PN结空间电荷区以及内建电场的示意图。

PN结最基本的性质是单向导电性，一个PN结就是一个整流器，即在PN结上施加一个交变电压，其电流主要在一个方向流动，也就是说，PN结具有把交流变成直流的整流特性。在PN结上施加正向偏压，即P型区接电源正极，N型区接电源负极，如图3.1.4所示，外加偏压方向和内建电场的方向相反，削弱了空间电荷区中的内建电场，打破了扩散运动和漂移运动之间的相对平衡，使得电子和空穴的扩散运动趋势超过漂移运动，这样，将会有源源不断的电子和空穴分别从N区扩散到P区和从P区扩散到N区，电子和空穴形成的电流方向相同，这两股电流形成了PN结的正向电流，被称为PN结的正向注入效应。

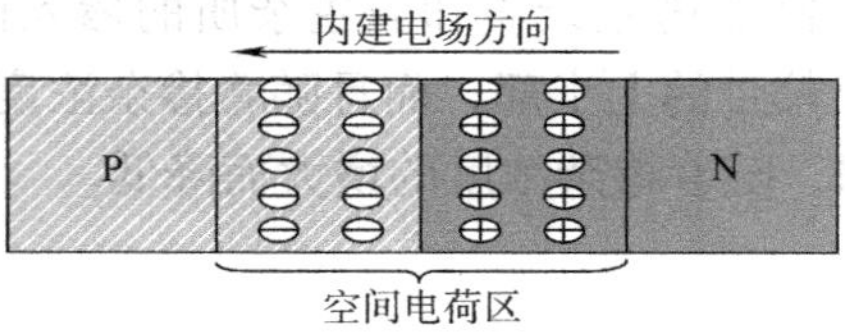

图3.1.3　PN结空间电荷区以及内建电场示意图

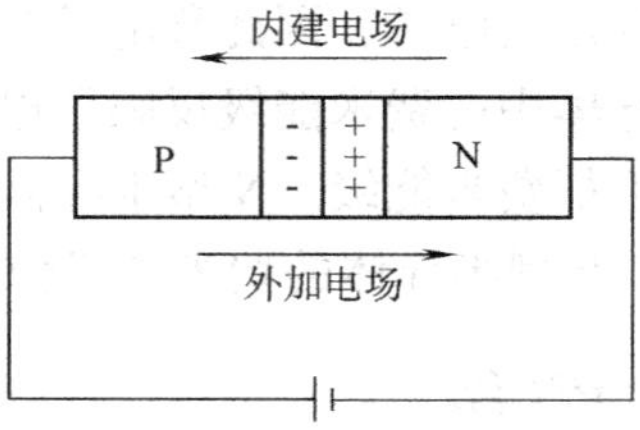

图3.1.4　PN结的正向偏置图

如果在PN结上施加反向偏压，如图3.1.5所示，即P区接电源负极，N区接电源正极，这样外加电场的方向和内建电场的方向相同，使得空间电荷区的电场增强，打破了电子和空穴的漂移和扩散的动态平衡，空间电荷区中电子和空穴的漂移趋势大于扩散趋势。如果N区的空穴到达空间电荷区的边界便会被电场拉向P区，P区的电子到达空间电荷区的边界便会被电场拉向N区，这种现象被称为PN结的反向抽取作用。反向PN结对N区和P区少子的反向抽取作用形成了PN结反向电流，反向电流很小，而且基本不随外加偏压改变，趋于饱和。

PN结的正向注入和反向抽取效应决定了PN结的单向导电性，其电流—电压关系特性曲线如图3.1.6所示，PN结的正向电流随电压的增加呈指数增长。PN结反向偏置的时候，电流很小并且趋于一个饱和值，如果反向偏压不断增大，达到某一个电压V_{BR}，反向电流会突然急剧增加，这样的现象称为PN结击穿，V_{BR}被称为击穿电压。根据击穿机理可以分为雪崩击穿和隧道击穿。

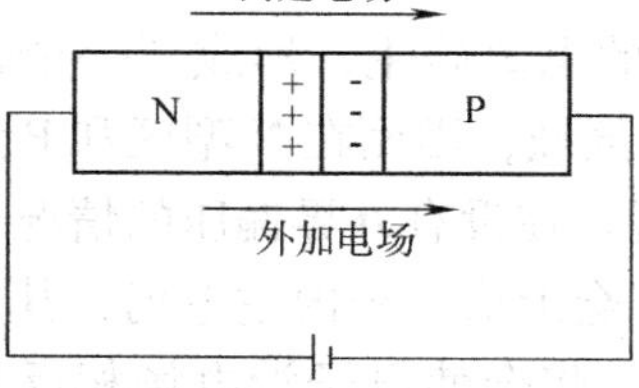

图3.1.5　PN结的反向偏置图

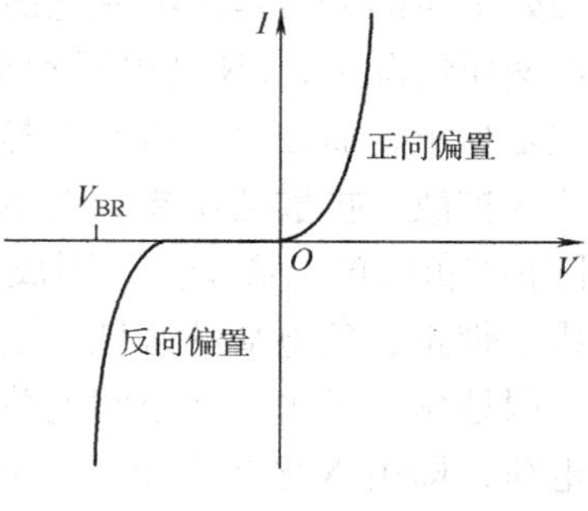

图3.1.6　PN结的电流—电压关系特性曲线

3.2　半导体二极管

半导体二极管在电子电路中应用非常广泛，是诞生最早的半导体器件之一，它在许多电路中起着重要的作用，下面将讲述二极管的基本知识及其应用。

3.2.1　二极管的结构与类型

利用 PN 结的单向导电性，在 PN 结上加上引线和封装，就成为一个二极管。它在电路中的符号如图 3.2.1 所示，P 区为正极，N 区为负极。

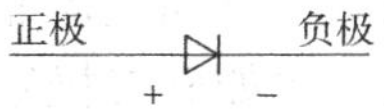

图 3.2.1　半导体二极管的符号

二极管种类繁多，分类方法也有很多种。根据制造工艺可以分为点接触型、面接触型和平面型三大类。

1. 点接触型二极管

其制作是用一根很细的金属丝压在光洁的半导体晶片表面，通过脉冲电流使触丝一端与晶片牢固地烧结在一起，形成一个“PN 结”。特点是 PN 结面积小，相应结电容小，允许的电流小（不超过几十毫安），用于小电流的整流以及检波和变频等高频电路。

2. 面接触型二极管

面接触型二极管 PN 结面积大，允许通过较大的电流（几安到几十安），主要用于交流大电流的整流电路。

3. 平面型二极管

平面型二极管主要用于集成电路制造工艺中，PN 结面积可大可小，结面积大的时候，可做大功率整流和高频整流，结面积小的时候，相应结电容也小，用于开关电路中。

根据所用的半导体材料，二极管可分为硅二极管（Si 管）和锗二极管（Ge 管）；根据其不同用途，可分为整流二极管、检波二极管、稳压二极管、开关二极管、光敏二极管、变容二极管等等；根据封装形式可以分为塑封及金属封等二极管；根据功率可以分为大功率、中功率及小功率等二极管。

3.2.2　二极管的伏安特性

二极管最重要的特性就是单向导电性。在电路中，电流只能从二极管的正极流入，负极流出。二极管是由 PN 结构成，因此半导体二极管的伏安特性曲线和 PN 结伏安特性曲线相似，如图 3.2.2 所示为锗二极管和硅二极管的伏安特性曲线。当二极管处于正向偏置的时候，其伏安特性曲线处于第一象限，当二极管处于反向偏置的时候，其伏安特性曲线处于第三象限。

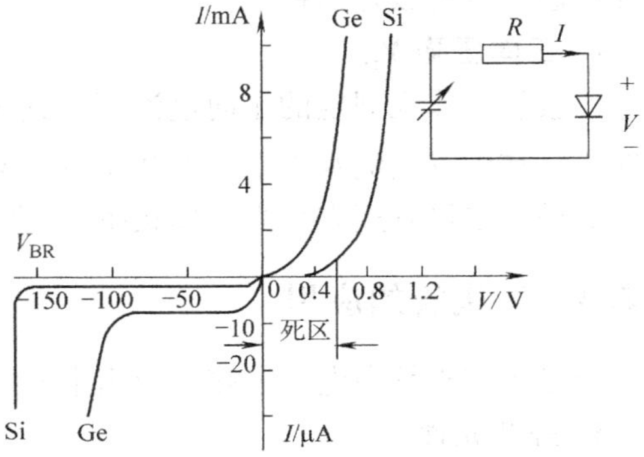

图 3.2.2　二极管的伏安特性曲线

当二极管处于正向偏置的时候，由图 3.2.2 可以看出，在正向电压超过某一数值后，才会有明显的正向电流，这个电压被称为开启电压（又称为死区电压、门坎电压），一般用 V_{on} 表示，通常情况下，硅二极管的导通电压为0.5V左右，而锗二极管的导通电压为0.1V左右。当偏置电压大于 V_{on} 时，电流随电压的变化呈指数增加。根据理论推导，二极管的伏安特性曲线满足下面的公式

$$I = I_S(e^{\frac{V}{V_T}} - 1) \tag{3.2.1}$$

式中，I_S 为反向饱和电流；V 为二极管两端的偏置电压；V_T 为温度的电压当量（$V_T = kT/q$）；k 为玻耳兹曼常数（$k = 1.381 \times 10^{-23}$ J/K）；q 为电子电荷量（$q = 1.6 \times 10^{-19}$ C）；T 为热力学温度。例如在室温（即 $T = 300$K）时，有 $V_T = 26$mV。

二极管在反向偏置的时候，由图3.2.2可以看出，在反向偏置电压小于击穿电压 V_{BR} 的范围内，反向电流非常小，并且基本不随反向电压而变化，此时的反向电流也称反向饱和电流 I_S，比如硅二极管的反向电流在纳安（10^{-9}A）数量级，锗二极管的反向电流在微安级（10^{-6}A）。当反向偏置电压大于击穿电压时，二极管将被击穿，其反向电流会突然急剧增加，如图3.2.2所示。

3.2.3　二极管的主要参数

半导体二极管的主要参数包括反向击穿电压 V_{BR}、最大反向工作电压 V_{RM}、最大整流电流 I_F、反向电流 I_R、正向压降 V_D、最高工作频率 f_{max} 和结电容 C_j 等，分别介绍如下：

1. 反向击穿电压 V_{BR} 和最大反向工作电压 V_{RM}

当二极管反向偏置电压大于某一反向电压值的时候，反向电流急剧增加，二极管的单向导电性能被破坏，甚至会损坏二极管，这时的反向电压值称为反向击穿电压 V_{BR}。为保证二极管安全工作，在实际工作时，最大反向工作电压 V_{RM} 通常只按反向击穿电压 V_{BR} 的一半计算。

2. 最大整流电流 I_F

二极管长期连续工作时，将允许通过的最大半波整流电流的平均值称为最大整流电流 I_F，主要决定于散热条件和PN结的面积，如果整流电流超过 I_F，那么二极管将会被烧坏。

3. 反向电流 I_R

在室温下，在规定的反向电压下，通常是最大反向工作电压下的反向电流值，称为反向电流 I_R。反向电流越小，说明二极管的单向导电性越好。反向电流受温度的影响很大，随温度的增加呈指数规律增加，因此二极管在高温运行的时候要特别注意，硅二极管比锗二极管在高温下具有较好的稳定性。

4. 正向压降 V_D

二极管工作在规定的正向电流下，其正向电压降称为正向压降 V_D。小电流硅二极管的正向压降在中等电流水平下，约0.6～0.8V，而锗二极管约0.2～0.3V。

此外，二极管还有最高工作频率 f_{max} 和结电容 C_j 等参数。

3.2.4　二极管的应用

半导体二极管在电子电路中应用十分广泛，下面介绍几个主要的应用。

1. 开关元件

在数字电路中，二极管通常是以开关方式运行的。在正向偏置电压作用下，二极管电阻

很小，处于导通状态，如同一只接通的开关；在反向偏置电压作用下，电阻很大，处于截止状态，相当于一只断开的开关。利用二极管的开关特性，在数字电路中可以组成各种逻辑电路和编码电路。开关特性将在3.2.5节详细讨论。

2. 整流二极管

半导体二极管最大的特性就是单向导电性，因此可以把方向交替变化的交流电变换成单一方向的脉动直流电，很多电子设备都包含一个将交流电变换为直流电的电路单元。

3. 继流二极管

在开关电源的电感和继电器等感性负载中起继流作用，比如交流供电的直流继电器状态控制电路。

4. 限幅元件

二极管工作在正向偏置电压下，它的正向压降基本保持不变（硅管约为0.6～0.8V，而锗管约为0.2～0.3V）。利用这一特性，在电路中可以作为限幅元件，即把信号幅度限制在一定范围内。

二极管还可以起到检波和变容的作用，比如收音机中的检波二极管和电视机的高频头中的变容二极管等。

3.2.5　半导体二极管的开关特性

半导体二极管在数字电路中通常以开关方式应用，在脉冲信号的作用下，二极管的正向导通及反向截止起到开关的“接通”或者“断开”的作用。半导体二极管有时要应用在开关频率很高（每秒几百万次，甚至几千万次）的开关电路中，因此研究它的快速开关特性非常重要，即分析半导体二极管在导通和截止状态之间快速转变的过渡过程。

二极管在正向导通和反向截止两种状态之间的转换都需要一定的时间，从导通到截止转换时间称为反向恢复时间，用t_{re}表示；从截止到导通的转换时间称为开通时间，因为在少子寿命很小并且正偏电流很小的情况下，开通时间比反向恢复时间t_{re}短很多，因此可以忽略不计，这里只讨论反向恢复时间t_{re}。

首先讨论产生反向恢复时间t_{re}的原因。二极管外加正向偏置电压的时候，外建电场和内建电场的方向相反，使得PN结两边的多子（P区的空穴、N区的电子）不断向对方区域扩散，空间电荷区变窄，而且有相当数量的载流子存储，即N区的电子扩散到P区，成为P区的少子，P区的空穴扩散到N区，成为N区的少子。以扩散到P区的电子为例，这些电子并不立即和P区的空穴复合而消失，而是在一定的路径l_n内边扩散边复合而逐渐减少，扩散到N区的空穴情况与此类似。这样靠近PN结边缘的少子浓度高，离结越远浓度越低，形成了一定的浓度梯度，这些少子称为存储电荷。图3.2.3a形象的说明了这一点，图3.2.3b是二极管外加正向偏置电压时PN结两边少子的浓度分布曲线。如图3.2.4a所示，当二极管外加正向电压跳变为反向电压的时候，因为PN结的空间电荷区仍然很窄，使得PN结两边的存储电荷（少子）在反向电压的作用下形成很大的反向漂移电流，随着少子的漂移，存储电荷逐渐减少，使得空间电荷区逐渐由窄变宽，经过一定时间，反向电流才由大变小，直至存储电荷消失，如图3.2.4b所示，二极管才变为截止状态，反向电流恢复到I_S值，因此存储电荷消失的时间就是二极管的反向恢复时间。

下面以如图3.2.5a所示电路为例来说明二极管的反向恢复时间，当加上如图3.2.5b所

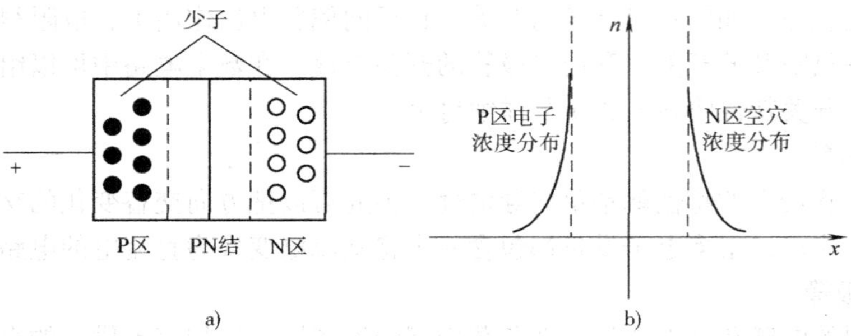

图 3.2.3 二极管中存储电荷（少子）的分布

a）二极管中存储电荷（少子）的分布示意图 b）二极管中存储电荷（少子）的分布曲线图

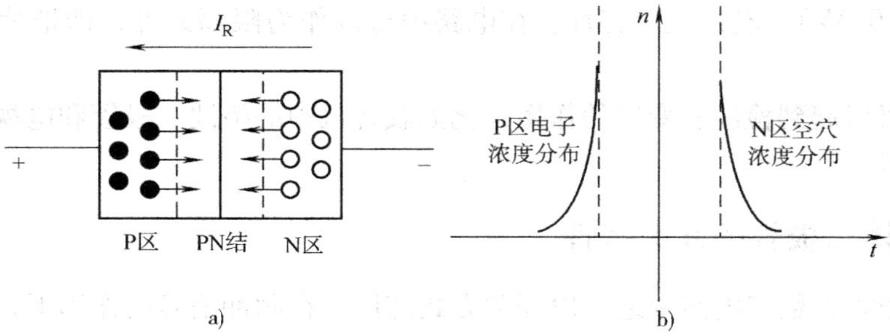

图 3.2.4 二极管的反向电流和开关过程中少子浓度的变化

a）二极管的反向电流 I_R b）开关过程中少子浓度随时间的变化

示的输入电压 V，二极管导通和截止之间的转换过程如下：

在 $0\sim t_0$ 时间段，$V_t=+V$，二极管导通，正向电流为 I_F

$$I_F=\frac{V-V_D}{R_L} \tag{3.2.2}$$

这里 V_D 为二极管正向压降。在 $t=t_0$ 的时候，输入电压突然从 $+V$ 降到 $-V$，理想情况下二极管立即转为截止，电路中的电流突然由正向电流 I_F 转变为很小的反向饱和电流 I_S，实际情况却是，在 $t=t_0$ 的时候有很大的反向电流 $I_R\approx V/R_L$，此时二极管是导通的，经过一段反向恢复时间 t_{re} 之后，反向电流减小到 $0.1I_R$（非常接近 I_S），此时二极管转换到反向截止状态。电流的转换如图 3.2.5c 所示。

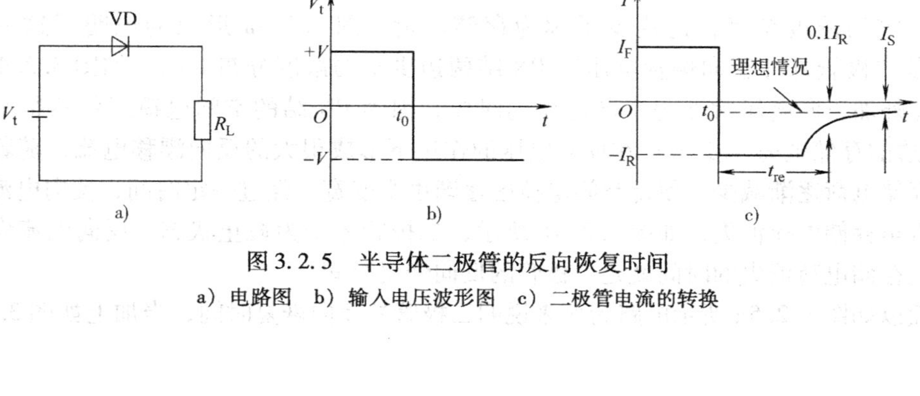

图 3.2.5 半导体二极管的反向恢复时间

a）电路图 b）输入电压波形图 c）二极管电流的转换

二极管开关速度受反向恢复时间 t_{re}的限制，反向恢复时间越长，其开关速度越慢，因此 t_{re}越小越好，通常开关二极管的反向恢复时间为纳秒（10^{-9}s）数量级。

3.3　双极型晶体管

半导体二极管可以对电信号进行整流，在电子电路中用来设计开关电路，组成各种逻辑电路。晶体管作为多功能的半导体器件，可以和其他的电子元件连接，实现放大电流、放大电压和放大功率的作用，被称为有源器件，二极管被称为无源器件。晶体管的类型有最基本的 3 种，即双极型晶体管（又称为晶体管）、金属—氧化物—半导体场效应晶体管和结型场效应晶体管。双极型晶体管其导电过程中涉及到电子和空穴两种载流子，是“双极”型，这也是晶体管前面加“双极”的原因；而场效应晶体管（包括金属—氧化物—半导体场效应晶体管和结型场效应晶体管）只涉及一种载流子，是“单极”型。

3.3.1　双极型晶体管的结构与类型

双极型晶体管的基本结构是由两个相距很近的 PN 结组成，有 3 个掺杂不同的扩散区，它有两种类型：NPN 型和 PNP 型。NPN 型晶体管的第一个 N 区称为发射区，由此引出的电极为发射极，用 E 或 e 表示（Emitter）；中间的 P 区称为基区，引出的电极称为基极，用 B 或 b 表示（Base）；第二个 N 区称为集电区，引出的电极称为集电极，用 C 或 c 表示（Collector）。PNP 型晶体管发射区为第一个 P 区，对应的电极为发射极；基区为中间的 N 区，对应的电极为基极；集电区为第二个 P 区，对应的电极为集电极。发射区和基区（E－B）间的 PN 结称为发射结（Je），集电区和基区（C－B）间的 PN 结称为集电结（Jc）。图 3.3.1a、b 分别是 NPN 型和 PNP 型晶体管的基本结构和电路符号，发射极的箭头代表发射极电流的实际方向。（＋＋）号和（＋）号表示通常情况下 3 个区掺杂浓度的相对大小，前者表示非常重的掺杂，后者表示中等程度的掺杂，掺杂浓度最高的是发射区，集电区掺杂浓度最低。从外表上看两个 N 区（或两个 P 区）是对称的，实际上发射区的面积小，作用是发射载流子，集电结面积大，作用是收集载流子，基区制造得很薄，其厚度一般在几个微米至几十个微米，作用是传输载流子，发射区与集电区的结构不同，不能互换。

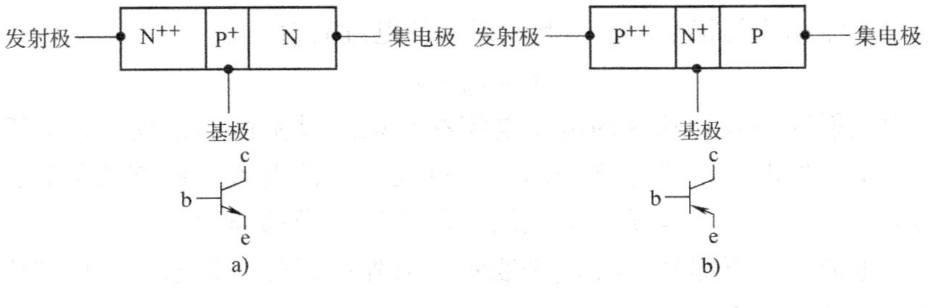

图 3.3.1　双极型晶体管的结构图和电路符号
a）NPN 型　b）PNP 型

正常使用情况下，晶体管的发射结加正向小电压，处于正向偏置状态，收集结加反向大电压，处于反向偏置状态。

3.3.2 晶体管的电流放大作用

NPN 型和 PNP 型晶体管是互补的器件，下面以 NPN 型晶体管来具体分析晶体管的基本工作原理以及电流放大作用，PNP 型晶体管的分析与此类似。

1. 基本工作原理

正常工作状态下的晶体管，发射结加正向偏压，用 V_e 表示，集电结加反向偏压，表示为 V_c，如图 3.3.2a 所示。晶体管中发射结（Je）和集电结（Jc）的相互作用是通过载流子的输运体现出来的。正偏的发射结和反偏的集电结，使得基区存在少子（电子）的浓度梯度。发射结正向偏置，电子从发射区越过发射结注入到基区，成为基区的非平衡少子，基区宽度远远小于电子的扩散长度，注入到基区的电子来不及和空穴复合就扩散到集电结的边界，由于集电结反向偏置，电子被集电结的反向抽取拉向集电区，使得集电结流过很大的反向电流。由此可见，由于发射结的正向注入作用和集电结的反向抽取作用，使得一股电子流从发射区流向集电区，如图 3.3.2b 所示。

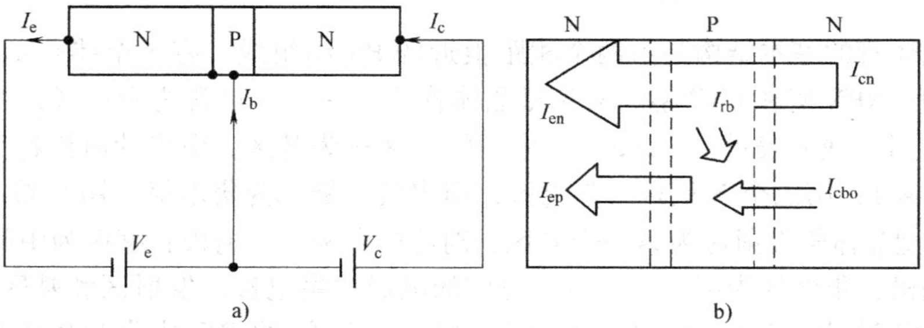

图 3.3.2 NPN 型晶体管的偏置情况和电流传输示意图

a）NPN 型晶体管的偏置情况 b）NPN 型晶体管电流传输示意图

从图 3.3.2b 可以看出，通过发射结的扩散电流有两部分构成：发射区的多子（电子）向基区扩散形成的电子电流 I_{en}，它大部分能够传输到集电极，成为集电极电流的主要部分；另外一部分是由基区注入发射区的空穴扩散电流 I_{ep}，它对集电极的电流没有贡献，成为基极电流的一部分。由于基区空穴的浓度远小于发射区的电子浓度（掺杂浓度不同），因而，空穴电流和电子电流相比是很小的。因此发射极的电流 I_e为

$$I_e = I_{en} + I_{ep} \tag{3.3.1}$$

在基区，由发射区注入到基区的电子电流在扩散通过基区的过程中，由于和空穴的复合，一部分变为基极的电流，用 I_{rb}来表示。通过集电结的电流主要有两部分：注入到基区集电结边界的电子扩散电流，电子在集电结电场作用下漂移通过集电区，是一股反向大电流，成为集电结电流的主要部分，用 I_{cn}来表示；另外一部分是集电结的反向饱和电流 I_{cbo}。因此基极、集电极的电流 I_b、I_c为

$$\begin{aligned} I_b &= I_{ep} + I_{rb} - I_{cbo} \\ I_c &= I_{cn} + I_{cbo} \end{aligned} \tag{3.3.2}$$

从图 3.3.2b 可以看出

$$I_c = I_e - I_b \tag{3.3.3}$$

满足基尔霍夫电流定律。

2. 电流放大作用

晶体管在实际电路中有 3 种连接方式：共基极（以基极为输入回路和输出回路的公共端，其他类推）、共发射极和共集电极，如图 3.3.3 所示。

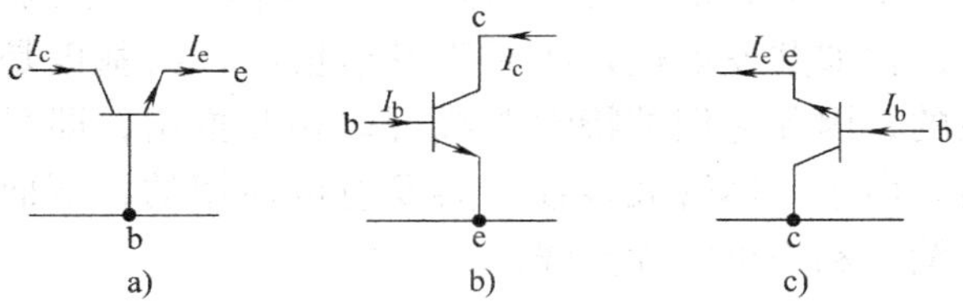

图 3.3.3　晶体管的 3 种连接方式

a）共基极　b）共发射极　c）共集电极

图 3.3.2b 表示的是共基极连接时晶体管内部载流子的情况，这里要求分析的是输出电流 I_c 和输入电流 I_e 之间的关系，而在共发射极和共集电极连接的电路，则分别需要分析 I_c 与 I_b 以及 I_e 与 I_b 的关系。

在共基极的情况下，定义到达集电极的电子电流 I_{cn} 与发射极电流 I_e 的比值为共基极直流电流放大系数 $\bar{\alpha}$，即

$$\bar{\alpha} = \frac{I_{cn}}{I_e} \tag{3.3.4}$$

它表示的是集电极电流在总发射极电流中所占的比例，其值恒小于 1，典型值为 0.95 ~ 0.995，非常接近于 1，因为基极电流很小。因此集电极的电流 I_c 为

$$I_c = \bar{\alpha} I_e + I_{cbo} \tag{3.3.5}$$

在共发射极情况下，从上面分析可以得到

$$\begin{aligned} I_c &= \bar{\alpha} I_e + I_{cbo} = \bar{\alpha}(I_c + I_b) + I_{cbo} \\ I_c &= \frac{\bar{\alpha}}{1-\bar{\alpha}} I_b + \frac{1}{1-\bar{\alpha}} I_{cbo} \end{aligned} \tag{3.3.6}$$

定义共发射极直流电流放大系数 $\bar{\beta}$ 为

$$\bar{\beta} = \frac{\bar{\alpha}}{1-\bar{\alpha}} \tag{3.3.7}$$

所以有

$$\begin{aligned} I_c &= \bar{\beta} I_b + (1+\bar{\beta}) I_{cbo} \\ I_e &= I_c + I_b = (1+\bar{\beta}) I_b + (1+\bar{\beta}) I_{cbo} \end{aligned} \tag{3.3.8}$$

在硅晶体管中，集电结的反向饱和电流 I_{cbo} 很小，因此可以得到

$$\begin{aligned} I_c &= \bar{\alpha} I_e + I_{cbo} \approx \bar{\alpha} I_e \\ I_c &= \bar{\beta} I_b + (1+\bar{\beta}) I_{cbo} \approx \bar{\beta} I_b \\ I_e &= I_c + I_b = (1+\bar{\beta}) I_b + (1+\bar{\beta}) I_{cbo} \approx (1+\bar{\beta}) I_b \end{aligned} \tag{3.3.9}$$

$\bar{\alpha}$ 值为 0.95 ~ 0.995 时，$\bar{\beta}$ 为 19 ~ 199 >> 1，因此有

$$I_c \approx I_e \approx \bar{\beta} I_b \tag{3.3.10}$$

从上面可以看出，在共发射极和共集电极连接的电路中，集电极（或者发射极）的电流取决于基极的电流，并且远大于基极的电流，控制基极输入回路电流，就可以实现对集电极（或者发射极）输出回路电流的控制，这就是晶体管的电流放大作用。因此晶体管是一种电流控制型器件，和后面的场效应晶体管是不同的（场效应晶体管的输入量为电压）。为了实现晶体管的放大作用，在使用中必须保证发射结上是正向偏置而集电结上是反向偏置。

3.3.3 晶体管的特性曲线

这里仍然以 NPN 型晶体管为例，晶体管是电流控制型器件，即输入电流控制输出电流，输入电流和输入电压有关，因而需要输入和输出两组特性曲线。在晶体管的 3 种连接方式里面，电流流动的方向和电流之间的关系都没有改变，不同的是电压的参考不一样，比如共发射极是相对于发射极的，共基极是相对于基极的，共集电极是相对于集电极的，因此它们的特性曲线可以相互推出，即只要知道其中一个，其他的都可以由此得出。由于晶体管大多数是共发射极使用的，下面以此为例，分析和讨论晶体管的共发射极输入和输出特性曲线。

1. 共发射极输入特性曲线

如图 3.3.4a 为共发射极接法的端口电流和端口电压，其输入端的电压为 V_{be}，电流为 I_b；输出端的电压为 V_{ce}，电流为 I_c。共发射极的输入特性曲线就是以 V_{ce} 为参变量的时候，I_b 和 V_{be} 之间的关系，即

$$I_b = f(V_{be})\big|_{V_{ce}=\text{const}} \tag{3.3.11}$$

NPN 型硅晶体管的输入特性曲线如图 3.3.4b 所示，从图中可以看出，输入特性曲线类似于发射结的伏安特性曲线。在 $V_{ce}=0\text{V}$ 的时候，相当于 c、e 短接，其输入特性曲线，即 I_b 和 V_{be} 的关系，实际上反映的是发射结和集电结并联后的正向偏置特性曲线，此时，发射结和集电结都处于正向偏置，所以 I_b 应该为发射区和集电区向基区扩散的电子电流之和，这里基区向发射区和集电区扩散的空穴电流，相对于电子电流来说，非常小，可以忽略不计。

V_{ce} 小于 1V 的时候输入特性曲线随 V_{ce} 的增大而右移，当 V_{ce} 增大至 1V 之后，特性曲线右移就很小了。特性曲线的右移表明在通用的 V_{be} 情况下，I_b 将减小。这是因为随着 V_{ce} 的增大，集电结将会由正偏转为反偏，集电结对基区内非平衡载流子的吸引力大大增强，使得基区内的复合电流减小，基极电流 I_b 减小。集电结反偏之后，把 I_e 中的绝大部分拉向集电区，形成 I_{cn}，即使 V_{ce} 继续增加，集电极电流的增加也会很少，因而随着 V_{ce} 的持续增大到 10V，特性曲线右移很少，形成了稳定的电流分配关系。

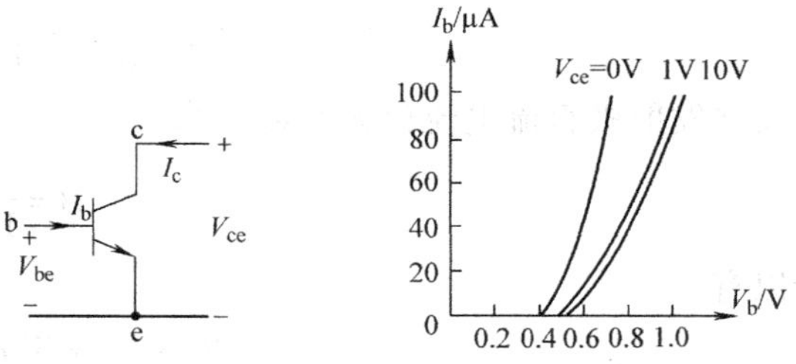

a) b)

图 3.3.4 共发射极接法的端口电流、电压和 NPN 型晶体管共发射极输入特性曲线

a）共发射极接法的端口电流和端口电压

b）NPN 型晶体管共发射极输入特性曲线

2. 共发射极输出特性曲线

共发射极接法的输出特性曲线如图 3.3.5 所示，它是以 I_b 为参变量的一族特性曲线，描述的是输出端电流 I_c 和电压 V_{ce} 之间的关系，即

$$I_c = f(V_{ce})\big|_{I_b=\text{const}} \tag{3.3.12}$$

从 NPN 型硅晶体管的输出特性曲线可以看出，特性曲线可以分为 3 个区域：

（1）截止区　$I_b \leqslant 0$ 的区域为截止区，晶体管的集电结处于反偏，发射结也处于反偏，所以 $I_c \leqslant I_{ceo}$（基极开路，流过集电极和发射极之间的电流，又称为穿透电流），$I_b \approx 0$。

（2）放大区　发射结正向偏置（对于硅晶体管 $V_{be}\approx 0.7V$，$I_b>0$），集电结反向偏置（$V_{cb}>0$）的时候，晶体管工作在放大区。对于硅晶体管，$V_{cb}=V_{ce}-V_{be}=V_{ce}-0.7V>0$，即要求 $V_{ce}>0.7V$。因此在图 3.3.5 输出特性曲线图中，放大区近似地为 $I_b>0$ 和 $V_{ce}>0.7V$ 的区域。由前面可知，当 $V_{ce}>1V$ 以后，晶体管内部的电流分配比例已经趋于稳定，因此 V_{ce} 的变化对 I_b 和 I_c 的影响都很小，其输出特性曲线与水平轴基本平行。必须通过改变 I_b 来改变输出电流 I_c，$I_b=0$ 的输出特性曲线同时也反应了 I_{ceo} 的大小。

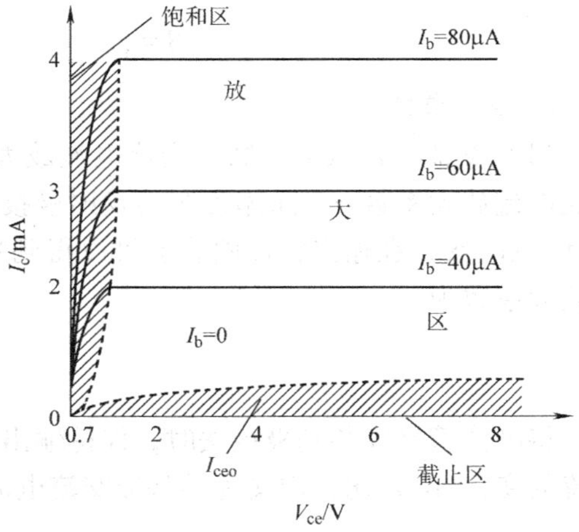

图 3.3.5　NPN 型晶体管（硅管）的输出特性曲线

（3）饱和区　输出特性曲线中靠近纵坐标的区域为饱和区，如图 3.3.5 所示。对于硅晶体管，饱和区对应于 $V_{ce}<0.7V$ 的区域，其发射结正偏，而集电结由反偏变为正偏（此时 $V_{cb}<0$）。集电结内的电场由于减弱，对基区内非平衡载流子的吸引能力下降，I_c 随 V_{ce} 的减小而减小，由于处于正偏，集电区的多子开始向基区扩散形成 I_b，导致共发射极直流电流放大系数减小。

3.3.4　晶体管的主要参数

半导体晶体管的参数归纳起来可以分为直流参数、交流参数和极限参数 3 大类。

1. 直流参数

（1）极间反向电流　晶体管极间反向电流包括集电极—基极间反向饱和电流 I_{cbo} 和集电极—发射极间的反向饱和电流 I_{ceo}。其中 I_{cbo} 是在发射极开路时，集电极和基极间的反向电流，决定于温度和少子的浓度，和 PN 结的反向电流一样。I_{ceo} 是在基极开路时，流过集电极和发射极之间的电流，即输出特性曲线 $I_b=0$ 那条曲线所对应的纵坐标的数值，又称为穿透电流，两者之间的关系为

$$I_{ceo}=(1+\bar{\beta})I_{cbo} \tag{3.3.13}$$

$\bar{\beta}$ 为共发射极直流放大系数。由此可见，I_{cbo} 随温度的增加而迅速增大，I_{ceo} 受温度的影响更加严重，因此在选择晶体管的时候，要选择 I_{ceo} 小的管子，并且 β 也不能太大。

（2）直流电流放大系数　包括共发射极直流电流放大系数 $\bar{\beta}$ 和共基极直流电流放大系数 $\bar{\alpha}$。由上面的讨论可知，在 V_{ce} 为一定值的时候，$\bar{\beta}$ 为

$$\bar{\beta}=\frac{I_c-I_{ceo}}{I_b}\approx\frac{I_c}{I_b} \tag{3.3.14}$$

它表征了集电极电流和基极电流之间的比例关系，其大小可以在共发射极输出特性曲线上求得。

共基极直流电流放大系数 $\bar{\alpha}$ 在 V_{cb} 为一定值的时候

$$\bar{\alpha}=\frac{I_c-I_{cbo}}{I_e}\approx\frac{I_c}{I_e} \tag{3.3.15}$$

它表示了集电极电流 I_c 和发射极电流 I_e 之间的比例关系。$\bar{\alpha}$ 和 $\bar{\beta}$ 之间的关系为

$$\bar{\beta}=\frac{\bar{\alpha}}{1-\bar{\alpha}} \qquad 或者 \qquad \bar{\alpha}=\frac{\bar{\beta}}{1+\bar{\beta}} \tag{3.3.16}$$

2. 交流参数

（1）交流电流放大系数　交流电流放大系数也包括共发射极交流放大系数 β 和共基极交流电流放大系数 α。晶体管在共发射极接法时，保持输出端电压 V_{ce} 不变，基极电流 I_b 变化 ΔI_b 的时候，在输出特性曲线上可以得到集电极电流 I_c 的变化 ΔI_c，定义共发射极交流电流放大系数为

$$\beta=\left.\frac{\Delta I_c}{\Delta I_b}\right|_{\Delta V_{ce}=0} \tag{3.3.17}$$

将晶体管接成共基极接法时，保持输出端电压 V_{cb} 不变，集电极电流的变化 ΔI_c 与发射极电流的变化 ΔI_e 之比，定义为共基极交流电流放大系数 α，即

$$\alpha=\left.\frac{\Delta I_c}{\Delta I_e}\right|_{\Delta V_{cb}=0} \tag{3.3.18}$$

（2）特征频率　在交流电路中，晶体管的 β 除了和工作电流有关之外，还和工作频率有关。由于晶体管中两个 PN 结的结电容的容抗随信号频率的增高而明显减小，β 也将下降，定义 β 值下降到 1 时的频率为特征频率 f_T。

3. 极限参数

（1）反向击穿电压　晶体管的两个 PN 结在反向偏置，反向电压超过规定值的时候，会发生击穿现象，反向击穿电压表示晶体管电极间承受反向电压的能力。发射极开路时的集电结击穿电压为 $V_{(BR)cbo}$（BR 表示击穿的意思），它通常为几十伏，也有可达几百伏的高压管；集电极开路时发射结的击穿电压为 $V_{(BR)ebo}$，它通常为几～十几伏；基极开路时集电极和发射极间的击穿电压为 $V_{(BR)ceo}$；$V_{(BR)cer}$ 表示基极和发射极之间接有电阻，$V_{(BR)ces}$ 表示基极和发射极之间是短路的，几个击穿电压在大小上有如下关系

$$V_{(BR)cbo}\approx V_{(BR)ces}>V_{(BR)cer}>V_{(BR)ceo}>V_{(BR)ebo} \tag{3.3.19}$$

（2）集电极最大允许电流　$\bar{\beta}$ 随集电极电流增加而下降，当 $\bar{\beta}$ 值下降到一定程度（手册中一般规定了测试条件）时所对应的集电极电流称为集电极最大允许电流 I_{cm}。至于 $\bar{\beta}$ 值下降多少，不同型号的晶体管，不同的厂家规定有所差别。因此当 $I_c>I_{cm}$ 时，并不表示晶体管会损坏。

（3）集电极最大允许功率　晶体管集电极电流通过集电结时所产生的功耗，$P_c=I_cV_{cb}\approx I_cV_{ce}$，它将转化为集电结上的温升，使晶体管发热。因发射结正偏，呈低阻，所以功耗主要集中在集电结上，在计算时往往用 V_{ce} 取代 V_{cb}。集电结上允许功率损耗的最大值为 P_{cm}，取决于晶体管所允许的温升，还和散热条件有关，这就是大功率管的集电极做在管壳上的原因。

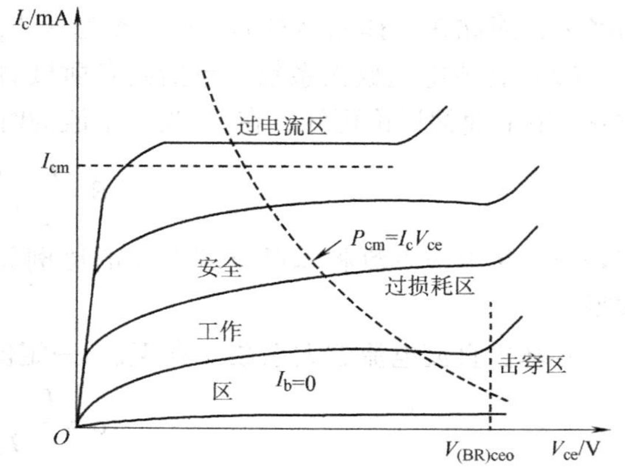

图 3.3.6　晶体管的安全工作区

根据晶体管的 3 个极限参数：P_{cm}、I_{cm} 和击穿电压 $V_{(BR)ceo}$，在输出特性曲线上可以确定过损耗区、过电流区和击穿区，如图 3.3.6 所示。$P_{cm}=I_cV_{ce}$ 为一常数的时候，可

以画出一条双曲线，双曲线上面的工作范围为过损耗区；I_c超过 I_{cm}的区域为过电流区；V_{ce}超过 $V_{(BR)ceo}$的区域为击穿区。

3.3.5　温度对晶体管的特性及参数影响

温度和晶体管的输入、输出特性以及主要参数都有密切的关系。发射结正向压降 V_{be}随温度的升高而减小，因此温度升高时，晶体管的输入特性曲线左移；共发射极直流放大系数 $\bar{\beta}$ 随温度的升高而增大，因此输出特性曲线随着温度的升高而上移，曲线之间的间距也拉大。

晶体管的反向饱和电流 I_{cbo}、I_{ceo}都是由少数载流子形成的，随温度的升高而呈指数增加，实验表明，硅晶体管的反向饱和电流在温度每升高 8°C 时约增加一倍，锗晶体管的反向饱和电流在温度每升高 10°C 时约增加一倍。小功率的硅晶体管的反向饱和电流是纳安级（10^{-9}A），而锗晶体管是微安级（10^{-6}A），因此在要求温度稳定性高的场合，一般采用硅晶体管。

3.3.6　双极型晶体管的开关特性

在数字电路中，双极型晶体管用作开关时，处理的是变化的大信号，通常工作在截止状态或者饱和状态。如图 3.3.7a 为晶体管的开关工作状态，电路中所用的晶体管为 NPN 型晶体管，采用共发射极连接方式，输入如图 3.3.7b 所示的跳变矩形波电压，晶体管将由截止态转换为饱和态，然后再转换为截止态。下面详细讨论转换过程中晶体管内发生的物理过程。

由前面的讨论可知，晶体管工作在截止、饱和状态时，其主要特点分别为：截止状态下两个 PN 结均为反偏，$I_b \approx 0$，$I_c \approx 0$；饱和状态下两个 PN 结均为正偏，$I_b > I_{bs}$，$I_c = I_{cs} \approx V_{cc}/R_c$（$I_{bs}$、$I_{cs}$为饱和电流）。输入如图 3.3.7b 所示的跳变矩形波电压时，晶体管的输出波形如图 3.3.7c 所示。在 t_1 时刻，V_{bb} 由 $-V$ 跳变到 $+V$（V 足够大，能够将晶体管驱动到饱和状态），在 $t_1 < t < t_1 + t_d$ 时，基极电流提供电荷使发射结由反偏变为轻微正偏，发射结的空间电荷区由宽变窄，已电离的施主原子和受主原子被中和，少部分电荷注入基区，基区电子再扩散到集电结，被集电结收集形成 I_c，使 I_c上升到其最大值的 1/10 倍，这段时间 t_d称为延迟时间。

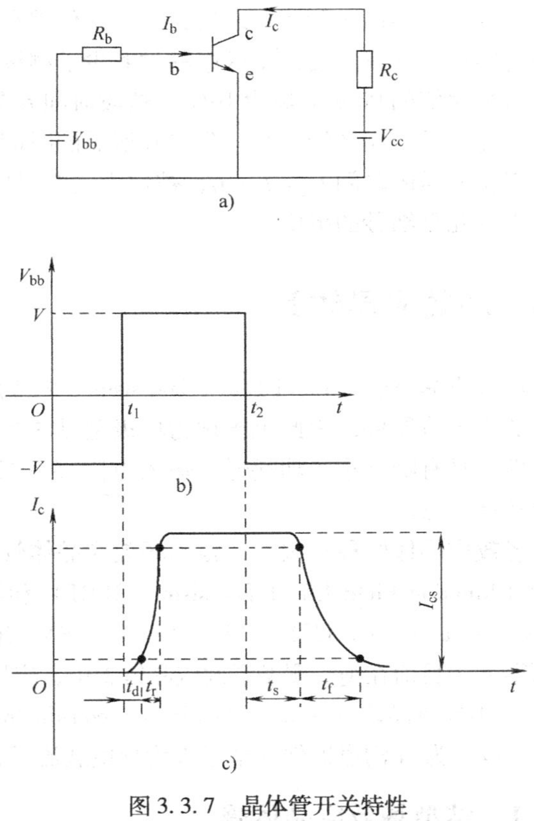

图 3.3.7　晶体管开关特性

a）研究晶体管开关特性所用的电路　b）驱动晶体管的基极输入　c）晶体管工作状态转换过程中集电极电流随时间的变化

在 $t_1 + t_d < t < t_1 + t_d + t_r$时，晶体管

发射区不断向基区注入电子，并在基区积累，使得电子浓度梯度变大，其过程用基区的电子浓度分布曲线来表示，如图 3.3.8 曲线 1→2→3 所示，曲线 3 对应于临界饱和集电极电流 I_{cs} 的电子浓度梯度，浓度的梯度为曲线的斜率，集电极电流由最大值的 10% 增大到 90%，这段时间 t_r 称为上升时间。

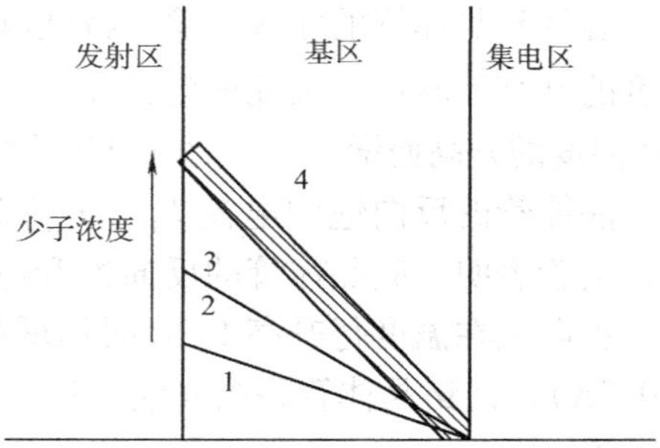

图 3.3.8　基区电子浓度梯度

晶体管饱和导通一般处于深度饱和状态，此时 $I_b > I_{bs}$，注入基区的电子超过了维持集电极电流为 I_{cs} 所需要的电子数，这些额外的电子便在基区内积累起来，被称为过剩存储电荷，如图 3.3.8 的阴影部分，晶体管处于饱和状态，集电极电流基本上保持在 I_{cs}。在 $t = t_2$ 时刻，V_{bb} 由 $+V$ 跳变到 $-V$，上面存储的电荷不能立即消失，而是在反向电压作用下漂移形成反向基极电流 I_b，反向基极电流会将发射区和基区中过剩载流子抽取出来，只要基区的过剩存储电荷没有完全被抽走，晶体管仍然工作在饱和区，在过剩存储电荷消失之后，才进入放大区 I_c 开始下降。从 V_{bb} 由 $+V$ 跳变到 $-V$ 时刻开始到基区过剩存储电荷完全消失的时间，称为存储时间 t_s，集电极电流由最大值变为最大值的 90%。

基区过剩存储电荷消失之后，基区内仍然存在电子，如图 3.3.8 曲线 3 下面的部分，由于集电结处于反偏，使得基区中的过剩少子继续被抽走，电子的梯度也逐渐减小，集电极的电流由最大值的 90% 下降为 10%，这段时间 t_f 称为下降时间。

由此可见，晶体管由截止到饱和所需的时间 $t_{on} = t_d + t_r$，被称为开通时间；晶体管从饱和到截止所需的时间 $t_{off} = t_s + t_f$，被称为关断时间。t_{on} 和 t_{off} 总称为晶体管的开关时间，通常在几十～几百纳秒的范围。

3.4　场效应晶体管

场效应晶体管（Field Effect Transistor，FET）是只有一种载流子（电子或者空穴）参与导电的半导体器件，因此也被称为单极型晶体管，它是一种用输入电压控制输出电流的半导体器件。具有噪声小、功耗低、输入电阻高（$10^8 \sim 10^9 \Omega$）、没有二次击穿现象、安全工作区域宽等优点。

场效应晶体管种类很多，根据场效应晶体管的结构和工作原理，可以分为结型场效应晶体管（Junction Field Effect Transistor，JFET）和绝缘栅型场效应晶体管（Insulated Gate Field Effect Transistor，IGFET）。JFET 因有两个 PN 结而得名，而 IGFET 因栅极与其他电极完全绝缘而得名。目前在绝缘栅型场效应晶体管中，应用最为广泛的是 MOS 场效应晶体管，即金属-氧化物-半导体晶体管（Metal Oxide Semicon-ductor FET，MOSFET）。根据参与导电的载流子不同，可以分为 N 沟道器件（电子作为导电载流子）和 P 沟道器件（空穴作为导电载流子）。

3.4.1　结型场效应晶体管

结型场效应晶体管可以分为 N 沟道和 P 沟道两种，其电路符号如图 3.4.1a 所示，以 N

沟道为例，其结构示意图如图3.4.1b所示，它是在一块掺杂较低N型半导体材料的两侧扩散形成两个高掺杂的P区，形成两个PN结夹着一个N型沟道的结构。将两个P区连接在一起，引出的电极即为栅极，N型半导体的一端是漏极，另一端是源极，N型半导体也是源极和漏极之间的导电沟道。将N沟道结型场效应晶体管中N区和P区互换位置，便形成了P沟道器件，P型区为导电沟道，两个高掺杂的N型区相连形成栅极。

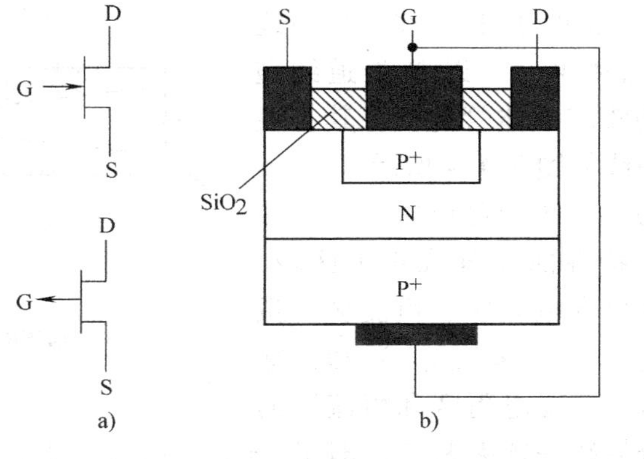

图3.4.1 结型场效应晶体管的电路符号和结构示意图
a）电路符号（上图为N沟道，下图为P沟道）
b）N沟道管的结构示意图

下面以N沟道结型场效应晶体管为例，讨论结型场效应晶体管的工作原理。因为结型场效应晶体管没有绝缘层，只能工作在反偏的条件下，即N沟道结型场效应晶体管只能工作在负栅压区，P沟道的只能工作在正栅压区，否则将会出现栅流。

（1）栅极电压对沟道的控制作用　当 $V_{GS}=0$ 时，在漏、源之间加有一定电压时（源极接地，$V_{DS}>0$，为一个小的正电压），如图3.4.2a所示，N沟道中的多子（电子）在外电场的作用下，从源极漂移到漏极，产生漏极电流 I_D，因为漏极上是一个小的正电压，所以 I_D 和 V_{DS} 的曲线接近于线性变化，如图3.4.2b所示。当 $V_{GS}<0$ 时，栅极和沟道PN结反偏，其空间电荷区增宽，形成耗尽层，沟道宽度变窄，沟道电阻增大，漏极电流 I_D 将减小。增大栅源之间的电压，即 V_{GS} 继续减小，沟道继续变窄，反偏达到一定程度时，空间电荷区将沟道完全填满，I_D 减小为0，这种情况称为沟道夹断，如图3.4.2b所示。当漏极电流为零时所对应的栅源电压 V_{GS} 称为夹断电压 $V_{GS(off)}$。

由此可见，对电流的控制，一部分是晶体管自身的行为，另外一部分是通过栅电压控制的，因此称这种器件为耗尽型器件或者常开型，即必须施加一定栅极电压才能使器件关断。

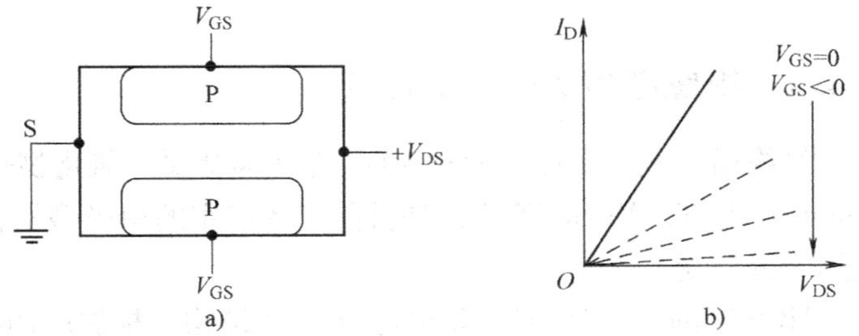

图3.4.2 V_{GS} 对沟道的控制作用
a）栅极电压和漏源电压示意图 b）I_D 和 V_{DS} 随栅极电压变化曲线图

（2）漏源电压对沟道的控制作用　在栅极加有一定的负电压 V_{GS}，且 $V_{GS}>V_{GS(off)}$，如果漏源电压 V_{DS} 从零开始增大，则 $V_{GD}=V_{GS}-V_{DS}$ 将随之减小，即向负向增大，这样使靠近漏极处的耗尽层加宽，相应的沟道变窄，从左至右呈楔形分布，如图3.4.3a所示。当 V_{DS} 增加到使 $V_{GD}=V_{GS}-V_{DS}=V_{GS(off)}$ 时，在紧靠漏极的地方，两个PN结的耗尽层开始相遇，沟道出现预夹断，如图3.4.3b所示。当 V_{DS} 继续增大，漏极处的夹断将会向源极方向延长。在出现预夹断之后，I_D 随着 V_{DS} 的增大而趋于稳定，或者略有上升，仅取决于 V_{GS} 的大小，V_{GS} 越负，I_D 越小，直到 $V_{GS}=V_{GS(off)}$ 时，沟道将全部被夹断（此时 $I_D\approx0$）。

（3）结型场效应晶体管的特性曲线　结型场效应晶体管的特性曲线包括输出特性曲线

(I_D和 V_{DS})和转移特性曲线(I_D和 V_{GS})。以 N 沟道结型场效应晶体管为例，其特性曲线如图 3.4.4 所示（$V_{GS} \leqslant 0$）。由图中可以看出，其输出特性曲线分成 4 个区域，即可变电阻区、恒流区、截止区（$V_{GS} < V_{GS(off)}$）和击穿区，可变电阻区和恒流区的分界线是预夹断点，即 $V_{DS} = V_{GS} - V_{GS(off)}$ 点，可变电阻区和恒流区又称为非饱和区和饱和区。

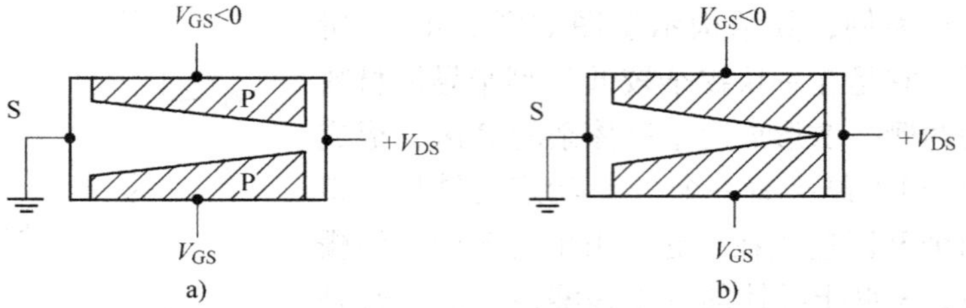

图 3.4.3 V_{DS}对沟道的影响

a）漏源电压 V_{DS}从零开始增大，沟道呈楔形分布示意图

b）沟道出现预夹断示意图

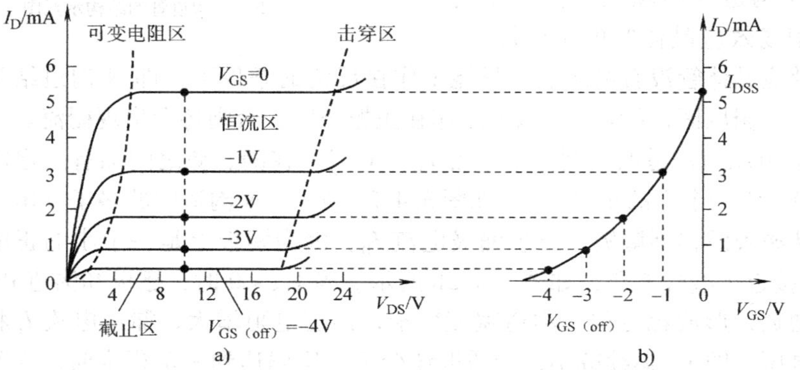

图 3.4.4 N 沟道结型场效应晶体管的特性曲线

a）输出特性曲线 b）转移特性曲线

3.4.2 绝缘栅型场效应晶体管

绝缘栅场效应晶体管简称 MOS 管（即金属—氧化物—半导体晶体管（Metal Oxide Semiconductor FET，MOSFET）），是目前广泛应用的单极型器件，因为尺寸很小，在数字电路中应用十分广泛。

MOS 管的核心是金属-氧化物-半导体结构，根据所用半导体材料的不同，可以分为 N 沟道、P 沟道场效应晶体管，分别简称为 NMOS 和 PMOS，N 沟道场效应晶体管又分为 N 沟道耗尽型和 N 沟道增强型，P 沟道场效应晶体管也分为 P 沟道耗尽型和 P 沟道增强型，其中的氧化物应用广泛的是二氧化硅（SiO_2）。各种类型的场效应晶体管在结构和工作原理上基本相同，下面以 NMOS 为例介绍 MOSFET 的基本特性和工作原理。

1. N 沟道增强型 MOSFET

图 3.4.5 是 N 沟道增强型 MOSFET 的结构图和电路符号。其拓扑结构基本上是左右对称的，它是在低掺杂的 P 型半导体（称为衬底，用符号 B 表示）上扩散两个高掺杂的 N 型区（即 N^+ 区），从 N^+ 区引出两个电极，一个是漏极 D，一个是源极 S，然后在半导体表面覆盖一层很薄的绝缘层（二氧化硅 SiO_2），在源极和漏极之间的绝缘层上镀一层金属铝作为栅极 G，

其中源极 S 常与衬底 B 连在一起。由于栅极 G 和其他两个电极之间是绝缘的，因此称为绝缘栅型。

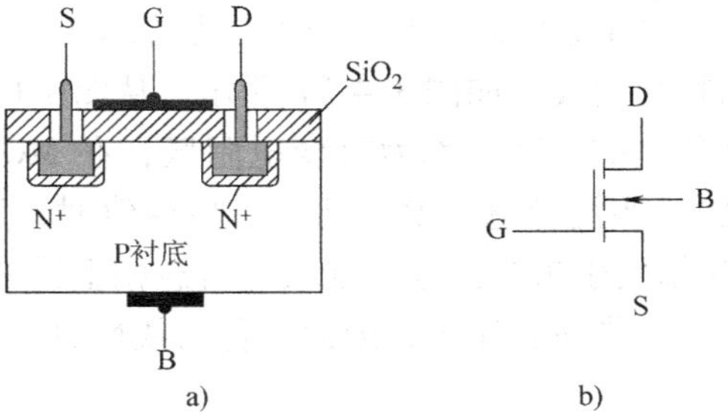

图 3.4.5　N 沟道增强型 MOSFET 的结构示意图和电路符号
a）结构示意图　b）电路符号

MOS 管工作时一般采用共源（以源极为公共端）接法，当栅源电压 $V_{GS}=0V$ 时，漏源之间相当于两个背靠背的二极管，不存在导电通道，无论在 D、S 之间加上何种极性的电压，都不会在 D、S 间形成电流，即漏极电流 $I_D=0$。当栅极加有电压时，若 $0<V_{GS}<V_{GS(th)}$（$V_{GS(th)}$称为开启电压）时，通过铝栅极和衬底以 SiO_2 为介质形成电容器，将靠近栅极下方的 P 型半导体中的空穴向下方排斥，出现了一薄层负离子的耗尽层，称为反型层。反型层的少子将向表层运动，但数量有限，不足以形成沟道，将漏极和源极沟通，所以仍然不足以形成漏极电流 I_D。反型层随着 V_{GS} 的增大而增厚，进一步增加 V_{GS}，当 $V_{GS}>V_{GS(th)}$ 时，由于此时的栅极电压已经比较强，在靠近栅极下方的 P 型半导体表层中聚集较多的电子，反型层与漏、源两个 N^+ 区相连，形成导电沟道，如果此时加有漏源电压，就可以形成漏极电流 I_D。随着 V_{GS} 的继续增加，I_D 将不断增加。

在栅源电压 $V_{GS}=0$ 时，漏极电流 $I_D=0$，只有当 $V_{GS}>V_{GS(th)}$ 后才出现漏极电流，因此这种 MOS 管称为增强型 MOS 管。V_{GS} 对漏极电流的控制关系曲线称为转移特性曲线，如图 3.4.7b 所示。

下面来分析漏源电压 V_{DS} 对漏极电流 I_D 的影响，即当 V_{GS} 固定为某一值时，且 $V_{GS}>V_{GS(th)}$，V_{DS} 的不同变化对沟道的影响。当 $V_{DS}=0$ 或较小时，此时 V_{DS} 基本均匀降落在沟道中，沟道分布如图 3.4.6a 所示，沟道呈斜线分布，栅、源电压最大为 V_{GS}，栅漏电压最小为 $V_{GD}=V_{GS}-V_{DS}$。在紧靠漏极处，沟道达到开启的程度以上，漏源之间有电流通过。当 V_{DS} 增加到使 $V_{GD}=V_{GS}-V_{DS}=V_{GS(th)}$ 时，沟道如图 3.4.6b 所示，漏极处沟道开始消失，称为预夹断，此时的漏极电流 I_D 基本饱和。进一步增大 V_{DS}，使得 $V_{GD}<V_{GS(th)}$ 时，沟道如图 3.4.6c 所示，则夹断点向源极方向延伸，漏端出现夹断区，V_{DS} 增加的部分基本降落在随之加长的夹断沟道上，电子经夹断区漂移到漏极，形成漏极电流 I_D，I_D 的大小取决于未夹断区域内的压降，而此压降基本不随 V_{DS} 的增加而增大，所以 I_D 基本趋于不变。

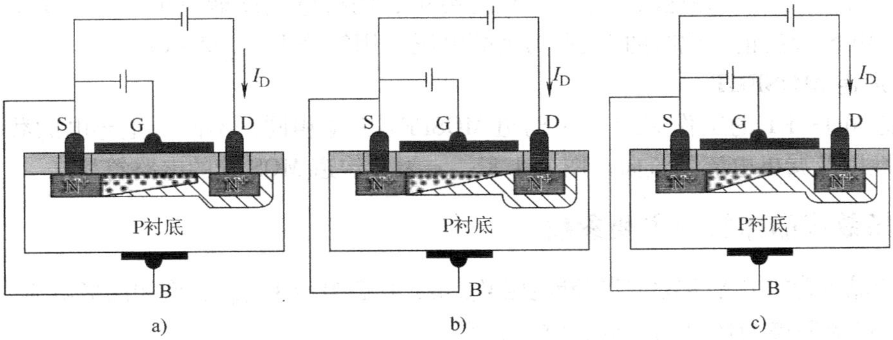

图 3.4.6　漏源电压 V_{DS} 对沟道的影响

当 V_{GS}固定为某一值时，且 $V_{GS} > V_{GS(th)}$，V_{DS}的不同变化对沟道的影响的曲线称为漏极输出特性曲线，如同3.4.7a所示。从图中可以看出，输出特性曲线在MOS管的导电沟道在预夹断之前的区域称为可变电阻区，在MOS管预夹断之后的区域称为恒流区（又称为饱和区），当漏源电压增大到某一临界值时，MOS管将会出现击穿现象，即漏区和衬底之间的PN结发生雪崩击穿，漏极电流急剧上升，输出特性曲线进入击穿区。当MOS管用作放大器时，工作在恒流区，因此也称为线性放大区。

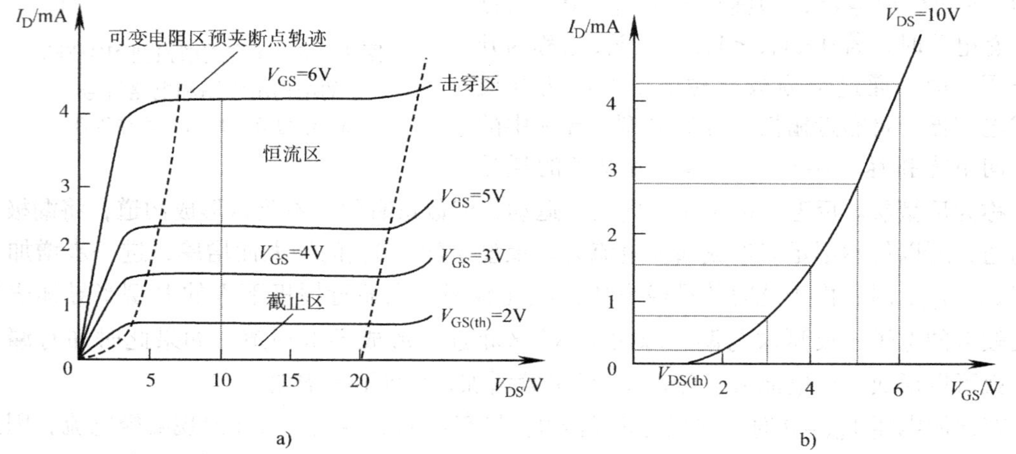

图3.4.7 漏极输出特性曲线和转移特性曲线

a）输出特性曲线 b）转移特性曲线

2. N沟道耗尽型MOSFET

图3.4.8a为N沟道耗尽型MOSFET的电路符号，结构上和N沟道增强型MOSFET相似，不同的是在栅极下方的SiO_2绝缘层中掺入了大量的碱金属（比如Na或者K）正离子。当 $V_{GS}=0$ 时，这些正离子已经感应出反型层，形成了导电沟道，只要有漏源电压，就有漏极电流存在。当 $V_{GS}>0$ 并逐渐增大时，沟道加厚，导电能力增强，使I_D进一步增加，如果 $V_{GS}<0$ 并逐渐减小时，沟道变薄，漏极电流逐渐减小，直至反型层全部消失 $I_D=0$，MOS管截止，此时的 V_{GS}称为夹断电压（用符号 $V_{GS(off)}$ 表示）。

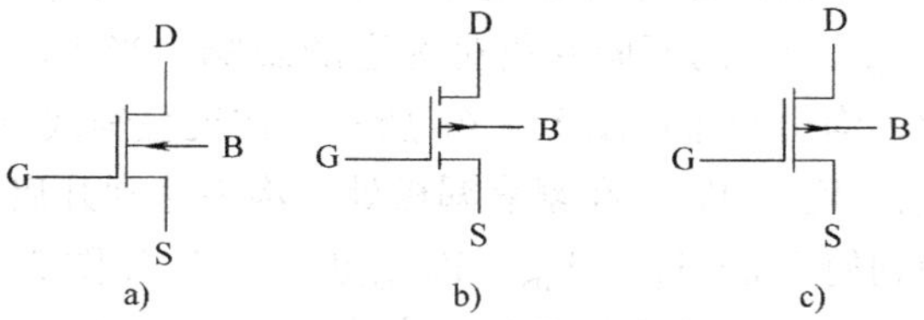

图3.4.8 N沟道耗尽型MOSFET和P沟道MOS管的电路符号

a）N沟道耗尽型MOSFET b）增强型PMOS管 c）耗尽型PMOS管

3. P沟道MOSFET

P沟道MOSFET的工作原理与N沟道MOSFET完全相同，不同的是导电的载流子和供电电压极性以及漏极电流的流向。图3.4.8b、c为P沟道MOS管的电路符号。

3.4.3 场效应晶体管的主要参数

场效应晶体管的主要参数包括夹断电压 $V_{GS(off)}$、开启电压 $V_{GS(th)}$、饱和漏极电流 I_{DSS}、输入电阻 R_{GS}、最大漏极功耗 P_{DSM}、低频跨导 g_m 等。

夹断电压和开启电压分别为耗尽型场效应晶体管（JFET和耗尽型MOSFET）的参数和

增强型 MOS 管的参数。夹断电压 $V_{GS(off)}$ 定义为在漏源电压 V_{DS} 为一定值的时候，通过减小 V_{GS} 的值，使得漏极电流 I_D 减小到某一个非常小的电流时所对应的 V_{GS}。开启电压 $V_{GS(th)}$ 定义为在漏源电压 V_{DS} 为一定值的时候，增大 V_{GS} 的值，使得漏极电流 I_D 由零增大到某一个非常小的电流时所对应的 V_{GS}。

耗尽型场效应晶体管在 $V_{GS}=0$ 相对应的输出特性曲线在饱和区的漏极电流，称为饱和漏极电流 I_{DSS}，它是耗尽型场效应晶体管的参数，对于结型场效应晶体管来说，它是最大的输出电流。

绝缘栅型场效应晶体管因为有绝缘层，其输入电阻 R_{GS} 可以达到 $10^9 \sim 10^{15}\Omega$。由于结型场效应晶体管没有绝缘层，因此要求栅源的 PN 结一直要处于反偏状态，其输入电阻 R_{GS} 大于 $10^7\Omega$。

场效应晶体管最大漏极功耗为：$P_{DSM}=V_{DS}\cdot I_D$，它决定了管子的温升，在输出特性曲线上的临界功耗线为一双曲线。

栅源电压对漏极电流的控制能力是通过低频跨导 g_m 表征的，定义场效应晶体管转移特性曲线的斜率为 g_m，即有：$g_m=\dfrac{\Delta I_D}{\Delta V_{GS}}$。它和工作电流 I_D 有关，特性曲线上每点的斜率都不同。

3.4.4　场效应晶体管与晶体管的比较

双极型晶体管从结构上可以分为 NPN 型和 PNP 型；场效应晶体管分为结型耗尽型（N 沟道和 P 沟道）、绝缘栅增强型（N 沟道和 P 沟道）、绝缘栅耗尽型（N 沟道和 P 沟道）。场效应晶体管的源极 S、栅极 G、漏极 D 分别对应于晶体管的发射极 e、基极 b、集电极 c，它们的作用相似，其中 c、e 一般不可倒置使用，而 D、S 一般可倒置使用。

晶体管是电流控制元件，而场效应晶体管是电压控制元件，其放大系数 g_m 一般较小，因此场效应晶体管的放大能力较差；场效应晶体管只有多子参与导电，为单极型器件；晶体管有多子和少子两种载流子参与导电，为双极型器件，因为少子浓度受温度、辐射等因素影响较大，所以场效应晶体管比晶体管的温度稳定性好、抗辐射能力强，在环境条件（比如温度等）变化很大的情况下应当选用场效应晶体管。场效应晶体管的噪声系数很小，因此在低噪声放大电路的输入级及要求信噪比较高的电路中应该选用场效应晶体管。

晶体管和场效应晶体管均可组成各种放大电路和开关电路，但是场效应晶体管制造工艺简单、耗电少，热稳定性好，工作电源电压范围宽，因而被广泛用于大规模和超大规模集成电路中，晶体管不适宜于大规模和超大规模集成电路。场效应晶体管栅极几乎不取电流，而晶体管工作时基极总要吸取一定的电流，所以场效应晶体管的输入电阻比晶体管的输入电阻高。晶体管不受静电影响，而场效应晶体管易受静电影响。

3.4.5　场效应晶体管的开关特性

可以把场效应晶体管看作为一个受栅极电压控制的开关。例如增强型 NMOS 管，当 $V_{GS}<V_{GS(th)}$（开启电压）时，漏源间是处于反偏状态的 PN 结，MOS 管工作在截止区，开关断开；当 $V_{GS}\geqslant V_{GS(th)}$ 的时候，漏源间形成导电沟道，MOS 管工作在导通状态，开关接通。场效应晶体管的开关速度主要取决于和电路相关的杂散电容的充放电时间，它大于

双极型晶体管电路，这是因为场效应晶体管导通的时候，沟道电阻比双极型晶体管饱和时的 c-e 间电阻大很多。

当 MOS 管截止时，D-S 间的等效电路用断开的开关代替，如图 3.4.9a 所示。当 MOS 管导通状态下，D-S 间的内阻 $R_{ON} \leqslant 1\text{k}\Omega$，且与 V_{GS}有关，所以其等效电路如图 3.4.9b 所示。图 3.4.9 中的 C_1 为栅极的输入电容，约为几皮法。当 V_1 在高、低电平间跳变时，漏极电流 I_D的变化和输出电压 V_{DS}的变化都将滞后于输入电压的变化。

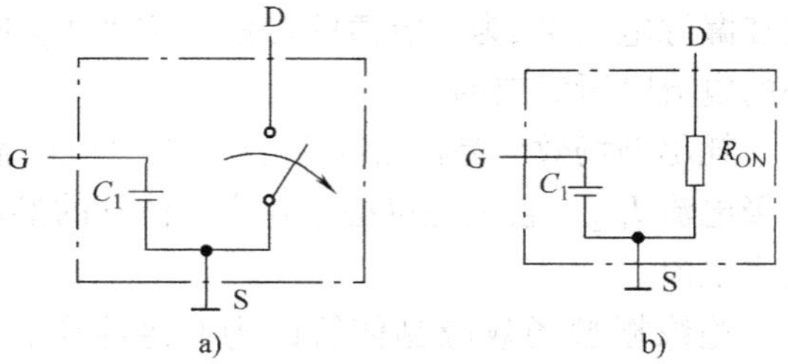

图 3.4.9 MOS 管的开关等效电路
a）截止状态 b）导通状态

小 结

半导体材料的基本特性是理解半导体器件工作原理和开关特性的基础，因此本章在阐述半导体材料以及 PN 结的基础知识基础上，重点介绍了最常用的半导体器件——半导体二极管、双极型晶体管、场效应晶体管，分别讨论了它们的工作原理和开关特性。

检 测 题

一、解释本征半导体和杂质半导体的概念。

二、简述空间电荷区的形成以及 PN 结的正向注入和反向抽取的概念。

三、简述二极管的主要参数及其意义。

四、简述二极管的应用。

五、简述晶体管的基本工作原理与主要参数及其意义。

六、简述结型场效应晶体管和绝缘栅型场效应晶体管的工作原理。

七、简述场效应晶体管的主要参数。

八、简述晶体管和场效应晶体管的区别。

九、论述二极管、晶体管以及场效应晶体管的开关特性。

习 题

[题 3.1] PN 结的伏安特性有何特点？

[题 3.2] 由于 PN 结中空间电荷区的存在，PN 结两端有电位差 V，那么，用导线将二极管两端短路，电路中会有电流吗？

[题 3.3] 晶体管的特性曲线和参数都是描述晶体管性能的方式，简述温度对晶体管的特性和参数的影响。

[题 3.4] 某 MOS 场效应晶体管的漏极特性如图 3.1 所示，画出 $V_{DS}=6\text{V}$ 时的转移特性曲线。

[题 3.5] 晶体管（硅或锗管）处于放大、饱和、截止各状态时，发射结和集电结的偏置条件是什么？

[题 3.6] 已知某 N 沟道结型场效应晶体管的参数如下：$I_{DSS}=3\text{mA}$，$V_{GS(off)}=-5\text{V}$，$V_{(BR)DS}=22\text{V}$，且满足：$I_D=I_{DSS}\left(1-\frac{V_{GS}}{V_{GS(off)}}\right)^2$，画出它的转移特性曲线和输出特性曲线，并划出可变电阻区、恒流区和击穿区。

[题 3.7] 分析场效应晶体管处于恒流区（放大区）的主要特征和偏置条件。

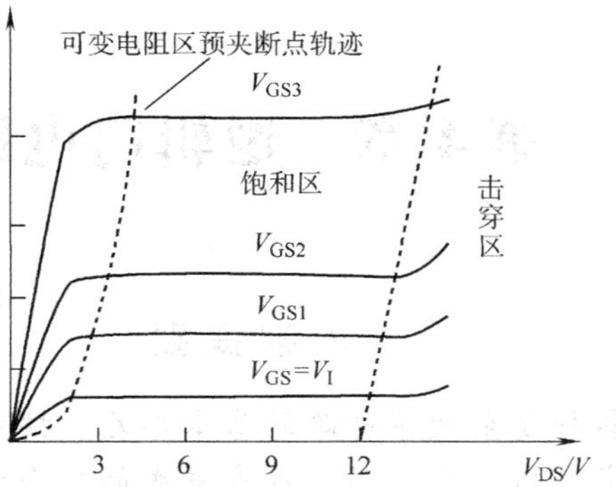

图　3.1

（$V_T=3V$，$V_{GS1}=6V$，$V_{GS2}=10V$，$V_{GS3}=12V$）

[题 3.8]　某晶体管在室温下具有如下参数：$I_{cbo}=5\mu A$，$\bar{\beta}=45$，$V_{ces}\approx-0.1V$，$V_{(BR)ceo}=-20V$，$V_{(BR)cbo}=-40V$，$I_{cm}=120mA$，$P_{cm}=120mW$ 大致画出晶体管的输入、输出特性曲线及功耗线，并划出安全工作区。

第4章　逻辑门电路

内容提要

集成逻辑门是构成各种复杂数字电路的基本单元，按照使用元器件的不同有双极型集成逻辑门和单极型集成逻辑门两大类。本章首先简单介绍了几种常用的基本逻辑门电路。然后，重点讨论了广泛使用的 TTL 门电路和 CMOS 门电路的工作原理和电气特性，如电压传输特性、输入特性、输出特性等，为今后实际使用这些集成器件打下良好的基础。

教学目标

1. 掌握基本逻辑门电路的定义，逻辑运算关系与逻辑符号，了解复合逻辑运算。
2. 了解 TTL 反相器的电路结构及工作原理，重点掌握 TTL 反相器的电压传输特性、输入特性、输出特性及动态特性等。
3. 掌握 TTL 的集电极开路（OC）和三态（TS）门的逻辑功能、使用方法和主要用途。
4. 了解 CMOS 反相器的电路结构、工作原理和电气特性。
5. 了解 CMOS 门的主要特点及使用时的注意事项。

4.1　基本逻辑门电路

在逻辑代数中，三个基本运算分别是：与运算、或运算和非运算。为了帮助理解这三种运算，可以使用实际的逻辑门电路的开关等效电路来说明。换句话说，我们把实现这三种逻辑运算的电路，称作基本逻辑门。

4.1.1　反相器

反相器，又称为非门，是实现逻辑代数中非运算的逻辑电路，并完成对逻辑电平取反的运算。逻辑非的定义如下：当决定一件事情的条件具备时，这件事情不会发生；当条件不具备时，事情反而会发生的逻辑关系。

如图 4.1.1 所示的电路中，当开关 A 闭合时，灯 Y 不亮，而当开关 A 断开时，灯 Y 才会亮。因此灯亮与开关之间就是非逻辑关系。如果用 1 表示开关闭合，0 表示开关断开；1 表示灯亮，0 表示灯不亮，可得到非逻辑的真值表，如表 4.1.1 所示。

逻辑非的逻辑关系表达式为：$Y=\overline{A}$，式中字母 A 上方的符号“—”表示 A 的非或反运算，非门的图形符号如图 4.1.2 所示。图 4.1.2a 为国外常用符号，图 4.1.2b 为国家标准符号。图中的“o”表示“非”运算。

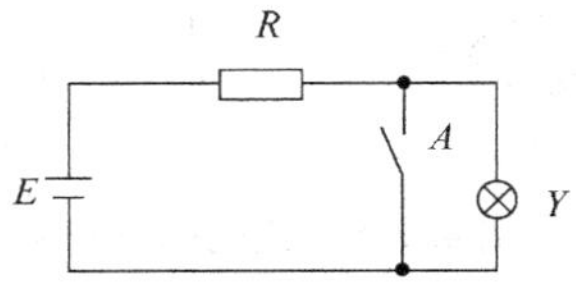

图 4.1.1 用于说明逻辑非定义的电路

表 4.1.1 非逻辑真值表

A	Y
0	1
1	0

4.1.2 与门和或门

与门是实现逻辑代数中与运算的逻辑电路，只有当所有的输入都是逻辑高电平时，其输出才是逻辑高电平。与运算的定义：在决定一件事的所有条件中，只有具备所有条件时，这件事情才会发生。图 4.1.3 是与逻辑的照明电路，只有在两个开关 A、B 同时闭合时，灯 Y 才会亮，否则灯就不会亮。同理，则可以得到描述开关与灯亮之间与逻辑关系的真值表，如表 4.1.2 所示。

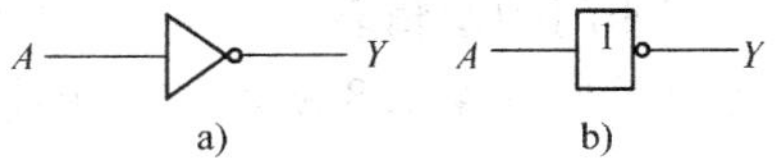

图 4.1.2 非门的图形符号
a）国外常用符号 b）国家标准符号

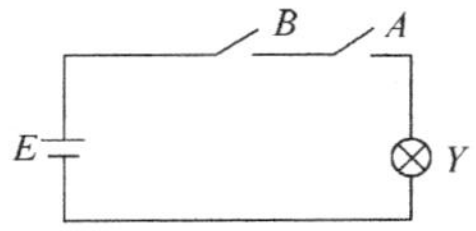

图4.1.3 用于说明与逻辑定义的电路

表 4.1.2 与逻辑真值表

A	B	Y
0	0	0
0	1	0
1	0	0
1	1	1

逻辑与的逻辑表达式为：$Y=A\cdot B$。

与门有一个输出，但至少有两个输入。与门图形符号如图 4.1.4 所示。

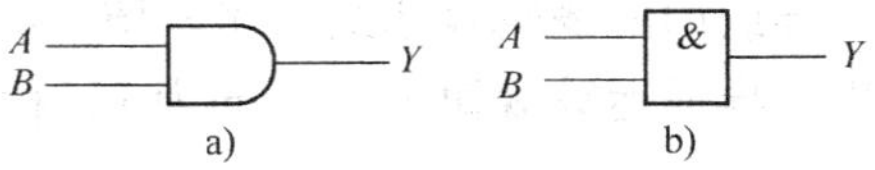

图 4.1.4 与门图形符号
a）国外常用符号 b）国家标准符号

或门是实现逻辑代数中或运算的逻辑电路。只要有一个或多个输入是逻辑高电平时，其输出就是逻辑高电平。或运算的定义：在决定一件事的所有条件中，只要具备一个或一个以上的条件，这件事情就会发生。

图 4.1.5 是或逻辑的照明电路，同理可以得到或逻辑真值表，如表 4.1.3 所示。

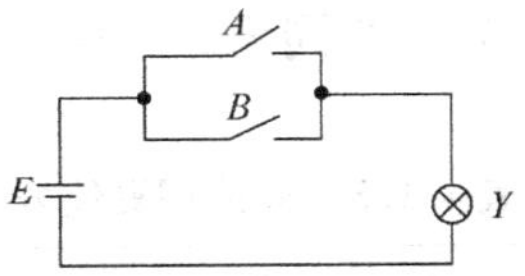

图 4.1.5 用于说明或逻辑定义的电路

表 4.1.3 或逻辑真值表

A	B	Y
0	0	0
0	1	1
1	0	1
1	1	1

逻辑或的逻辑关系表达式写成

$$Y=A+B$$

读作“Y 等于 A 或 B”或者“Y 等于 A 逻辑加 B”。或门的图形符号如图 4.1.6 所示。

4.1.3 与非门和或非门

复合逻辑运算往往比与、或、非复杂得多，不过它们都可以由与、或、非的组合来实现。最常见的复合逻辑运算有与非、或非、与或非、异或、同或等。实现复合逻辑运算的逻辑门称作复合门，相应的有与非门、或非门、与或非门、异或门、同或门等。

a) b)

图 4.1.6 或门图形符号

a）国外常用符号 b）国家标准符号

与非门的逻辑表达式为 $Y=\overline{AB}$，它是在与门后接一个非门实现的，如图 4.1.7 所示。其图形符号如图 4.1.8 所示。如果将多个与非门结合使用，则可以实现任何类型的逻辑函数。

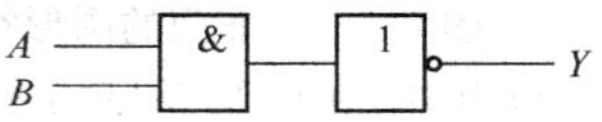

图 4.1.7 与非门电路

a) b)

图 4.1.8 与非门图形符号

a）国外常用符号 b）国家标准符号

或非门的逻辑表达式为 $Y=\overline{A+B}$，或非门是在或门后接一个非门就可以实现。其图形符号如图 4.1.9 所示。

4.1.4 异或门和同或门

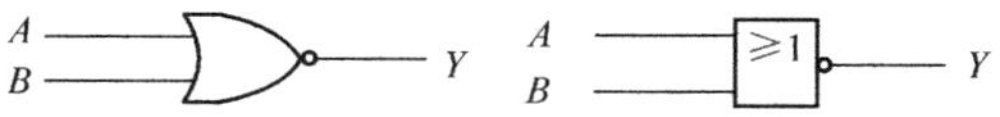

a) b)

图 4.1.9 或非门图形符号

a）国外常用符号 b）国家标准符号

异或门由两个与门、一个或门和两个非门组成。尽管异或门不是基本逻辑门，但它仍是一个分立的逻辑门，并具有特定的符号。

异或门的逻辑表达式为 $Y=A\overline{B}+\overline{A}B=A\oplus B$，其真值表如表 4.1.4 所示。由真值表可以看出，异或运算规律为“不同为 1，相同为 0”。异或门图形符号如图 4.1.10 所示。

a) b)

图 4.1.10 异或门图形符号

a）国外常用符号 b）国家标准符号

表 4.1.4 异或门真值表

A	B	Y
0	0	0
0	1	1
1	0	1
1	1	0

同或门（即逻辑恒等）的逻辑表达式为 $Y=\overline{A\overline{B}+\overline{A}B}=AB+\overline{A}\,\overline{B}=A\odot B$，同或门与异或门相反，其真值表如表 4.1.5 所示。可以看出，同或运算规律为“相同为 1，不同为 0”。其图形符号如图 4.1.11 所示。

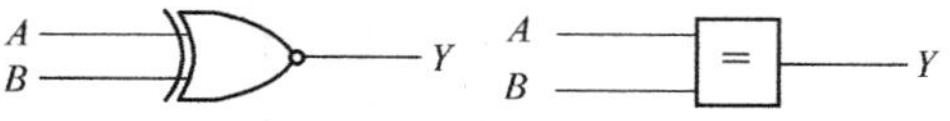

a) b)

图 4.1.11 同或门图形符号

a）国外常用符号 b）国家标准符号

表 4.1.5 同或门真值表

A	B	Y
0	0	1
0	1	0
1	0	0
1	1	1

4.1.5 集成门电路概述

门电路是用以实现逻辑关系的电子电路，与前面所讲过的基本逻辑关系相对应，门电路主要有：与门、或门、与非门、或非门、异或门等。数字系统中所用的为两值逻辑 0 和 1，一般用高、低电平来表示。我们利用开关 S 获得高、低电平，如图 4.1.12 所示，图中 v_I控制开关 S 的断、通情况。S 断开，v_O为高电平；S 接通，v_O为低电平。实际使用的开关 S 可以是半导体二极管、双极型晶体管以及场效应晶体管等电子器件。

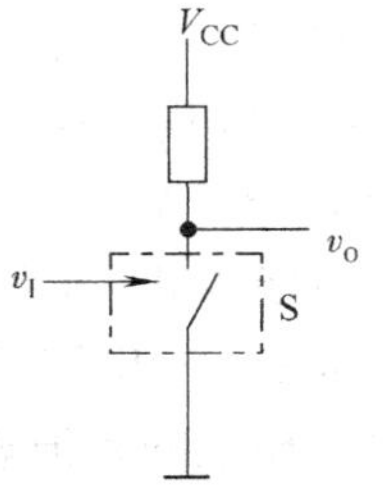

图 4.1.12 获得高、低电平的原理

在数字电路中，如无特别说明，一律采用正逻辑。正因为如此，在数字电路中无论对元器件参数精度的要求还是对供电电源稳定度的要求，都要比模拟电路低一些。

早期的门电路是由若干个分立的晶体管、电阻和电容连接而成，这种门电路称为分立元件门电路。分立元件门电路由于体积大、功耗大、可靠性低，难以组成大规模的数字电路，因此应用范围受到很大限制。由于集成门电路体积小、重量轻、可靠性高，因而得到了十分广泛的应用。按照集成度的高低，集成电路可分为小规模集成电路（Small Scale Integration，SSI）、中规模集成电路（Medium Scale Integration，MSI）、大规模集成电路（Large Scale Integration，LSI）和超大规模集成电路（Very Large Scale Integration，VLSI）4 种。

从制造工艺上分，集成门电路分为双极型、单极型和混合型。目前常用的两大系列门电路是 TTL（Transistor-Transistor Logic）系列门电路和 CMOS（Complementary MOS）系列门电路。TTL 系列门电路由双极型晶体管组成，具有速度快、驱动能力强的优点。但 TTL 门电路功耗较大，无法制成大规模集成电路或超大规模集成电路。而 CMOS 门电路由单极型 MOS 管构成，其突出的优点是功耗极低，非常适合于制造大规模集成电路。随着 CMOS 工艺的进步，CMOS 门电路性能得到了很大提高，其速度和驱动能力完全可以与 TTL 门电路相媲美。目前，大规模集成电路如微处理器、存储器等均采用 CMOS 工艺，即使在中、小规模的集成电路中，CMOS 工艺也已逐步替代 TTL 工艺。CMOS 集成电路已经在世界范围内的集成电路市场中占有越来越多的份额。本章将重点介绍 TTL 系列门电路和 CMOS 系列门电路。

4.2 半导体二极管门电路

4.2.1 二极管与门

实现与逻辑关系的电路称为与门。最简单的与门可以由二极管和电阻组成。图 4.2.1 是具有两个输入端的与门电路。图中 A、B 为输入信号，Y 为输出信号，设 $V_{CC}=5V$，输入信号低电平 $V_{IL}=0V$，高电平 $V_{IH}=3V$，二极管 VD_1、VD_2正向导通压降为 $V_D=0.7V$。输入 A、B 的组合有 4 种情况，分析如下：

1）当 $v_A=v_B=V_{IL}=0V$ 时，二极管，VD_1、VD_2都处于优先正向导通状态，此时 $v_Y=v_A+V_D=0+0.7V=0.7V$。

2）当 $v_A = V_{IL} = 0V$，$v_B = V_{IH} = 3V$ 时，二极管 VD_1 处于正向导通状态，$v_Y = v_A + V_D = 0 + 0.7V = 0.7V$，使 VD_2 受反向电压而截止，所以 $v_Y = 0.7V$。

3）当 $v_A = V_{IH} = 3V$，$v_B = V_{IL} = 0V$ 时，与第2）种情况分析方法相近，$v_Y = 0.7V$。

4）当 $v_A = v_B = V_{IH} = 3V$ 时，VD_1、VD_2 都处于正向导通状态，此时 $v_Y = v_A + V_D = (3 + 0.7)V = 3.7V$。

将输入 A、B 与输出 Y 之间的电位关系列于表 4.2.1 中。如果 3V 以上为高电平，用逻辑 1 来表示；0.7V 以下为低电平，用逻辑 0 来表示，则输入 A、B 与输出 Y 之间的电位关系被改成相应的真值表，如表 4.2.1 所示。

表 4.2.1 二极管与门电平和真值表

v_A/V	v_B/V	v_Y/V	A	B	Y
0	0	0.7	0	0	0
0	3	0.7	0	1	0
3	0	0.7	1	0	0
3	3	3.7	1	1	1

表 4.2.1 说明图 4.2.1a 所示的电路能够实现与逻辑。

这种与门电路虽然简单，但是存在严重的缺点。首先，输出的高、低电平数值和输入的高低电平数值不相等，差了一个二极管导通压降。所以，如果这个门的输出作为下一级门的输入信号，将发生信号高、低电平的偏移。其次，当输出端对地接上负载电阻时，负载电阻的改变有时会影响输出的高电平。

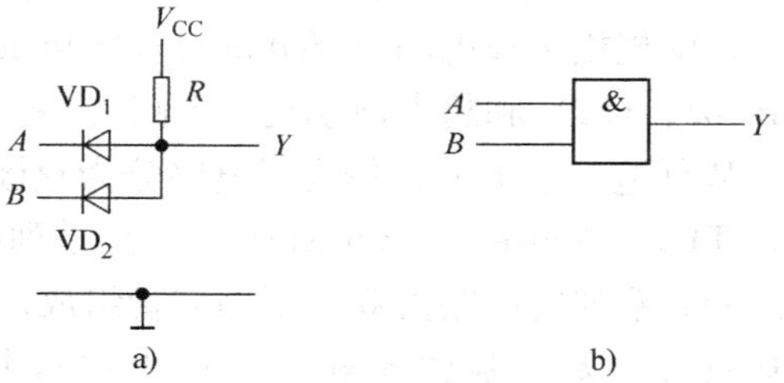

图 4.2.1 二极管与门

a）二极管与门电路 b）双输入与门符号

4.2.2 二极管或门

实现或逻辑关系的电路称为或门。二极管构成的或门电路如图 4.2.2 所示。

输入和输出的电平关系及真值表如表 4.2.2 所示。由表 4.2.2 可知，图 4.2.2 所示电路完成或逻辑关系。

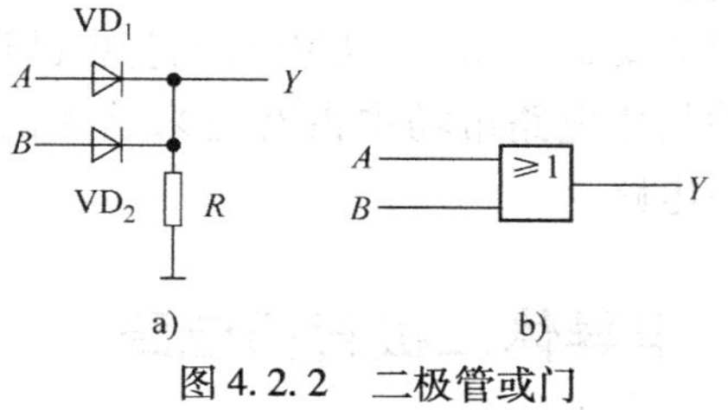

图 4.2.2 二极管或门

a）二极管或门电路 b）双输入或门符号

表 4.2.2 二极管或门电平和真值表

v_A/V	v_B/V	v_Y/V	A	B	Y
0	0	0	0	0	0
0	3	2.3	0	1	1
3	0	2.3	1	0	1
3	3	2.3	1	1	1

因此，图 4.2.2a 所示的电路能够实现或逻辑关系。二极管或门同样存在着输出电平偏移的问题。

4.3　TTL 门电路

TTL 门电路是目前双极型数字集成电路中用得最多的一种。TTL 集成电路产品有 74、74H、74S、74LS 4 个系列。CMOS 门电路是目前单极型数字集成电路中用得最多的一种。在本节只介绍 TTL 门电路的电路结构、工作原理、电气性能及其特点，而 CMOS 门电路留在下一节中讨论。

4.3.1　TTL 反相器

1. 电路结构和工作原理

图 4.3.1 为 74 系列 TTL 反相器的典型电路结构。它由 VT_1、R_1、VD_1 组成的输入级，R_2、R_3 和 VT_2 组成的倒相级，VT_4、VT_5 和 R_4、VD_2 组成的输出级 3 部分组成。

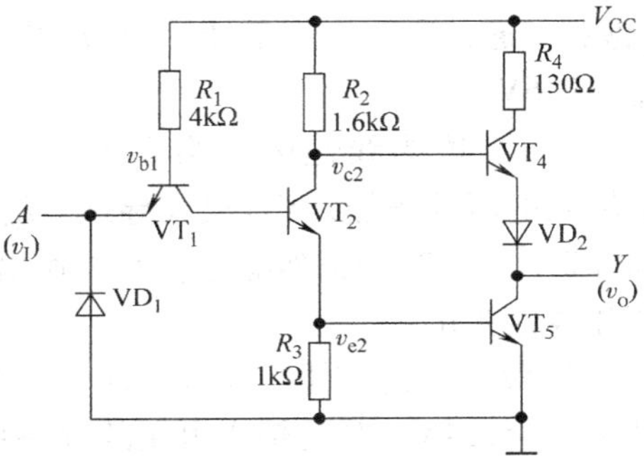

图 4.3.1　TTL 反相器典型电路

设电源电压 $V_{CC}=+5V$，输入高、低电平分别为 $V_{IH}=3.6V$，$V_{IL}=0.3V$。PN 结导通时结压降为 0.7V。

（1）输入信号为低电平时　VT_1 发射结导通，VT_1 的基极电位等于输入低电平加上发射结正向电压，$v_{b1}=(0.3+0.7)\ V=1V$。由于 VT_1 的基极到地之间有 b_1-c_1，b_2-e_2，b_5-e_5 共 3 个 PN 结。因此要使晶体管 VT_2、VT_5 导通，必须使 $v_{b1}=v_{bc1}+v_{be2}+v_{be5}=(0.7+0.7+0.7)\ V=2.1V$，所以 VT_2、VT_5 截止。由于 VT_2 截止，其集电极电位接近于 V_{CC}，于是电源 V_{CC} 经过电阻 R_2 向晶体管 VT_4 和二极管 VD_2 提供电流而使 VT_4、VD_2 导通，$v_{be4}=v_D=0.7V$，所以输出端的电位为

$$v_O=V_{CC}-i_{b4}R_2-v_{be4}-v_D$$

因为 i_{b4} 很小，可以忽略不计，电源电压 $V_{CC}=5V$，于是

$$v_O\approx(5-0.7-0.7)\ V=3.6V$$

即输出 Y 为高电平。

（2）输入信号为高电平时　VT_1 的发射结处于反向偏置，集电结处于正向偏置，我们称这种状态为倒置状态。这时在输入信号为高电平时，若不考虑 VT_2、VT_5 存在，则 VT_1 的基极电位为 $v_{b1}=V_{IH}+v_{be1}=(3.6+0.7)\ V=4.3V$，那么 VT_1 的 b－c 结，VT_2、VT_5 的 b－e 结都会导通。导通之后 v_{b1} 就被钳制在 2.1V，使 VT_1 的发射结反偏，集电结正偏。此时电源 V_{CC} 经过电阻 R_1 和 VT_1 的 b－c 结向 VT_2、VT_5 提供足够的基极电流而使 VT_2、VT_5 饱和导通。而 VT_2 导通会导致其集电极电位下降，导致 VT_4、VD_2 截止。所以输出电平为

$$v_O=V_{ces}=0.3V$$

即输出 Y 为低电平。

综上所述，图 4.3.1 所示电路实现了非逻辑运算，是反相器。即有

$$Y=\overline{A}$$

输出级的工作特点是在稳定状态下 VT_4、VT_5 总是一个导通而另一个截止。VT_4、VT_5 组成的推拉式输出级不仅具有提高开关速度的作用，而且具有提高带负载能力的作用。为了保证 VT_5 饱和导通时 VT_4 可靠地截止，又在 VT_4 的发射极下面串进了二极管 VD_2。

VD_1 为输入端钳位二极管，它既可以抑制输入端可能出现的负极性干扰脉冲，又可以防止输入电压为负时 VT_1 的发射极电流过大，起到保护作用。

2. 电压传输特性

电压传输特性是指门电路的输出电压 v_O 随输入电压 v_I 变化的特性曲线。图 4.3.2 为 TTL 反相器电压传输特性曲线，该图可以由图 4.3.1 所示的电路分析计算得出，也可以给电路加一组输入电压 v_I，测得对应的输出电压 v_O 得出。

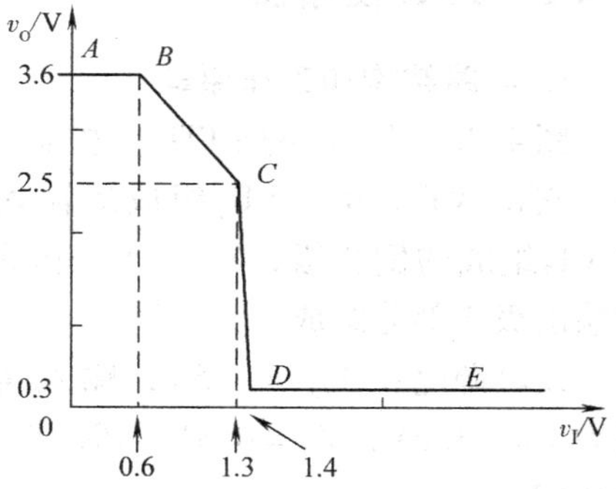

图 4.3.2 TTL 反相器电压传输特性

（1）*AB* 段为截止区 当 $v_I<0.6V$ 时，$v_{b1}<1.3V$，VT_1 饱和导通，VT_2、VT_5 截止，对应的输出为高电平（$V_{OH}=3.6V$）。

（2）*BC* 段为线性区 当 $0.7V<v_I<1.3V$ 时，随着输入电压的增加，VT_2 放大导通，i_{b1} 将有一部分流向 VT_2，但 VT_5 管仍然截止，此时输出电压随输入电压作线性变化。

（3）*CD* 段为转折区 $1.3V<v_I<1.4V$ 时，此时 $2.0V<v_{b1}<2.1V$，随着输入电压的进一步增加，VT_5 开始导通，此时 VT_2、VT_5 管均导通。输入电压的任何微小变化，都将引起输出电压急剧变化。转折区相当于 VT_5 管从开始进入放大至饱和导通为止的区域。

（4）*DE* 段为饱和区 当 $v_I>1.4V$ 之后，此时 VT_2 和 VT_5 进入饱和区，VT_4 和 VD_2 截止，输出低电平。

在电压传输特性曲线中涉及的主要参数如下：

阈值电压 V_{th}：转折区即 *CD* 段中点所对应的输入电压，它可作为反相器输出高、低电平的分界电压，一般 V_{th} 取 1.4V。

输出高电平 V_{OH}：*AB* 段所对应的输出电压，输出高电平标准值为 3.6V。

输出低电平 V_{OL}：*DE* 段所对应的输出电压，输出低电平标准值为 0.3V。

输入低电平 V_{IL}：输入低电平标准值为 0.3V。

输入高电平 V_{IH}：输入高电平标准值为 3.6V。

3. 输入端的噪声容限

噪声容限表示门电路的抗干扰能力。在实际使用中，输入端有时会有噪声电压迭加在输入信号 v_I 上，致使输入信号偏离高、低电平。当噪声超过一定限度时就会破坏与非门的正常逻辑关系。因此，在保证输出高、低电平基本不变（变化的大小不超过规定的允许限度）的条件下，允许输入信号的高、低电平有一定的波动范围，这个范围称为输入端的噪声容限。

为了正确区分 1 和 0 这两个逻辑状态，首先规定了输出高电平的下限 $V_{OH(min)}$ 和输出低电平的上限 $V_{OL(max)}$。同时，又可以根据 $V_{OH(min)}$ 从电压传输特性上定出输入低电平的上限

$V_{IL(max)}$，并根据 $V_{OL(max)}$ 定出输入高电平的下限 $V_{IH(min)}$。图 4.3.3b 给出了噪声容限定义的示意图。

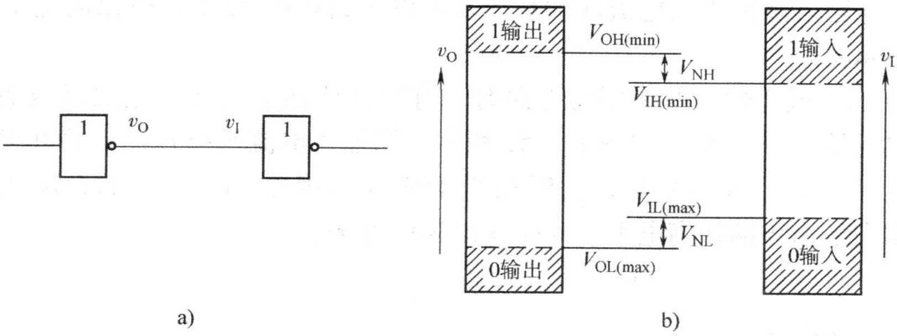

图 4.3.3　输入端噪声容限示意图
a）门电路互连系统　b）噪声容限示意图

在将许多门电路互相连接组成系统时，前一级门电路的输出就是后一级门电路的输入，如图 4.3.3a 所示，对后一级而言，输入高电平信号可能出现的最小值即 $V_{OH(min)}$。由此便可得到输入为高电平时的噪声容限为

$$V_{NH} = V_{OH(min)} - V_{IH(min)} \tag{4.3.1}$$

同理可得，输入为低电平时的噪声容限为

$$V_{NL} = V_{IL(max)} - V_{OL(max)} \tag{4.3.2}$$

74 系列门电路的 $V_{OH(min)}=2.4V$，$V_{OL(max)}=0.4V$，$V_{IH(min)}=2V$，$V_{IL(max)}=0.8V$，根据式（4.3.1）和式（4.3.2）可算出 $V_{NH}=(2.4-2)V=0.4V$，$V_{NL}=(0.8-0.4)V=0.4V$。

4. 静态特性

（1）输入特性　输入特性是指输入电压与输入电流之间的关系曲线。图 4.3.4 给出了如图 4.3.1 所示的 TTL 反相器输入伏安特性的测试电路和特性曲线。设输入电流流入 VT_1 发射极的方向为正方向，反之为负。

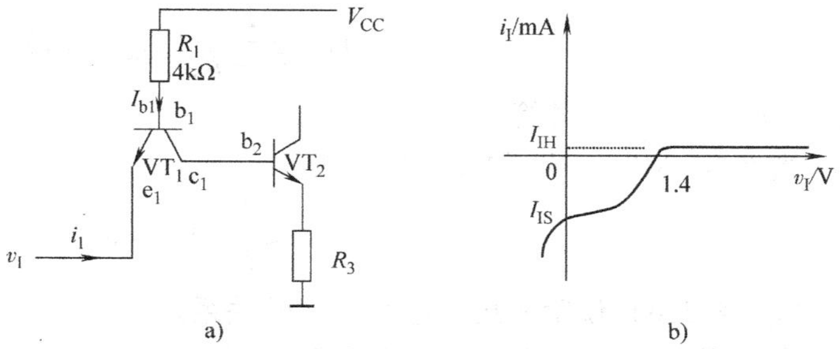

图 4.3.4　TTL 反相器输入伏安特性
a）输入伏安特性测试图　b）输入伏安特性

1）输入低电平电流 I_{IL}。当 $V_{CC}=5V$，$v_I=V_{IL}=0.3V$ 时，输入低电平电流为

$$I_{IL} = -\frac{V_{CC}-v_{be1}-V_{IL}}{R_1} \approx -1mA \tag{4.3.3}$$

当 $v_I=0$ 时，即输入端接地时的输入电流称为输入短路电流，用 I_{IS} 表示

$$I_{IS} = -\frac{V_{CC}-v_{be1}-0}{R_1} \approx -1.05mA \tag{4.3.4}$$

显然，I_{IS} 的数值比 I_{IL} 的数值要略大一点。通常在作近似分析计算时，经常用 I_{IS} 近似代

替 I_{IL} 使用。

2）输入高电平电流 I_{IH}（又称输入漏电流）。当 $v_I = V_{IH} = 3.6V$ 时，VT_1 管处于倒置状态。而在倒置状态下晶体管的电流放大系数 β 可以小到 0.01 以下，所以高电平输入电流 I_{IH} 很小，约 20 ~ 40μA。

（2）输入端负载特性　在使用门电路时，有时需要在输入端与地之间或者输入端与信号的低电平之间接入电阻 R_x，如图 4.3.5a 所示。当输入电流流经 R_x 时，将在 R_x 上产生压降而形成输入电压 v_I。当 $R_x = 0$ 时，此时相当于输入端接地，$v_I = 0$，那么输出高电平；当 $R_x = \infty$ 时，相当于输入端加高电平，此时输出为低电平。

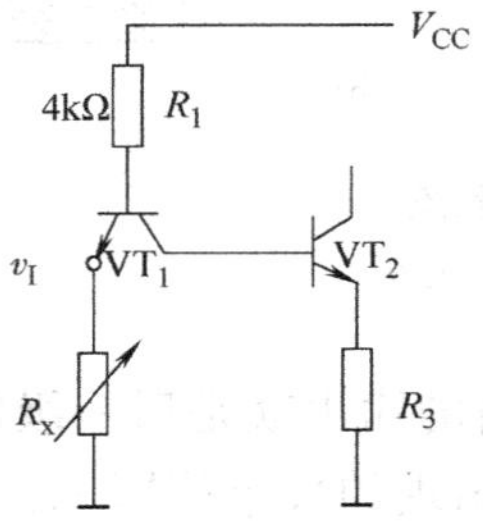

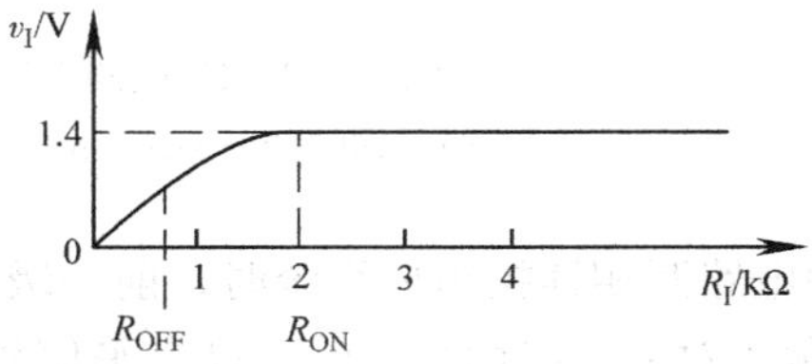

图 4.3.5　TTL 反相器输入端负载特性

a）输入端负载特性测试电路　b）输入端负载特性

输入端负载特性是指输入端电压 v_I 随输入电阻 R_x 变化的特性。图 4.3.5b 为输入端负载特性曲线。

由图 4.3.5a 可写出发射结导通时

$$v_I = \frac{R_x}{R_1 + R_x}(V_{CC} - v_{be1}) \tag{4.3.5}$$

式中，$v_{be1} = 0.7V$（硅管）。

当 $R_x \ll R_1$ 时，式（4.3.5）变成

$$v_I \approx \frac{R_x}{R_1}(V_{CC} - v_{be1}) \tag{4.3.6}$$

式（4.3.6）说明 v_I 几乎与 R_x 成线性关系。

当 R_x 稍大后，R_x 增加，v_I 却增加缓慢了。

当 $v_I > 1.4V$ 后，VT_2，VT_5 均导通，将 v_{b1} 钳制在 2.1V，这时 v_I 与 R_x 不再满足式（4.3.6）的关系，v_I 趋于 1.4V 的一条水平线。

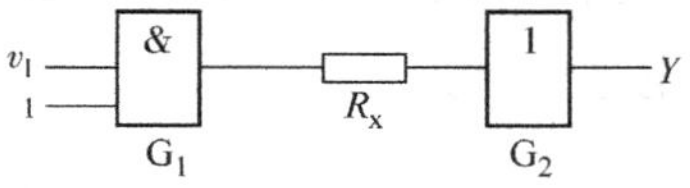

图 4.3.6 ［例 4.3.1］的逻辑图

［例 4.3.1］　在图 4.3.6 电路中，为保证门 G_1 输出的高、低电平能正确地传送到 G_2 的输入端，试计算 R_x 的最大允许值是多少？已知 G_1，G_2 均为 74 系列门电路，主要参数如下：$V_{CC} = 5V$，$V_{OH}/V_{OL} = 3.6V/0.1V$，$V_{IH(min)}/V_{IL(max)} = 2.8V/0.4V$，$I_{IH}/I_{IL} = 40\mu A/-10mA$，$I_{OH}/I_{OL} = -500\mu A/12mA$，反相器中输入级基极电阻为 $R_1 = 4k\Omega$。

解　首先计算 $v_{O1} = V_{OH}$，$v_{I2} \geq V_{IH(min)}$ 时 R_x 的范围。

$$V_{OH} - I_{IH}R_x \geqslant V_{IH(min)}$$

得
$$R_x \leqslant \frac{V_{OH} - V_{IH(min)}}{I_{IH}} \tag{4.3.7}$$

代入参数可得

$$R_x \leqslant \frac{V_{OH} - V_{IH(min)}}{I_{IH}} = \frac{3.6 - 2.8}{0.04 \times 10^{-3}}\Omega = 20\text{k}\Omega \tag{4.3.8}$$

其次计算 $v_{O1} = V_{OL}$，$v_{I2} \leqslant V_{IL(max)}$ 时 R_x 的范围。

那么对应于 G_2 来讲，如图 4.3.5a 所示，其中 R_x 的接地端改至接 $v_{O1} = V_{OL}$，具体分析如下：

$$v_{I2} = V_{CC} - R_1\frac{V_{CC} - v_{O1} - v_{be1}}{R_1 + R_x} - v_{be1} = \frac{V_{CC}R_x + v_{O1}R_1 + v_{be1}R_1}{R_1 + R_x} - v_{be1} \tag{4.3.9}$$

欲满足 $v_{I2} \leqslant V_{IL(max)}$，式（4.3.9）变为

$$\frac{V_{CC}R_x + (v_{O1} + v_{be1})R_1}{R_1 + R_x} - v_{be1} \leqslant V_{IL(max)} \tag{4.3.10}$$

将 $v_{O1} = V_{OL}$ 代入式（4.3.10），经整理得

$$\frac{R_x}{R_1} \leqslant \frac{V_{IL(max)} - V_{OL}}{V_{CC} - v_{be1} - V_{IL(max)}} \tag{4.3.11}$$

$$R_x \leqslant \frac{V_{IL(max)} - V_{OL}}{V_{CC} - v_{be1} - V_{IL(max)}}R_1 \tag{4.3.12}$$

将各参数代入上式后，得 $R_x \leqslant 0.3\text{k}\Omega$。

综合以上两种情况，应取 $R_x \leqslant 0.3\text{k}\Omega$。也就是说 G_1 与 G_2 之间串联的电阻不应大于 300Ω，否则当 $v_{O1} = V_{OL}$ 时，v_{I2} 可能超过 $V_{IL(max)}$。

（3）输出特性　输出特性是指输出电压 v_O 与输出负载电流 i_L 的关系。输出特性主要是反映逻辑门的负载特性，在输出电平不同时，其特性是不同的。输出特性主要有输出低电平时的输出特性和输出高电平时的输出特性。

1）输出低电平时的输出特性。在图 4.3.1 中，当输出为低电平时，输出级的 VT_5 导通而 VT_4 管截止，输出端的等效电路如图 4.3.7a 所示。由于 VT_5 饱和导通时 c-e 间的内阻很小，所以负载电流 i_L 增加时输出的低电平 V_{OL} 仅稍有升高。图 4.3.7b 是低电平输出特性曲线，可以看出，V_{OL} 与 i_L 的关系在较大的范围里基本呈线性。

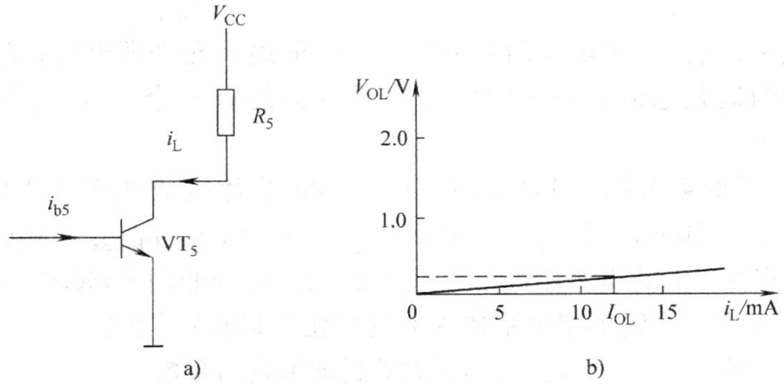

图 4.3.7　TTL 反相器输出为低电平时的输出特性
a）输出级等效电路　b）输出特性

2）输出高电平的输出特性。在图 4.3.1 中，当 $v_O = V_{OH}$ 时，VT_4导通，VT_5截止，输出端的等效电路如图 4.3.8a 所示。由于VT_4工作在射级输出状态，电路的输出电阻很小，在负载电流很小的情况下，i_L的变化对 V_{OH} 的影响不大。当 i_L进一步增加，在R_4上的压降随之增加，使得 v_{c4}减小，最终使 VT_4的 b-c 结变为正向偏置，VT_4进入饱和状态。这时 VT_4失去射极跟随功能，V_{OH}随i_L的增加而线性下降。图 4.3.8b 所示的是输出为高电平时的输出特性曲线。考虑到功耗的限制，74 系列门电路的运用条件规定，输出为高电平时，最大负载电流不能超过 0.4mA。

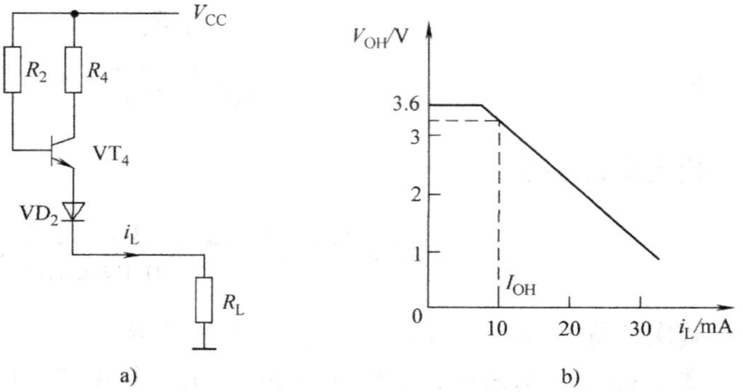

图 4.3.8 TTL 反相器输出为高电平时的输出特性
a）输出级等效电路 b）输出特性

3）扇出系数。由图 4.3.7a 及图 4.3.8a 可以看出，逻辑门带上负载后，负载电流的流向有两种情况。一种是负载电流 i_L流入逻辑门，称为灌电流，这种负载 R_L称为灌电流负载。当负载门的个数增加，灌电流增大，引起输出低电平 V_{OL}升高。

另一种是负载电流 i_L从逻辑门流出，称为拉电流，这种负载 R_L称为拉电流负载。拉电流增大时，R_4上的压降增大，会使输出高电平降低。

门电路常驱动同类门，在这种情况下，用扇出系数 N_O来描述其带负载能力。扇出系数就是一个门电路能驱动同类门的最大数目。扇出系数 N_O分两种情况，一种称为拉电流负载或者说输出高电平时的扇出系数 N_H，N_H的计算如下：

$$N_H \leqslant \frac{I_{OH(max)}}{I_{IH(max)}} \tag{4.3.13}$$

式中，$I_{OH(max)}$为驱动门高电平输出时的最大允许拉电流；$I_{IH(max)}$为负载门高电平时的最大输入电流。

另一种称为灌电流负载或者说低电平时的扇出系数 N_L，N_L的计算如下：

$$N_L \leqslant \frac{I_{OL(max)}}{I_{IL(max)}} \tag{4.3.14}$$

式中，$I_{OL(max)}$为驱动门低电平输出时的最大允许灌电流；$I_{IL(max)}$为负载门低电平时灌入本级的最大电流。一个门的扇出系数只能有一个，若 N_H与 N_L不一样时，取两者中的较小者。

[例 4.3.2] TTL 与非门 CT3000 芯片接成如图 4.3.9 所示电路。已知门电路参数 $I_{OL(max)}=20mA$，$I_{OH(max)}=1mA$，$I_{IL(max)}=1.43mA$，$I_{IH(max)}=50\mu A$。试求门 G_P 的扇出系数 N 应为多少？若将电路中的芯片改为四输入的与非门 CT3020，CT3020 的参数与 CT3000 相同，试问此时门 G_P的扇出系数 N 有何变化？其值为多少？

解 求 G_P带同类门的最大数目即为扇出系数。

（1）门 G_P输出为高电平时，有拉电流流出 G_P门。后接的每个门流入的电流为 $2I_{IH}$，则可带的门数 N_H为

$$N_H \leqslant \frac{I_{OH(max)}}{I_{IH(max)} \times 2} = \frac{1000}{50 \times 2} = 10$$

$$N_H = 10$$

（2）门 G_P 输出为低电平时，后接的每个门都有 I_{IL} 流出灌入 G_P 门，则可带的门数 N_L 为

$$N_L \leqslant \frac{I_{OL(max)}}{I_{IL(max)}} = \frac{20}{1.43} = 14$$

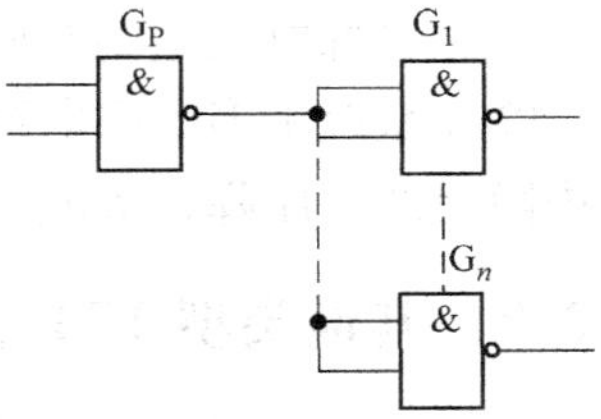

图 4.3.9 ［例 4.3.2］的逻辑图

取整数　$N_L = 14$

所以，G_P 带同类门的最大数目（扇出系数）为 10。

若芯片改为四输入的与非门，参数不变，计算方法同上，可分别求得

$$N_L \leqslant 14$$

$$N_H \leqslant 5$$

因此，四输入的与非门 CT3020 的扇出系数为 5。

5. 动态特性

（1）传输延迟时间　在 TTL 电路中，由于二极管和晶体管存在开关时间，而且还有二极管、晶体管以及电阻、连接线等的寄生电容存在，所以由二极管和晶体管构成的 TTL 电路的状态转换就需要一定的时间。我们把输出电压波形滞后于输入电压波形的时间叫做传输延迟时间，如图 4.3.10 所示。

通常将输出电压由低电平跳变为高电平时的传输延迟时间记作 t_{PLH}，把输出电压由高电平跳变为低电平时的传输延迟时间记作 t_{PHL}。t_{PLH} 和 t_{PHL} 一般都通过实验方法测定的，这些参数可以从产品手册上查到。传输延迟时间有时还用 t_{PHL} 和 t_{PLH} 的算术平均值 t_{pd} 来表示，即 $t_{pd} = \frac{1}{2}(t_{PHL} + t_{PLH})$ 称作平均传输延迟时间。t_{pd} 越小，电路的开关速度越高。

（2）电源的动态尖峰电流　静态时 TTL 门电路的电源电流比较小，在 10mA 左右。可是，在动态情况下特别是当输出电压由低电平突然转变成高电平的过渡过程中，由于 VT_5 工作在深度饱和状态，所以 VT_4 必定在 VT_5 变为截止之前就导通了。这样一来，就出现了瞬间 VT_5 和 VT_4 都导通的状态，有很大的瞬间电流流过 VT_4 和 VT_5，此时电源电流将会出现尖峰电流。另外，输出由高电平变为低电平时，也有一个不大的电源尖峰电流产生。动态尖峰电流如图 4.3.11 所示。

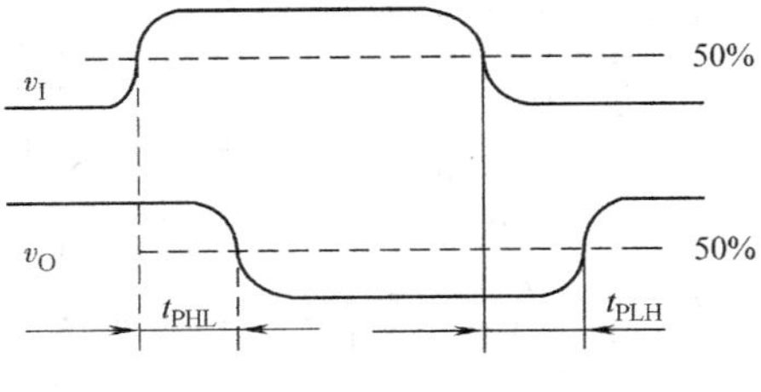

图 4.3.10　TTL 反相器的动态电压波形

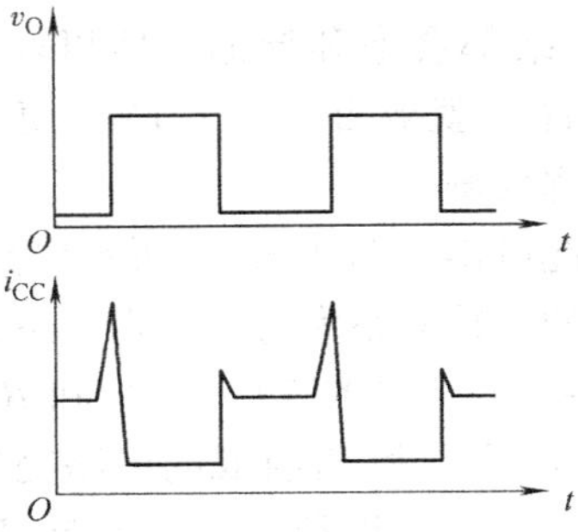

图 4.3.11　电源电流波形

电源尖峰电流主要有两个方面的影响：①在工作频率较高时，它使电源平均电流增加了。②在系统中多个门电路同时转换工作状态时，尖峰电流数值较大，将在电源和地线之间的内阻上产生压降，形成一个噪声源。

4.3.2 其他类型 TTL 门电路

1. 其他逻辑功能的门电路

为了便于实现各种不同的逻辑函数，在门电路的定型产品中除了反相器以外还有与门、或门、与非门、或非门、与或非门和异或门几种常见的类型。

图 4.3.12 为 74 系列与非门的典型电路。它与图 4.3.1 所示的反相器的区别在于输入极改为多发射极晶体管，输出级由 VT_3、VT_4、VT_5 和 R_4、R_5 组成。VT_1 是一个多发射极晶体管，其等效电路如图 4.3.13 所示。可以把 VT_1 看成是两个发射极独立，而基极和集电极分别并联在一起的晶体管。

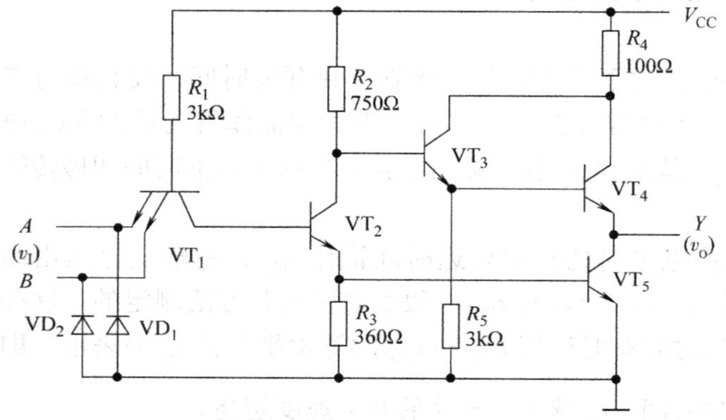

图 4.3.12 TTL 与非门内部结构

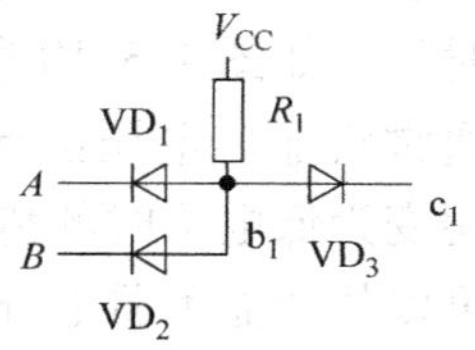

图 4.3.13 多发射极晶体管 VT_1 的等效电路

分析图 4.3.12 可知：①当输入端有一个接低电平时，对应于输入端接低电平的发射结导通，VT_1 的基极电位钳位在 1V。由于 VT_1 的基极到地之间有 b_1-c_1、b_2-e_2、b_5-e_5 三个 PN 结，所以 VT_2、VT_5 截止。由于 VT_2 截止，其集电极电位接近于 V_{CC}，于是电源 V_{CC} 经过电阻 R_2 向晶体管 VT_3、VT_4 提供基极电流而使 VT_3、VT_4 导通，$v_{be3}=v_{be4}=0.7V$，所以输出为高电平。②当输入端全部接高电平时，VT_2、VT_5 的 b－e 结都会饱和导通，所以输出为低电平。导通之后 v_{b1} 就被钳制在 2.1V，使 VT_1 的 2 个发射结全都反偏。

由此可得，图 4.3.12 所示电路的输入与输出之间的逻辑关系为与非逻辑关系，$Y=\overline{AB}$。

图 4.3.14 中的 VT_1'、VT_2' 和 R_1' 所组成的电路与 VT_1、VT_2 和 R_1 组成的电路完全相同。当 A 为高电平时，VT_2 和 VT_5 同时导通，VT_4 截止，输出 Y 为低电平。当 B 为高电平时，VT_2' 和 VT_5 同时导通，VT_4 截止，输出 Y 也为低电平。只有

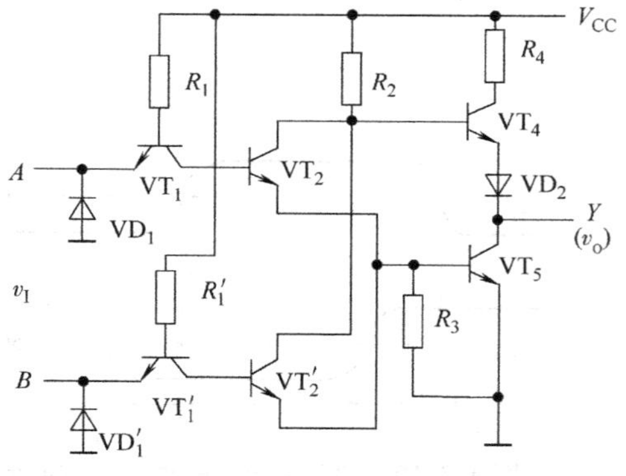

图 4.3.14 TTL 或非门内部结构

当A和B都为低电平时，此时VT_2和VT_2'都截止，VT_4导通而VT_5截止，输出Y才为高电平。因此Y和A、B的关系为或非关系。

将图 4.3.14 中的VT_1、VT_1'的单发射极变成多发射极晶体管，则可得到 TTL 与或非门电路。它的工作原理及其电气性能分析方法与 TTL 与非门和或非门相似，在此不再赘述。

2. 集电极开路的门电路

集电极开路的门电路又称 OC 门电路。

(1) 线与的概念　将门电路的输出端直接连接以实现与的逻辑功能，称为线与。普通 TTL 门电路，却不允许将输出端直接并联。因为这种具有推拉式输出级门电路，无论是输出高电平还是输出低电平，其输出电阻都很小，假如把这样两个门电路的输出端并联，当一个门的输出是高电平，而另一个门的输出是低电平时，必定有一个很大的电流流过这两个门的输出级电路构成的低阻通路。由于这个电流很大，不仅会使导通门输出的低电平严重提高，引起逻辑功能混乱，这种状态如果持续几秒钟，还可能损坏元器件。如图 4.3.15 所示。

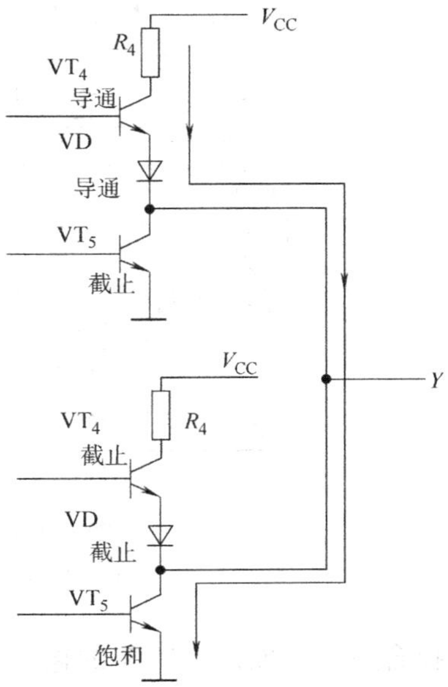

图 4.3.15　推拉式输出级并联的情况

(2) OC 门的电路结构　克服以上局限性的方法就是：将图 4.3.15 中的VT_4去掉就得到集电极开路与非门，简称 OC（Open Collector）门。图 4.3.16 为集电极开路与非门的电路和逻辑符号。

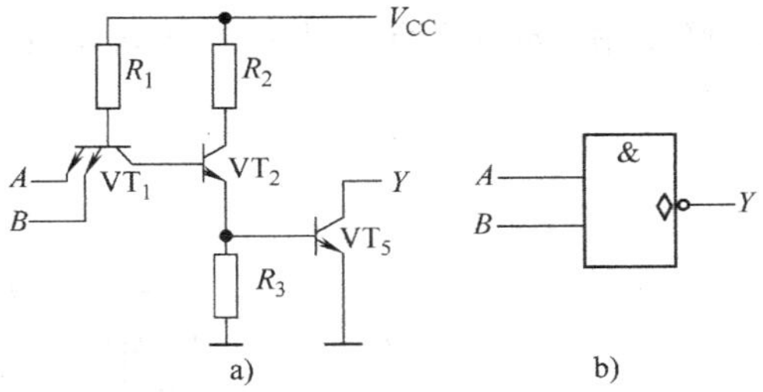

图 4.3.16　集电极开路与非门的电路和逻辑符号

a）集电极开路与非门电路　b）集电极开路与非门符号

(3) OC 门可以线与　图 4.3.17 为两个 OC 与非门输出端并联的电路。由图可知，当门G_1输出Y_1为低电平，门G_2的输出Y_2为高电平时，G_1的VT_5导通，G_2的VT_5'截止，负载电流流入G_1，输出Y为低电平。同理G_1的输出Y_1为高电平，G_2的输出Y_2为低电平时，负载电流流入G_2，输出Y为低电平。当G_1和G_2的输出Y_1、Y_2全为低电平时，Y肯定为低电平。当G_1和G_2的输出Y_1、Y_2全为高电平时，两门的VT_5和VT_5'均截止，输出Y为高电平，其数值在空载时等于V_{CC}。

由以上的分析可知，Y与Y_1、Y_2的关系是：当Y_1、Y_2中有一个是低电平时，Y为低电平；当Y_1、Y_2全为高电平时，Y为高电平。那么Y与Y_1、Y_2符合与逻辑关系，即$Y=Y_1Y_2$，又因为Y_1与Y_2连接在一起构成Y，因此称Y与Y_1、Y_2之间的这种连接方式为“线与”。根据分析我们知道图 4.3.17 的输出逻辑函数式为

$$Y = Y_1 \cdot Y_2 = \overline{AB} \cdot \overline{CD} = \overline{AB + CD} \tag{4.3.15}$$

由式（4.3.15）可知，两个 OC 与非门的“线与”，实现了与或非的功能。

值得注意的是，OC 门电路在工作时需要外接电源和外接电阻，而且只有外接电源和电

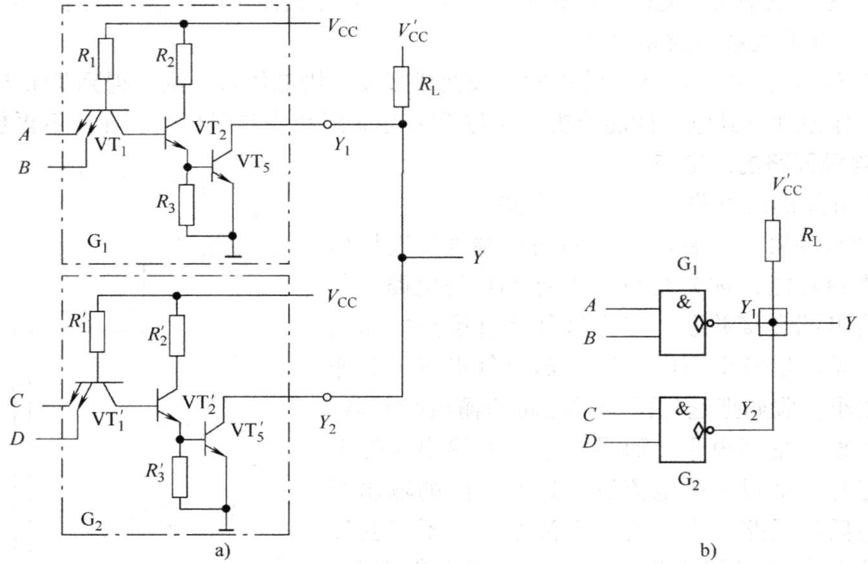

图 4.3.17　OC 门输出并联的接法及逻辑图

a）OC 与非门并联的电路　b）OC 门并联的逻辑图

阻选择合适，才能得到所需的输出高、低电平。上拉电阻 R_L 应根据实际电路取合适的值。几个 OC 门的输出端直接并联后共用一个集电极负载电阻 R_L 和一个正电源，下面通过一个例子来说明外接负载电阻的计算方法。

（1）外接负载电阻的最大值 $R_{L(max)}$　在图 4.3.18 所示的电路中，假定 n 个 OC 门的输出端并联使用，m 是 TTL 与非门的输入端数。

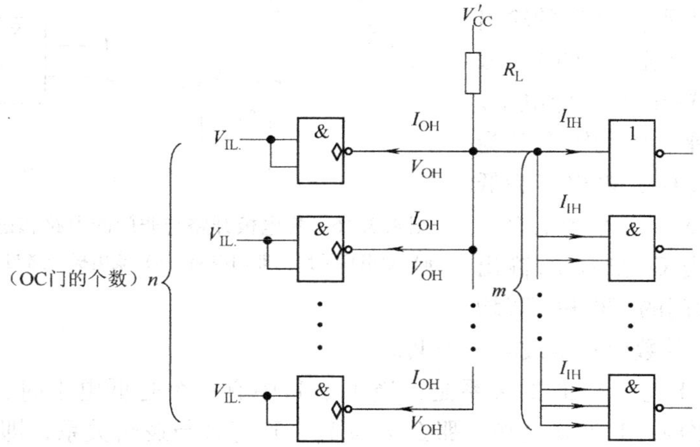

图 4.3.18　计算 OC 门负载电阻 R_L 最大值的情况

当所有 OC 门同时截止时，输出为高电平，并联“线与”后仍为高电平，为保证输出的高电平不低于规定的 $V_{OH(min)}$ 值，要求 $V'_{CC}-I_{R_L}R_L \geq V_{OH(min)}$。由图 4.3.18 得

$$V'_{CC}-(nI_{OH}+mI_{IH})R_L \geqslant V_{OH(min)} \tag{4.3.16}$$

式中，I_{OH}为 OC 门输出晶体管截止时的漏电流；I_{IH}是负载 TTL 门每个输入端为高电平时的高电平输入电流。图中表明了各个电流的实际流向。

由式（4.3.16）可求出 R_L 为

$$R_L \leqslant \frac{V'_{CC}-V_{OH(min)}}{nI_{OH}+mI_{IH}} \tag{4.3.17}$$

所以 R_L最大值为

$$R_{L(max)}=\frac{V'_{CC}-V_{OH(min)}}{nI_{OH}+mI_{IH}} \tag{4.3.18}$$

（2）外接负载电阻 R_L的最小值 $R_{L(min)}$　当 OC 门线与输出为低电平时，考虑最坏情况只有一个 OC 门导通，而其他 OC 门均截止。电流的实际流向如图 4.3.19 所示。

这时负载电流全部流入导通的那个 OC 门，为了确保流入导通 OC 门的电流不超过最大允许的负载电流 I_{LM}，并且 $V'_{CC}-I_{RL}R_L \leqslant V_{OL(max)}$成立，那么由图 4.3.19 可得

$$V'_{CC}-(I_{LM}-m'|I_{IL}|)\ R_L \leqslant V_{OL(max)} \tag{4.3.19}$$

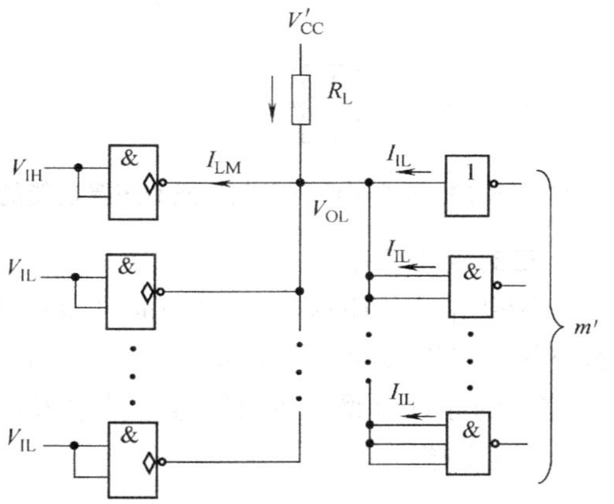

图 4.3.19　计算 OC 门负载电阻 R_L最小值的情况

R_L最小值 $R_{L(min)}$为

$$R_{L(min)}=\frac{V'_{CC}-V_{OL(max)}}{I_{LM}-m'|I_{IL}|} \tag{4.3.20}$$

式（4.3.19）和式（4.3.20）中的 I_{LM}表示 OC 门导通时所允许的最大负载电流；I_{IL}表示 TTL 与非门低电平的输入电流值；m'是负载门的个数，如果负载门是或非门，m'是输入端数，请注意 m'和 m 的含义不同。

综合以上两种情况，R_L需满足

$$R_{L(min)}<R_L<R_{L(max)} \tag{4.3.21}$$

值得注意的是：①一个 TTL 与非门，输入低电平的电流与输入端数无关，无论一个门有几个输入端，提供的电流只有一个 I_{IL}，m'个 TTL 与非门提供 $m'I_{IL}$。②对于 TTL 或非门，输入低电平的电流与输入端数有关，每一个输入端对应一个 I_{IL}。

OC 门主要有以下几方面的应用：

（1）实现线与功能，即与或非逻辑功能　将 n 个 OC 门输出端直接并联在一起，将实现多变量的与或非逻辑功能，如图 4.3.20 所示。

$$\begin{aligned}Y&=Y_1\cdot Y_2\cdots\cdots Y_n\\&=\overline{A_1B_1}\cdot\overline{A_2B_2}\cdots\cdots\overline{A_nB_n}\\&=\overline{A_1B_1+A_2B_2+\cdots\cdots+A_nB_n}\end{aligned} \tag{4.3.22}$$

（2）实现电平转换的功能　用 OC 门可以实现电平转换，如图 4.3.21 所示电路，将 OC 门外接电压 V'_{CC}，根据要求选择外电源 V'_{CC}的大小，即可达到电平转换的目的。

（3）用做驱动器　用 OC 门可驱动高电压、大电流负载的门电路，还可驱动指示灯、继

电器等。

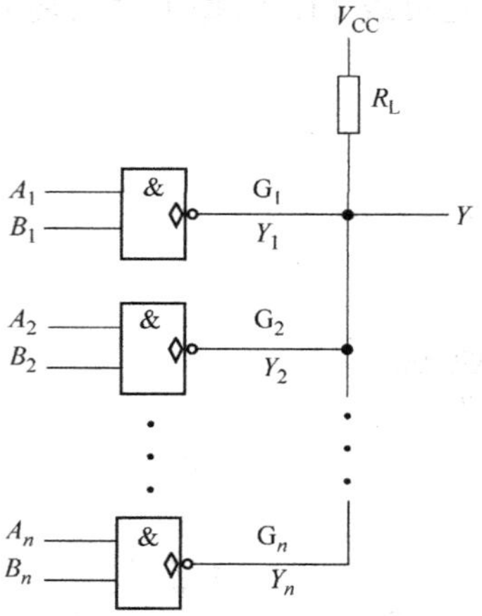

图 4.3.20 n 个 OC 门实现与或非逻辑功能的电路

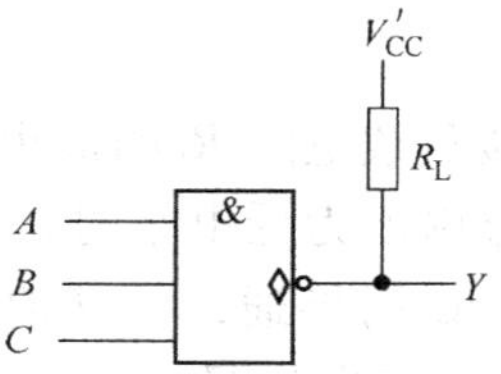

图 4.3.21 OC 门实现电平转换功能

3. 三态输出门电路

三态输出门（Three-State Output Gate，TS 门）是在普通门的基础上，加上使能控制信号和控制电路构成的。它的输出端除呈现高低电平外，还有一种高阻态。图 4.3.22 所示为 TS 与非门的原理电路和逻辑符号，其中 *EN* 为控制信号端，又称使能端，*A*、*B* 为信号输入端，*Y* 为输出端。

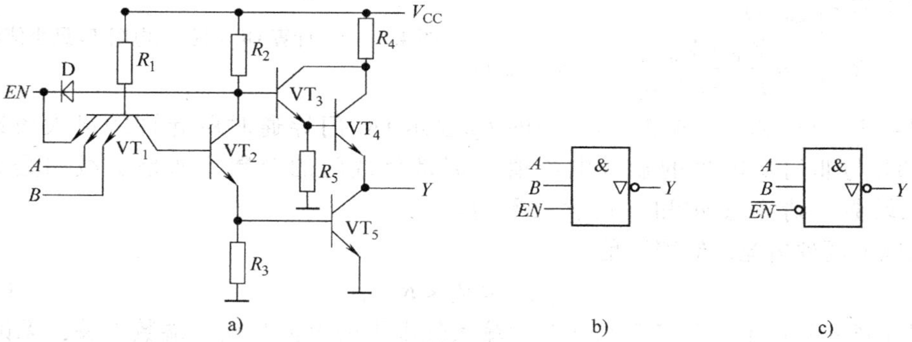

图 4.3.22 TTL 三态门的电路图和图形符号

a）三态门电路结构 b）控制端高电平有效 c）控制端低电平有效

由图 4.3.22a 可知，当 $EN=0$（0.3V）时，VT_1导通使 VT_2、VT_5截止；二极管 VD 导通迫使 VT_2 的集电极电位 $V_{c2}=1V$，使 VT_4截止，那么输出级 VT_4、VT_5均截止，这样输出端 *Y* 便被悬空，电路处于高阻态。

在图 4.3.22a 中，当 $EN=1$ 时，二极管 VD 反偏，*EN* 端与 VT_1相连的发射结反偏截止，TS 门的输出状态完全取决于输入信号 *A*、*B* 的状态，电路的输出与输入的逻辑关系与一般与非门相同，即 $Y=\overline{AB}$。

由以上分析可见，电路的输出可能有三种状态：高阻态、高电平、低电平，故将这种门电路称作三态输出门。

三态门控制信号 *EN* 有高电平使能和低电平使能之分。高电平使能是指控制信号为高电平时，三态门处于工作状态，反之三态门处于高阻态，其逻辑符号如图 4.3.22b、c 所示。逻辑表达式见式（4.3.23）。低电平使能是指控制信号为低电平时，三态门处于工作状态，反之三态门处于高阻态，其逻辑符号如图 4.3.22c 所示。逻辑表达式见式（4.3.24）。在逻辑符号上，控制端或使能端处画小圆圈，表示低电平有效。

$$\begin{cases} Y = \overline{AB}\,|_{EN=1} \\ Y = Z\,|_{EN=0} \end{cases} \tag{4.3.23}$$

$$\begin{cases} Y = \overline{AB}\,|_{\overline{EN}=0} \\ Y = Z\,|_{\overline{EN}=1} \end{cases} \tag{4.3.24}$$

三态输出门主要应用在以下场合：

1）构成数据总线：TS 门一个最重要的用途就是在同一条导线上分时传送若干个门的输出信号，如图 4.3.23a 所示的接法。各个三态门的控制端轮流为 1，在任何时刻只允许连在总线上的一个三态门处于工作状态，处于工作状态的三态门可以将数据送到总线上，而其余的三态门均处于高阻状态，这样就实现了信号 D_0、$D_1 \cdots D_n$ 向总线 Y 的分时传送。这种连接方式称为总线结构，在计算机中广泛使用。

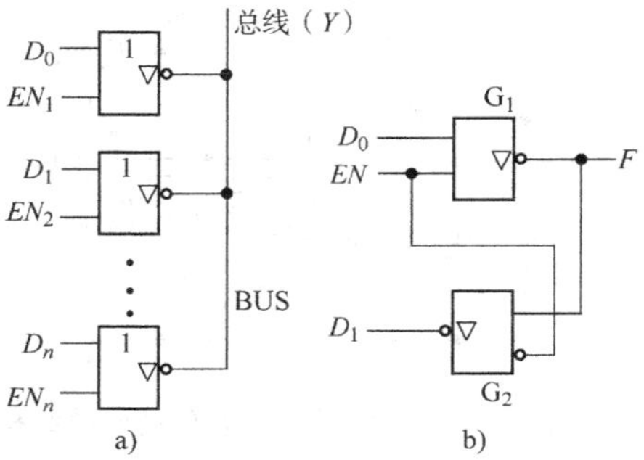

图 4.3.23　三态输出门应用

a）用 TS 接成总线结构

b）用 TS 实现数据双向传输

2）用于信号双向传输：在图 4.3.23b 中，当 $EN=1$ 时，G_1工作，G_2为高阻态，数据从 D_0传到 F，当 $EN=0$ 时，G_2工作，G_1为高阻态，数据从 F 传到 D_1，从而实现了数据的双向传输。

3）三态门可做成单输入、单输出的总线驱动器，还可用作多路开关。

4.3.3　TTL 集成电路及其他双极型集成电路

1. TTL 集成电路

TTL 门电路是基本逻辑单元，是构成各种 TTL 电路的基础。实际生产的 TTL 集成电路品种齐全，种类繁多。TTL 集成产品有 74、74H、74S、74LS、74ALS 5 个系列。

（1）74 系列　将图 4.3.12 中的 VT_3去掉就得到 74 系列与非门典型结构，它的工作速度低但功耗小。74 系列的工作环境温度为 0 ~ 70℃，电源电压工作范围是 5（1 ± 10%）V。

（2）74H 系列　74H 系列又称高速系列，其典型电路图如图 4.3.12 所示，它是 74 系列经过两点改进得来的：一是在输出级采用达林顿结构，用 VT_3、VT_4组成的复合晶体管代替图 4.3.1 中的 VT_4和 VD_2；二是将图 4.3.1 中所有电阻的阻值普遍降低了一倍。因此 74H 系列与 74 系列相比，电路的开关速度提高了，减少了传输延迟时间，但因减小电阻阻值也带来了电路功耗的增加。因此说，74H 系列的工作速度的提高是用增加功耗的代价来换取的。74H 系列的国产型号为 T2000 系列。

（3）74S 系列　74S 系列又称肖特基系列，此系列与非门的典型电路如图 4.3.24 所示。

与标准 TTL74H 与非门相比有两点改进：一是将标准 TTL 门电路中 VT_1、VT_2、VT_3、VT_5 和 VT_6 改用了肖特基晶体管（或称抗饱和晶体管），抗饱和晶体管是由普通的双极型晶体管和肖特基势垒二极管（Schottky Barrier Diode，SDB）组合而成的，如图 4.3.25 所示；二是增加了 VT_6 和 R_6，用 VT_6、R_5、R_6 组成的有源泄放代替了 74H 系列与非门的 R_3 电阻。采用有源泄放电路缩短了 VT_5 的存储时间，提高了工作速度。此外，还可改善门电路的电压传输特性及电路的抗干扰能力。有源泄放电路的存在，虽然缩短了门电路的传输延迟时间，但却增加了功耗，提高了输出低电平。74S 典型电路与非门的平均传输延迟时间 $t_{pd}=3\text{ns}$，平均功耗 $P=19\text{mW}$。

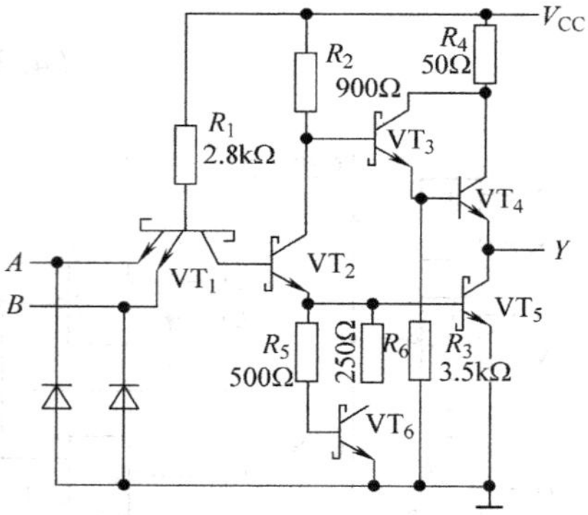

图 4.3.24　74S 系列与非门的电路结构

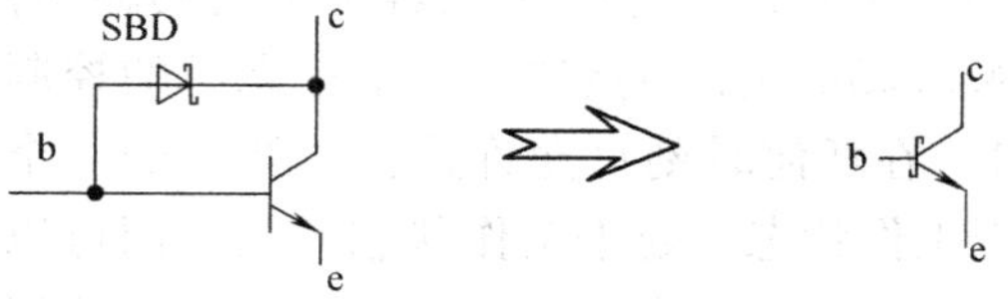

图 4.3.25　抗饱和晶体管

（4）74LS 系列　74LS 是低功耗肖特基系列，是在 74S 系列基础上改进得到的，此系列与非门的典型电路如图 4.3.26 所示。

为了使门电路传输延迟时间短，而且功耗又小，所以提出用功耗-延迟积（功耗和延迟时间的乘积）来综合评价门电路性能的优劣。功耗-延迟积越小，表明电路的综合性能越好。

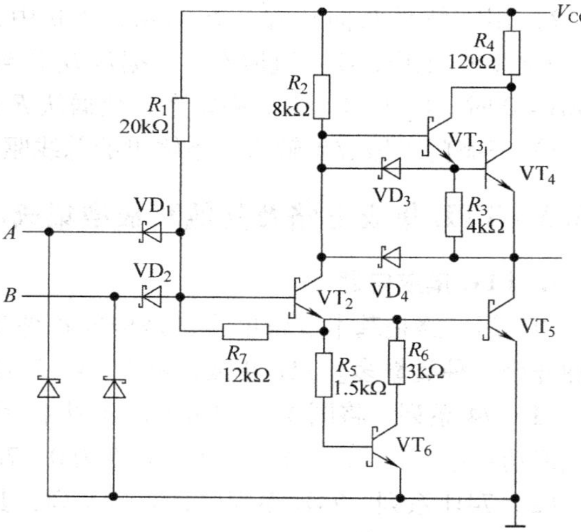

图 4.3.26　74LS 系列与非门电路

图 4.3.26 中，为了降低功耗，大幅度地提高了电路中各内阻的阻值。同时，用肖特基二极管电路作输入级。通过采用抗饱和晶体管，有源泄放电路及没有电荷存储效应的肖特基势垒二极管，大大缩短了传输延迟时间，同时也提高了工作速度。

由于采取了一系列的改进措施，74LS 系列门电路的功耗仅为 74 系列的 1/5，其延迟功耗积最小，较好解决了速度和功耗的矛盾。因此，74LS 系列是目前应用最多的一种。74LS 系列典型电路与非门的平均传输延迟时间 $t_{pd}=9.5\text{ns}$，平均功耗 $P=2\text{mW}$。

2. 其他双极型集成电路

（1）ECL 集成电路　ECL 电路是发射极耦合逻辑电路的简称，是一种非饱和型的高速数字集成电路，其基本门电路的平均传输延迟时间小于 0.1ns，在各种数字集成电路中，它的工作速度是最快的，多用于高速数字系统中。它的主要缺点是对制造工艺要求高、功耗大、抗干扰能力较差。

（2）I^2L 集成电路　I^2L 电路是集成注入逻辑电路的简称，是一种高集成度的双极型逻辑电路，适合于制作大规模和超大规模数字集成电路，因为这种电路可以在微电流下工作，功耗低，制造工艺简单，集成度可达 500 门/mm^2。它的缺点是抗干扰能力差，工作速度低。

4.4　CMOS 门电路

4.4.1　CMOS 反相器

用 P 沟道增强型 MOS 管和 N 沟道增强型 MOS 管按照互补对称形式连接起来可构成互补型 MOS 集成电路，简称 CMOS 门。与其他集成电路相比，CMOS 门具有输入阻抗高，功耗低，电源电压范围宽，逻辑摆幅大，扇出系数大，抗干扰能力强，功耗极低等一系列优点，使其得到广泛的应用。下面介绍 CMOS 反相器。

1. CMOS 反相器的电路结构与工作原理

CMOS 反相器的组成及符号如图 4.4.1 所示。其中 VT_P是 P 沟道增强型 MOS 管，VT_N是 N 沟道增强型 MOS 管。为了使衬底和漏源之间的 PN 结始终处于反偏，将 NMOS 管的衬底接到电路的最低电位，PMOS 管的衬底接到电路的最高电位。假设 VT_N、VT_P的开启电压分别为 V_{TN}、V_{TP}。V_{TN}为正，V_{TP}为负，为了使门电路能正常工作，电源电压 V_{DD}须满足 $V_{DD} > V_{TN} + |V_{TP}|$。$VT_N$、$VT_P$的栅极连接起来作为信号输入端，漏极连接起来作为信号输出端。VT_N的源极接地，VT_P的源极接电源 V_{DD}。

图 4.4.1 所示 CMOS 反相器的工作原理如下：

（1）当 $v_I = 0V$ 时，VT_N的栅源电压 $v_{GSN} = 0V < V_{TN}$，所以 VT_N管截止；而 VT_P的栅源电压 $v_{GSP} = v_I - V_{DD} = 0 - V_{DD} = -V_{DD}$，即 $|v_{GSP}| = V_{DD} > |V_{TP}|$，$VT_P$导通。当 $|v_{GSP}|$足够大时，导通内阻 R_{ONP}很低，而 VT_N相当于一只很大的电阻，此时 $v_O \approx V_{DD}$，输出为高电平。其等效电路如图 4.4.2a 所示。

（2）当 $v_I = V_{DD}$时，VT_N的栅源电压 $v_{GSN} = V_{DD} > V_{TN}$，$VT_N$导通；$VT_P$的栅源电压 $v_{GSP} = v_I - V_{DD} = V_{DD} - V_{DD} = 0V > V_{TP}$（$V_{TP}$为负），$VT_P$截止。此时 VT_P相当于一个很大的电阻，VT_N相当于很小的电阻，输出电压 $v_O = 0V$。其等效电路如图 4.4.2b 所示。

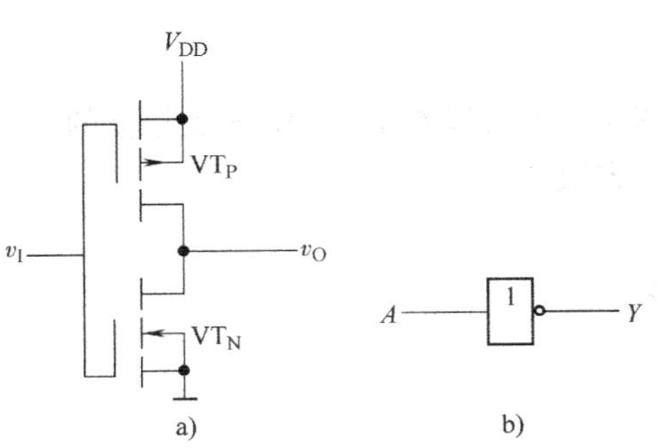

图 4.4.1　CMOS 反相器电路及符号

a）CMOS 反相器电路　b）符号

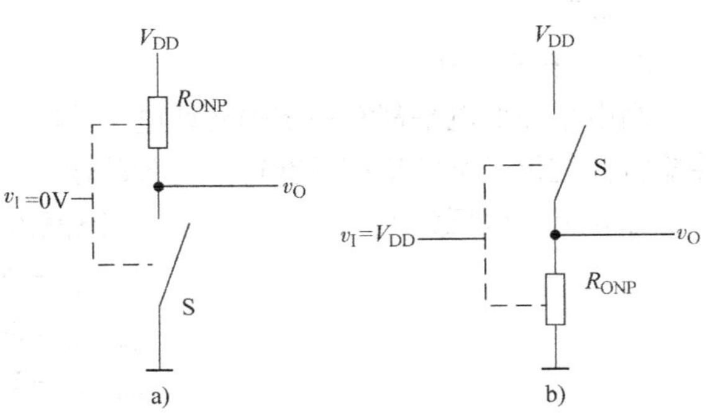

图 4.4.2　CMOS 反相器的等效电路

a）输入为低电平时等效电路

b）输入为高电平时等效电路

从以上分析可知，当v_I为低电平时，v_O为高电平；当v_I为高电平时，v_O为低电平，实现了反相器的逻辑功能。而且无论v_I是高电平还是低电平，VT_N、VT_P总是一个导通而另一个截止，成互补状态，CMOS就由此得名（Complementary Symmetery Metal Oxide Semiconductor）。CMOS反相器的静态功耗非常低，因为从电源V_{DD}经两个串联的MOS管到地，电流都极小。MOS反相器的逻辑符号与TTL反相器逻辑符号相同，因为逻辑符号只反映功能不反映电路结构。

2. 电压传输特性

在图4.4.1所示的CMOS反相器电路中，所谓电压传输特性，是指门电路的输出电压v_O随输入电压v_I变化的特性，图4.4.3是CMOS反相器的传输特性曲线。

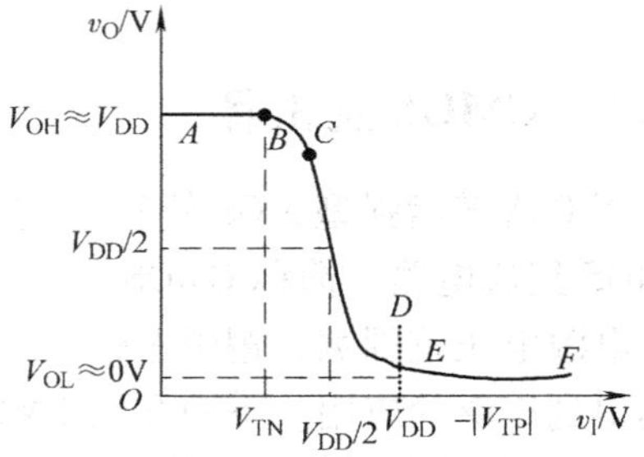

图4.4.3 CMOS反相器的电压传输特性

CMOS反相器的电压传输特性由5段曲线组成：

*AB*段——输入电压v_I小于VT_N开启电压V_{TN}，VT_N截止，VT_P导通，输出为高电平，$v_O=V_{OH}\approx V_{DD}$。

*BC*段——输入电压v_I大于VT_N开启电压V_{TN}，VT_N导通，v_I-V_{DD}小于V_{TP}，VT_P导通。由于v_I不够大，VT_N沟道电阻远大于VT_P沟道电阻，输出电压下降。

*CD*段——输入电压v_I大于VT_N开启电压V_{TN}，VT_N导通，VT_P仍导通，两管栅源电压绝对值近似，VT_N沟道电阻和VT_P沟道电阻的比发生显著变化，引起输出电压急剧下降。

*DE*段——输入电压v_I大于VT_N的开启电压V_{TN}，VT_N导通，VT_P仍导通。由于v_I比较大，VT_N沟道电阻远小于VT_P沟道电阻，输出电压进一步下降。

*EF*段——输入电压v_I大于VT_N开启电压V_{TN}，VT_N导通，v_I-V_{DD}大于V_{TP}，VT_P截止。输出$v_O=V_{OL}\approx 0V$。

由以上分析可得到下面结论：

1）CMOS反相器的输出高电平电压值为V_{DD}，低电平电压值为0V。

2）特性曲线的转折区约在$V_{DD}/2$处，即CMOS反相器的阈值电压$V_{th}=V_{DD}/2$。

3）特性曲线随V_{DD}的不同而变化，V_{DD}增大，曲线右移，V_{DD}减少，则曲线左移，但$V_{th}=V_{DD}/2$。

3. 抗干扰能力

高电平和低电平都有一定的允许电压范围，由图4.4.3可以看出，CMOS反相器的电压传输特性使得CMOS反相器获得了更大的输入端噪声容限。

如果电源电压为V_{DD}，高、低电平极限值为

$$V_{IH(min)}=70\%V_{DD}$$
$$V_{IL(max)}=30\%V_{DD}$$
$$V_{OH(min)}=V_{DD}-0.1V$$
$$V_{OL(max)}=0.1V$$

CMOS门电路输入、输出电平的电压范围类似于TTL的噪声容限图4.3.3，高电平噪声容限为$V_{NH}=V_{OH(min)}-V_{IH(min)}$，低电平噪声容限为$V_{NL}=V_{IL(max)}-V_{OL(max)}$。

4. CMOS反相器的静态特性

（1）CMOS反相器的输入特性　所谓输入特性，是指门电路输出电压和输入电压的关系。CMOS反相器输入端是两个MOS管栅极引线的连接点。由于栅极和衬底之间隔着SiO_2绝缘层，绝缘层又非常薄，等效输入电阻达$10^{10}\Omega$以上，只存在微小的漏电流，输入电容为5pF左右，只要外界有极小的感应电荷源，就可能在输入端建立起相当高的电压，可能发生介质击穿。所以，必须采取保护措施。CMOS门电路的输入保护电路如图4.4.4所示。图中VD_1、VD_2和R_S构成双极型二极管保护电路。生产厂家设计的保护二极管的正向导通压降$V_{DF}=0.5\sim0.7V$，反向击穿电压为30V。CMOS反相器的栅极电压被限制在$V_{DD}+V_{DF}$和$-V_{DF}$之间。C_1和C_2分别表示VT_P、VT_N的栅极等效电容。

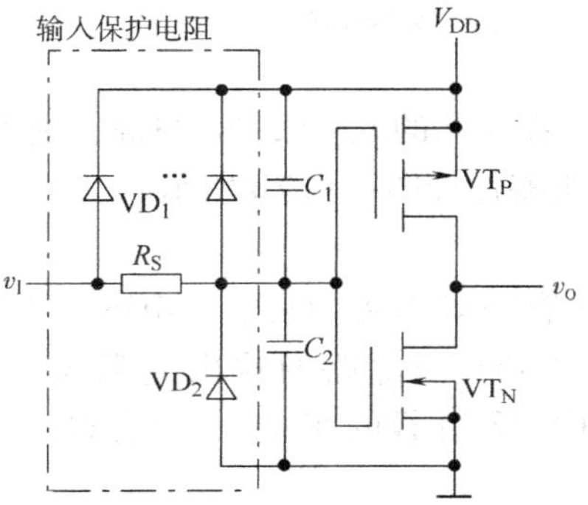

图4.4.4　CMOS输入保护电路

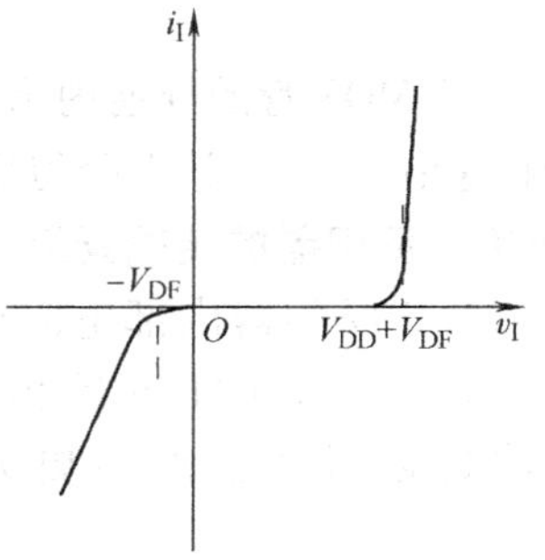

图4.4.5　CMOS反相器的输入特性

当$0<v_I<V_{DD}$时，输入保护电路不起作用。根据图4.4.4可以画出它的输入特性曲线如图4.4.5所示。由图4.4.5可知，当$-V_{DF}<v_I<V_{DD}+V_{DF}$时，输入电流$i_I\approx0$；当输入电压超出正常电压范围时，$VD_1$、$VD_2$或$VD_3$导通，输入特性呈现二极管伏安特性。

（2）CMOS反相器的输出特性

1）低电平输出特性。当$v_O=V_{OL}$时，VT_N导通，VT_P截止。CMOS反相器输出为低电平时的等效电路如图4.4.6a所示。

在图4.4.6a中，I_{OL}从负载电路流入VT_N，输出电平V_{OL}随I_{OL}增加而提高，因此V_{OL}与I_{OL}的关系曲线就是VT_N管的输出特性曲线，如图4.4.6b所示。由图4.4.6b可见，v_{GSN}越大，VT_N导通内阻越小，因此，同样I_{OL}值，V_{DD}越高，即VT_N导通时的v_{GSN}越大，V_{OL}越低。

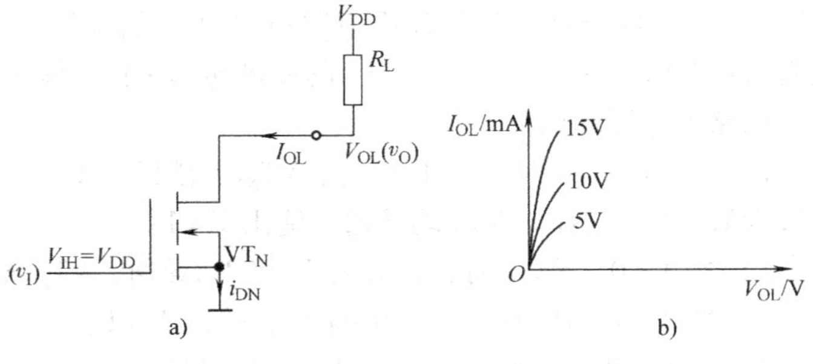

图4.4.6　输出低电平的等效电路和输出特性曲线
a）输出低电平等效电路　b）输出低电平时的输出特性曲线

2）高电平输出特性。当$v_O=V_{OH}$时，VT_P导通，VT_N截止。CMOS反相器输出高电平时的等效电路如图4.4.7a所示。负载电流I_{OH}是从门电路的输出端流出的。

在图4.4.7a中，$V_{OH}=V_{DD}-V_{TP}$，随着负载电流I_{OH}增大，VT_P管的导通压降增大，则

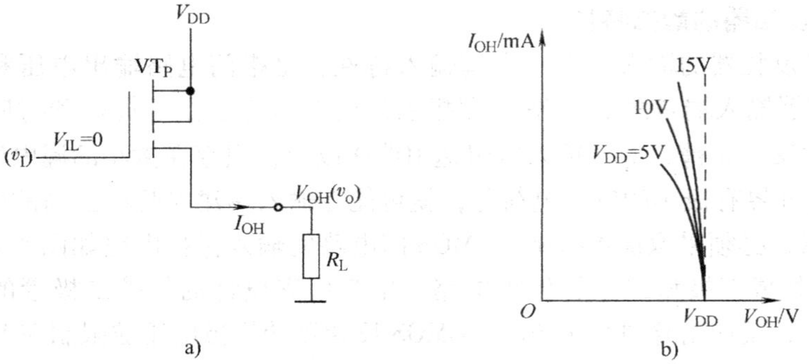

图 4.4.7 输出高电平的等效电路和输出特性曲线

a）输出高电平等效电路 b）输出高电平特性曲线

V_{OH}下降。由于 MOS 管的导通内阻大小与 v_{GS}有关，在相同的 I_{OH}下，V_{DD}越高，则 VT_P导通时的导通内阻越小，V_{OH}也就下降得更少。高电平输出特性如图 4.4.7b 所示。

5. CMOS 反相器的传输延迟时间

由于 CMOS 反相器内部电阻以及容性负载的影响等多种原因，CMOS 反相器仍然会产生传输延迟。由于 CMOS 反相器的输出电阻比 TTL 门电路的输出电阻大。所以容性负载对传输延迟时间会产生更大的影响。CMOS 反相器的平均传输延迟时间约为几纳秒。

4.4.2 其他类型的 CMOS 门电路

1. 其他逻辑功能的 CMOS 门电路

在 CMOS 门电路的系列产品中，除了反相器外常用的还有 CMOS 与非门、或非门、与门、或门、与或非门、异或非门等。

（1）CMOS 与非门　图 4.4.8 所示为 CMOS 与非门电路。两个 P 沟道增强型 MOS 管 VT_{P1}、VT_{P2}并联连接，两个 N 沟道增强型 MOS 管 VT_{N1}、VT_{N2}串联连接。VT_{P1}和 VT_{N1}的栅极连起来作为输入端 A，VT_{P2}和 VT_{N2}的栅极连起来作为输入端 B。Y 为输出端。

电路工作原理如下：

1）当 $A=B=0$ 时，由于 VT_{N1}、VT_{N2}的栅极为低电平，VT_{N1}、VT_{N2}均截止；VT_{P1}、VT_{P2}栅极为低电平，VT_{P1}、VT_{P2}均导通，输出 $Y=1$。

2）当 $A=0$，$B=1$ 时，VT_{N1}截止，VT_{N2}导通，VT_{P1}导通，VT_{P2}截止，输出 $Y=1$。

3）当 $A=1$，$B=0$ 时，分析同 2），输出 $Y=1$。

4）当 $A=B=1$ 时，VT_{N1}、VT_{N2}导通，VT_{P1}、VT_{P2}均截止，$Y=0$。

可见当输入 A、B 全为高电平时，输出 Y 为低电平。而当 A、B 当中有一个或全为低电平时，输出 Y 为高电平。因此图 4.4.8 实现了与非逻辑功能，即

$$Y=\overline{AB}$$

（2）CMOS 或非门　图 4.4.9 所示为 CMOS 或非门电路。VT_{N1}、VT_{N2}是两个增强型 NMOS，两者并联；VT_{P1}、VT_{P2}为两个增强型 PMOS，两者串联。VT_{P1}和 VT_{N1}的栅极连接起来作为输入端 A，VT_{P2}和 VT_{N2}的栅极连接起来作为输入端 B，输出为 Y。

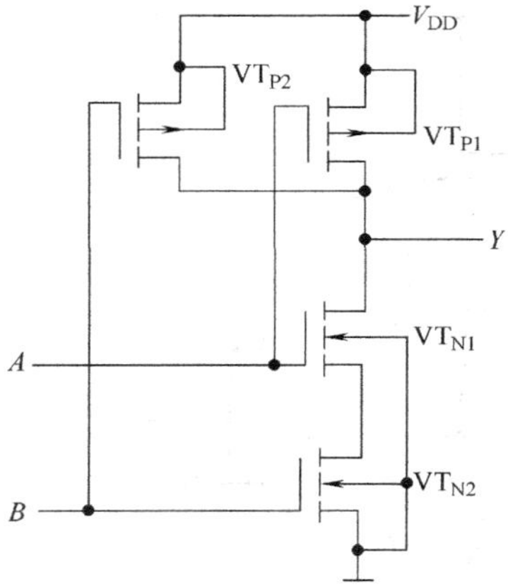

图 4.4.8 CMOS 与非门

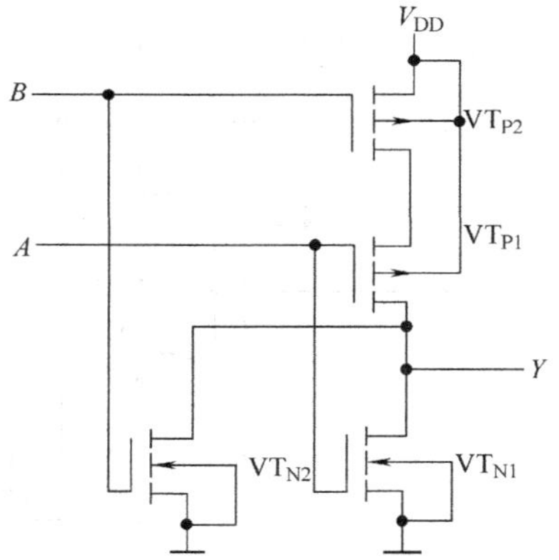

图 4.4.9 CMOS 或非门

可见电路实现了或非逻辑功能，即

$$Y=\overline{A+B}$$

CMOS 与门的电路是在 CMOS 与非门的输出端加一个反相器就构成了。同理，在 CMOS 或非门的输出端加上一个 CMOS 反相器，便构成 CMOS 或门了。

通过以上分析，可以归纳出 CMOS 门电路的一般构成规律：

1）CMOS 门电路由 NMOS 管和 PMOS 管组成，NMOS 管和 PMOS 管成对出现。门电路的每个输入端同时加到一个 NMOS 管和一个 PMOS 管的栅极上。

2）将多个 NMOS 管串联，PMOS 管并联，可得到 CMOS 与非门；反之，将多个 NMOS 管并联，PMOS 管串联，可得到 CMOS 或非门。

图 4.4.8 和图 4.4.9 所示的与非门和或非门虽然电路很简单，但存在着一些不足之处。比如，门电路的输出电阻受输入电平状态的影响。以图 4.4.8 所示的与非门为例，假设 MOS 管的导通电阻为 R_{ON}，截止时电阻为∞，其输出阻抗分析如下：

当 $A=B=1$ 时，输出电阻为 VT_{N1}、VT_{N2} 管的导通电阻串联，其值为 $2R_{ON}$；

当 $A=B=0$ 时，输出电阻为 VT_{P1}、VT_{P2} 管的导通电阻并联，其值为 $R_{ON}/2$；

当 $A=1$、$B=0$ 时，输出电阻为 VT_{P2} 管的导通电阻，其值为 R_{ON}；

当 $A=0$、$B=1$ 时，输出电阻为 VT_{P1} 管的导通电阻，其值为 R_{ON}；

可见，输入电平状态不同，输出电阻可相差 4 倍之多。

另外，门电路输出高低电平也受输入端数目影响，例如，输入端越多，则串联的 NMOS 管越多，输出的低电平电压也越高。为了稳定输出高低电平，在输入输出端分别加了反相器作缓冲级，图 4.4.10 所示为带缓冲级的二输入端与非门电路。图中 VT_1 和 VT_2、VT_3 和 VT_4、VT_9 和 VT_{10} 分别组成三个反相器，VT_5、VT_6、VT_7、VT_8 组成或非门，经过逻辑变换，有 $\overline{\overline{\overline{A}+\overline{B}}}=\overline{AB}$。

2. CMOS 漏极开路门

如同 TTL 电路 OC 门一样，CMOS 门的输出电路结构也可以做成漏极开路形式，简称 OD 门。图 4.4.11 为 OD 与非门的电路及符号。

OD 门工作时必须外接电源 V'_{DD} 和电阻 R_L，电路才能正常工作，实现 $Y=\overline{AB}$；若不接电

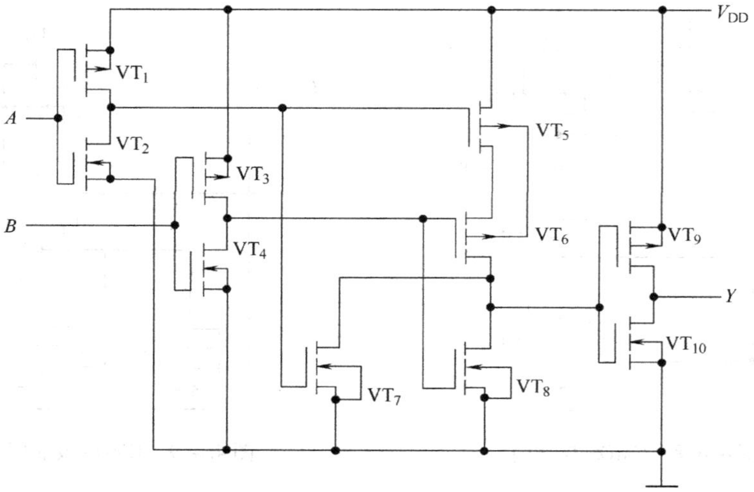

图 4.4.10 带缓冲级的二输入端与非门电路

源和电阻，则电路不能工作。

OD 门可以实现“线与”功能，即将几个 OD 门的输出端直接连接起来实现与运算。由于 OD 门的输出电压随着外接电源 V'_{DD} 的不同而改变（$V_{OH} \approx V'_{DD}$），所以 OD 门可以用来实现逻辑电平转换。CMOS 的 OD 门的逻辑符号与 TTL 的 OC 门的符号一致。

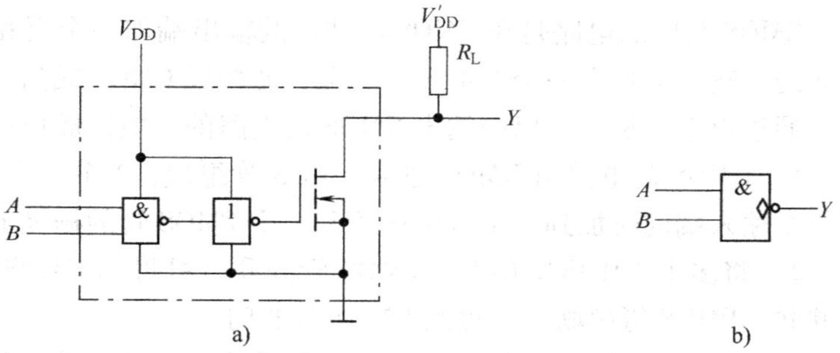

图 4.4.11 漏极开路输出的与非门

a) OD 与非门电路 b) OD 门逻辑符号

计算外接电阻的方法已经在 TTL 的 OC 门时讲过，不再重复。唯一不同的地方就是：在多个负载门输入端并联时，低电平输入电流数目是和输入端数相同的。

3. CMOS 三态门

从逻辑功能和应用的角度上讲，CMOS 三态门与 TTL 的三态门没有什么区别。CMOS 三态门的电路及符号如图 4.4.12 所示。*A* 是信号输入端，$\overline{EN}$是使能端，*Y* 为输出端。

图 4.4.12 所示的 CMOS 三态门的工作原理如下：

1）当$\overline{EN}$使能端为高电平时，VT_{P2}、VT_{N2} 均截止，输出端表现为高阻态。

2）当$\overline{EN}$使能端为低电平时，VT_{P2}、VT_{N2} 均导通，VT_{P1}、VT_{N1} 构成反相器，反相器正常

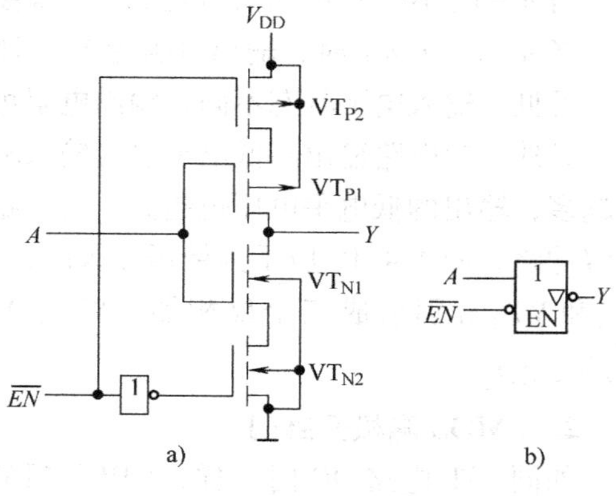

图 4.4.12 CMOS 三态门

a) CMOS 三态门电路 b) CMOS 三态门符号

工作，故 $Y=\overline{A}$。

由此可见，电路的输出有高阻态、高电平和低电平 3 种状态，故为三态门。

图 4.4.12b 的逻辑符号中$\overline{EN}$和$\overline{EN}$与门相接的小圆圈“∘”均表示低电平有效。即$\overline{EN}=0$时，三态门实现非逻辑功能。

4. CMOS 传输门

传输门是 CMOS 门电路特有的一种门电路，传输门既可以传输数字信号，也可以传输模拟信号，在信号的传输、选择和分配中有广泛的应用。

图 4.4.13 为传输门的电路及逻辑符号。VT_N的衬底接地，VT_P的衬底接 V_{DD}。VT_N和 VT_P的源极和漏极分别相连作为传输门的输入端和输出端，由于 MOS 管的结构是对称的，所以信号可以双向传输。VT_P、VT_N的栅极作控制端，分别接控制信号 C 和$\overline{C}$。

图 4.4.13 所示电路的工作原理如下：

1）当 $C=0V$，$\overline{C}=V_{DD}$时，输入信号在 $0\sim V_{DD}$变化时，VT_P、VT_N均截止，则传输门截止，输入与输出呈现高阻态，相当于开关断开。这种状态称为传输门截止。

2）当 $C=V_{DD}$，$\overline{C}=0V$，v_I 在 $0\sim V_{DD}-V_{TN}$时，VT_N导通。而 v_I 在 $|V_{TP}|\sim V_{DD}$时，VT_P 导通。无论如何，当 v_I在 $0\sim V_{DD}$之间变化时，VT_N和 VT_P 总有管子处于导通状态。此时输入和输出之间呈现低阻状态，这种状态称为传输门导通。

由于 MOS 管结构的对称，源极和漏极可以互换使用，CMOS 传输门很适合用在双向模拟开关中，用传输门和非门一起可构成双向传输开关，如图 4.4.14 所示。当 $C=1$ 时，开关接通，$v_O\approx v_I$；当 $C=0$ 时，开关断开。

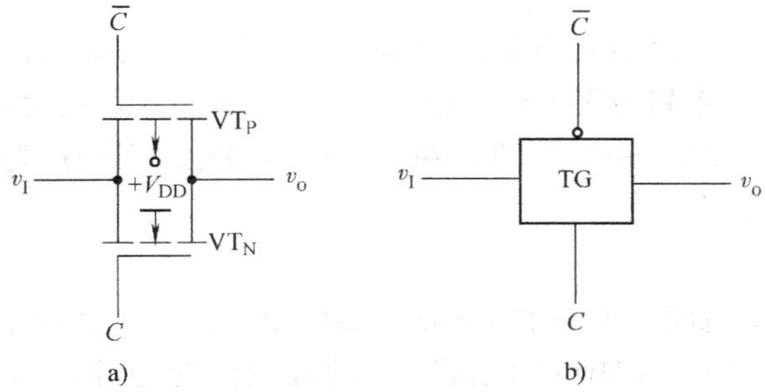

图 4.4.13　CMOS 传输门及其逻辑符号

a）CMOS 传输门电路　b）CMOS 传输门符号

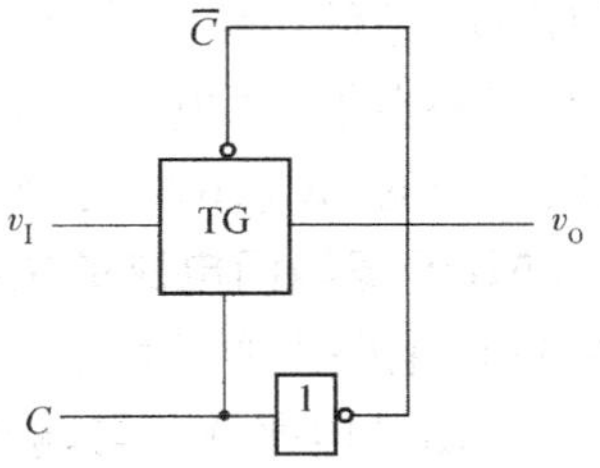

图 4.4.14　双向模拟开关

4.4.3　CMOS 门电路的特点、主要系列及主要参数

1. CMOS 门的特点

与 TTL 门相比，CMOS 门具有以下特点：

（1）功耗低　CMOS 集成电路工作时两个串联的场效应晶体管总是一个管导通，另一个管截止，因此电路静态功耗极小。CMOS 门电路的静态功耗一般是 0.01mW。

（2）工作电压范围宽　CMOS 集成电路供电简单，供电电源体积小，基本上不需稳压。国产 CC4000 系列的集成电路，可在 3～18V 电压下正常工作。

(3) 逻辑摆幅大 CMOS 门电路逻辑高电平接近于电源电压 V_{DD}，CMOS 门电路逻辑低电平接近于0V。CMOS 门电路的逻辑摆幅接近电源电压 V_{DD}值。

(4) 抗干扰能力强 CMOS 门电路的噪声容限可以达到 30% V_{DD}，而 TTL 门的噪声容限只有 0.4V。

(5) 扇出系数大 由于 CMOS 集成电路的输入阻抗极高，因此电路的输出能力受输入电容的限制，但是，当 CMOS 集成电路用来驱动同类型器件时，如不考虑速度，一般可以驱动 50 个以上的输入端。

(6) 温度稳定性好，抗辐射能力强 MOS 管是属于多数载流子受控导电器件。各种射线、辐射对其导电性能的影响都有限，因而特别适用于制作航天、卫星及核试验条件下工作的装置。

2. CMOS 门电路系列

(1) 基本的 CMOS——4000 系列 这是早期的 CMOS 集成逻辑门产品，工作电源电压范围为 3 ~ 18V，由于具有功耗低、噪声容限大、扇出系数大等优点，已得到普遍使用。缺点是工作速度较低，平均传输延迟时间为几十纳秒，最高工作频率小于 5MHz。

(2) 高速的 CMOS——HC(HCT)系列 该系列电路主要从制造工艺上作了改进，使其大大提高了工作速度，平均传输延迟时间小于 10ns，最高工作频率可达 50MHz。HC 系列的电源电压范围为 2 ~ 6V。HCT 系列的主要特点是与 TTL 器件电压兼容，它的电源电压范围为 4.5 ~ 5.5V。它的输入电压参数为 $V_{IH(min)} = 2.0V$；$V_{IL(max)} = 0.8V$，与 TTL 完全相同。另外，74HC/HCT 系列与 74LS 系列的产品，只要最后 3 位数字相同，则两种器件的逻辑功能、外形尺寸、引脚排列顺序也完全相同，这样就为以 CMOS 产品代替 TTL 产品提供了方便。

(3) 先进的 CMOS——AC(ACT)系列 该系列的工作频率得到了进一步的提高，同时保持了 CMOS 超低功耗的特点。其中 ACT 系列与 TTL 器件电压兼容，电源电压范围为4.5 ~ 5.5V。AC 系列的电源电压范围为 1.5 ~ 5.5V。AC（ACT）系列的逻辑功能、引脚排列顺序等都与同型号的 HC(HCT)系列完全相同。

3. CMOS 逻辑门电路的主要参数

CMOS 门电路主要参数的定义同 TTL 电路，下面主要说明 CMOS 电路主要参数的特点。

(1) 输出高电平 V_{OH}与输出低电平 V_{OL} CMOS 门电路 V_{OH}的理论值为电源电压 V_{DD}，$V_{OH(min)} = 0.9V_{DD}$；V_{OL}的理论值为 0V，$V_{OL(max)} = 0.01V_{DD}$。所以 CMOS 门电路的逻辑摆幅（即高低电平之差）较大，接近电源电压 V_{DD}值。

(2) 阈值电压 从 CMOS 非门电压传输特性曲线中看出，输出高低电平的过渡区很陡，阈值电压约为 $V_{DD}/2$。

(3) 抗干扰容限 CMOS 非门的关门电平 V_{OFF}为 0.45V_{DD}，开门电平 V_{ON}为 0.55V_{DD}。因此，其高、低电平噪声容限均达 0.45V_{DD}。

(4) 传输延迟与功耗 CMOS 电路的功耗很小，一般每门小于 1mW，但传输延迟较大，一般为每门几十纳秒，且与电源电压有关，电源电压越高，CMOS 电路的传输延迟越小，功耗越大。前面提到的 74HC 高速 CMOS 系列的工作速度已与 TTL 系列相当。

(5) 扇出系数 因 CMOS 电路有极高的输入阻抗，故其扇出系数很大，一般额定扇出系数可达 50。但必须指出的是，扇出系数是指驱动 CMOS 电路的个数，若就灌电流负载能力和拉电流负载能力而言，CMOS 电路远远低于 TTL 电路。

4.5　TTL 电路和 CMOS 电路的正确使用及接口

4.5.1　TTL 电路和 CMOS 电路的正确使用

在设计数字系统时，为了保证工作稳定可靠，原则上应采用同一系列的集成电路。但由于受同一系列集成电路品种或供货条件的限制，难免需要不同系列的门电路并存或者不同电压的电路并存的情况。下面就分别讨论在使用过程中经常出现的几个问题。

1. TTL 电路在使用中应注意的问题

1）TTL 集成电路的电源电压要求是 5V，使用时不能超过 ±10%。

2）电路的各输入端不能加超过电源电压的信号。

3）除三态和集电极开路的电路外，输出端不允许并联使用。

4）输出端不允许与电源或地短路。否则可能造成器件损坏。但可以通过电阻与地相连，提高输出电平。

5）多余的输入端必须妥善处理。对于一般小规模电路的输入端，实验时允许悬空处理，这时，相当于该输入端接高电平，但悬空容易受干扰，有时会造成电路的误动作，在时序电路中表现更为明显。因此，多余输入端一般不采用悬空办法，而是根据需要处理。例如：与门、与非门的多余输入端可直接接到 V_{CC}上；也可将不同的输入端通过一个大于或等于 1kΩ 的电阻连到 V_{CC}上；或将多余的输入端和使用端并联。

2. CMOS 电路在使用中应注意的问题

CMOS 集成电路由于输入电阻很高，输入电容小，因此极易接受静电电荷。虽然生产 CMOS 时，在输入端都要加上标准保护电路，但其作用是有限的。为了防止产生静电击穿，造成器件损坏。因此使用 CMOS 集成电路时，必须注意以下几点：

1）存放 CMOS 集成电路时要屏蔽，一般放在金属容器中，也可以用金属箔将引脚短路。

2）组装调试时，电烙铁、仪表、工作台等均应良好接地。操作人员应避免穿着容易产生静电的化纤织物。

3）为了防止输入端保护二极管因正向偏置而引起损坏，输入电压切记不能把极性接反。

4.5.2　TTL 电路和 CMOS 电路的接口

在目前 TTL 与 CMOS 两种电路并存的情况下，常常会遇到需将两种器件互相对接的问题。两种不同类型的集成电路相互连接，驱动门必须要为负载门提供合乎标准的高、低电平和足够的驱动电流。即驱动门与负载门必须满足如下的关系：

$$V_{OH(min)}(\text{驱动门}) \geqslant V_{IH(min)}(\text{负载门}) \tag{4.5.1}$$

$$V_{OL(max)}(\text{驱动门}) \leqslant V_{IL(max)}(\text{负载门}) \tag{4.5.2}$$

$$I_{OH(max)}(\text{驱动门}) \geqslant nI_{IH(max)}(\text{负载门}) \tag{4.5.3}$$

$$I_{OL(max)}(\text{驱动门}) \geqslant mI_{IL(max)}(\text{负载门}) \tag{4.5.4}$$

式中，n、m 分别为负载电流中 I_{IH}、I_{IL}的个数。

1. 用 TTL 电路驱动 CMOS 电路

由于 TTL 门的 $I_{OH(max)}$ 和 $I_{OL(max)}$ 远远大于 CMOS 门的 $I_{IH(max)}$ 和 $I_{IL(max)}$，所以 TTL 门驱动 CMOS 门时，主要考虑 TTL 门的输出电平是否满足 CMOS 输入电平的要求。

TTL 电路输出高电平的最小值为 2.4V，而 CMOS 电路的输入高电平一般高于 3.5V，这就使二者的逻辑电平不能兼容。不能满足式（4.5.1）的驱动条件。因此，需要在 TTL 门和 CMOS 门之间加入能够实现电平转换的电路。当 TTL 门和 CMOS 门电源电压均为 5V 时，采用如图 4.5.1 所示的电路。当 CMOS 门电路的电源电压大于 5V 时，常采用如图 4.5.2 所示的电路，即用 TTL 电路的 OC 门，因 OC 门 VT_5 管的耐压远高于 V_{DD}，VT_5 管的 R_L 直接与 CMOS 门电路的电源 V_{DD}连接，从而实现电平转换功能。

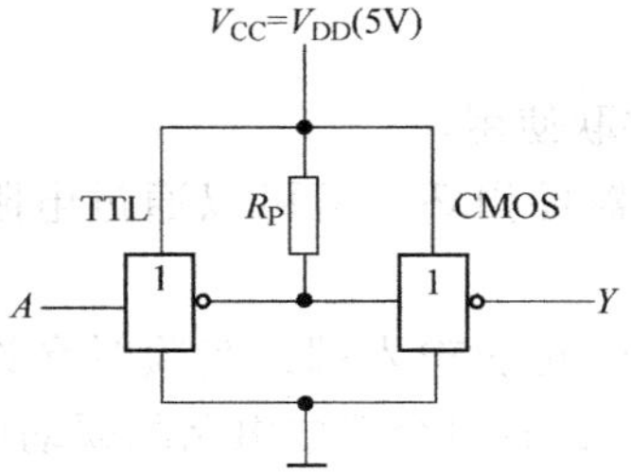

图 4.5.1　TTL 门驱动 CMOS 门电路

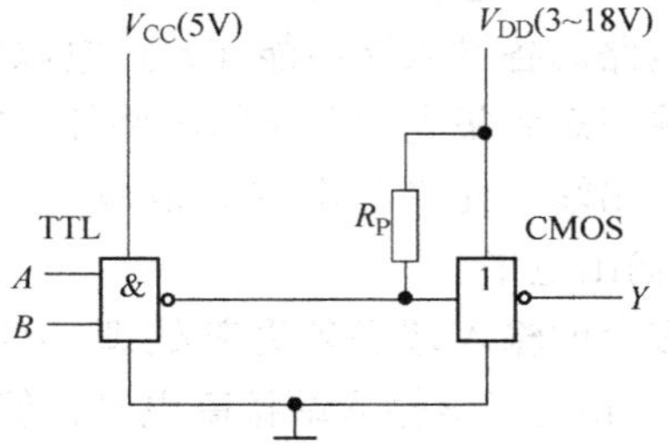

图 4.5.2　用 OC 门做缓冲器推动 CMOS

2. 用 CMOS 门电路驱动 TTL 门电路

CMOS 门电路输出逻辑电平与 TTL 门电路的输入电平可以兼容，但 CMOS 电路的驱动电流较小，CMOS 门电路允许的最大灌电流为 0.4mA，而 TTL 输入短路电流 $I_{IS}=1.4$mA，不能够直接驱动 TTL 电路。为此可采用图 4.5.3 所示 CMOS/TTL 专用缓冲驱动器 CC4050 或 CC4049 接口电路。

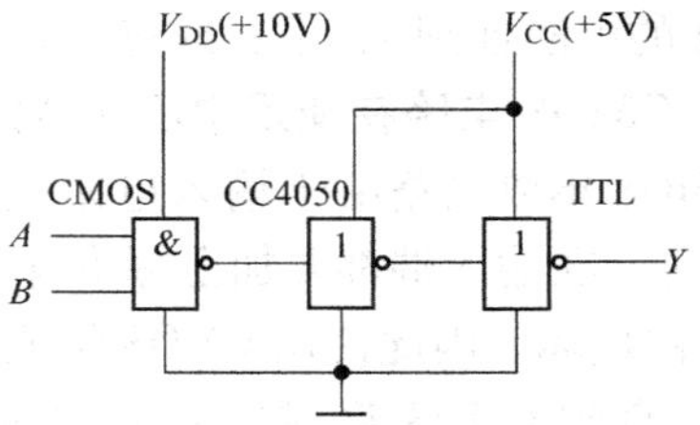

图 4.5.3　CMOS 与 TTL 之间采用 CC4050 接口电路

小　　结

（1）在数字电路中，半导体器件一般都工作在开关状态。利用二极管的开关特性可构成二极管与门和或门等，利用晶体管的饱和导通与截止特性构成非门。

（2）最简单的门电路是用二极管组成的与门、或门和晶体管组成的非门电路。它们是集成逻辑门电路的基础。目前普遍使用的数字集成电路主要有两大类：一类由 NPN 型晶体管组成，简称 TTL 集成电路；另一类由 MOSFET 构成，简称 MOS 集成电路。

（3）在 TTL 系列中，除了有实现各种基本逻辑功能的门电路以外，还有集电极开路门和三态门，它们能够实现线与和总线结构，并可用来驱动一定功率的负载。

（4）MOS 集成电路常用的是用增强型 N 沟道和 P 沟道 MOSFET 互补构成的 CMOS 门电路，这是 MOS 集成门电路的主要结构。与 TTL 门电路相比，它的优点是功耗低，扇出系数大（指带同类门负载），噪声容限大，开关速度与 TTL 接近，已成为数字集成电路的发展方向。

（5）为了更好地使用数字集成芯片，应熟悉 TTL 和 CMOS 各个系列产品的外部电气特性及主要参数，还应能正确处理多余输入端，能正确解决不同类型电路间的接口问题及抗干扰问题。

检　测　题

一、选择题

（1）一个二输入 TTL 与非门，一端接变量 A，另一端经 10kΩ 电阻接地，该与非门的输出应为________。

（a）1　　（b）0　　（c）A　　（d）$\overline{A}$

（2）多个门的输出端可以直接并联，是________。

（a）三态门　　（b）OC 门　　（c）TTL 与非门　　（d）CMOS 反相器

（3）TTL 门的输入端悬空时，下列说法正确的是________。

（a）相当于逻辑值 1

（b）相当于逻辑值 0

（c）逻辑值为 1，为 0 均可

（d）逻辑值既可能是 1，也可能是 0，这要看 TTL 的输入端是与关系还是或关系

（4）图 4.1 中均为 TTL 门，不能实现 $Y=\overline{AB}$ 的逻辑电路为________。

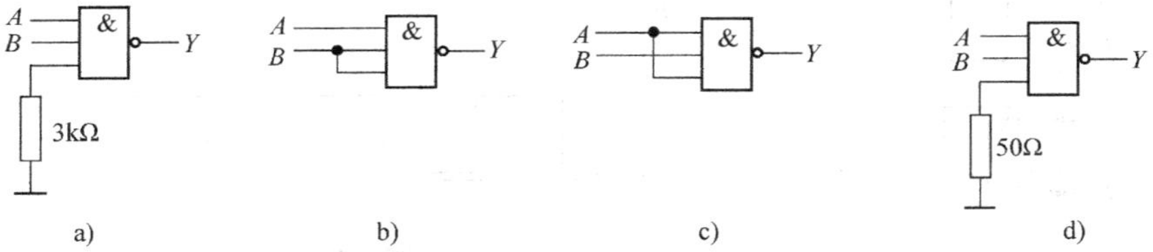

图　4.1

（5）图 4.2 中，能完成 $Y=\overline{AB+CD}$ 逻辑功能的电路是________。

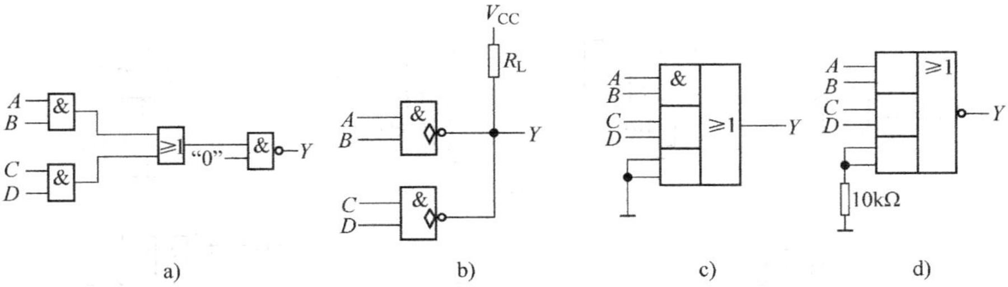

图　4.2

（6）如图 4.3 所示，各门均为 TTL 门，各电路的输出状态分别为________。

（a）1011　　（b）1101　　（c）1001　　（d）1010

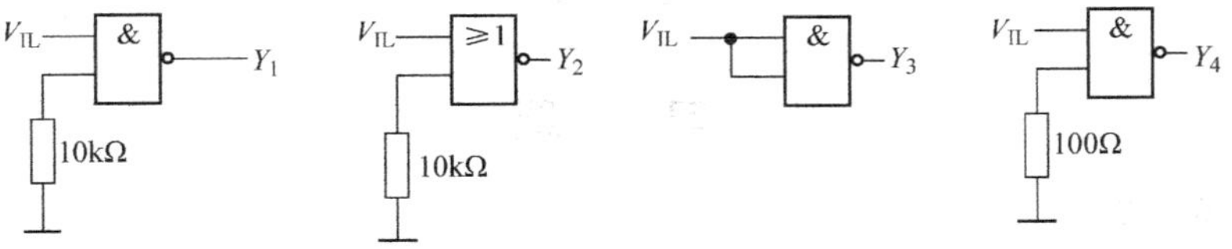

图　4.3

二、判断题（正确打√，错误的打×）

（1）TTL 与非门的多余输入端可以接固定高电平。（ ）

（2）当 TTL 与非门的输入端悬空时相当于输入为逻辑 1。（ ）

（3）普通的逻辑门电路的输出端不可以并联在一起，否则可能会损坏器件。（ ）

（4）两输入端四与非门器件 74LS00 与 7400 的逻辑功能完全相同。（ ）

（5）CMOS 或非门与 TTL 或非门的逻辑功能完全相同。（ ）

（6）三态门的 3 种状态分别为：高电平、低电平、不高不低的电压。（ ）

（7）TTL 集电极开路门输出为 1 时由外接电源和电阻提供输出电流。（ ）

（8）一般 TTL 门电路的输出端可以直接相连，实现线与。（ ）

（9）CMOS OD 门（漏极开路门）的输出端可以直接相连，实现线与。（ ）

（10）TTL OC 门（集电极开路门）的输出端可以直接相连，实现线与。（ ）

三、试画出用 3 个二输入的“与非”门实现 $Y=A+B$ 等效逻辑电路图。

四、试画出图 4.4 所示电路输出端的电压波形。其中输入 A、B 的波形如图 4.5 所示。

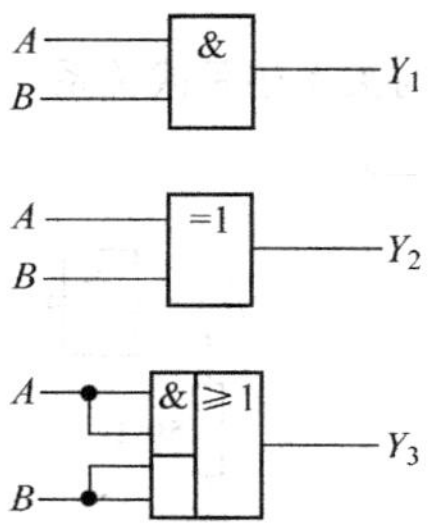

图 4.4

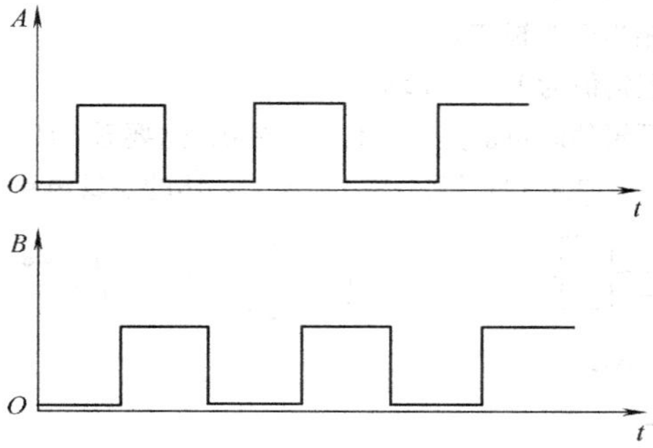

图 4.5

五、指出图 4.6 所示电路的输出逻辑电平是高电平、低电平还是高阻态。已知图 a 中的门电路都是 74 系列的 TTL 门电路，图 b 中的门电路为 CC4000 系列的 CMOS 门电路。

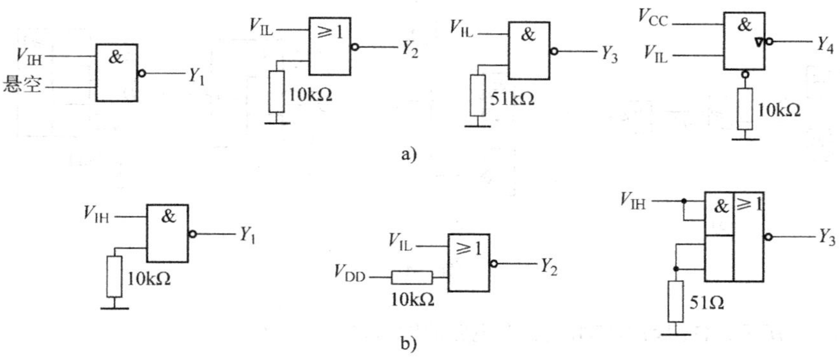

图 4.6

习 题

［题 4.1］ 填空题

（1）多个三态门的输出端能并联在一起的条件为__________。

（2）拉电流负载增加会使与非门的输出高电平__________；灌电流负载增加会使与非门的输出低电平__________。

（3）若使 TTL 与非门的输出为低电平状态，其输入高电平不能小于__________，若输出为高电平状态，其输入低电平不能大于__________。

（4）在三态门、OC 门、CMOS 传输门中，需外接电源和电阻的门是__________。

[题 4.2]　电路如图 4.7a ~ d 所示，试找出电路中的错误，并说明为什么。

[题 4.3]　如图 4.8 所示的电路，写出输出端的逻辑函数式，并分析电路的逻辑功能。

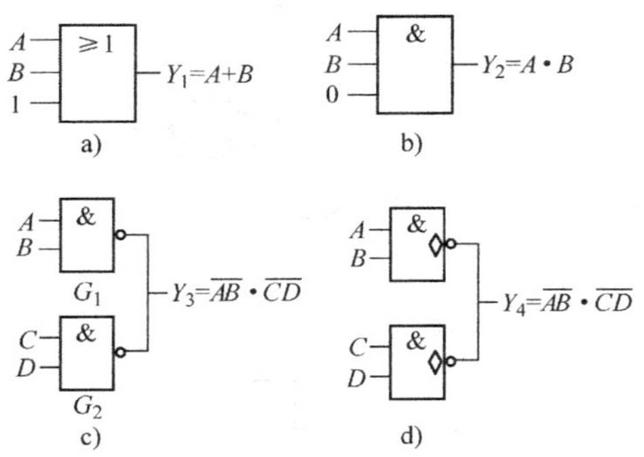

图　4.7

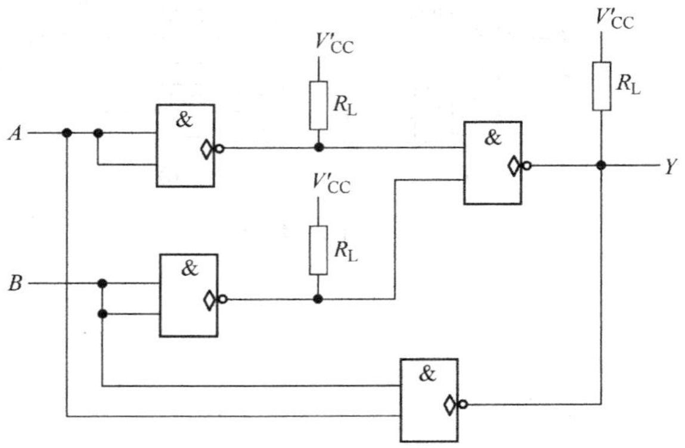

图　4.8

[题 4.4]　CMOS 传输门如图 4.9 所示，分析电路的逻辑功能，并给出功能表，画出相应的逻辑符号。

[题 4.5]　CMOS 门电路如图 4.10 所示，分析电路的功能，写出功能表，并画出相应的逻辑符号。

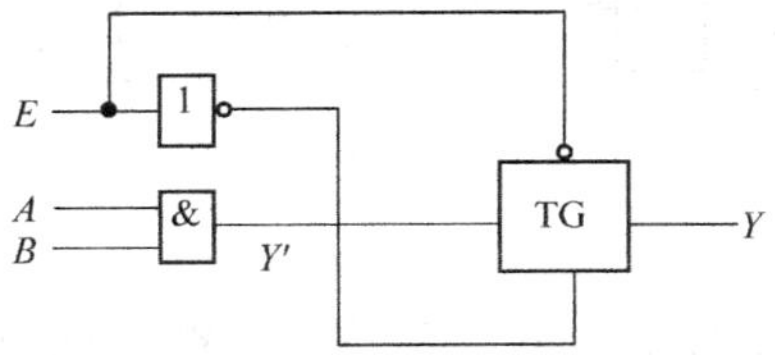

图　4.9

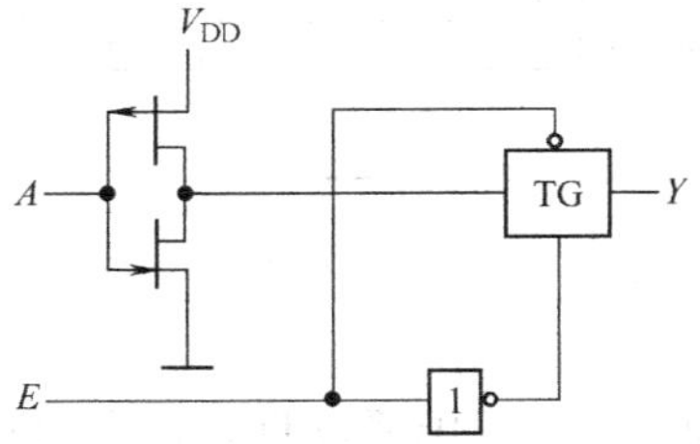

图　4.10

[题 4.6]　图 4.11 所示电路为 CMOS 门电路，试分析各电路输出逻辑功能，并写出各电路的输出逻辑函数式。设二极管正向导电时的压降为 0.7V。

[题 4.7]　图 4.12 由 74 系列与非门组成的电路中，试计算门 G_1 最多可以驱动多少个同样的门电路负载。要求 G_1 输出的高、低电平满足 $V_{OH}\geqslant 3.2V$，$V_{OL}\leqslant 0.2V$。与非门的输入电流为 $I_{IL}\leqslant -1mA$，$I_{IH}\leqslant 0.02mA$，$V_{OL}\leqslant 0.2V$ 时输出电流最大值为 $I_{OL(max)}=15mA$，$V_{OH}\geqslant 3.2V$ 时输出电流最大值为 $I_{OH(max)}=-0.2mA$。

[题 4.8]　TTL 门电路如图 4.13 所示，已知门电路参数为 $V_{OH}=3.2V$，$V_{OL}=0.2V$，$V_{IH(min)}=2.8V$，$V_{IL(max)}=0.4V$，$I_{IH}=30\mu A$，$I_{IL}=-1.0mA$，$I_{OH}=400\mu A$，$I_{OL}=-10mA$，为实现 $\overline{Y}=\overline{AB}$，$Y=\overline{\overline{AB}}$ 的逻辑关系，试求 R 的允许范围。

[题 4.9]　在图 4.14 所示的电路中，门 G_1、G_2 是两个 OC 门，每个门输出低电平允许灌入的最大电流为 $I_{OL}=15mA$，输出高电平时的漏电流 $I_{OH}<400\mu A$，规定输出高电平 $V_{OH(min)}=2.8V$，低电平 $V_{OL(max)}=0.4V$。G_3、G_4、G_5 是 3 个 TTL 与非门，它们的 $I_{IS}=1.44mA$，输入高电平时的漏电流 $I_{IH}=20\mu A$。试选取 R_L 的数值。

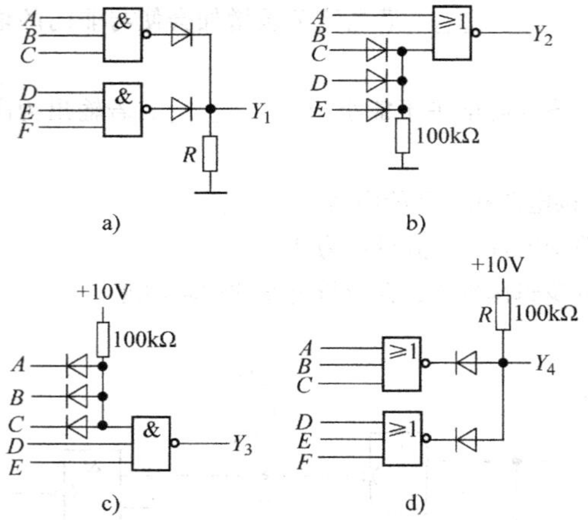

图 4.11

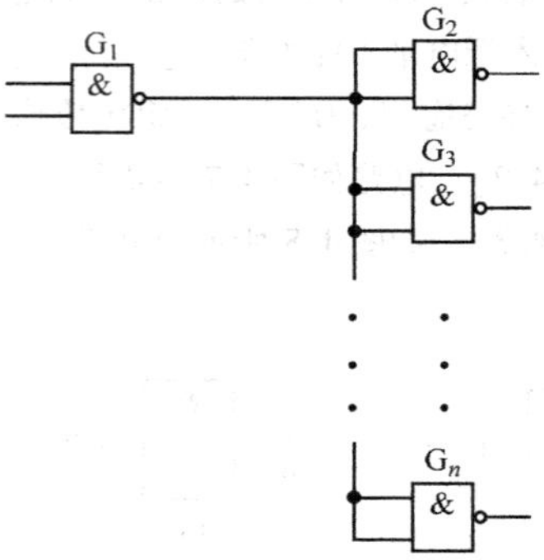

图 4.12

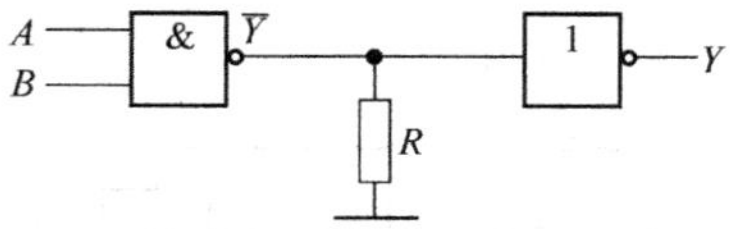

图 4.13

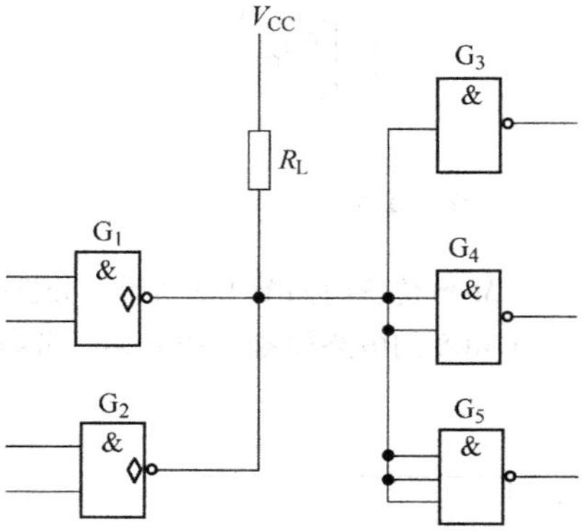

图 4.14

［题 4.10］ 某一 74H 系列 TTL 与非门的 $I_{OL(max)}=20mA$，$I_{OH(max)}=0.5mA$，测得其输入低电平电流 $I_{IL}=0.8mA$，输入高电平电流 $I_{IH}=20\mu A$，将此门连接成如图 4.15 所示，问该门扇出系数为多少？

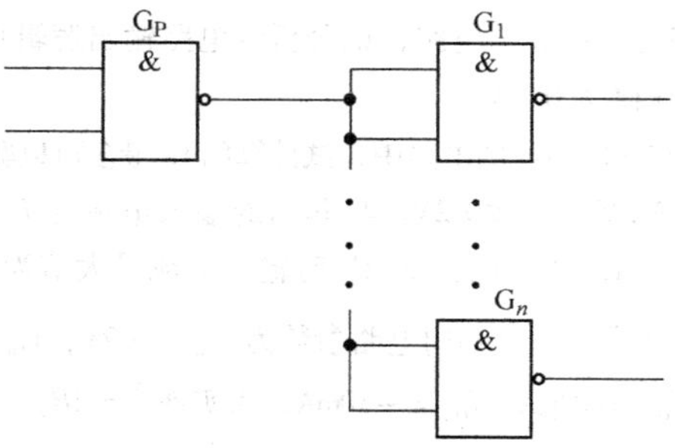

图 4.15

［题 4.11］ 说明如图 4.16 中 TTL 门电路的输出是高电平还是低电平。

［题 4.12］ 说明图 4.17 中 CMOS 门电路的输出是高电平还是低电平。

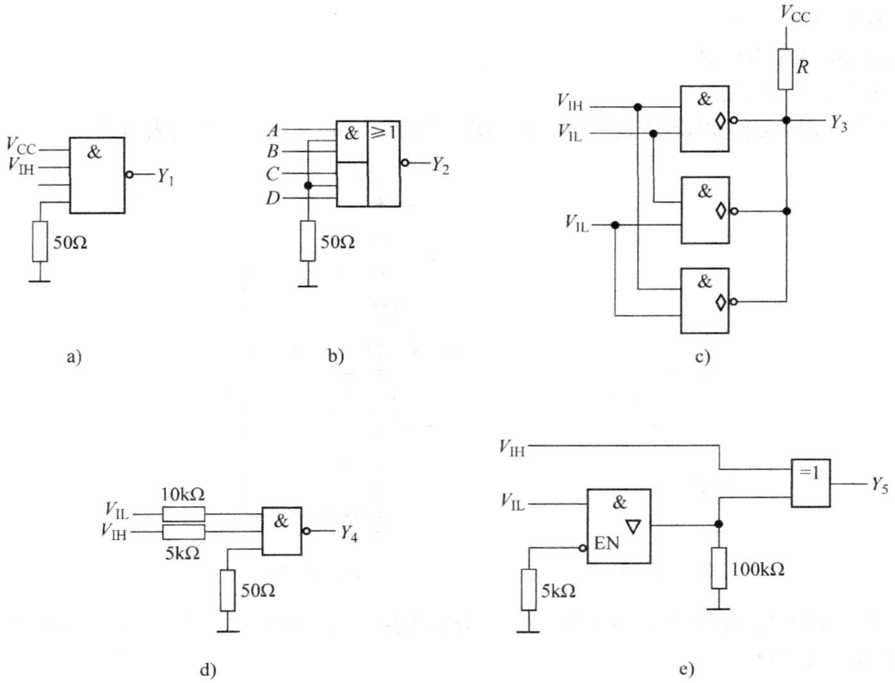

图　4.16

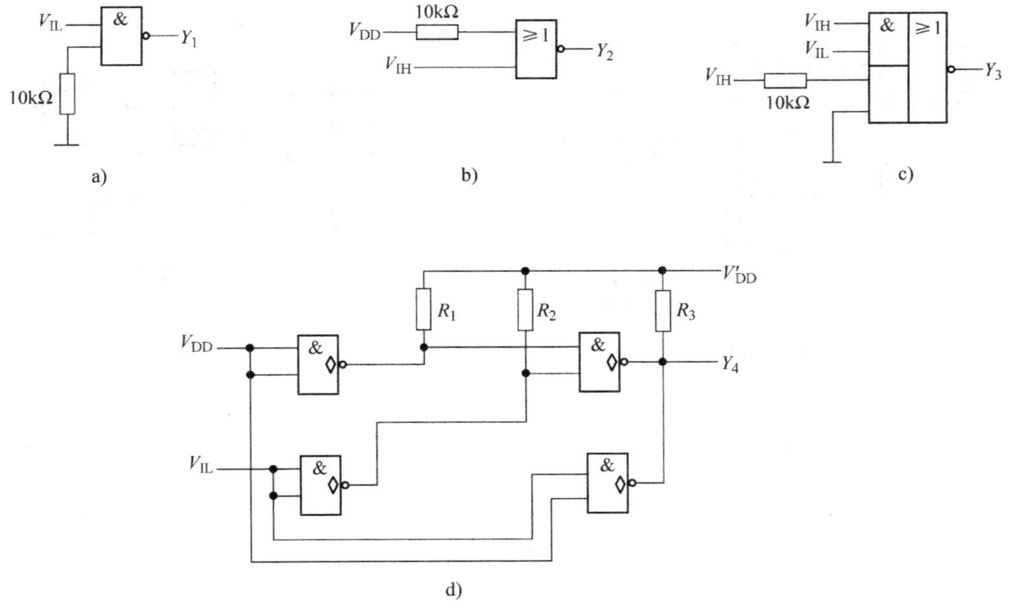

图　4.17

［题 4.13］　试说明在下列情况下，用万用表测量图 4.18 的 TTL 门的 V_{I2} 端的电压各为多少？万用表使用 5V 量程，内阻为 20kΩ/V。

（1）v_{I1} 悬空；

（2）v_{I1} 接低电平（0.3V）；

(3) v_{I1}接高电平 (3.6V);

(4) v_{I1}经 100Ω 电阻接地;

(5) v_{I1}经 10kΩ 电阻接地。

[题 4.14] 用增强型 NMOS 管构成的电路如图 4.19 所示。试写出 Y 的逻辑表达式。

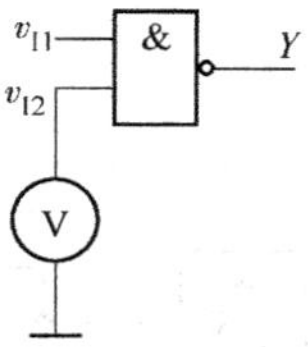

图 4.18

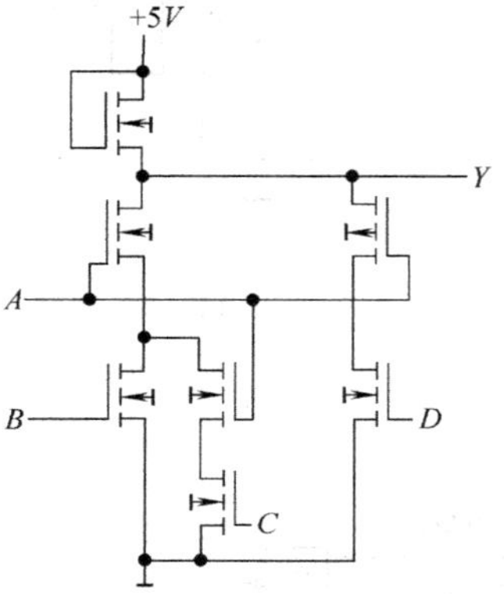

图 4.19

[题 4.15] MOS 门原理电路如图 4.20 所示。分析电路输入、输出间的逻辑关系,写出逻辑表达式,并画出 Y 相应的逻辑符号。

[题 4.16] 图 4.21 所示的 CMOS 门电路,试分析该图的逻辑功能。

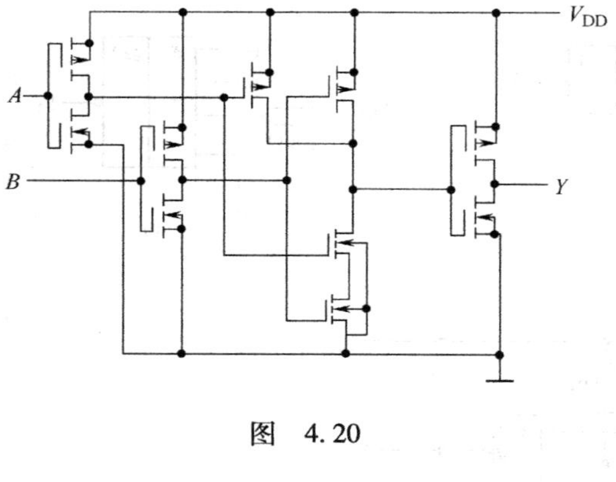

图 4.20

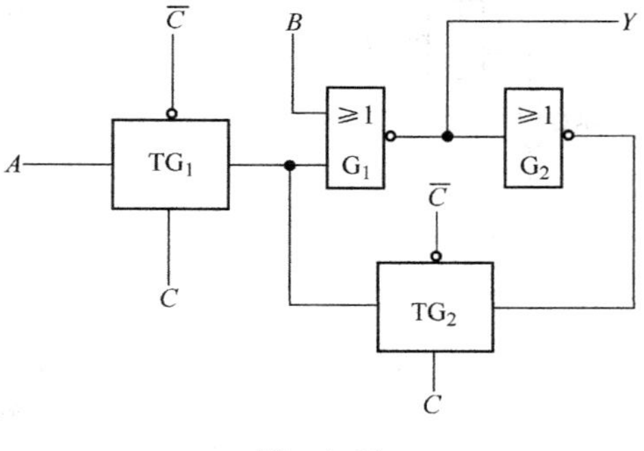

图 4.21

第 5 章　组合逻辑电路

内容提要

本章重点介绍组合逻辑电路的特点及组合逻辑电路的分析和设计方法。首先讲述组合逻辑电路的一般分析和设计方法，通过实例介绍用小规模集成电路（SSI）实现组合逻辑电路的方法。然后介绍常用的各种中规模集成（MSI）组合逻辑电路如全加器、编码器、译码器、数值比较器、数据选择器等的组成、工作原理及应用。最后介绍组合逻辑电路分析和设计过程中的竞争－冒险现象及消除方法。此外，还给出了组合逻辑电路的EDA 实现方法。

教学目标

1. 熟练掌握组合逻辑电路的分析方法和设计方法。

2. 深刻理解常用的中规模集成组合逻辑电路，如加法器、编码器、译码器、数据分配器、数据选择器、数据比较器等的逻辑功能和使用方法。熟练掌握运用 MSI 组合逻辑器件，特别是用数据选择器、译码器来设计组合逻辑电路。

3. 了解组合逻辑电路的竞争－冒险现象及消除方法。

5.1　概述

在数字系统中，根据输出信号对输入信号响应的不同及逻辑功能的不同，把数字逻辑电路分成两大类，一类称为组合逻辑电路，另一类称为时序逻辑电路。

在任何时刻，电路的输出仅取决于该时刻的输入，而与电路原来状态无关，则该电路称为组合逻辑电路，简称组合电路。这种电路只有从输入到输出的通路，而无从输出反馈到输入的回路，这是组合电路的结构特点。图 5.1.1 表示了一个多输入、多输出组合电路的框图。图中输入变量 X_1，$X_2 \cdots X_n$是二值逻辑变量，输出变量 Y_1，$Y_2 \cdots Y_m$是二值逻辑变量的逻辑函数。组合电路的逻辑功能可用式 5.1.1 的一组逻辑函数式来描述输出变量与输入变量的逻辑关系：

图 5.1.1　组合电路框图

$$\begin{cases} Y_1 = f_1(X_1,\ X_2,\ \cdots X_n) \\ Y_2 = f_2(X_1,\ X_2,\ \cdots X_n) \\ \cdots\cdots \\ Y_m = f_m(X_1,\ X_2,\ \cdots X_n) \end{cases} \tag{5.1.1}$$

由于组合电路的输出与电路过去状态无关，因此电路中不含有记忆功能的存储器件，仅由各种集成逻辑门电路构成。任何一个逻辑电路可以用一定的逻辑函数来描述，反过来一个逻辑函数也可以用相应的逻辑门电路来实现。但是与一个逻辑函数相对应的逻辑电路并不是唯一的。通常情况下要使逻辑表达式中的项数及每一乘积项中的因子最少，从而使器件数和连线数减少，故需对逻辑函数进行化简，用最简逻辑表达式来实现某一逻辑功能。真值表、逻辑表达式、卡诺图和逻辑图均可用来描述组合电路的逻辑功能。

5.2 组合逻辑电路的分析和设计方法

5.2.1 组合逻辑电路的分析方法

组合电路的分析就是根据给定的数字逻辑硬件电路，通过找出输出信号与输入信号之间的逻辑关系，如真值表、逻辑表达式或其他描述电路工作行为特性的形式来确定其逻辑功能。其中逻辑表达式和真值表是组合逻辑系统的分析模型，利用这个分析模型可以对组合逻辑的逻辑功能进行分析，从而可确定组合逻辑系统的逻辑功能。运用组合电路的分析手段，可以确定电路的工作特性并验证这种工作特性是否与设计指标相吻合。对组合电路的分析将有助于所用电路元件的简化，使原电路所用门电路的数量及连线最少，又由于同一电路有不同的表达形式，因此可用不同的逻辑部件去实现同一逻辑功能。图 5. 2. 1 给出了组合逻辑电路的分析步骤。

图 5. 2. 1 组合逻辑电路的分析步骤

对某个给定的逻辑电路进行分析，目的是了解电路的工作特性、逻辑功能、设计思想等。进行组合逻辑电路分析的一般步骤为：

1）确定输入变量和输出变量。

2）根据给定的逻辑电路图，写出输出逻辑函数式。一般从电路的输入到输出逐级写出逻辑函数式。

3）将得到的逻辑函数式进行化简或变换。利用公式法或卡诺图法进行化简，得到最简的逻辑函数式，或将表达式变换为所需要的形式。

4）由逻辑函数表达式列出逻辑函数的真值表。

5）画出给定输入激励波形下的输出波形，分析逻辑功能。

上述分析步骤是分析组合电路的最一般形式，实际分析中可根据具体情况灵活运用，可选择最方便、最快捷的组合电路描述形式。例如，对于较简单的组合电路，在写出逻辑函数式后其逻辑功能就清楚了，这时可不必列出真值表。

另外，值得注意的是，多输出的组合电路，与单输出组合电路的分析方法基本相同，但是分析其逻辑功能时，要将几个输出综合在一起考虑。

[例 5. 2. 1] 分析图 5. 2. 2 所示的逻辑电路，并指出该电路设计是否合理。

解 （1）由图 5. 2. 2 写出逻辑函数式。

$$Y=\overline{\overline{A+\overline{A+B}}+\overline{B+\overline{A+B}}}$$

（2）化简函数

$$\begin{aligned}Y&=\overline{\overline{A+\overline{A+B}}+\overline{B+\overline{A+B}}}\\&=(A+\overline{A+B})\cdot(B+\overline{A+B})\\&=(A+\overline{A}\,\overline{B})\cdot(B+\overline{A}\,\overline{B})\\&=(A+\overline{B})\cdot(B+\overline{A})\\&=AB+\overline{A}\,\overline{B}\end{aligned}$$

（3）列真值表，如表 5.2.1 所示。

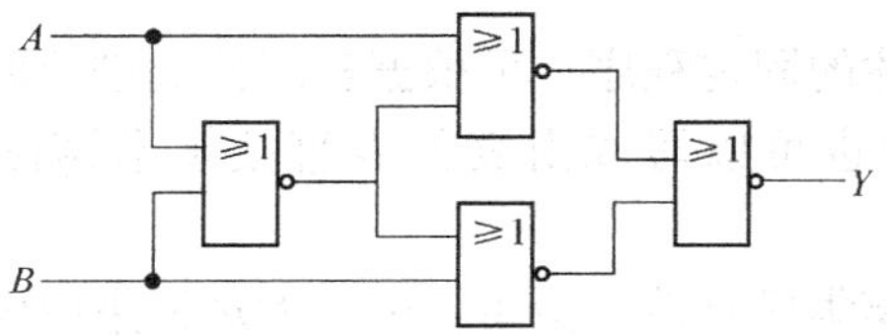

图 5.2.2 ［例 5.2.1］的逻辑电路

表 5.2.1 ［例 5.2.1］的真值表

A	B	Y
0	0	1
0	1	0
1	0	0
1	1	1

（4）分析逻辑功能。由真值表可知电路的输出 Y 与 A、B 是否相同有关，A、B 相同时 $Y=1$；A、B 不同时，$Y=0$。因此 Y 和 A、B 是同或关系。

（5）该电路使用的门数量太多，设计并不合理，可用较少的门电路如同或门来实现，如图 5.2.3 所示。

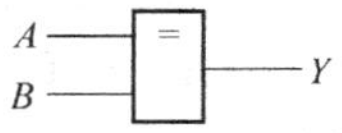

图 5.2.3 ［例 5.2.1］的改进电路

5.2.2 组合电路的设计方法

组合电路的设计过程与分析过程相反，它是根据给定的逻辑功能要求，找出实现这一逻辑功能的最简逻辑电路。这里所说的“最简”，是指电路所用的器件数最少，器件的种类最少，而且器件间的连线也最少。本章所介绍的内容，仅限于逻辑设计，不包含制作实际装置。组合电路的设计有时也叫组合逻辑网络的综合。用数字逻辑部件（硬件）来实现逻辑函数的方法很多，常用的有：小规模数字集成电路 SSI、中规模数字集成电路 MSI、只读存储器 ROM、小规模可编程逻辑器件 CPLD 和 FPGA 等，本章主要讨论如何用 SSI 和 MSI 来实现给定的逻辑问题。

组合逻辑电路的设计一般可按以下步骤进行：

1）根据给定的实际逻辑问题，分析设计要求，列出真值表。

设计要求一般用文字来描述，很难由文字描述的可直接写出逻辑函数式。而用真值表表示逻辑函数的方法最为直观，因此设计的第一步是列出真值表，步骤为：①分析问题的因果关系，确定输入变量和输出变量；②给输入、输出变量赋值。用 0、1 分别表示输入、输出变量的两种不同状态；③根据问题的逻辑关系，列出真值表。将输入变量列在真值表的左列，而将输出变量列在真值表的右列。

2）根据真值表写出逻辑函数式。

3）对逻辑函数进行化简或变换。

4）根据最简输出逻辑函数式画出逻辑图。

5）工艺设计。为了用逻辑电路实现具体的电路装置，还需要做印制电路板、电源、显示电路等一系列的工艺设计。

组合逻辑电路的设计步骤如图 5.2.4 所示。

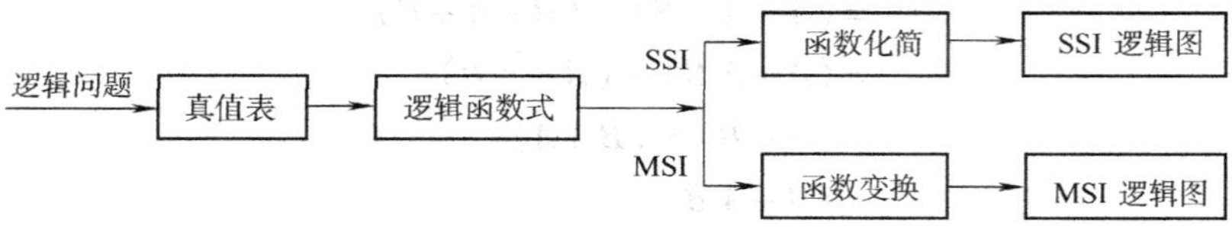

图 5.2.4　组合逻辑电路的设计步骤

组合逻辑电路设计步骤不是必须遵循上述的固定程序，可根据实际情况进行取舍。例如步骤 2)、3）的目的是为了化简，那么它们也可以写成由真值表直接填卡诺图，然后再化简。

组合电路的设计步骤一般只在使用小规模集成器件时使用。中、大规模集成电路出现以后，逻辑电路的设计方法出现了重大变化。用中规模集成器件设计的电路具有连线简单、方便快捷、成本低的特点。下面举例说明设计组合电路的方法和步骤。

[例 5.2.2]　设计一个水库水位安全预警电路，水位要求如图 5.2.5 所示，图中虚线表示水位，A、B、C 电极被水浸没时会有信号输出。水面在 A、B 间时为异常状态，黄灯 Y 亮；水面在 B、C 间时为正常状态，绿灯 G 亮；水面在 A 以上或 C 以下时为危险状态，红灯 R 亮。试用与非门设计实现该逻辑功能的电路。

解　设 A、B、C 三个电极被水浸没时为 1，未被水浸没时为 0；灯亮时为 1，灯灭时为 0。

（1）按题意列出真值表，如表 5.2.2 所示。

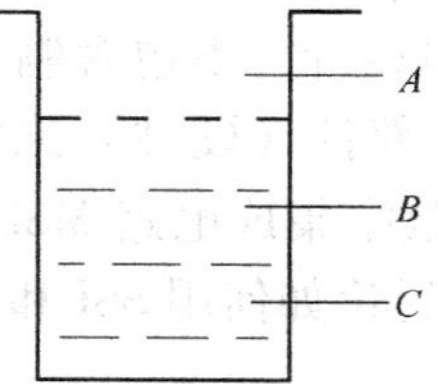

图 5.2.5　[例 5.2.2] 的水库水位图

表 5.2.2　[例 5.2.2] 的真值表

A	B	C	R	Y	G
0	0	0	1	0	0
0	0	1	0	0	1
0	1	0	×	×	×
0	1	1	0	1	0
1	0	0	×	×	×
1	0	1	×	×	×
1	1	0	×	×	×
1	1	1	1	0	0

（2）求最简逻辑表达式。由真值表可画出 R、Y、G 的卡诺图，如图 5.2.6 所示。

化简后的逻辑表达式为

$$R=\overline{\overline{A}\cdot C}$$

$$Y=\overline{A}B=\overline{\overline{\overline{A}B}}$$

$$G=\overline{B}C=\overline{\overline{\overline{B}C}}$$

（3）画出逻辑图，如图 5.2.7 所示。

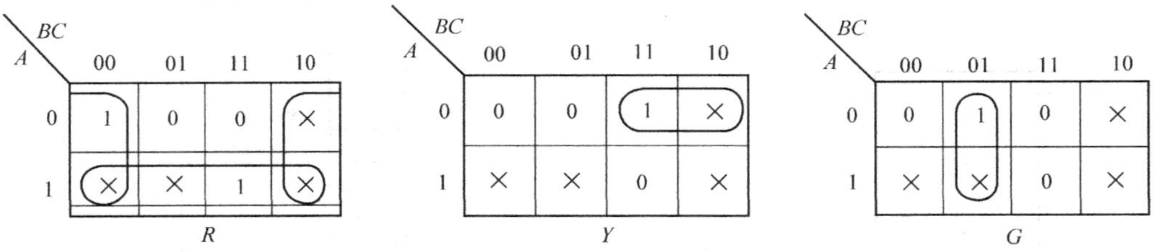

图 5.2.6　[例 5.2.2] 的卡诺图

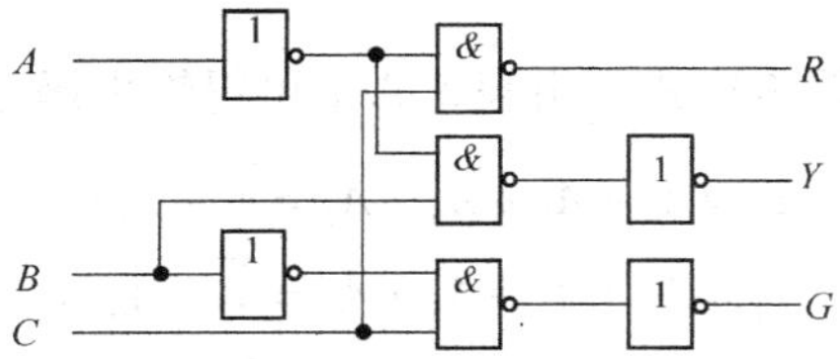

图 5.2.7　[例 5.2.2] 的逻辑图

5.3　编码器

在数字系统中，常常需要把二进制代码按照一定的规律编排，如 8421 码、5421 码和格雷码等，使每组代码具有特定的含义，通常将具有特定意义的信息编成相应二进制代码的过程称为编码。实现编码功能的电路，称为编码器。编码器有普通编码器和优先编码器两种。

5.3.1　普通编码器

在普通编码器中，任何时刻只允许输入一个编码信号，否则输出将发生混乱。

1. 二进制编码器

二进制编码器输入有 n 个信号，它是 n 个表示数字、字符的信息，即表征这些信息的高、低电平，输出则是 m 位相应的二进制代码。n 与 m 之间的关系：$n=2^m$。在某一时刻只有一个输入信号有编码输出，m 位二进制编码器框图如图 5.3.1 所示。二进制编码器有 3 位二进制编码器、4 位二进制编码器等。二进制编码器的实现比较简单，下面以 3 位二进制编码器的实现为例说明二进制编码器的工作原理，其设计过程如下：

（1）确定二进制代码的位数　因为 m 位二进制代码可以有 2^m种组合，即可以表示 2^m个信号。那么 3 位二进制编码就是把 8 个输入信号 A_0 ~ A_7编成对应的 3 位二进制代码输出。图 5.3.2 为 3 位二进制编码器的逻辑框图，输入信号为 A_0 ~ A_7，高电平有效；输出为 3 位二进制码 $Y_2Y_1Y_0$。因此又把它称作 8 线 - 3 线编码器。由于普通编码器在任何时刻只能对一个输入信号进行编码，因此在任一时刻只能有一个输入信号的电平有效。

（2）根据设计要求列出真值表　将 8 个输入信号与相对应的 3 位二进制代码填入表格中，表 5.3.1 为 3 位二进制编码器高电平有效时的真值表。

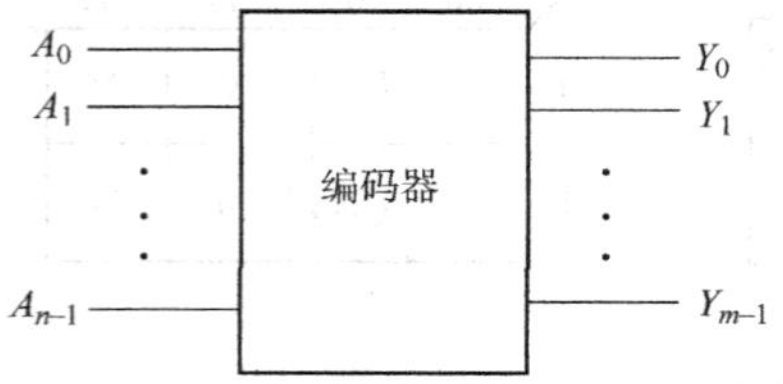

图 5.3.1 *m* 位二进制编码器框图

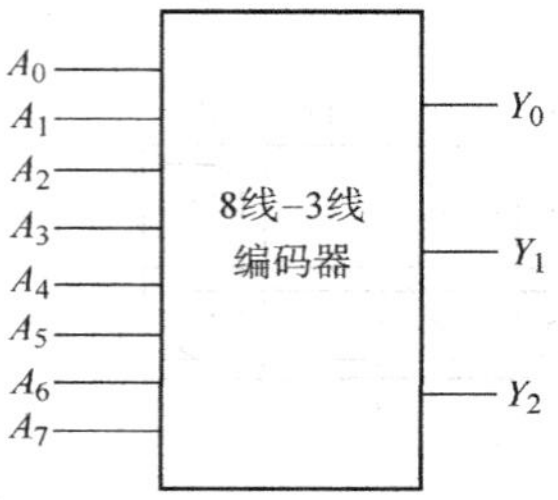

图5.3.2 3 位二进制编码器框图

（3）根据真值表写出逻辑表达式 由表 5.3.1 可得输出函数表达式如下：

$$
\begin{aligned}
Y_2 &= A_4 + A_5 + A_6 + A_7 = \overline{\overline{A_4}\,\overline{A_5}\,\overline{A_6}\,\overline{A_7}} \\
Y_1 &= A_2 + A_3 + A_6 + A_7 = \overline{\overline{A_2}\,\overline{A_3}\,\overline{A_6}\,\overline{A_7}} \\
Y_0 &= A_1 + A_3 + A_5 + A_7 = \overline{\overline{A_1}\,\overline{A_3}\,\overline{A_5}\,\overline{A_7}}
\end{aligned}
\qquad (5.3.1)
$$

（4）画逻辑图 由与非门设计的3 位二进制编码器的逻辑图如图 5.3.3 所示。A_0是隐含变量，当其他输入都无效时，即 $A_1 \sim A_7$为 0 时，输出就是 A_0的编码，此时 $Y_2Y_1Y_0 = 000$，故 A_0没有画出。

表 5.3.1 3 位二进制编码器的真值表

输入								输出		
A_0	A_1	A_2	A_3	A_4	A_5	A_6	A_7	Y_2	Y_1	Y_0
1	0	0	0	0	0	0	0	0	0	0
0	1	0	0	0	0	0	0	0	0	1
0	0	1	0	0	0	0	0	0	1	0
0	0	0	1	0	0	0	0	0	1	1
0	0	0	0	1	0	0	0	1	0	0
0	0	0	0	0	1	0	0	1	0	1
0	0	0	0	0	0	1	0	1	1	0
0	0	0	0	0	0	0	1	1	1	1

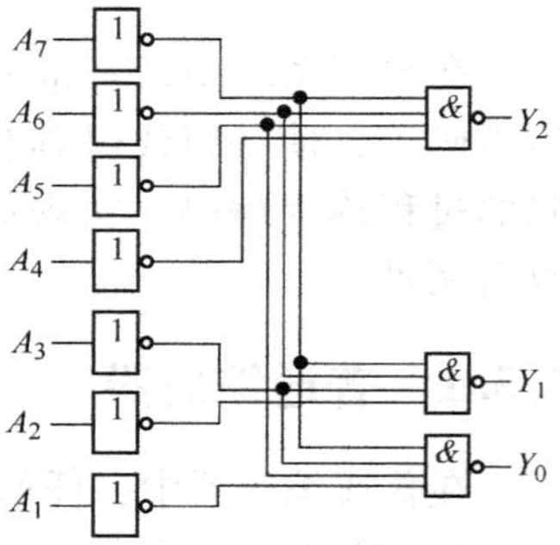

图 5.3.3 3 位二进制编码器逻辑图

二进制编码器是一组有约束的变量，即任何时刻只允许输入一个有效信号，不允许同时出现两个或两个以上的有效信号。

2. 8421BCD 码编码器

8421BCD 码是最常用的一种二 - 十进制编码器，能够将十进制数 0 ~ 9 编成二进制代码的逻辑电路称为 8421BCD 码编码器（二 - 十进制编码器）。其工作原理与二进制编码器无本质区别，现以最常用的 8421BCD 编码器设计为例说明其编码原理。

（1）根据设计要求列出真值表 输入 10 个数码，要求有 10 种状态，每一个数需用 4 位二进制代码来表示，因此输出变量个数为 4。设 10 个数码用 $A_0 \sim A_9$表示，输出二进制代码用 $Y_3Y_2Y_1Y_0$表示，采用 8421BCD 码，则真值表如表 5.3.2 所示。

（2）根据真值表写出逻辑表达式

表 5.3.2　8421BCD 编码器真值表

A_0	A_1	A_2	A_3	A_4	A_5	A_6	A_7	A_8	A_9	Y_3	Y_2	Y_1	Y_0
1	0	0	0	0	0	0	0	0	0	0	0	0	0
0	1	0	0	0	0	0	0	0	0	0	0	0	1
0	0	1	0	0	0	0	0	0	0	0	0	1	0
0	0	0	1	0	0	0	0	0	0	0	0	1	1
0	0	0	0	1	0	0	0	0	0	0	1	0	0
0	0	0	0	0	1	0	0	0	0	0	1	0	1
0	0	0	0	0	0	1	0	0	0	0	1	1	0
0	0	0	0	0	0	0	1	0	0	0	1	1	1
0	0	0	0	0	0	0	0	1	0	1	0	0	0
0	0	0	0	0	0	0	0	0	1	1	0	0	1

$$
\begin{aligned}
Y_3 &= A_8 + A_9 = \overline{\overline{A}_8\overline{A}_9} \\
Y_2 &= A_4 + A_5 + A_6 + A_7 = \overline{\overline{A}_4\overline{A}_5\overline{A}_6\overline{A}_7} \\
Y_1 &= A_2 + A_3 + A_6 + A_7 = \overline{\overline{A}_2\overline{A}_3\overline{A}_6\overline{A}_7} \\
Y_0 &= A_1 + A_3 + A_5 + A_7 + A_9 = \overline{\overline{A}_1\overline{A}_3\overline{A}_5\overline{A}_7\overline{A}_9}
\end{aligned}
\tag{5.3.2}
$$

(3) 画逻辑图　由与非门构成的 8421BCD 编码器的逻辑图如图 5.3.4 所示。其中 A_0 的编码也是隐含的。

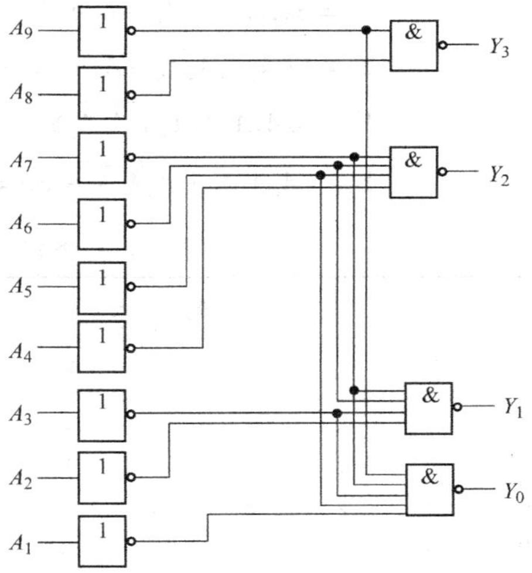

图 5.3.4　8421BCD 编码器的逻辑图

值得注意的是，4 位二进制代码共有 16 种组合，用 4 位二进制代码表示 10 个输入信号的方案很多，如 8421 码、余 3 码、2421 码、余 3 循环码等。TTL 编码器的种类也很多，有集成电路 8421BCD 码编码器，也有 CMOS 型 8421BCD 码编码器等。

5.3.2　优先编码器

数字计算机有多个外围设备，在某一时刻，可能有多个外设同时向主机发出请求，但该时刻计算机只能接受一个请求，为此需要一个判定电路，确定哪个外围设备有优先权。而前面讲的二进制编码器和二－十进制编码器，在任何时刻只能输入一个编码信号，输入信号之间是互相排斥的，因此需要设计这样一种编码器，允许同时输入两个以上的编码信号，而电路只对其中优先级别最高的信号进行编码，而不会对级别低的信号编码，能根据请求信号的优先级别进行编码的逻辑电路就称为优先编码器。因此，在设计优先编码器时，应将所有的输入信号按优先级顺序排队。至于优先权的顺序，是由设计者根据实际的轻重缓急情况来确定的。

[**例 5.3.1**]　试设计一个 8 线－3 线优先编码器，其功能如表 5.3.3 所示。其中 $\overline{S}$ 为使能输入端，低电平有效。$\overline{Y}_S$ 为使能输出端，$\overline{Y}_{EX}$ 为扩展输出端。

(1) 真值表分析　在表 5.3.3 中，8 线－3 线优先编码器的编码输入端为 $\overline{A}_0 \sim \overline{A}_7$，分别

代表8个数字信号0～7，输入低电平有效，表示有编码请求。编码输出端$\overline{Y}_2\overline{Y}_1\overline{Y}_0$为8421码的反码，即以3位二进制码的反码输出，也是低电平有效。每次可以有多个信号输入，但编码的优先顺序是$\overline{A}_7\to\overline{A}_6\to\overline{A}_5\to\overline{A}_4\to\overline{A}_3\to\overline{A}_2\to\overline{A}_1\to\overline{A}_0$，$\overline{A}_7$的优先级最高，$\overline{A}_0$的优先级最低。当$\overline{A}_7=0$时，不管$\overline{A}_0\sim\overline{A}_6$处于何种状态，电路只对$\overline{A}_7$进行编码，输出为$\overline{Y}_2\overline{Y}_1\overline{Y}_0=000$。

$\overline{S}$为使能输入端，低电平有效。当$\overline{S}=0$时，编码器才能正常工作；当$\overline{S}=1$时，无论输入端有无请求信号，所有的输出端均被封锁为高电平。因此$\overline{S}$又称选通输入端。

$\overline{Y}_S$为使能输出端（或称选通输出端），$\overline{Y}_{EX}$为扩展输出端，是控制标志。

（2）由真值表写出逻辑表达式　首先将真值表中输出为0的最小项相加得到Y_2、Y_1、Y_0，经化简取反后得$\overline{Y}_2$、$\overline{Y}_1$、$\overline{Y}_0$。具体如下：

$$
\begin{aligned}
Y_2 &= SA_7+SA_6\overline{A}_7+SA_5\overline{A}_6\overline{A}_7+SA_4\overline{A}_5\overline{A}_6\overline{A}_7=S(A_4+A_5+A_6+A_7)\\
\overline{Y}_2 &= \overline{S(A_4+A_5+A_6+A_7)}\\
Y_1 &= S(A_7+A_6\overline{A}_7+A_3\overline{A}_4\overline{A}_5\overline{A}_6\overline{A}_7+A_2\overline{A}_3\overline{A}_4\overline{A}_5\overline{A}_6\overline{A}_7)\\
&= S(A_7+A_6+A_3\overline{A}_4\overline{A}_5+A_2\overline{A}_4\overline{A}_5)\\
\overline{Y}_1 &= \overline{S(A_2\overline{A}_4\overline{A}_5+A_3\overline{A}_4\overline{A}_5+A_6+A_7)}\\
Y_0 &= S(A_7+A_5\overline{A}_6\overline{A}_7+A_3\overline{A}_4\overline{A}_5\overline{A}_6\overline{A}_7+A_1\overline{A}_2\overline{A}_3\overline{A}_4\overline{A}_5\overline{A}_6\overline{A}_7)\\
&= S(A_7+A_5\overline{A}_6+A_3\overline{A}_4\overline{A}_6+A_1\overline{A}_2\overline{A}_4\overline{A}_6)\\
\overline{Y}_0 &= \overline{S(A_1\overline{A}_2\overline{A}_4\overline{A}_6+A_3\overline{A}_4\overline{A}_6+A_5\overline{A}_6+A_7)}\\
\overline{Y}_S &= \overline{\overline{A}_0\overline{A}_1\overline{A}_2\overline{A}_3\overline{A}_4\overline{A}_5\overline{A}_6\overline{A}_7S}\\
\overline{Y}_{EX} &= \overline{\overline{\overline{A}_0\overline{A}_1\overline{A}_2\overline{A}_3\overline{A}_4\overline{A}_5\overline{A}_6\overline{A}_7S}S}=\overline{(A_0+A_1+A_2+A_3+A_4+A_5+A_6+A_7)S}
\end{aligned}
\tag{5.3.3}
$$

表5.3.3　8线-3线优先编码器的逻辑功能表

输入									输出				
$\overline{S}$	$\overline{A}_0$	$\overline{A}_1$	$\overline{A}_2$	$\overline{A}_3$	$\overline{A}_4$	$\overline{A}_5$	$\overline{A}_6$	$\overline{A}_7$	$\overline{Y}_2$	$\overline{Y}_1$	$\overline{Y}_0$	$\overline{Y}_S$	$\overline{Y}_{EX}$
1	×	×	×	×	×	×	×	×	1	1	1	1	1
0	1	1	1	1	1	1	1	1	1	1	1	0	1
0	×	×	×	×	×	×	×	0	0	0	0	1	0
0	×	×	×	×	×	×	0	1	0	0	1	1	0
0	×	×	×	×	×	0	1	1	0	1	0	1	0
0	×	×	×	×	0	1	1	1	0	1	1	1	0
0	×	×	×	0	1	1	1	1	1	0	0	1	0
0	×	×	0	1	1	1	1	1	1	0	1	1	0
0	×	0	1	1	1	1	1	1	1	1	0	1	0
0	0	1	1	1	1	1	1	1	1	1	1	1	0

表5.3.3和$\overline{Y}_S$的表达式说明，只有当没有编码输入信号，即所有的编码输入端为高电平，且$\overline{S}=0$时，$\overline{Y}_S=0$，$\overline{Y}_{EX}=1$。因此$\overline{Y}_S$的低电平输出信号表示“电路处于工作状态，但无编码输入信号”。当多个芯片连接时，通常将$\overline{Y}_S$接至低位芯片的$\overline{S}$端。$\overline{Y}_S$和$\overline{S}$配合使用可实现多级编码器之间的优先级控制。例如，当$\overline{S}=1$时，禁止本片编码输出，不论$\overline{A}_0\sim\overline{A}_7$为何种状态，所有输出端均为1。

$\overline{Y}_{EX}$的表达式说明了只要任何一个编码输入端有低电平输入（即编码输入信号不全为1），且 $\overline{S}=0$ 时，$\overline{Y}_S=1$，$\overline{Y}_{EX}=0$。因此 $\overline{Y}_{EX}$低电平时表示“电路处于工作状态，而且有编码输入信号”。

（3）由逻辑表达式画出逻辑电路图　图 5.3.5a 为 8 线 -3 线优先编码器的逻辑图。该电路就是典型的国产 TTL 电路 MSI 74LS148 二进制 8 线 -3 线优先编码器的内部逻辑图，逻辑符号如图 5.3.5b 所示。

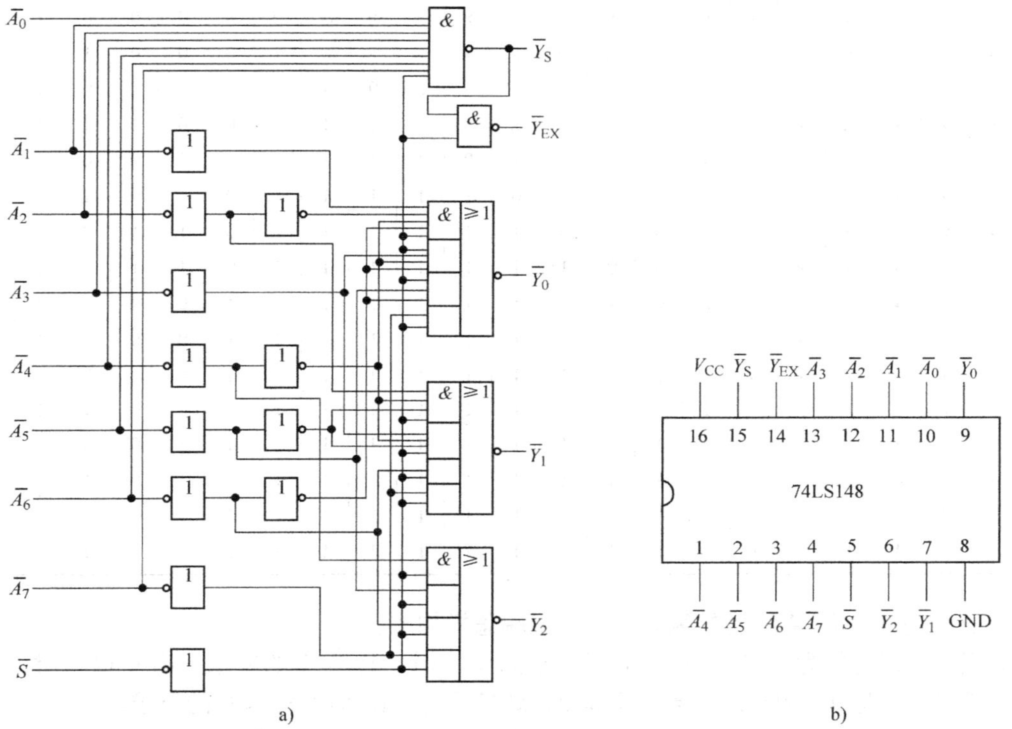

图 5.3.5　8 线 -3 线优先编码器 74LS148

a）内部逻辑电路结构　b）引脚图

下面举例说明通过 $\overline{Y}_S$和 $\overline{Y}_{EX}$可以扩展 74LS148 的功能。

[例 5.3.2]　试用两片 74LS148 构成 16 线 -4 线优先编码器。

解　由于每片 74LS148 只有 8 个编码输入端，而 16 线 -4 线优先编码器需要 16 个编码输入端，因此需要两片 74LS148。由表 5.3.4 可知，$\overline{I}_{15}$的优先权最高，$\overline{I}_0$的优先权最低。现将 $\overline{I}_7 \sim \overline{I}_0$接到 I 号片的输入端，$\overline{I}_8 \sim \overline{I}_{15}$接到 II 号片的输入端。因此 II 号片的优先权比 I 号片高，即 II 号片编码时，I 号片不准编码，只有当 II 号片的 8 个输入端 $\overline{I}_8 \sim \overline{I}_{15}$都是高电平，即无编码请求时，I 号片才能编码。因此将 II 号片的 $\overline{Y}_S$接于 I 号片的 $\overline{S}$ 端，就实现了上述要求。

另外，当 II 号片有编码输入时，它的 $\overline{Y}_{EX}=0$，无编码输入时 $\overline{Y}_{EX}=1$，由表 5.3.4 可知，当高位 $\overline{I}_8 \sim \overline{I}_{15}$编码时，$\overline{Y}_3=0$，当低位 $\overline{I}_0 \sim \overline{I}_7$编码而 $\overline{I}_8 \sim \overline{I}_{15}$无编码输入时，$\overline{Y}_3=1$。由以上分析可得，II 号片的 $\overline{Y}_{EX}$端可作为 16 线 -4 线编码器的输出端 $\overline{Y}_3$。I 号片 $\overline{Y}_2$与 II 号片 $\overline{Y}_2$相与

为扩展后的 $\overline{Y}_2$，两片的 $\overline{Y}_1$ 相与为扩展后的 $\overline{Y}_1$ 端，两片的 $\overline{Y}_0$ 相与为扩展后的 $\overline{Y}_0$ 端。

表 5.3.4 ［例 5.3.2］的真值表

输入																	输出					
$\overline{S}$	$\overline{I}_0$	$\overline{I}_1$	$\overline{I}_2$	$\overline{I}_3$	$\overline{I}_4$	$\overline{I}_5$	$\overline{I}_6$	$\overline{I}_7$	$\overline{I}_8$	$\overline{I}_9$	$\overline{I}_{10}$	$\overline{I}_{11}$	$\overline{I}_{12}$	$\overline{I}_{13}$	$\overline{I}_{14}$	$\overline{I}_{15}$	$\overline{Y}_3$	$\overline{Y}_2$	$\overline{Y}_1$	$\overline{Y}_0$	$\overline{Y}_S$	$\overline{Y}_{EX}$
0	1	1	1	1	1	1	1	1	1	1	1	1	1	1	1	1	1	1	1	1	0	1
0	×	×	×	×	×	×	×	×	×	×	×	×	×	×	×	0	0	0	0	0	1	0
0	×	×	×	×	×	×	×	×	×	×	×	×	×	×	0	1	0	0	0	1	1	0
0	×	×	×	×	×	×	×	×	×	×	×	×	×	0	1	1	0	0	1	0	1	0
0	×	×	×	×	×	×	×	×	×	×	×	×	0	1	1	1	0	0	1	1	1	0
0	×	×	×	×	×	×	×	×	×	×	×	0	1	1	1	1	0	1	0	0	1	0
0	×	×	×	×	×	×	×	×	×	×	0	1	1	1	1	1	0	1	0	1	1	0
0	×	×	×	×	×	×	×	×	×	0	1	1	1	1	1	1	0	1	1	0	1	0
0	×	×	×	×	×	×	×	×	0	1	1	1	1	1	1	1	0	1	1	1	1	0
0	×	×	×	×	×	×	×	0	1	1	1	1	1	1	1	1	1	0	0	0	1	0
0	×	×	×	×	×	×	0	1	1	1	1	1	1	1	1	1	1	0	0	1	1	0
0	×	×	×	×	×	0	1	1	1	1	1	1	1	1	1	1	1	0	1	0	1	0
0	×	×	×	×	0	1	1	1	1	1	1	1	1	1	1	1	1	0	1	1	1	0
0	×	×	×	0	1	1	1	1	1	1	1	1	1	1	1	1	1	1	0	0	1	0
0	×	×	0	1	1	1	1	1	1	1	1	1	1	1	1	1	1	1	0	1	1	0
0	×	0	1	1	1	1	1	1	1	1	1	1	1	1	1	1	1	1	1	0	1	0
0	0	1	1	1	1	1	1	1	1	1	1	1	1	1	1	1	1	1	1	1	1	0

下面讨论 16 线 -4 线优先编码器的扩展端怎样构成。

两片 $\overline{Y}_{EX}$ 相与作为扩展后的 $\overline{Y}_{EX}$ 满足了输入全 1 时，$\overline{Y}_{EX}=1$ 的要求。有 0 输入时，两片的 $\overline{Y}_{EX}$ 就有一个是 0，相与的结果一定是 0，满足了有 0 输入时 $\overline{Y}_{EX}=0$ 的要求。

两片 $\overline{Y}_S$ 相与作为扩展后的 $\overline{Y}_S$ 时，只能满足输入全 1 时 $\overline{Y}_S=0$ 的要求，而在 $\overline{I}_8 \sim \overline{I}_{15}$ 有 0，$\overline{I}_0 \sim \overline{I}_7$ 全 1 时，扩展后的 $\overline{Y}_S$ 应为 1，可 Ⅰ 号片的 $\overline{Y}_S$ 却为 0，不能满足表 5.3.4 的要求。只有将 Ⅰ 号片的 $\overline{Y}_S$ 和 Ⅱ 号片的 $\overline{Y}_S$ 相或，作为扩展后的 $\overline{Y}_S$，才能满足要求。

综合上述分析，画出逻辑图如图 5.3.6 所示。

在常用优先编码器中，除了 74LS148 二进制优先编码器外，还有一类称为二 - 十进制优先编码器，例如 74LS147 等。图 5.3.7 给出了 74LS147 的外引脚图。

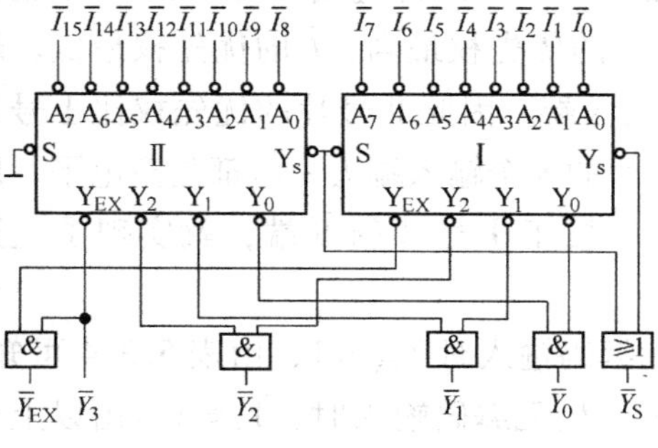

图 5.3.6 ［例 5.3.2］的逻辑电路图

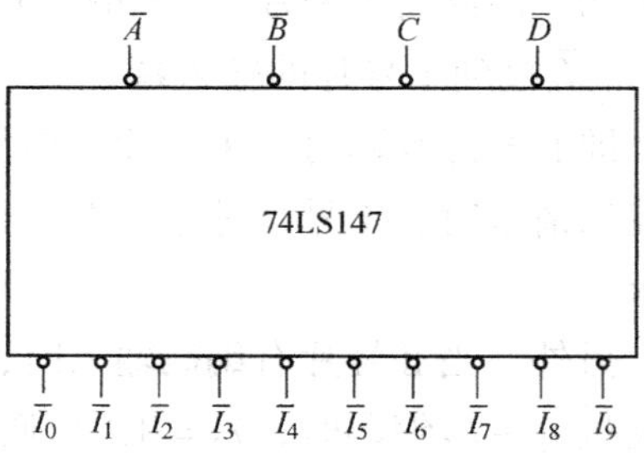

图 5.3.7 74LS147 的逻辑功能示意图

5.4 译码器

译码是编码的逆过程。它根据输入编码来确定相应输出信号的电平。译码器是将输入的二进制代码翻译成相应输出信号的电路。译码器的种类很多，根据所完成的逻辑功能可分为变量译码器和显示译码器二类。

5.4.1 变量译码器

变量译码器又分为二进制译码器和二－十进制译码器。

将具有特定含义的一组二进制代码，按其原义翻译成对应于输出信号的逻辑电路，称为二进制译码器。它的输入是一组二进制代码，输出是与输入相对应的高、低电平信号。n 位的二进制代码输入将有 2^n 条输出线。所以两位的二进制代码输入将有 4 条输出线，称为 2 线－4 线译码器；4 位的二进制代码输入将有 16 条输出线，称为 4 线－16 线译码器等等。

集成变量译码器有 2 线－4 线译码器 74LS139、74LS156，3 线－8 线译码器 74LS137、74LS138，4 线－10 线译码器 74LS42、74LS44，4 线－16 线译码器 74LS47、74LS48 等。

1. 2 线－4 线译码器

［例 5.4.1］ 试根据图 5.4.1 的设计要求来实现 2 线－4 线译码器。

(1) 根据设计要求列出真值表 图 5.4.1 是两位二进制译码器的设计框图。它有 1 个控制端，2 个输入端，4 个输出端，因此这个译码器叫做 2 线－4 线译码器。图中 A_1、A_0 为二进制代码输入端，$\overline{Y}_3 \sim \overline{Y}_0$ 为输出端，输出低电平有效，$\overline{ST}$ 为控制端（亦即选通端或片选端），低电平有效。真值表如表 5.4.1 所示。

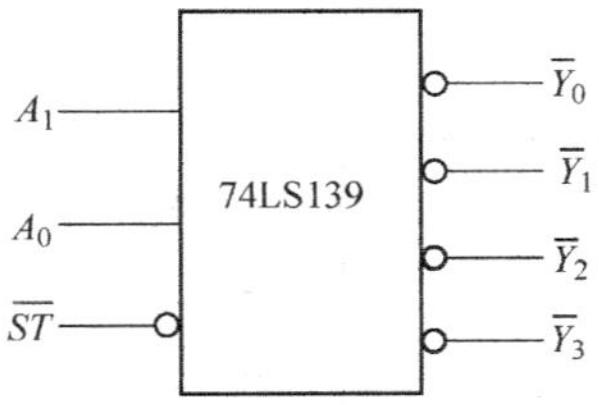

图 5.4.1 2 线－4 线译码器框图

表 5.4.1 2 线－4 线译码器真值表

控制端	输入		输出			
$\overline{ST}$	A_1	A_0	$\overline{Y}_3$	$\overline{Y}_2$	$\overline{Y}_1$	$\overline{Y}_0$
0	0	0	1	1	1	0
0	0	1	1	1	0	1
0	1	0	1	0	1	1
0	1	1	0	1	1	1
1	×	×	1	1	1	1

(2) 根据真值表写出逻辑表达式（当 $\overline{ST}=0$ 时）

$$\begin{aligned}\overline{Y}_0 &= \overline{\overline{A}_1\overline{A}_0} = \overline{m}_0\\ \overline{Y}_1 &= \overline{\overline{A}_1 A_0} = \overline{m}_1\\ \overline{Y}_2 &= \overline{A_1\overline{A}_0} = \overline{m}_2\\ \overline{Y}_3 &= \overline{A_1 A_0} = \overline{m}_3\end{aligned} \tag{5.4.1}$$

由式（5.4.1）可以看出，$\overline{Y}_0 \sim \overline{Y}_3$ 是 A_1、A_0 两个变量最小项的译码输出，所以把这种译

码器又称为最小项译码器。

（3）由逻辑表达式画出逻辑图　根据式（5.4.1）画出用与非门构成的逻辑图，如图 5.4.2 所示。如果将图 5.4.2 中输出端的与非门换成与门，那么将得到输出端高电平有效的 2 线 –4 线译码器。图 5.4.2 也是中规模集成译码器 74LS139 芯片的逻辑电路图。图中 A_1、A_0为两位二进制代码输入端，亦称地址输入端，$\overline{Y}_0$ ~ $\overline{Y}_3$为译码器的输出端，低电平有效。74LS139 有 1 个附加的输入控制端$\overline{ST}$，又称片选输入端。它的功能表如表 5.4.1 所示。

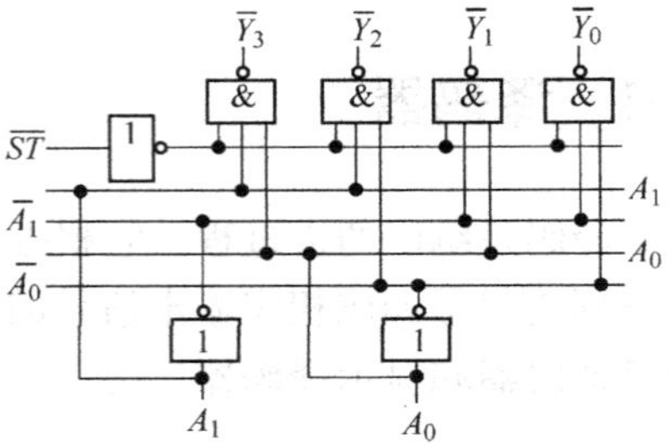

图 5.4.2　2 线 –4 线译码器的逻辑图

综上所述，只有当$\overline{ST}=0$ 时，译码器才译码；否则，译码器处于禁止状态，输出 $\overline{Y}_0$ ~ $\overline{Y}_3$ 均为高电平。

2. 3 线 –8 线译码器

同理可设计 3 线 –8 线译码器。图 5.4.3 是 3 位二进制译码器 74LS138 的逻辑图及逻辑符号，也叫做 3 线 –8 线译码器。图中 A_2、A_1、A_0为 3 位二进制代码输入端，亦称地址输入端，$\overline{Y}_0$ ~ $\overline{Y}_7$为译码器的输出端，低电平有效。74LS138 有 3 个附加的输入控制端 S_1、$\overline{S}_2$和 $\overline{S}_3$，又称片选输入端。

由 74LS138 的功能表 5.4.2 可以看出：当 $S_1=0$ 或 $\overline{S}_2+\overline{S}_3=1$ 时，译码器不工作，译码器输出 $\overline{Y}_0$ ~ $\overline{Y}_7$全为高电平。当 $S_1=1$ 且 $\overline{S}_2+\overline{S}_3=0$ 时，译码器工作，输出低电平有效。

综上所述，只有当 $S_1=1$，$\overline{S}_2+\overline{S}_3=0$ 时，译码器才译码；否则，译码器处于禁止状态，输出 $\overline{Y}_0$ ~ $\overline{Y}_7$均为高电平。

3. 4 线 –10 线译码器

将 4 位 BCD 码的 10 组代码译成 10 个 0 ~ 9 对应的输出信号的电路，称为二 – 十进制译码器。由于它有 4 个输入端，10 个输出端，因此又称为 4 线 –10 线译码器。

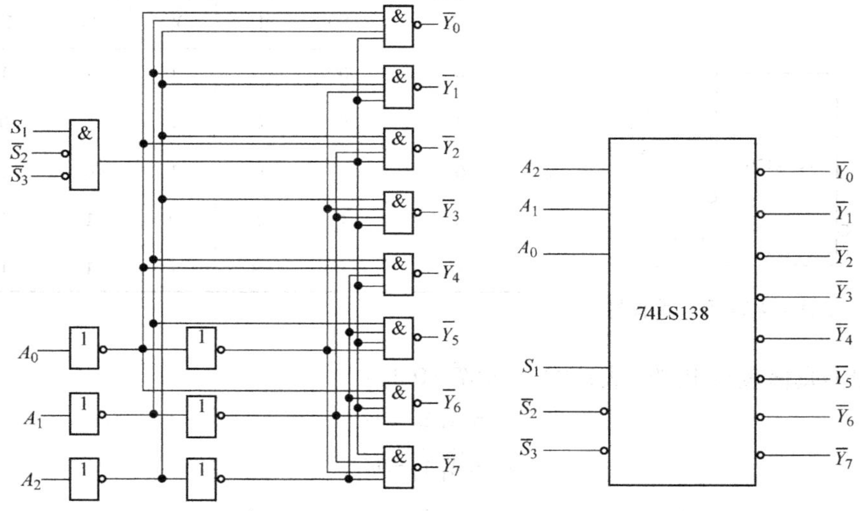

a)　　　　　b)

图 5.4.3　用与非门组成的 3 线 –8 线译码器 74LS138

a）逻辑图　b）功能示意图

表 5.4.2　3 线 –8 线译码器 74LS138 的功能表

输入					输出							
S_1	$\overline{S}_2+\overline{S}_3$	A_2	A_1	A_0	$\overline{Y}_0$	$\overline{Y}_1$	$\overline{Y}_2$	$\overline{Y}_3$	$\overline{Y}_4$	$\overline{Y}_5$	$\overline{Y}_6$	$\overline{Y}_7$
0	×	×	×	×	1	1	1	1	1	1	1	1
×	1	×	×	×	1	1	1	1	1	1	1	1
1	0	0	0	0	0	1	1	1	1	1	1	1
1	0	0	0	1	1	0	1	1	1	1	1	1
1	0	0	1	0	1	1	0	1	1	1	1	1
1	0	0	1	1	1	1	1	0	1	1	1	1
1	0	1	0	0	1	1	1	1	0	1	1	1
1	0	1	0	1	1	1	1	1	1	0	1	1
1	0	1	1	0	1	1	1	1	1	1	0	1
1	0	1	1	1	1	1	1	1	1	1	1	0

图 5.4.4 为 4 线 –10 线译码器 74LS42 的逻辑功能示意图，也叫二 – 十进制译码器。图中 $A_0\sim A_3$为输入端，$\overline{Y}_0\sim\overline{Y}_9$为输出端，低电平有效，其真值表如表 5.4.3 所示。

表 5.4.3　二 – 十进制译码器 74LS42 的真值表

序号	输入				输出									
	A_3	A_2	A_1	A_0	$\overline{Y}_0$	$\overline{Y}_1$	$\overline{Y}_2$	$\overline{Y}_3$	$\overline{Y}_4$	$\overline{Y}_5$	$\overline{Y}_6$	$\overline{Y}_7$	$\overline{Y}_8$	$\overline{Y}_9$
0	0	0	0	0	0	1	1	1	1	1	1	1	1	1
1	0	0	0	1	1	0	1	1	1	1	1	1	1	1
2	0	0	1	0	1	1	0	1	1	1	1	1	1	1
3	0	0	1	1	1	1	1	0	1	1	1	1	1	1
4	0	1	0	0	1	1	1	1	0	1	1	1	1	1
5	0	1	0	1	1	1	1	1	1	0	1	1	1	1
6	0	1	1	0	1	1	1	1	1	1	0	1	1	1
7	0	1	1	1	1	1	1	1	1	1	1	0	1	1
8	1	0	0	0	1	1	1	1	1	1	1	1	0	1
9	1	0	0	1	1	1	1	1	1	1	1	1	1	0
伪码	1	0	1	0	1	1	1	1	1	1	1	1	1	1
	1	0	1	1	1	1	1	1	1	1	1	1	1	1
	1	1	0	0	1	1	1	1	1	1	1	1	1	1
	1	1	0	1	1	1	1	1	1	1	1	1	1	1
	1	1	1	0	1	1	1	1	1	1	1	1	1	1
	1	1	1	1	1	1	1	1	1	1	1	1	1	1

由真值表可以看出，对于 BCD 代码以外的 6 个代码即 1010 ~ 1111，对应的$\overline{Y}_0\sim\overline{Y}_9$均为高电平信号，译码器拒绝“翻译”。没有使用的 6 个代码 1010 ~ 1111 称作伪码。

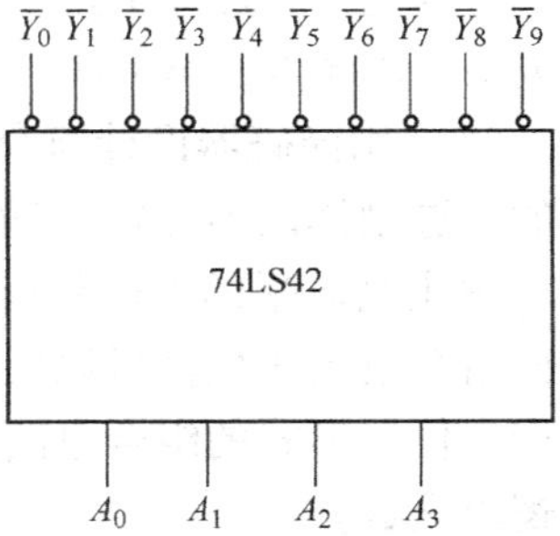

图 5.4.4　74LS42 逻辑功能示意图

输出与输入之间的逻辑函数式为

$$\overline{Y}_i(A_3,\ A_2,\ A_1,\ A_0)=\overline{m}_i\qquad i=0,\ 1,\ 2\cdots,\ 9\qquad(5.4.2)$$

4. 变量译码器的应用

（1）使能和总线控制的逻辑电路　图 5.4.5 的逻辑电路是 CPU 通过编译器与多个外设进行数据传送的简化电路。该逻辑电路通过控制外设使能端达到 CPU 与多个外设之间分时共享数据总线的目的。

当 CPU 送给译码器使能信号$\overline{ST}$为高电平时，译码器不工作，CPU 的数据线与所有外设的数据线处于断开状态。当 CPU 送给译码器使能信号$\overline{ST}$为低电平时，译码器处于使能工作状态。当 CPU 送给译码器的变量代码为 11 时，译码器输出 $\overline{Y}_3$ 为低电平，其他输出端均为高电平。此时，外设 3 处于使能状态，其他设备处于禁止状态，CPU 数据线与硬盘数据线连通。

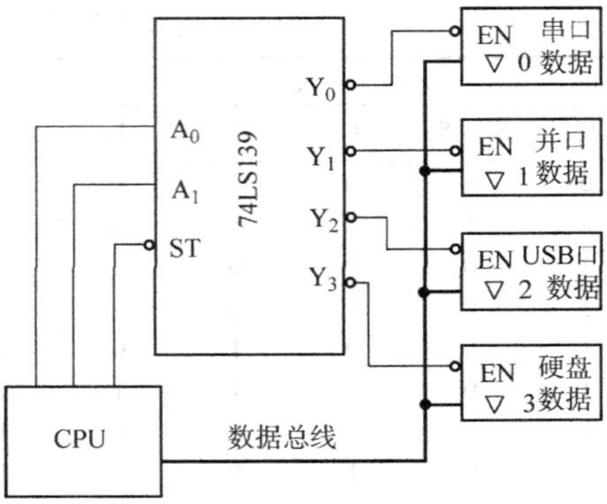

图 5.4.5 使能和总线控制的逻辑电路

（2）译码器的扩展 译码器容量扩展（扩容）是用输入端和输出端较少的译码器实现需要输入端和输出端较多的译码器。在对译码器扩展时，应先根据扩展后的译码器输出端数确定所指定译码器的个数；再对译码器的变量输入端和使能端进行组合，从而完成扩展。

译码器的控制端 S_1、$\overline{S}_2$、$\overline{S}_3$不仅可以控制 74LS138 是否译码，还具有扩展功能。下面举例说明 74LS138 控制端的扩展功能。

[例 5.4.2] 试用 74LS138 构成 4 线 - 16 线译码器。

解 74LS138 只有 3 个代码输入端，而 4 线 - 16 线译码器需要 4 位二进制代码进行译码，故要用两片 74LS138。其中输入代码低 3 位可分别接入到两片 74LS138 对应的代码输入端，第 4 位代码只能接到某一附加控制输入端（S_1、$\overline{S}_2$、$\overline{S}_3$），考虑到译码器的特点，第 4 位代码应使两片 74LS138 分时工作。因此，应选片Ⅰ的 $\overline{S}_2$（或 $\overline{S}_3$）和片Ⅱ的 S_1 作为输入端，其余的控制输入端根据需要可做"使能"输入端，也可按真值表接固定电平。根据上述分析，用 74LS138 扩展为 4 线 - 16 线译码器的连接方法如图 5.4.6 所示。

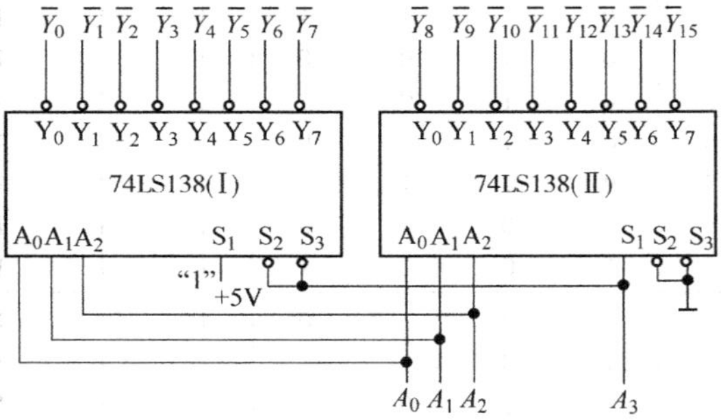

图 5.4.6 ［例 5.4.2］的逻辑图

令片Ⅰ输出为 $\overline{Y}_0 \sim \overline{Y}_7$，片Ⅱ输出为 $\overline{Y}_8 \sim \overline{Y}_{15}$，两片的 A_2、A_1、A_0 相应的接到一起，作为 4 线 - 16 线译码器的 A_2、A_1、A_0。将 A_3 作为控制端，考虑到只有 $S_1=1$，$\overline{S}_2+\overline{S}_3=0$ 时译码器才译码，因此只需要将 A_3 接至片Ⅱ的 S_1 端和片Ⅰ的 $\overline{S}_2$、$\overline{S}_3$ 端，而片Ⅱ的 $\overline{S}_2$、$\overline{S}_3$ 端接地，片Ⅰ的 S_1 端接高电平。这样当 $A_3=0$ 时，片Ⅰ译码，片Ⅱ不译码；$A_3=1$ 时，片Ⅱ译码，片Ⅰ不译码。

（3）用译码器设计组合电路 变量译码器又称为"最小项发生器"。由于输出低电平有效的二进制译码器的每一输出均是输入代码的最小项的非，例如 74LS138 的 $\overline{Y}_0=\overline{\overline{A}_2\overline{A}_1\overline{A}_0}=\overline{m}_0$。输出高电平的二进制译码器的每一输出均是输入代码的最小项，例如 $Y_0=\overline{A}_2\overline{A}_1\overline{A}_0=m_0$。任何组合逻辑函数都可以展开为最小项之和的形式，如果将这些最小项适当地组合起来，可以产生任何形式的组合电路的逻辑函数。因此，二进制译码器除实现译码功能外，还可以产生逻辑函数。

[例 5.4.3] 试用 3 线 - 8 线译码器 74LS138 和与非门组成一位全减器。

解 （1）列出全减器真值表，如表 5.4.4 所示。表中，A_i 为被减数，B_i 为减数，C_{i-1} 为相邻低位来的借位信号，D_i为本位差，C_i为借位信号。

（2）由真值表写出本位差 D_i和借位 C_i的逻辑表达式。

令 $A_2A_1A_0 = A_iB_iC_{i-1}$

$$D_i = \overline{A}_i\overline{B}_iC_{i-1} + \overline{A}_iB_i\overline{C}_{i-1} + A_i\overline{B}_i\overline{C}_{i-1} + A_iB_iC_{i-1}$$
$$= m_1 + m_2 + m_4 + m_7 = \overline{\overline{m_1}\,\overline{m_2}\,\overline{m_4}\,\overline{m_7}} = \overline{\overline{Y_1}\,\overline{Y_2}\,\overline{Y_4}\,\overline{Y_7}}$$
$$C_i = \overline{A}_i\overline{B}_iC_{i-1} + \overline{A}_iB_i\overline{C}_{i-1} + \overline{A}_iB_iC_{i-1} + A_iB_iC_{i-1}$$
$$= m_1 + m_2 + m_3 + m_7 = \overline{\overline{m_1}\,\overline{m_2}\,\overline{m_3}\,\overline{m_7}} = \overline{\overline{Y_1}\,\overline{Y_2}\,\overline{Y_3}\,\overline{Y_7}}$$

（3）画出逻辑图。全减器的逻辑图如图 5.4.7 所示。

表 5.4.4　全减器的真值表

A_i	B_i	C_{i-1}	D_i	C_i
0	0	0	0	0
0	0	1	1	1
0	1	0	1	1
0	1	1	0	1
1	0	0	1	0
1	0	1	0	0
1	1	0	0	0
1	1	1	1	1

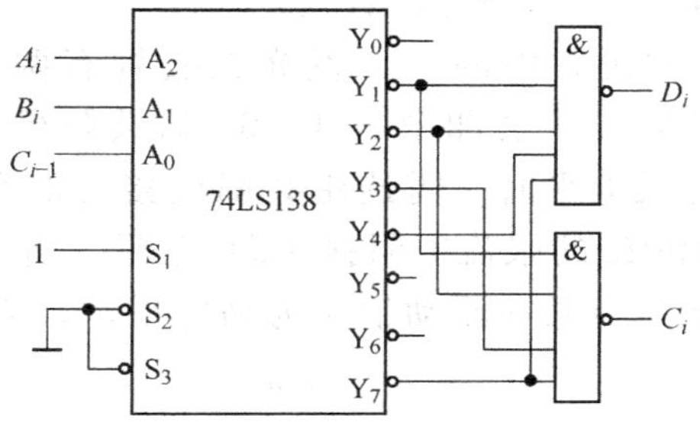

图 5.4.7 ［例 5.4.3］的逻辑图

［例 5.4.4］ 试用译码器和与非门实现下列函数。

$$Y_1 = AB + C$$
$$Y_2 = \overline{A}\,\overline{B}\,\overline{C} + B\overline{C} + ABC$$

解　将 Y_1、Y_2展开为标准式

$$Y_1 = AB\ (C + \overline{C}) + (A + \overline{A})(B + \overline{B})\ C$$
$$= ABC + AB\overline{C} + (AB + A\overline{B} + \overline{A}B + \overline{A}\,\overline{B})\ C$$
$$= ABC + AB\overline{C} + ABC + A\overline{B}C + \overline{A}BC + \overline{A}\,\overline{B}C$$
$$= \overline{A}\,\overline{B}C + \overline{A}BC + A\overline{B}C + AB\overline{C} + ABC$$
$$= m_1 + m_3 + m_5 + m_6 + m_7$$
$$= \overline{\overline{m_1}\,\overline{m_3}\,\overline{m_5}\,\overline{m_6}\,\overline{m_7}}$$
$$Y_2 = \overline{A}\,\overline{B}\,\overline{C} + (A + \overline{A})B\overline{C} + ABC$$
$$= \overline{A}\,\overline{B}\,\overline{C} + AB\overline{C} + \overline{A}B\overline{C} + ABC$$
$$= m_0 + m_2 + m_6 + m_7$$
$$= \overline{\overline{m_0}\,\overline{m_2}\,\overline{m_6}\,\overline{m_7}}$$

根据 Y_1 和 Y_2 的逻辑表达式，可画出它们的逻辑图如图 5.4.8 所示。

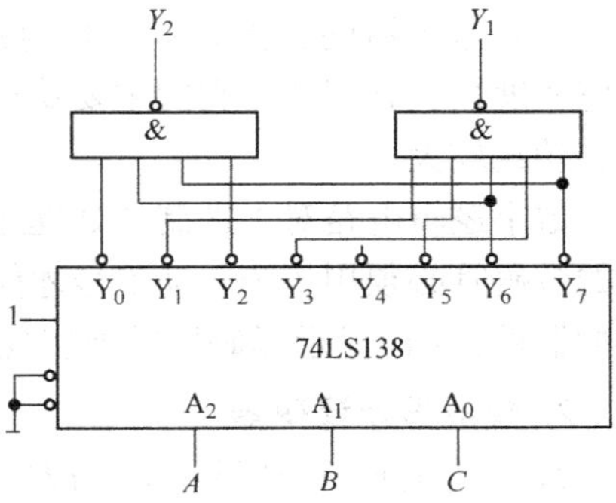

图 5.4.8 ［例 5.4.4］的逻辑图

5.4.2　显示译码器

在数字系统中，常需要将数字或运算结果显示出来，以使人们观测、查看。因此，数字显示电路是数字系统的重要组成部分。驱动显示电路的译码器称作显示译码器。

1. 7 段数字显示器

在数字电路中显示 0、1 逻辑或数字的常用显示器件是发光二极管（LED）。常见的 7 段数字显示器有半导体数码显示器（LED）和液晶显示器等。7 段数字显示器是用 7 段可发光的字段组成“日”字形状。7 段 LED 数码显示器简称数码管，其工作原理是将要显示的十进制数码分成 7 段，每段为一个发光二极管，利用不同段的 LED 发光可显示我们所要看到的十进制数字。图 5.4.9 是数码管的外形结构。例如 a，b，c 段亮，显示十进制数 7。为了方便在数字显示系统中显示小数点，因此在每个数码管中还有一个 LED 专门用于显示小数点。

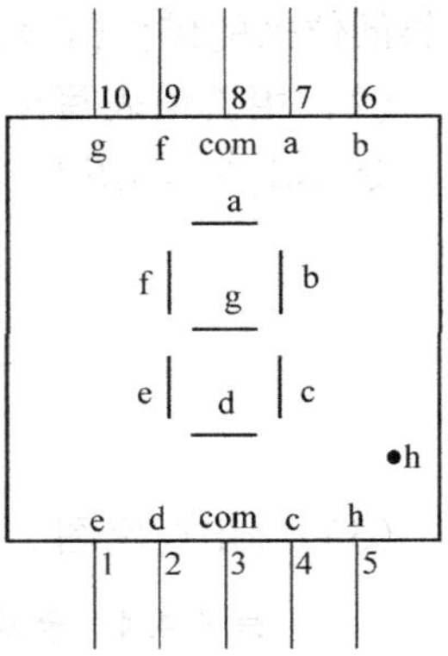

图 5.4.9 7 段 LED 数码显示器引脚排列

数码管中的 7 个发光二极管有两种接法：如图 5.4.10a 的共阴极接法和图 5.4.10b 的共阳极接法。7 段译码器的输出为低电平时，需选用共阳极接法的数码管，使用时共阳极数码管的公共极通过一个 100Ω 的限流电阻接 +5V 电源，当某一驱动信号为低电平时，与它相连的 LED 将发光。当某一驱动信号为高电平时，与它相连的 LED 将不发光。

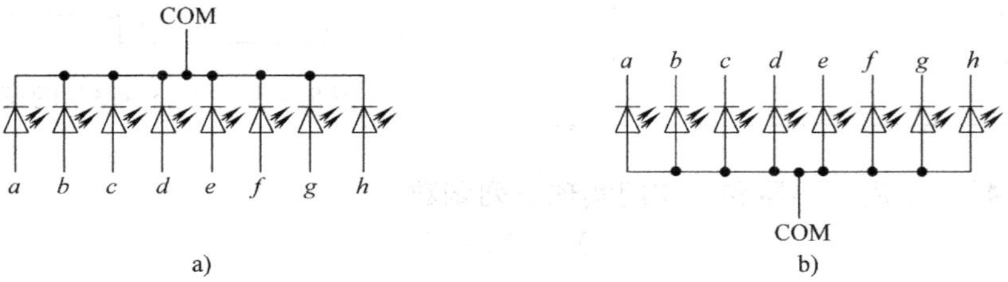

图 5.4.10 LED 数码显示器的连接方式

a）共阴极 b）共阳极

当译码器输出高电平时，需选用共阴极接法的数码管。

LED 显示器的特点是：工作电压较低（1.5 ~ 3V）、体积小、寿命长、工作可靠性高、响应速度快、亮度高。它的主要缺点是工作电流大，每个字段的工作电流约为 10 ~ 16mA 左右，功耗较大。

数字逻辑电路对十进制的处理通常都是在 8421 码的形式下进行的，但显示十进制数所用的数码管必须用 7 个驱动信号才能显示出相应的数字。因此需要有将 8421 码转换成 7 段码的器件，7 段显示译码器就能实现这样的功能。

2. 集成显示译码器

常用的集成 7 段显示译码器属 TTL 型的有 74LS47，74LS48 等。74LS47 为低电平有效，用于驱动共阳极 LED 显示器，由于 74LS47 的输出为集电极开路，因此工作时必须外接集电极电阻。74LS48 为高电平有效，用于驱动共阴极的 LED 数码管，使用时可直接接显示器，因为内部电路的输出级有集电极电阻。CMOS 型的有 CD4055 液晶显示驱动器等。图 5.4.11 为 74LS48 的引脚图，表 5.4.5 为其功能表。

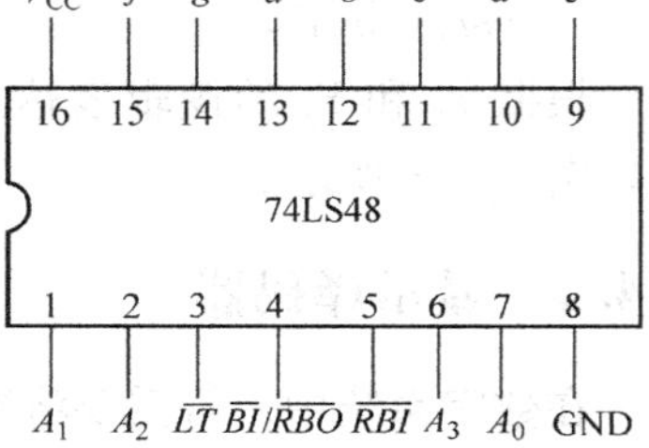

图 5.4.11 74LS48 的引脚图

表 5.4.5　74LS48 功能表

功能或十进制数	输入		输出							
	$\overline{LT}$ $\overline{RBI}$	A_3 A_2 A_1 A_0	$\overline{BI}/\overline{RBO}$	a	b	c	d	e	f	g
$\overline{BI}$ $\overline{RBO}$（灭灯）	× ×	× × × ×	0（输入）	0	0	0	0	0	0	0
$\overline{LT}$（试灯）	0 ×	× × × ×	1	1	1	1	1	1	1	1
$\overline{RBI}$（动态灭零输入）	1 0	0 0 0 0	0	0	0	0	0	0	0	0
0	1 1	1 0 0 0	1	1	1	1	1	1	1	0
1	1 ×	0 0 0 1	1	0	1	1	0	0	0	0
2	1 ×	0 0 1 0	1	1	1	0	1	1	0	1
3	1 ×	0 0 1 1	1	1	1	1	1	0	0	1
4	1 ×	0 1 0 0	1	0	1	1	0	0	1	1
5	1 ×	0 1 0 1	1	1	0	1	1	0	1	1
6	1 ×	0 1 1 0	1	0	0	1	1	1	1	1
7	1 ×	0 1 1 1	1	1	1	1	0	0	0	0
8	1 ×	1 0 0 0	1	1	1	1	1	1	1	1
9	1 ×	1 0 0 1	1	1	1	1	0	0	1	1
10	1 ×	1 0 1 0	1	0	0	0	1	1	0	1
11	1 ×	1 0 1 1	1	0	0	1	1	0	0	1
12	1 ×	1 1 0 0	1	0	1	0	0	0	1	1
13	1 ×	1 1 0 1	1	1	0	0	1	0	1	1
14	1 ×	1 1 1 0	1	0	0	0	1	1	1	1
15	1 ×	1 1 1 1	1	0	0	0	0	0	0	0

由表 5.4.5 可知，74LS48 有一些附加的控制端，以增强器件的功能。下面介绍控制端的功能如下：

(1) 灯测试输入端$\overline{LT}$，又称灯测试检查，用来检验芯片本身及数码管七段工作是否正常。当$\overline{LT}=0$时，$\overline{BI}/\overline{RBO}$是输出端，且$\overline{RBO}=1$，不论$A_3 \sim A_0$输入为何种状态，可驱动数码管的 7 段同时点亮，显示字形“8”。74LS48 正常工作时$\overline{LT}=1$。

(2) 动态灭零输入端$\overline{RBI}$　当$\overline{LT}=1$，$\overline{RBI}=0$，且当译码输入$A_3 \sim A_0$全为 0 时，数码管的 7 段全不亮，与 BCD 码相应的字形熄灭，故称灭零，即 0 字被熄灭。此时$\overline{BI}/\overline{RBO}$是输出端，且$\overline{RBO}=0$。利用$\overline{RBI}$端可以用来消除显示数字上无效的前置“0”或后尾“0”，而在显示 1 ~ 9 时则不受影响。例如数据 00054.500 可显示为 54.5。

(3) 灭灯输入/灭零输出端$\overline{BI}/\overline{RBO}$　这个端既可做输入端也可做输出端。当$\overline{BI}/\overline{RBO}$用作输入端时，称灭灯输入端，因为当$\overline{BI}/\overline{RBO}=0$时，不论$\overline{LT}$或$\overline{RBI}$以及$A_3$，$A_2$，$A_1$，$A_0$状态如何，数码管各段全灭，与译码输入无关。当$\overline{BI}/\overline{RBO}$作为输出端时，称灭零输出端，受控于$\overline{LT}$和$\overline{RBI}$。$\overline{BI}/\overline{RBO}=0$且当$\overline{LT}=1$，$\overline{RBI}=0$，输入$A_3 \sim A_0$全为 0 时，$\overline{RBO}=0$，数码管 7 段全灭，表示已将本应显示的“0”熄灭。

另外，对输入$A_3A_2A_1A_0=0000$，译码的条件是$\overline{LT}=\overline{RBI}=1$，而对其他输入代码译码则仅要求$\overline{LT}=1$，输入的 BCD 码决定了译码器各段$a \sim g$输出的电平，并显示出相应的字形。

3. 集成显示译码器的应用

多位数值中的最高位及小数点后的最低位所显示的“0”应灭掉。将灭零输入端与灭零输出端配合使用，即可实现多位数码显示系统的灭零控制，如图 5.4.12 所示，整数部分把高位的$\overline{RBO}$与低位的$\overline{RBI}$相连，在小数部分将低位的$\overline{RBO}$与高位的$\overline{RBI}$相连，就可以把前、后多余的零熄灭。最高位和小数点后的最低位的$\overline{RBI}$均接地，当输入 DCBA = 0000 时，会使首尾的“0”灭掉。小数点两边的两个译码器的$\overline{RBI}$均应接高电平，这样小数点两边的数字即使是“0”也被显示出来，以便看到小数点的位置。

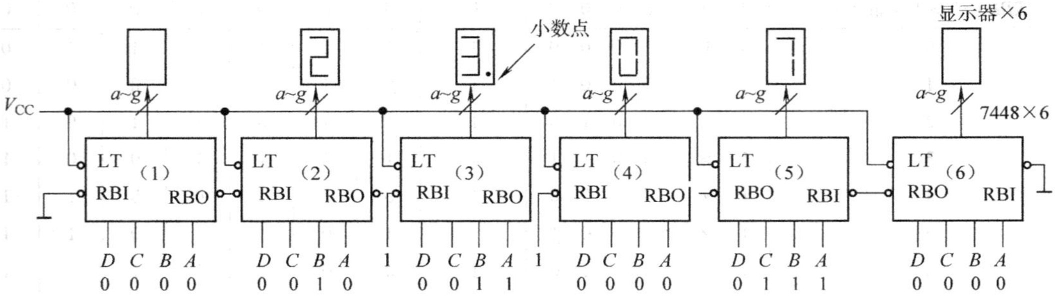

图 5.4.12 有灭零控制的 6 位数码显示系统

5.5 加法器

加法器是构成算术运算器的基本单元。两个二进制数间所进行的算术运算加、减、乘、除等，在数字计算机中都是化作若干步加法运算进行的。实现一位加法运算的有半加器和全加器，实现多位加法运算的有串行进位加法器和超前进位加法器。

5.5.1 一位加法器

1. 半加器

所谓半加运算，就是只考虑了两个加数本身，不考虑低位向本位进位的，称为半加器。若设A_i为被加数、B_i为加数，S_i为本位之和，C_i为本位向高位的进位。按照二进制加法运算规则可以列出一位半加器真值表如表 5.5.1 所示。

由真值表可写出半加器的逻辑表达式为

$$\begin{cases} S_i = A_i\overline{B}_i + \overline{A}_iB_i = A_i \oplus B_i \\ C_i = A_iB_i \end{cases} \tag{5.5.1}$$

画出逻辑图，如图 5.5.1a 所示。图 5.5.1b 是半加器的逻辑符号。由图可知半加器是由一个异或门和一个与门组成的。

表 5.5.1 半加器真值表

A_i	B_i	S_i	C_i
0	0	0	0
0	1	1	0
1	0	1	0
1	1	0	1

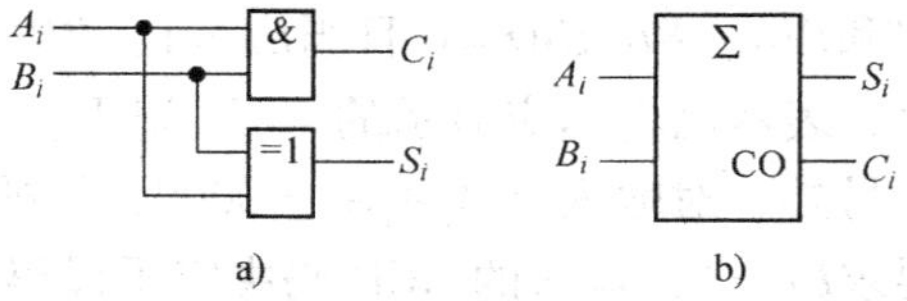

图 5.5.1 半加器

a）逻辑图 b）逻辑符号

2. 全加器

要实现两个多位二进制数相加，就必须考虑来自低位的进位。这时半加器可用于最低位求和，并给出进位。所以全加器能进行加数、被加数和低位来的进位信号相加，并根据结果给出本位和及本位向高位的进位信号。设一位加法器有 3 个输入端：本位的被加数 A_i、加数 B_i以及低位向本位的进位 C_{i-1}。两个输出端：本位之和 S_i及本位向高位的进位 C_i。下面给出了用基本门电路实现全加器的设计过程。

（1）列出真值表(见表 5.5.2)　从表中看出，全加器中包含着半加器，当 $C_{i-1}=0$ 时，不考虑低位来的进位，就是半加器。而在全加器中 C_{i-1}是个变量，其值可为 0 或 1。

（2）画出 S_i、C_i的卡诺图　如图 5.5.2 所示。

表 5.5.2　全加器真值表

A_i	B_i	C_{i-1}	S_i	C_i
0	0	0	0	0
0	1	0	1	0
1	0	0	1	0
1	1	0	0	1
0	0	1	1	0
0	1	1	0	1
1	0	1	0	1
1	1	1	1	1

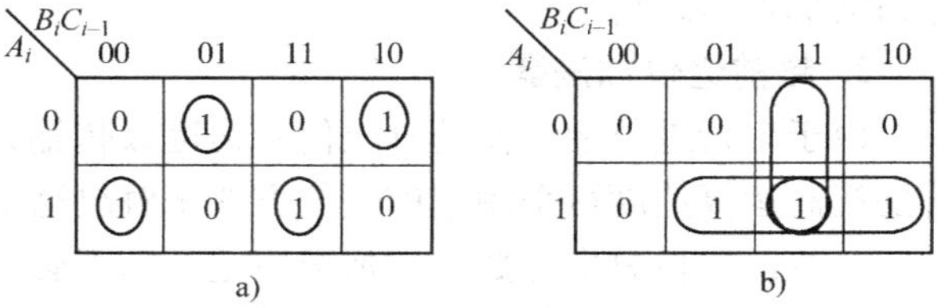

图 5.5.2　全加器的卡诺图

a) S_i　b) C_i

（3）由卡诺图写出逻辑表达式并进行化简得

$$S_i=\overline{A}_i\overline{B}_iC_{i-1}+\overline{A}B_i\overline{C}_{i-1}+A_i\overline{B}_i\overline{C}_{i-1}+A_iB_iC_{i-1}=A_i\oplus B_i\oplus C_{i-1} \tag{5.5.2}$$

$$C_i=A_iC_{i-1}+A_iB_i+B_iC_{i-1}=A_iB_i+(A_i+B_i)C_{i-1} \tag{5.5.3}$$

如用代数法，其逻辑表达式为

$$S_i=\Sigma m(1,2,4,7)=A_i\oplus B_i\oplus C_{i-1}$$

$$C_i=\Sigma m(3,5,6,7)=\overline{A}_iB_iC_{i-1}+A_i\overline{B}_iC_{i-1}+A_iB_i\overline{C}_{i-1}+A_iB_iC_{i-1}=(A_i\oplus B_i)C_{i-1}+A_iB_i$$
$$=A_iB_i+(A_i+B_i)C_{i-1} \tag{5.5.4}$$

（4）画出由半加器构成全加器的逻辑图(见图 5.5.3a)　图 5.5.3b 是它的逻辑符号。

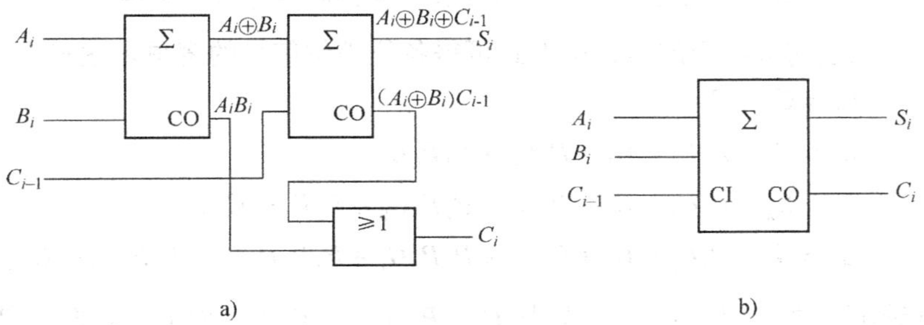

图 5.5.3　由半加器构成的全加器

a) 逻辑图　b) 逻辑符号

5.5.2 多位加法器

1. 串行进位加法器

将 n 个全加器级联起来，可实现两个 n 位二进制数相加，当两个 n 位二进制数逐位相加时，有串行进位和超前进位两种方式。串行进位方式是将低位全加器的进位输出信号接到高位全加器的进位输入端，这种进位方式称为串行进位。图 5.5.4 是 4 位串行进位加法器。由于任意一位的加法运算必须在低一位的加法运算完成之后才能进行，故这种加法器运算速度慢、常用于低速数字设备中。但这种电路的优点是结构简单。

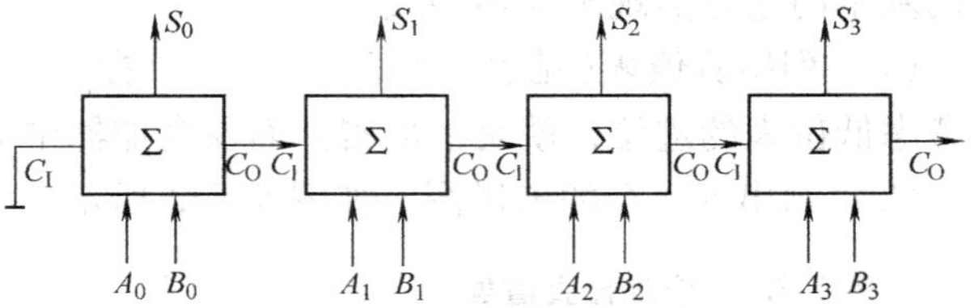

图 5.5.4　4 位串行进位加法器

2. 超前进位加法器

由于串行进位加法器的进位信号是逐级传输，其速度受到进位信号的限制，速度较慢，若要提高运算速度可采用超前进位方式来解决这个问题。采用这种方式，各级进位可同时产生，每位的进位只由加数和被加数决定，而不必等低位的进位，消除了串行进位所耗费的时间，即实行了提前进位，进而提高了运算速度。

全加器的逻辑表达式为

$$S_i = A_i \oplus B_i \oplus C_{i-1}$$

$$C_i = A_iB_i + (A_i + B_i)C_{i-1}$$

令

$$G_i = A_iB_i \tag{5.5.5}$$

$$P_i = A_i + B_i \tag{5.5.6}$$

则全加器进位端 C_i 的逻辑表达式用 G_i、P_i 表示为

$$C_i = G_i + P_iC_{i-1} \tag{5.5.7}$$

展开上式得

$$\begin{aligned} C_i &= G_i + P_iC_{i-1} \\ &= G_i + P_i(G_{i-1} + P_{i-1}C_{i-2}) \\ &= G_i + P_iG_{i-1} + P_iP_{i-1}(G_{i-2} + P_{i-2}C_{i-3}) \\ &\vdots \\ &= G_i + P_iG_{i-1} + P_iP_{i-1}G_{i-2} + \cdots + P_iP_{i-1}\cdots P_1G_0 + P_iP_{i-1}\cdots P_0C_{-1} \end{aligned} \tag{5.5.8}$$

对于一个 4 位超前进位全加器，由上式可得各位进位信号的逻辑表达式为

$$C_0 = G_0 + P_0C_{-1}$$

$$C_1 = G_1 + P_1C_0 = G_1 + P_1G_0 + P_1P_0C_{-1}$$

$$C_2 = G_2 + P_2C_1 = G_2 + P_2G_1 + P_2P_1G_0 + P_2P_1P_0C_{-1}$$

$$C_3 = G_3 + P_3C_2 = G_3 + P_3G_2 + P_3P_2G_1 + P_3P_2P_1G_0 + P_3P_2P_1P_0C_{-1}$$

由上式可看出，进位信号 $C_0 \sim C_3$ 只与 G_i、P_i 和 C_{-1} 有关，而 C_{-1} 是向最低位的进位信号，$C_{-1}=0$，故进位信号只与加数和被加数有关。由此可构成 4 位超前进位全加器。74LS283 就是实现这一功能的集成 4 位超前进位加法器，其引脚图如图 5.5.5 所示。

其中：

$A_1 \sim A_4$：4 位二进制加数；

$B_1 \sim B_4$：4 位二进制被加数；

$F_1 \sim F_4$：4 位二进制和数；

C_0：最低位进位信号；

C_4：最高位进位信号；

从以上分析可知，虽然所设计的超前进位加法器的逻辑电路复杂程度增加了，但却使加法器的运算时间大大缩短了。

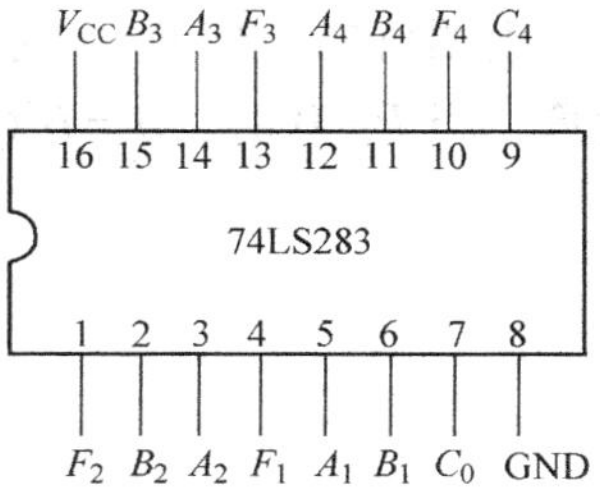

图 5.5.5　74LS283 引脚图

5.5.3　加法器的应用

常用加法器来设计组合逻辑函数，首先将逻辑函数化成与或形式，然后再用加法器来实现；也可以用加法器进行减法运算，即将减数求补后相加；此外还可以用加法器实现码制变换电路等。

[例 5.5.1]　试用超前进位加法器 74LS283 设计一个代码转换电路，将余 3 码转换为十进制代码的 8241BCD 码。

解　以余 3 码 DCBA 为输入，8241BCD 码 $Y_4Y_3Y_2Y_1$ 为输出，可列出真值表如表 5.5.3 所示。从表中可看出若将余 3 码减 3，即可得 8241BCD 码。即

$$Y_4Y_3Y_2Y_1 = DCBA - 0011 = DCBA + 1101$$

这样用一片 74LS283 可完成余 3 码到 8241BCD 码的转换电路，如图 5.5.6 所示。

表 5.5.3　[例 5.5.1] 的真值表

D	C	B	A	Y_4	Y_3	Y_2	Y_1
0	0	1	1	0	0	0	0
0	1	0	0	0	0	0	1
0	1	0	1	0	0	1	0
0	1	1	0	0	0	1	1
0	1	1	1	0	1	0	0
1	0	0	0	0	1	0	1
1	0	0	1	0	1	1	0
1	0	1	0	0	1	1	1
1	0	1	1	1	0	0	0
1	1	0	0	1	0	0	1

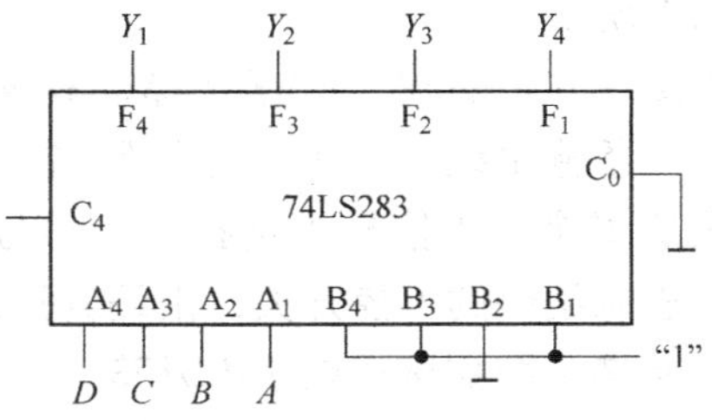

图 5.5.6　[例 5.5.1] 的逻辑图

[例 5.5.2]　试用超前进位加法器 74LS283 设计一个实现 4 位二进制数的加/减运算电路。

解　设被加数/被减数为 $A = A_1'A_2'A_3'A_4'$；加数/减数为 $B = B_1'B_2'B_3'B_4'$；和数/差数为 $S = S_1S_2S_3S_4$。

加法/减法运算将由变量 P 控制，$P = 0$ 时进行加法运算；$P = 1$ 时进行减法运算，并由补码完成。P 与 B 通过异或门完成加/减控制，电路连接如图 5.5.7 所示。

由图可知，当 $P=1$ 时，$B=B'\oplus P=\overline{B}'$，并与最低位的进位输入端 C_0 相加，实现了减法运算；当 $P=0$ 时，$B=B'\oplus P=B'$，实现了加法运算。

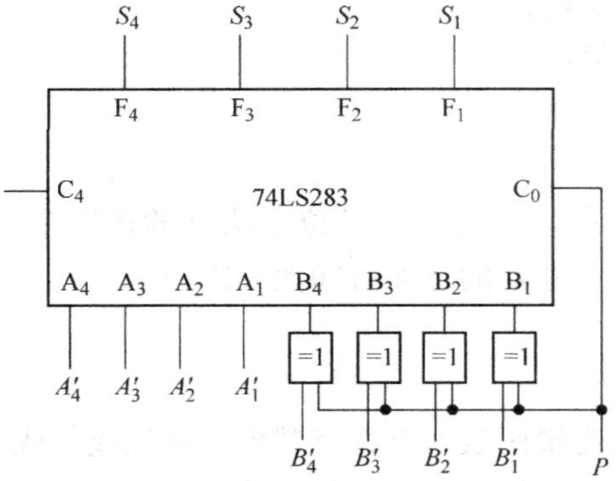

图 5.5.7 ［例 5.5.2］的逻辑图

5.6 数据选择器

在数字信息的传输过程中，有时需要从多路并行传送的数据中选通一路送到唯一的输出线上，形成总线传输。这时要用到数据选择器，亦称为多路转换器、多路调制器、多路开关、多路选择器，简称 MUX。它的功能与数据分配器相反，为多输入、单输出形式。目前常用的数据选择器有 2 选 1、4 选 1、8 选 1、16 选 1 等多种类型。逻辑符号如图 5.6.1 所示。

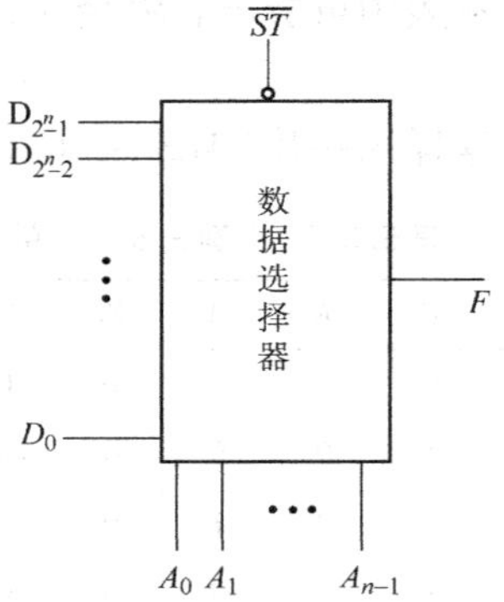

图 5.6.1 数据选择器功能示意图

由图 5.6.1 看出，数据选择器有 n 条地址线，2^n 条输入线，一条输出线，一个选通控制端。其功能是根据地址线编码从 2^n 个输入信号中选择一个信号输出。即可以把它看成二进制编码的可控开关，由编码控制选通信息。

1. 4 选 1 数据选择器 74LS153

图 5.6.2 是集成双 4 选 1 数据选择器 74LS153 的逻辑电路图、逻辑符号和引脚排列图，图 5.6.2a 只给出了一个数据选择器的逻辑电路图。

图中 A_1、A_0 是地址变量，由地址代码来选择数据通道；$D_0D_1D_2D_3$ 是输入信号；F 是输出信号；$\overline{ST}$ 是使能端或片选端，低电平有效。当 $\overline{ST}$ 为低电平时，数据选择器正常工作，由地址码决定选择哪一路输出；$\overline{ST}$ 为高电平时，数据选择器禁止工作，无论地址码是什么，F 总是等于 0。数据选择器的功能表如表 5.6.1 所示。需要注意的是：一片 74LS153 含有两个 4 选 1 数据选择器，且每个都有一个选通输入端 $\overline{ST}$，低电平有效。选择输入端 A_1、A_0 为两个数据选择器所共用。这样可以利用一片 74LS153 实现 4 路两位的二进制信息传送。

从表 5.6.1 中可以得出输出 F 的表达式如下：

当 $\overline{ST}=1$ 时，输出 $F=0$，

当 $\overline{ST}=0$ 时，$F=\overline{A}_1\overline{A}_0D_0+\overline{A}_1A_0D_1+A_1\overline{A}_0D_2+A_1A_0D_3$ （5.6.1）

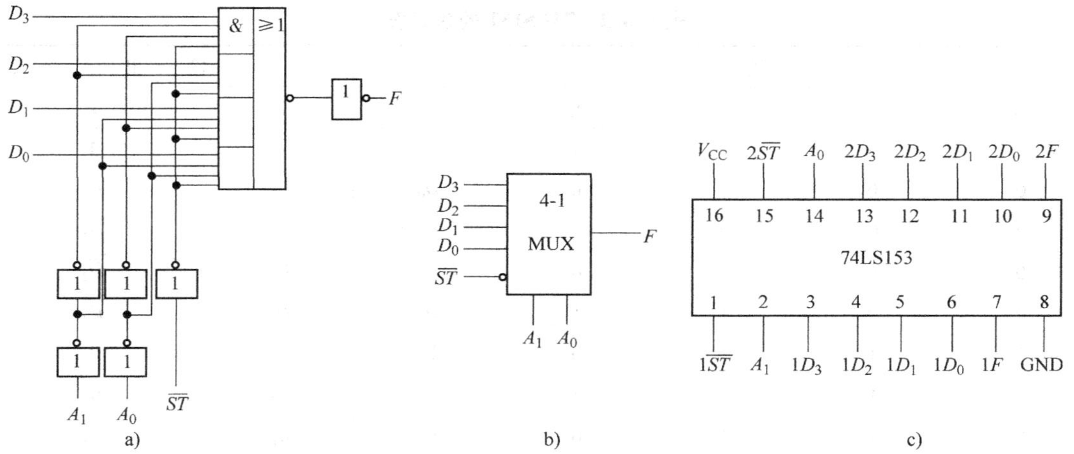

图 5.6.2　4 选 1 数据选择器

a）逻辑电路图　b）逻辑符号　c）引脚排列图

且 $A_1A_0=00$ 时，$F=D_0$；

$A_1A_0=01$ 时，$F=D_1$；

$A_1A_0=10$ 时，$F=D_2$；

$A_1A_0=11$ 时，$F=D_3$。

由上面分析可知，数据选择器正常工作时，由 A_1A_0 决定选通输入通道中的哪一路。

2. 8 选 1 数据选择器 74LS151

8 选 1 数据选择器有 8 个数据输入端，3 个选择输入端，2 个互补输出端，1 个选通控制端。74LS151 是具有互补输出的数据选择器，有原码和反码两种输出形式，其逻辑符号、引脚排列和功能表分别示于图 5.6.3 和表 5.6.2 中。

表 5.6.1　74LS153 的功能表

输　入				输　出
D	$\overline{ST}$	A_1	A_0	F
×	1	×	×	0
D_0	0	0	0	D_0
D_1	0	0	1	D_1
D_2	0	1	0	D_2
D_3	0	1	1	D_3

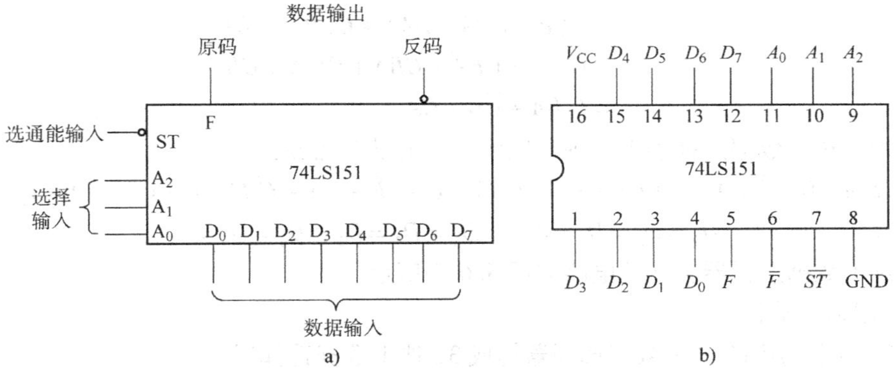

图 5.6.3　8 选 1 数据选择器逻辑符号及引脚排列图

a）逻辑功能示意图　b）引脚排列图

表 5.6.2 74LS151 的功能表

输入					输出	
$\overline{ST}$	A_2	A_1	A_0	D	F	$\overline{F}$
1	×	×	×	×	0	1
0	0	0	0	D_0	D_0	$\overline{D}_0$
0	0	0	1	D_1	D_1	$\overline{D}_1$
0	0	1	0	D_2	D_2	$\overline{D}_2$
0	0	1	1	D_3	D_3	$\overline{D}_3$
0	1	0	0	D_4	D_4	$\overline{D}_4$
0	1	0	1	D_5	D_5	$\overline{D}_5$
0	1	1	0	D_6	D_6	$\overline{D}_6$
0	1	1	1	D_7	D_7	$\overline{D}_7$

由表可看出，当选通输入信号$\overline{ST}=1$时选择器禁止工作，$F=0$、$\overline{F}=1$，输入数据和地址均不起作用；当选通输入信号$\overline{ST}=0$时选择器工作，其输出表达式为

$$F=D_0\overline{A}_2\overline{A}_1\overline{A}_0+D_1\overline{A}_2\overline{A}_1A_0+\cdots+D_7A_2A_1A_0=\sum_{i=0}^{7}D_im_i \tag{5.6.2}$$

利用选通控制端很容易扩展数据选择器的功能。

3. 数据选择器的应用

（1）数据选择器的扩展

1）利用片选端扩展。当所给定的器件地址线和输入线均不能满足要求时，需用片选端对地址进行扩展。

[例 5.6.1] 由 4 选 1 数据选择器组成的电路如图 5.6.4 所示。试写出逻辑函数表达式，并改用 8 选 1 数据选择器来实现。

解 根据 4 选 1 数据选择器的功能，可写出函数表达式

$$F_1=\overline{B}A+B\overline{A}+BA$$

$$F_2=\overline{B}\,\overline{A}+B\overline{A}$$

$$\begin{aligned}F&=\overline{C}F_1+CF_2\\&=\overline{C}(\overline{B}A+B\overline{A}+BA)+C(\overline{B}\,\overline{A}+B\overline{A})\\&=\overline{C}\,\overline{B}A+\overline{C}B\overline{A}+\overline{C}BA+C\overline{B}\,\overline{A}+CB\overline{A}\\&=\overline{C}\,\overline{B}A+\overline{C}B+C\overline{A}\end{aligned}$$

如改用 8 选 1 数据选择器来实现，则将 F 变化为标准形式

$$F=\overline{C}\,\overline{B}\,\overline{A}\cdot0+\overline{C}\,\overline{B}A\cdot1+\overline{C}B\overline{A}\cdot1+\overline{C}BA\cdot1+C\overline{B}\,\overline{A}\cdot1+C\overline{B}A\cdot0+CB\overline{A}\cdot1+CBA\cdot0$$

$$D_0=D_5=D_7=0,\quad D_1=D_2=D_3=D_4=D_6=1$$

用 8 选 1 数据选择器实现的电路如图 5.6.5 所示。

2）利用地址端扩展。

[例 5.6.2] 用 16 选 1 数据选择器构成 32 选 1 数据选择器。

解 32 选 1 数据选择器需要 32 个输入端，而 16 选 1 数据选择器只有 16 个输入端，故需要两片 16 选 1 数据选择器。32 选 1 数据选择器的地址线是 5 根，设为 $A_4\sim A_0$，其功能表

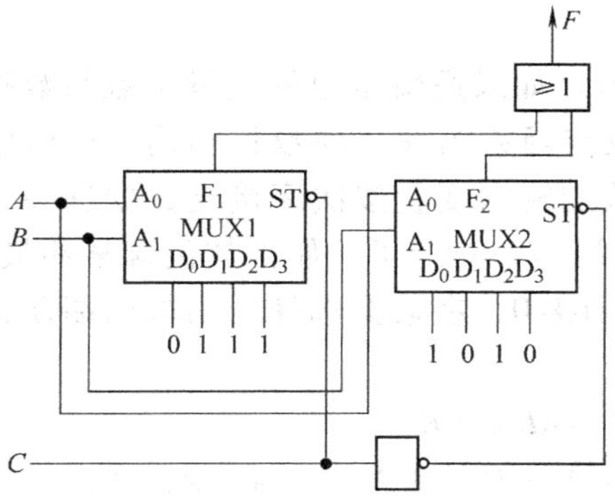

图 5.6.4　4 选 1 数据选择器扩为 8 选 1 数据选择器

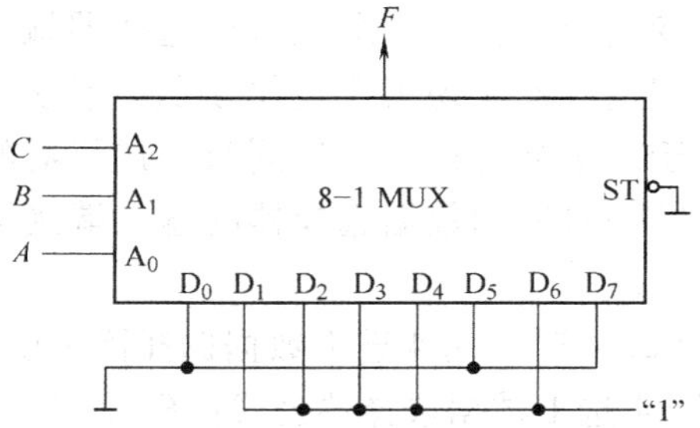

图 5.6.5　［例 5.6.1］的逻辑图

如表 5.6.3 所示。从表中看出，低 4 位 $A_3 \sim A_0$ 正好可以用 16 选 1 数据选择器的地址端完成，高位 A_4 作为控制端。将两片 16 选 1 数据选择器的输出分别与 2 选 1 数据选择器的输入端相连，A_4 作为 2 选 1 数据选择器的地址端，则 2 选 1 数据选择器的输出就是 32 选 1 数据选择器的输出。如果输出用 4 选 1 数据选择器完成，则需要将 4 选 1 的高位地址端接地，将 4 选 1 数据选择器变为 2 选 1 数据选择器。电路连接如图 5.6.6 所示。

表 5.6.3　［例 5.6.2］的功能表

A_4	A_3	A_2	A_1	A_0	Y
0	0	0	0	0	D_0
0	0	0	0	1	D_1
⋮		⋮			⋮
0	1	1	1	1	D_{15}
1	0	0	0	0	D_{16}
1	0	0	0	1	D_{17}
⋮		⋮			⋮
1	1	1	1	1	D_{31}

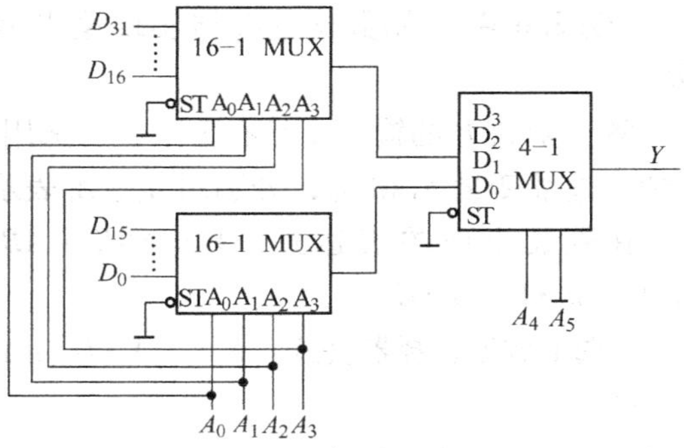

图 5.6.6　16 选 1 数据选择器扩为 32 选 1 数据选择器的逻辑图

（2）用数据选择器实现组合逻辑函数　数据选择器除了可以用来选择输入信号，实现多路选择的功能之外，还可以作为函数发生器，实现组合逻辑电路。

4 选 1 数据选择器的公式为

$$F = \overline{A}_1\overline{A}_0D_0 + \overline{A}_1A_0D_1 + A_1\overline{A}_0D_2 + A_1A_0D_3 = m_0D_0 + m_1D_1 + m_2D_2 + m_3D_3$$

$$= D_i f(A_1A_0) = \sum_{i=0}^{3} D_i \cdot m_i \ (m_i\text{是 } A_1\text{、}A_0\text{组成的最小项})$$

由上式看出，每一个最小项对应一个 D_i，把 D_i 看成是相对应的最小项的系数（D_i 可为常量、变量、布尔函数），则这个 4 选 1 数据选择器正好实现逻辑函数 $F=f$（A_1A_0）。假如有一个 n 变量的逻辑函数，可以把其中两个变量提出来接到地址输入端，而把剩下的 $n-2$ 个变量组成的剩余函数接到多路选择器相应的输入端，那么此时 A_1A_0 组成的最小项对应的系数 D_i 不再是常数，可能是变量或函数。这样就可以由 4 选 1 数据选择器来实现 n 变量逻辑函数。

1）函数的变量个数等于数据选择器地址变量。如果逻辑函数的变量个数与数据选择器地址变量个数相同，那么数据选择器输入端数与函数的最小项数目相同，这样便可直接用数据选择器实现组合逻辑函数。首先将函数的输入变量按次序接至数据选择器的地址端，于是函数的最小项便同数据选择器的输入端一一对应了。如函数包含某些最小项，便把与它们对应的数据选择器的输入端接 1，否则接 0，在数据选择器的输出端便得到该逻辑函数。

［例 5.6.3］ 用 4 选 1 数据选择器实现 $Y=A\overline{B}+\overline{A}B+\overline{A}\,\overline{B}$

解 4 选 1 数据选择器公式：$F=\overline{A}_1\overline{A}_0\cdot D_0+\overline{A}_1A_0\cdot D_1+A_1\overline{A}_0\cdot D_2+A_1A_0\cdot D_3$

将函数 F 配成标准最小项 $Y=\overline{A}\,\overline{B}\cdot 1+\overline{A}B\cdot 1+A\overline{B}\cdot 1+AB\cdot 0$

令 $A_1=A$，$A_0=B$，$Y=F$ 则得

$D_3=0$，$D_0=D_1=D_2=1$，逻辑图如图 5.6.7 所示。

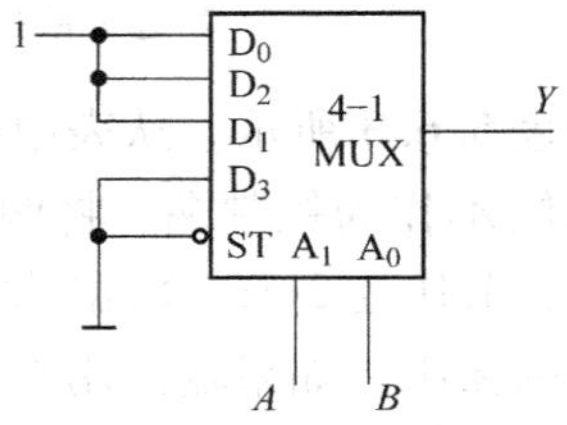

图 5.6.7 ［例 5.6.3］的逻辑图

2）逻辑函数的变量个数大于数据选择器地址变量。如果逻辑函数的变量个数大于数据选择器地址变量个数，即函数全部最小项个数大于数据选择器输入端数时，应分离出多余的变量，将分离出的变量按一定规则接到数据选择器的输入端。

［例 5.6.4］ 用数据选择器实现逻辑函数 $Y=ABC+\overline{A}B\overline{C}+A\overline{B}$

解 函数 F 的输入变量有 3 个，可选用 4 选 1 数据选择器 74LS153。4 选 1 数据选择器有两个地址变量 A_1 和 A_0，分别用 A_1、A_0 表示函数 Y 的输入变量 A、B，即设 $A_1=A$、$A_0=B$。

函数最小项的表达式：$Y=ABC+\overline{A}B\overline{C}+A\overline{B}=m_0\cdot 0+m_1\cdot\overline{C}+m_2\cdot 1+m_3\cdot C$

4 选 1 数据选择器公式：$F=\overline{A}_1\overline{A}_0\cdot D_0+\overline{A}_1A_0\cdot D_1+A_1\overline{A}_0\cdot D_2+A_1A_0\cdot D_3$

令 $A_1=A$，$A_0=B$，$Y=F$ 则得

$$D_0=0,\ D_1=\overline{C},\ D_2=1,\ D_3=C$$

逻辑图如图 5.6.8 所示。

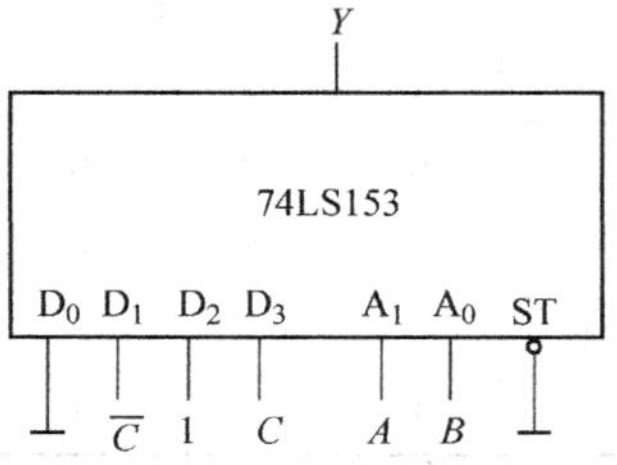

图 5.6.8 ［例 5.6.4］的逻辑图

5.7 数据分配器

数据分配器又称为多路分配器或多路调节器（DEMUX），其逻辑功能与数据选择器正好相反。数据分配器可以把从同一信号源来的数据送到不同的输出端，但在同一时刻，只能把数据送到一个特定的输出端。数据分配器有一条输入线，n 条选择线，2^n 条输出线，输入信号输出到哪一路，要由选择线的地址码决定，可以把它看成是具有二进制编码的可控开关，由编码控制选通输出信号，如图 5.7.1 所示。

1－4 路数据分配器类似一个 2 线－4 线译码器。当用译码器来构成数据分配器时，需用译码器工作状态选择端去接收输入数据 D，A_1A_0 作为选择控制端，接收器分别与 $\overline{Y}_0\sim\overline{Y}_3$ 相连。用 74LS139 构成的 1－4 路数据分配器如图 5.7.2 所示。

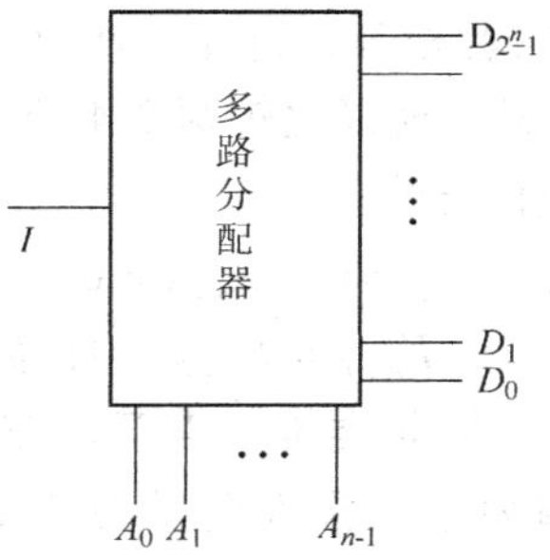

图 5.7.1　多路分配器的逻辑符号

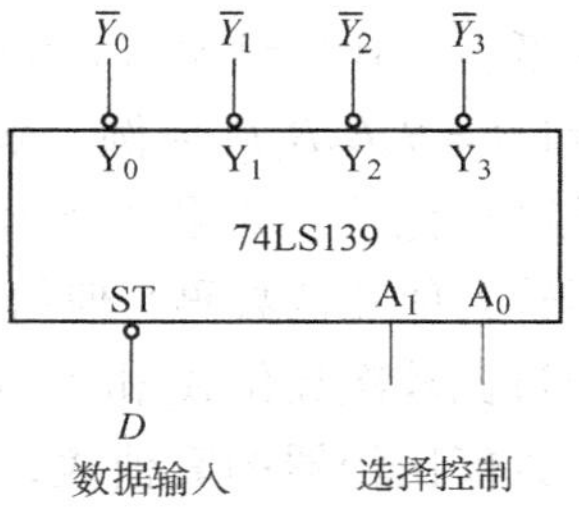

图 5.7.2　1 - 4 路数据分配器

当选择控制端 A_1A_0 为 11 时，这时将选中 $\overline{Y}_3$，即有 $\overline{Y}_3=D$。当 A_1A_0 分别为 00、01、10 时，输出分别为 $\overline{Y}_0=D$、$\overline{Y}_1=D$、$\overline{Y}_2=D$。

5.8　数值比较器

在各种数字系统中，经常需要对两个二进制数进行大小判别，然后根据判别结果转向执行某种操作。数值比较器是用来比较两个相同位数二进制数大小及是否相等的组合逻辑电路。在数字电路中，数值比较器的输入是要进行比较的两个二进制数，输出是比较的结果。

1. 一位数值比较器

当将 A 和 B 两个数进行比较且 A、B 都是一位数时，称为一位数值比较器，A、B 是输入信号，输出信号是比较结果，其比较结果有三种情况分别为 $A>B$、$A=B$、$A<B$，分别用 $F_{A>B}$，$F_{A=B}$，$F_{A<B}$ 来表示，并约定当 $A>B$ 时令 $F_{A>B}=1$，$A=B$ 时令 $F_{A=B}=1$，$A<B$ 时令 $F_{A<B}=1$，真值表如表 5.8.1 所示。由真值表可写出其逻辑表达式为

$$
\begin{aligned}
F_{A>B} &= A\overline{B} \\
F_{A=B} &= \overline{A}\,\overline{B}+AB=\overline{\overline{A}B+A\overline{B}} \\
F_{A<B} &= \overline{A}B
\end{aligned}
\tag{5.8.1}
$$

由逻辑表达式画出逻辑图，如图 5.8.1 所示。

表 5.8.1　一位数值比较器的真值表

输入		输出		
A	B	$F_{A>B}$	$F_{A=B}$	$F_{A<B}$
0	0	0	1	0
0	1	0	0	1
1	0	1	0	0
1	1	0	1	0

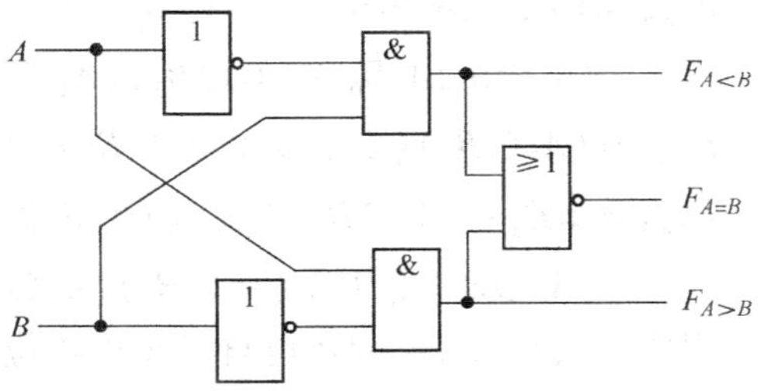

图 5.8.1　一位数值比较器的逻辑图

2. 多位数值比较器

两个多位数 A、B 比较的原则是：将 A 的最高位和 B 的最高位进行比较，如果二者不相

等，则该位比较的结果就可以作为 A、B 的比较结果；如果二者相等，再比较次高位，以此类推，直至最低位。比较结果有 $A>B$、$A<B$、$A=B$ 三种情况。现以比较两个4位二进制数 $A=A_3A_2A_1A_0$ 和 $B=B_3B_2B_1B_0$ 为例，来说明多位数比较器的设计方法。

首先应从高位比较，如果 $A_3>B_3$，则 $A>B$，$F_{A>B}=1$，$F_{A<B}=0$、$F_{A=B}=0$。反之，若 $A_3<B_3$，则不管其他几位数码为何值，肯定是 $A<B$，$F_{A<B}=1$，$F_{A>B}=F_{A=B}=0$；如果 $A_3=B_3$，就必须通过比较次高位 A_2 和 B_2 来判断 A 和 B 的大小了，依此类推，直至比较出结果。故可列出4位数值比较器的真值表，如表5.8.2所示。真值表中的输入变量为 $A_3A_2A_1A_0$ 和 $B_3B_2B_1B_0$，A 和 B 是另外两个低位数，$I_{A>B}$，$I_{A<B}$ 和 $I_{A=B}$ 是它们的比较结果。设置低位数比较结果是为了与其他比较器进行级联。

由式5.8.1可知

$$F_{A>B}=A\overline{B},\ F_{A<B}=\overline{A}B,\ F_{A=B}=A\odot B$$

表5.8.2 4位数值比较器的真值表

比较输入				级联输入			输出		
A_3B_3	A_2B_2	A_1B_1	A_0B_0	$I_{(A>B)}$	$I_{(A<B)}$	$I_{(A=B)}$	$F_{(A>B)}$	$F_{(A<B)}$	$F_{(A=B)}$
$A_3>B_3$	×	×	×	×	×	×	1	0	0
$A_3<B_3$	×	×	×	×	×	×	0	1	0
$A_3=B_3$	$A_2>B_2$	×	×	×	×	×	1	0	0
$A_3=B_3$	$A_2<B_2$	×	×	×	×	×	0	1	0
$A_3=B_3$	$A_2=B_2$	$A_1>B_1$	×	×	×	×	1	0	0
$A_3=B_3$	$A_2=B_2$	$A_1<B_1$	×	×	×	×	0	1	0
$A_3=B_3$	$A_2=B_2$	$A_1=B_1$	$A_0>B_0$	×	×	×	1	0	0
$A_3=B_3$	$A_2=B_2$	$A_1=B_1$	$A_0<B_0$	×	×	×	0	1	0
$A_3=B_3$	$A_2=B_2$	$A_1=B_1$	$A_0=B_0$	1	0	0	1	0	0
$A_3=B_3$	$A_2=B_2$	$A_1=B_1$	$A_0=B_0$	0	1	0	0	1	0
$A_3=B_3$	$A_2=B_2$	$A_1=B_1$	$A_0=B_0$	0	0	1	0	0	1

由真值表写出逻辑表达式

$$\begin{aligned}F_{A>B}&=A_3\overline{B}_3+(A_3\odot B_3)A_2\overline{B}_2+(A_3\odot B_3)(A_2\odot B_2)(A_1\overline{B}_1)+(A_3\odot B_3)(A_2\odot B_2)\\&\quad(A_1\odot B_1)A_0\overline{B}_0+(A_3\odot B_3)(A_2\odot B_2)(A_1\odot B_1)(A_0\odot B_0)I_{A>B}\overline{I}_{A<B}\overline{I}_{A=B}\\F_{A=B}&=(A_3\odot B_3)(A_2\odot B_2)(A_1\odot B_1)(A_0\odot B_0)I_{A=B}\overline{I}_{A>B}\overline{I}_{A<B}\\F_{A<B}&=\overline{A}_3B_3+(A_3\odot B_3)\overline{A}_2B_2+(A_3\odot B_3)(A_2\odot B_2)\overline{A}_1B_1+(A_3\odot B_3)(A_2\odot B_2)\\&\quad(A_1\odot B_1)\overline{A}_0B_0+(A_3\odot B_3)(A_2\odot B_2)(A_1\odot B_1)(A_0\odot B_0)I_{A<B}\overline{I}_{A>B}\overline{I}_{A=B}\end{aligned}\tag{5.8.2}$$

根据式（5.8.2）读者可自行画出4位比较器的逻辑图。由上式可以看出，仅对4位数进行比较时，应对 $I_{A>B}$、$I_{A<B}$、$I_{A=B}$ 进行适当处理，即 $I_{A>B}=I_{A<B}=0$，$I_{A=B}=1$

3. 集成数值比较器74LS85

图5.8.2是4位集成数值比较器74LS85的逻辑符号。其功能如表5.8.2所示。

图5.8.2中 $A=A_3A_2A_1A_0$ 和 $B=B_3B_2B_1B_0$ 为待比较的输入，$F_{A<B}$、$F_{A=B}$、$F_{A>B}$ 为比较输出，$I_{A<B}$、$I_{A=B}$、$I_{A>B}$ 为级联输入端，供片间连接使用。

把实现数值比较功能的电路集成在一个芯片上，便构成了集成数值比较器。

对于 TTL 集成数值比较器 74LS85，最低 4 位的级联输入端 $I_{A>B}$、$I_{A<B}$和 $I_{A=B}$必须预先分别设置为 0、0、1，也就是认为最低 4 位级联输入信号都是 0，即相等，这样当两个多位数的各位都相同时，两个多位数 A 与 B 才相等。

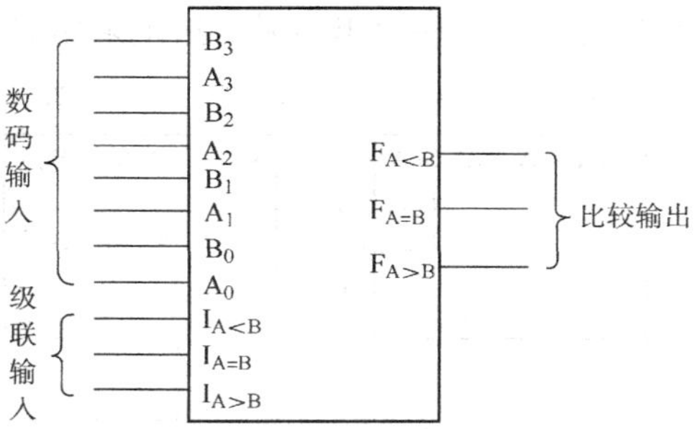

图 5.8.2　74LS85 的逻辑功能示意图

对于 CMOS 集成数值比较器 CC14585，最低 4 位的级联输入端 $I_{A>B}$、$I_{A<B}$和 $I_{A=B}$必须预先分别设置为 1、0、1，即 $I_{A<B}=0$，而 $I_{A>B}=I_{A=B}=1$。因为在 CMOS 4 位数值比较器中，实现 $F_{A>B}$的表达式为

$$F_{A>B}=\overline{F_{A=B}+F_{A<B}}$$

4. 数值比较器的位数扩展

在 TTL 集成比较器的级联中，高位中的 $I_{A<B}$、$I_{A=B}$、$I_{A>B}$三个级联输入端，应该分别与低位中的 $F_{A<B}$、$F_{A=B}$、$F_{A>B}$三个输出端连接起来，由各位数码比较结果直接产生输出信号。

下面举例说明两片 74LS85 级联时，扩展端的接法。

数值比较器的位数扩展方法有两种即串联和并联。当位数较少时且要求速度不高时常采用串联方式；当位数较多且要满足一定速度要求时，可以采用并联方式。

图 5.8.3 为串联式 8 位数值比较器逻辑图。当采用串联方式用两片 74LS85 比较 8 位数时，应先对高 4 位进行比较，高 4 位比较器的输出端数据如果不等，则比较结束，这是因为高 4 位的大小决定最终结果的大小。当高 4 位相等时，比较结果取决于本片的级联输入端，也就是看低 4 位的比较输出结果。图 5.8.3 中将 A 的高 4 位和 B 的高 4 位接到片 Ⅰ 上，片 Ⅰ 就成了高位片。将 A 的低 4 位和 B 的低 4 位接到片 Ⅱ 上，片 Ⅱ 就成了低位片。将低位片的 $I_{A>B}$、$I_{A<B}$接低电平，而将 $I_{A=B}$接高电平，当片 Ⅱ 的比较结果相等时，最终的比较结果应由片 Ⅰ 的输出决定，因此将片 Ⅱ 的输出接至片 Ⅰ 的级联输入端。这样由两片 74LS85 串联可构成 8 位数值比较器。

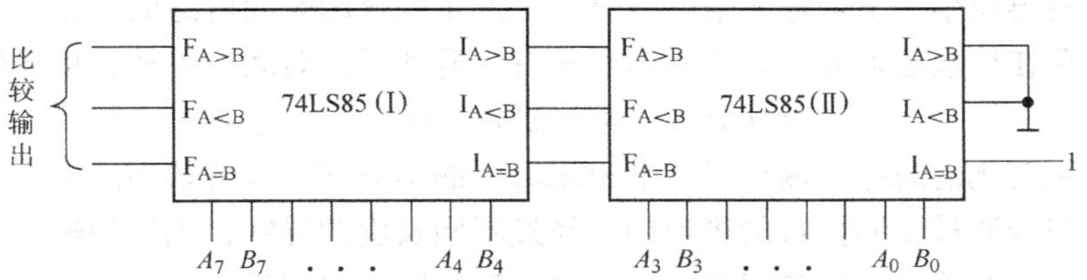

图 5.8.3　TTL 电路串联式 8 位数值比较器

另外，值得注意的是，不同电路结构的数值比较器，扩展端 $I_{A>B}$、$I_{A<B}$、$I_{A=B}$的接法也不完全一样，使用时应加以注意。

[**例 5.8.1**]　试用 74LS85 组成一个 16 位的数值比较器。

解　当位数较多且要满足一定的速度要求时，应采用并联方式。

根据题意可知 16 位的数值比较器需由 4 个 74LS85 组成，将 16 位数码按高低次序分成 4 组，每组 4 位，每 4 位比较器的比较并行进行。将 4 组 4 位比较器的比较结果再经一组 4 位比较器进行比较后得出结果。这里采用的是两级比较方法，如图 5.8.4 所示。

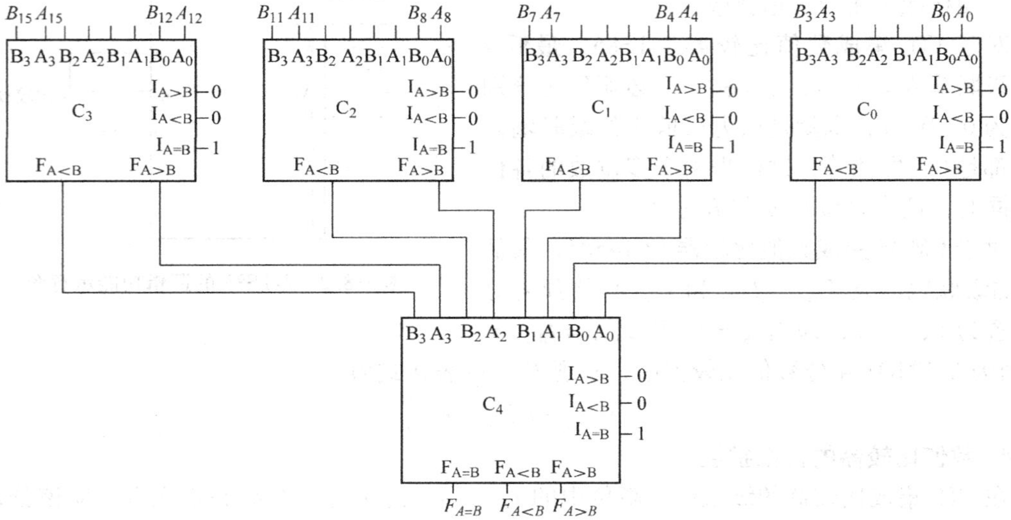

图 5.8.4　由 74LS85 组成的 16 位数值比较器

从图中可看出，采用并联方式速度快，从数据输入到稳定输出只需两倍的 4 位比较器延迟时间，而采用串联方式则需要 4 倍的 4 位比较器的延迟时间。

5.9 组合逻辑电路中的竞争－冒险

5.9.1 产生竞争－冒险的原因

1. 竞争和冒险的概念

在组合逻辑电路的分析和设计中通常都认为逻辑门具有理想的开关特性，而没有考虑逻辑器件的传输延迟时间，并且是在输入输出都处于稳定情况下讨论的。为了保证系统工作的可靠性，有必要再观察一下当输入信号逻辑电平发生变化的瞬间电路的工作情况。实际上所有的逻辑门都存在传输延迟时间，所有信号都有上升和下降时间。另外，信号经过导线传输也要花费时间，大约每经过 8 英寸导线，信号延迟 1ns。

当输入发生变化的瞬间，输出可能会出现短暂的不应该出现的状态。同一个门的一组同时变化的输入信号通过不同数目的逻辑门，经过不同长度的导线，到达门输入端的时间有先有后，这种现象叫竞争，竞争是门电路两个输入信号同时向相反的逻辑电平跳变的现象，具有竞争能力的变量是一种多路径的变量。当电路出现竞争现象时就可能出现错误的输出。那么竞争产生的错误输出叫冒险现象。在多级逻辑电路中，很容易出现竞争现象。

函数式和真值表所描述的是静态逻辑关系，而竞争则发生在从一种稳态到另一种稳态的过程中。当输入变量发生变化时，容易产生竞争。因此，竞争是一个动态问题。

在逻辑电路中，只要出现 $A\bar{A}$ 或 $A+\bar{A}$ 这种形式，就可能出现冒险现象。

2. “1” 冒险

图 5.9.1 所示电路中，假设 A、B 两个输入的变化是在同一时刻，逻辑函数表达式 $F=$

$\overline{A}B$，与门的输入端是 A 和 $\overline{A}$ 两个互补信号，如果不考虑逻辑门的延迟且 $A=B$，则 $F=0$。但是，考虑逻辑门的传输时间后，由于非门的延迟，$\overline{A}$的下降沿要滞后于 A 的上升沿，因此在很短的时间间隔内，与门的两个输入端都会出现高电平，致使它的输出端出现一个高电平窄脉冲，即出现了冒险现象，如图 5.9.2 所示。我们把出现非预期信号的正尖脉冲，称为“1”冒险。由图 5.9.1 看出，一个变量的原变量和反变量同时加到一个与门上时，就会产生“1”冒险。

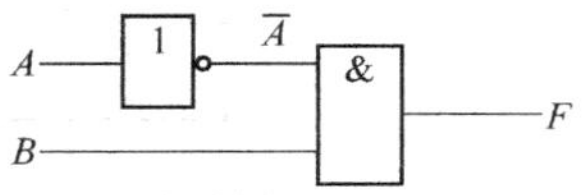

图 5.9.1　“1”冒险电路

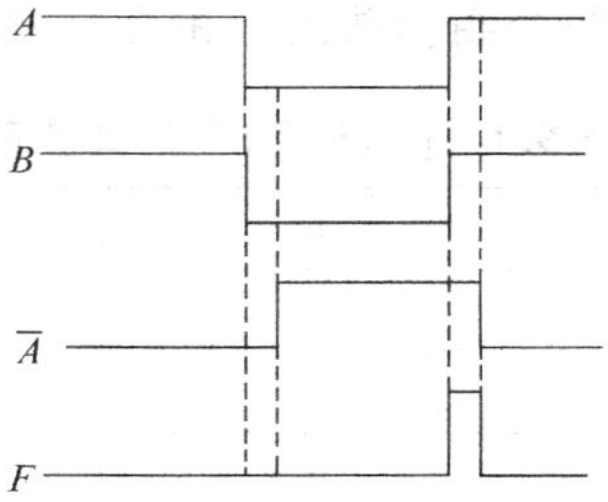

图 5.9.2　“1”冒险波形图

当然，并不是出现了竞争现象就一定会出现冒险现象。

3. “0”冒险

图 5.9.3 所示电路中，假设 A、B 两个输入信号的变化是在同一时刻，那么输入信号 B 经反相器后将产生延迟，这样或门的两个输入信号将不在同一时刻变化，输出端 F 会出现一个负尖脉冲。

输出逻辑函数的表达式为

$$F=A+\overline{B}$$

当 $A=B$ 时，$F=A+\overline{A}=1$，即输出逻辑函数的电平始终为高电平。但是，考虑逻辑门的传输时间后，图 5.9.3 的输出波形如图 5.9.4 所示，输出波形就出现了负尖脉冲，即出现了不应出现的短暂电平。我们把出现非预期信号的负尖脉冲，称为“0”冒险。

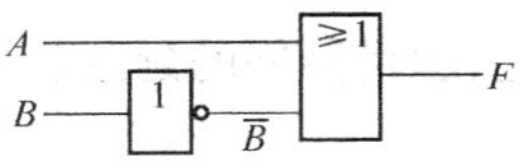

图 5.9.3　“0”冒险电路

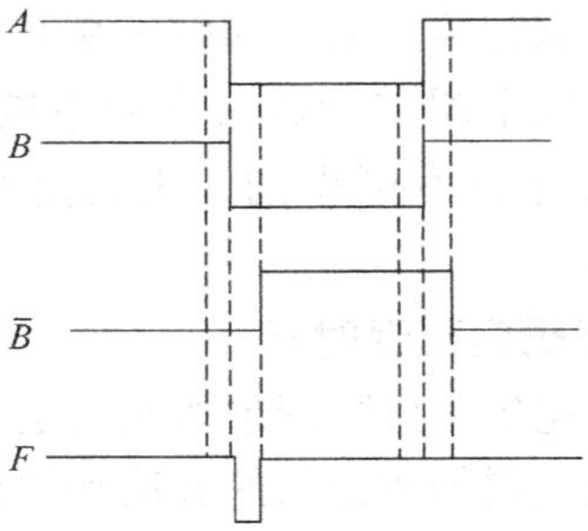

图 5.9.4　“0”冒险波形图

由图 5.9.3 和图 5.9.4 看出，一个变量的原变量和反变量同时加到或门上，容易产生“0”冒险。

5.9.2　检查竞争－冒险的方法

1. 代数法

[**例 5.9.1**]　判断 $AB+\overline{A}C$ 是否存在冒险现象。

解　$F=AB+\overline{A}C$

A 和 $\overline{A}$ 具备了竞争条件，当 B、C 取不同值时可列出它的真值表如表 5.9.1 所示。

由表 5.9.1 看出，当

$B=1$，$C=1$ 时 $F=A+\overline{A}$，出现了“0”冒险。

2. 卡诺图法

将例 5.9.1 画成卡诺图，如图 5.9.5 所示。从图 5.9.5 中可看出，只要在卡诺图中存在两个圈相切即两个圈相邻而不相交，就会产生冒险现象。

表 5.9.1 ［例 5.9.1］的真值表

B	C	F
0	0	0
0	1	$\overline{A}$
1	0	A
1	1	$A+\overline{A}$

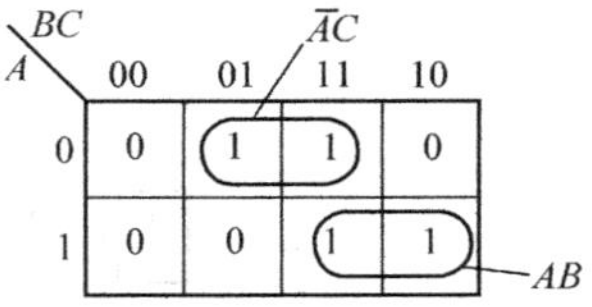

图 5.9.5 ［例 5.9.1］的卡诺图

5.9.3 消除竞争－冒险现象的方法

1. 代数法

在产生冒险现象的逻辑表达式上，加上多余项或乘上多余因子，使之不会出现 $A+\overline{A}$ 或 $A\cdot\overline{A}$ 的形式，即可消除冒险现象。

在例［5.9.1］中，$F=AB+\overline{A}C$，当 $B=C=1$ 时，出现了“0”冒险。在表 5.9.1 中，加入多余项 BC，就可以消除冒险现象。

当 $B=1$，$C=1$ 时 $F=1$，消除了“0”冒险。

2. 卡诺图法

将 $F=AB+\overline{A}C$ 填入卡诺图中，将卡诺图中的相切圈 AB 和 $\overline{A}C$ 用一个多余的圈连接起来，如图 5.9.6 所示，这样在卡诺图中就多画了一个圈，这个圈在代数法化简中被看成是多余的，必须去掉，而在这里，却是必不可少的，正是这个“多余的圈”，消除了竞争－冒险现象。

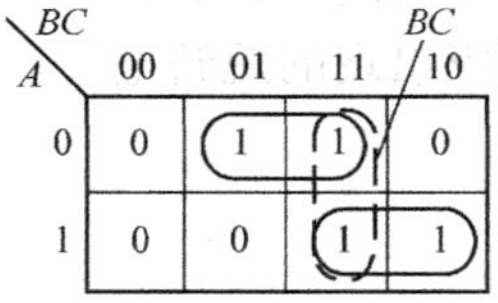

图 5.9.6 含冗余项的卡诺图

3. 增加逻辑门延迟时间

由于产生竞争－冒险现象的原因是输入信号传输路径上逻辑器件的延迟，可通过在输入信号传输路径上增加逻辑门的方法来增加延迟时间。

4. 选通法

在电路中引入一个选通脉冲也是消除竞争－冒险的常用方法。当有冒险脉冲时，利用选通脉冲将输出级锁住，使冒险脉冲不能输出，而当冒险脉冲消失之后，选通脉冲又允许正常输出。P 的高电平出现在电路到达稳定状态之后，所以与门的输出端不会出现尖峰脉冲，如图 5.9.7 所示。

5. 接入滤波器电容

由于竞争－冒险而产生的尖峰一般都很窄，多在数十毫微秒数量级以内，如果逻辑电路在较慢速度下工作，为了消去竞争冒险可以在输出端并联一电容器，其容量在几十到几百皮法之间，以消除冒险脉冲。

［例 5.9.2］　试用“与非门”实现逻辑函数 $Y=\overline{B}\,\overline{D}+CD$，并使之无竞争冒险。

解　利用卡诺图法化简时，保证卡诺图的圈不相切即能保证无冒险。因而，此时常常出现多余圈。

化简时在 $\overline{B}\,\overline{D}$ 和 CD 间应加一个 $\overline{B}C$ 项，卡诺图和无冒险的逻辑图如图 5.9.8 所示。逻辑表达式为

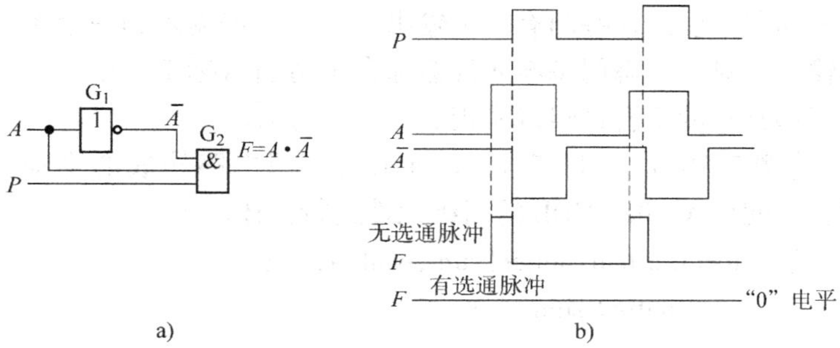

图 5.9.7　增加选通脉冲 P 消除竞争冒险

a）逻辑图　b）波形图

$$Y=\overline{B}\,\overline{D}+CD+\overline{B}C=\overline{\overline{\overline{B}\,\overline{D}}\;\overline{CD}\;\overline{\overline{B}C}}$$

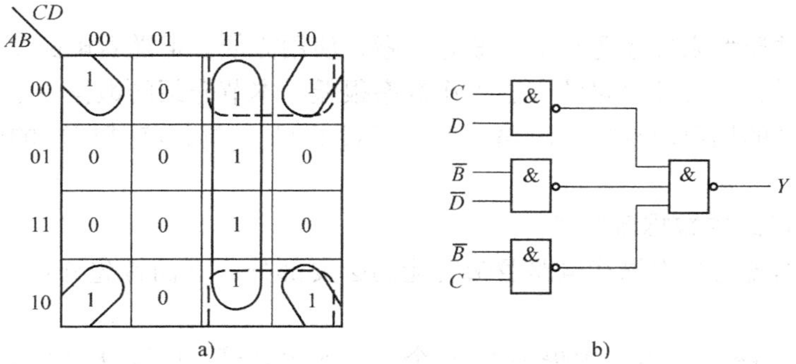

图 5.9.8　［例 5.9.2］的卡诺图及逻辑图

a）有冒险的卡诺图　b）无冒险的逻辑图

5.10　数字系统的 EDA 实现

5.10.1　组合逻辑电路门级建模

Verilog HDL 提供了门级电路建模的能力，门级建模就是将逻辑电路的电路图用硬件描述语言表示出来，即调用 Verilog HDL 中内置的基本门级元件描述逻辑图中的元件及元件之间的连接关系。模型中可以使用逻辑门实例化语句得到逻辑门基本元件的实例。Verilog HDL 中提供 12 个内置基本门元件。门级基本元件的综合应根据其行为来生成相应的逻辑，最终把它映射到目标工艺上。

多输入门：内置的多输入门有 and、nand、nor、or、xor 和 xnor。多输入逻辑门允许单个输出，但可以有一个或多个输入。

多输出门：buf 和 not 是具有多个输出端的逻辑门。多输出门只允许有单个输入，一个或多个输出。

三态门：Verilog HDL 中提供了 bufif0、bufif1、notif0 和 notif1 三态门元件模型用于对三

态驱动器建模。这些门有一个输出、一个数据输入和一个控制输入。对于三态门基本元件会综合出适当目标工艺中的三态门和额外的组合逻辑以实现其三态门行为。

[例 5.10.1] 图 5.10.1 所示为由门电路构成的半加器，试使用 Verilog HDL 的门级元件进行描述。

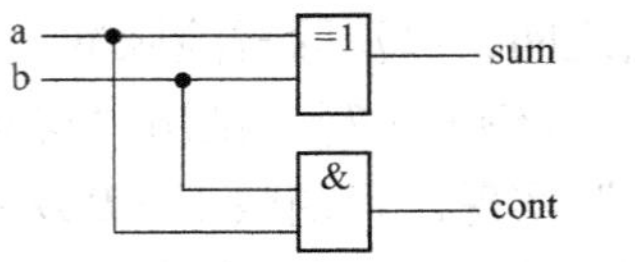

图 5.10.1 门电路构成的半加器

解
```
module half_adder(sum,cout,a,b);
    output sum,cout;
    input  a,b;
    xor U0(sum,a,b);
    and U1(cout,a,b);
endmoudle
```

5.10.2 组合逻辑电路的建模方法

采用门级元件模型来描述逻辑电路概念清晰，使用方便。但随着电路复杂性的增加，涉及的门电路较多时，该设计电路的方法工作效率很低。本节介绍的数据流建模和行为级建模的方法能够在更高的抽象层次描述电路。然后通过 EDA 工具，将高层次的电路描述转化为门级电路描述。

1. 组合逻辑电路的数据流建模

运算符是数据流建模中描述电路逻辑功能的必要部分，下面首先介绍 Verilog HDL 中运算符。

（1）运算符 Verilog HDL 中提供了 30 个左右的运算符，可以分为下述类型：算术操作符、关系操作符、相等操作符、逻辑操作符、按位操作符、移位操作符、条件操作符、连接和复制操作符。

算术操作符有：+(加)、-(减)、*（乘)、/(除)、%（取模)。

关系操作符有：>(大于)、<(小于)、>=(不小于)、<=(不大于)。关系操作符的结果为真（1）或假（0)。如果操作数中有一位为 X 或 Z，那么结果为 X。例如：23 >45 结果为假（0)，而：52 < 8'hxFF 结果为 x。

相等关系操作符有：==(逻辑相等)、!=(逻辑不等)、===(全等)、!==(非全等)。如果比较结果为假，则结果为 0；否则结果为 1。在全等比较中，值 X 和 Z 严格按位比较。而在逻辑相等比较中，如果两个操作数之一包含 X 或 Z，结果为未知的值（X)。

例如，假定：Data = 'b11x0；Addr = 'b11x0；那么：Data == Addr 为 X，但：Data === Addr 为真，也就是说值为 1。

逻辑操作符有：&&（逻辑与)、||（逻辑或)、!(逻辑非)。这些操作符在逻辑值 0 或 1 上操作。逻辑操作的结果为 0 或 1。

按位操作符有：~(非)、&（与)、|（或)、^(异或)。这些操作符在输入操作数的对应位上按位操作，并产生向量结果。

移位操作符有：<<(左移)、>>(右移)。若右侧操作数的值为 x 或 z，则移位操作的结果为 x。

条件操作符根据条件表达式的值选择表达式，形式如下：

cond_expr ? expr1 : expr2

如果 cond_expr 为真（即值为 1），选择 expr1；如果 cond_expr 为假（值为 0），选择 expr2。如果 cond_expr 为 X 或 Z，结果将是按以下逻辑 expr1 和 expr2 按位操作的值：0 与 0 得 0，1 与 1 得 1，其余情况为 x。

（2）数据流建模实现　Verilog HDL 中提供了连续赋值语句来实现数据流的建模。关键字 assign 用来实现连续赋值语句以便区分过程赋值语句。例如：

```
wire   out;          //声明连线型变量
assign out = a&b;    //连续赋值
```

[例 5.10.2]　数据流实现四位全加器。

```
module fulladd4(sum,co,a,b,ci);
    output[3:0] sum;
    output co;
    input[3:0]a, b;
    input ci;
    assign{co, sum} =a + b + ci;
    endmodule
```

2. 组合逻辑电路的行为级建模

Verilog HDL 中对组合逻辑电路的行为级建模，也就是描述组合逻辑电路的功能，一般使用 always 过程块语句结构来描述。在 always 结构中使用过程赋值语句及常用的结构控制语句来完成组合逻辑电路的行为级建模。

（1）always 过程块语句　always 块语句格式如下：

```
always@(<敏感信号表达式>)
begin
//过程赋值
//if 语句
//case 语句
//while, repeat, for 循环
//task, function 调用
end
```

只有寄存器类型数据能够在该过程块中被赋值。寄存器类型数据在被赋新值前保持原有值不变。"always" 过程语句的触发条件写在敏感信号表达式中。

（2）组合逻辑电路的行为级建模的实现

[例 5.10.3]　8 线 - 3 线编码器的行为级实现。

```
module  coder8_3 (in, out);
input [7:0] in; //8 位输入变量
output [2:0] out; //3 位输出变量
reg [2:0] out; //声明输出变量为寄存器型
always@ (in)
begin
```

```
case (in)
8'b1111_1110: out =0;
8'b1111_1101: out =1;
8'b1111_1011: out =2;
8'b1111_0111: out =3;
8'b1110_1111: out =4;
8'b1101_1111: out =5;
8'b1011_1111: out =6;
8'b0111_1111: out =7;
default: out =3'bx;
endcase
end
endmodule
```

小　　结

（1）组合电路在逻辑功能方面的特点是在任一时刻的输出状态仅取决于该时刻的输入，而与电路过去的状态无关。因此决定了它的电路结构特点为由逻辑门构成但不含记忆功能的存储器件；输出与输入间无反馈，信号由输入端向输出端单方向传输。

（2）本章对常见的几种组合逻辑电路进行了详细的介绍。全加器具有完成加数、被加数和相邻低位进位的加法运算的逻辑功能。编码器具有将一组有特定含义的输入信号分别编成一组二进制代码的逻辑功能。译码器具有将一组二进制代码翻译成与其对应的特定输出信号的逻辑功能。数值比较器具有判断两个输入的二进制数据大小关系的逻辑功能。数据选择器具有根据输入的地址码从多个输入端选择一路数据信号输出的逻辑功能。

（3）组合逻辑电路的分析方法如下：①根据给定逻辑电路图写出整个电路的输入与输出逻辑关系表达式；②利用公式法或卡诺图法对上述得到的逻辑关系式化简；③根据最简逻辑函数式列出真值表；④根据真值表判断电路的逻辑功能。

（4）采用逻辑门电路设计组合逻辑电路方法如下：①分析电路要求所要达到的逻辑功能；②列出真值表或写出逻辑函数表达式并化简；③根据所用的门器件类型对逻辑函数式进行适当变换；④画出逻辑电路图。

（5）采用中规模集成电路（如数据选择器、二进制译码器）设计组合逻辑电路方法如下：①根据输入输出数据的宽度选择合适型号的数据选择器或二进制译码器；②根据选用的器件类型写出适当形式的逻辑表达式；③用公式法或图形法通过对照比较确定选择器或译码器各个输入变量的表达式；④根据表达式画出连线图。

（6）组合电路的竞争－冒险现象是电路工作状态转换过程中经常出现的一种现象，这是由于电路中存在时间延迟引起的。判断的方法有代数法和卡诺图法。代数法是当逻辑函数式中同时含有某一变量的原变量、反变量，该变量就存在冒险的可能性。消除方法有修改逻辑设计、增加冗余项、引入封锁脉冲、接入滤波电容、引入选通脉冲等。

检 测 题

一、单项选择题

(1) 组合逻辑电路通常由________组合而成。

(a) 记忆元件　(b) 门电路　(c) 计数器　(d) 以上均正确

(2) 能实现算术加法运算的电路是________。

(a) 与门　(b) 或门　(c) 异或门　(d) 全加器

(3) n 位二进制译码器的输出端共有________个。

(a) $2n$　(b) 2^n　(c) 16　(d) 12

(4) 3 线 - 8 线译码器 74LS138，若输出 $\overline{Y}_5 = 0$，则对应的输入端 $A_2A_1A_0$ 应为________。

(a) 001　(b) 100　(c) 101　(d) 110

(5) 要使 3 线 - 8 线译码器正常工作，使能控制端 S_1、$\overline{S}_2$、$\overline{S}_3$ 的电平信号为________。

(a) 011　(b) 100　(c) 000　(d) 101

二、试用 3 线 - 8 线译码器 74LS138 和门电路实现一个判别电路，当输入的 3 位二进制代码能被 2 整除时电路输出为 1，否则为 0。

三、试用与非门构成密码电子锁电路。A、B、C、D 是锁上的四个按键，Y 是开锁信号。欲打开密码锁，应同时按下 A、D 键，再插入钥匙，锁就被打开了，否则打不开。

四、用与非门实现 4 变量多数表决电路，即当 4 个变量中有 3 个或 3 个以上的变量为 1 时，输出为 1，否则输出为 0。

五、判断函数 $F = (A+B)(\overline{B}+C)(\overline{A}+C)$ 是否存在竞争-冒险现象。

六、试用 4 选 1 数据选择器实现函数 $F = \overline{A}\,\overline{B}C + \overline{A}BC + A\overline{B}C + AB\overline{C}$。

七、试用 Verilog HDL 语言实现 3 线 - 8 线译码器。

习 题

[题 5.1]　分析图 5.1 所示组合电路，写出输出 Y 的逻辑函数式，列出真值表，并说明逻辑功能。

[题 5.2]　分析图 5.2 电路的逻辑功能。其中 S_0、S_1、S_2、S_3 为控制输入端（或称使能端），写出输出逻辑函数式，列出真值表，说明 Y 与 A、B 的逻辑关系。

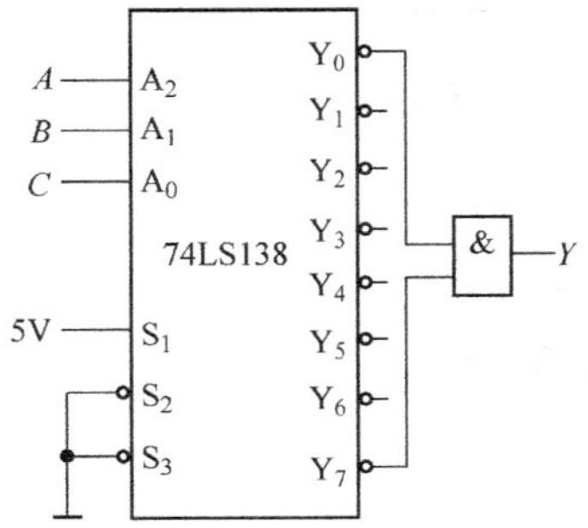

图 5.1

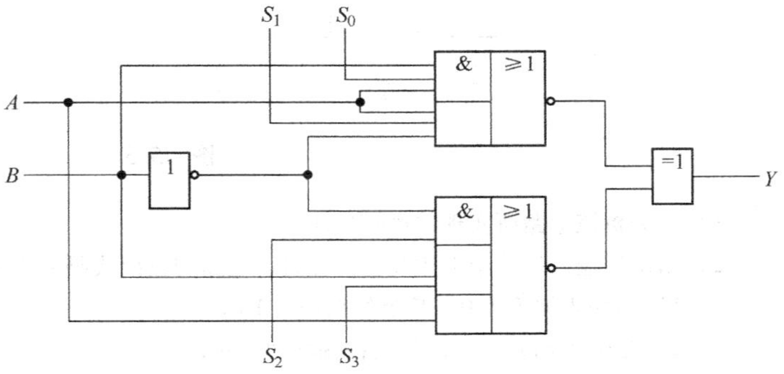

图 5.2

[题 5.3]　如图 5.3 所示的电路，其中 $ABCD$ 为 8421BCD 码，判断该电路所完成的逻辑功能。

[题 5.4]　电话室对 3 种电话编码控制，按紧急次序排列优先权高低是：火警电话、急救电话、报警电话，试设计该编码电路。

[题 5.5]　试用与非门设计一个水坝水位控制器。图 5.4 为水坝水位示意图。A、B 为两个电极，当电

极被水浸没时，会有输出信号。如果水面在 A 以下为正常状态，绿灯亮；水面在 A、B 间为异常状态，黄灯亮；水面在 B 以上为危险状态，红灯亮。

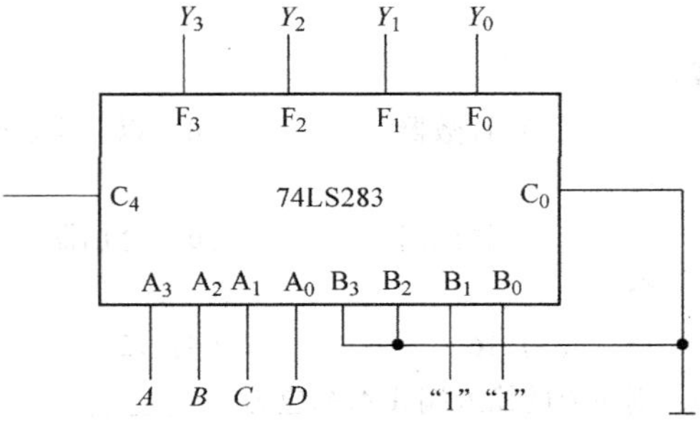

图 5.3

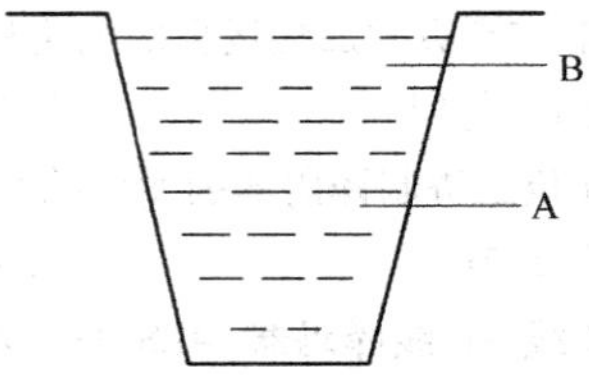

图 5.4

［题 5.6］ 试用 74LS283 实现 8421 码转换成余 3 码的电路。

［题 5.7］ 使用一片 74LS85 和一片 74LS283 设计一个电路，将 5421BCD 码转换成余 3 码，不允许另加器件。

［题 5.8］ 某学校有 3 个实验室，每个实验室各需 2kW 电力。这 3 个实验室由两台发电机组供电，一台是 2kW，另一台是 4kW。3 个实验室有时可能不同时工作，试设计一逻辑电路，使资源合理分配。

［题 5.9］ 试用全加器实现 4 位 8421BCD 码相加的逻辑电路。

［题 5.10］ 利用两片 8 线－3 线优先编码器 74LS148 集成电路构成的逻辑图如图 5.5 所示。

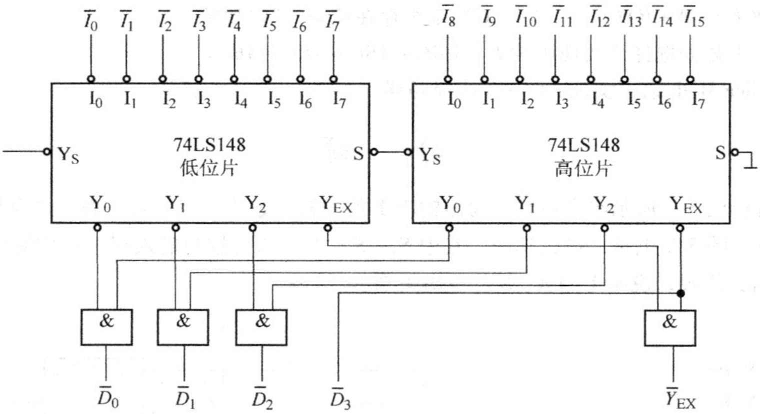

图 5.5

（1）试分析该电路所实现的逻辑功能。

（2）指出当输入端处于下述几种情况时，电路的输出代码 $D_3D_2D_1D_0$ 为多少？

1）当输入端 $\bar{I}_5$ 为 0，其余各端均为 1 时；

2）当输入端 $\bar{I}_{11}$ 为 0，其余各端均为 1 时；

3）当输入端 $\bar{I}_1$ 和 $\bar{I}_{10}$ 为 0，其余各端均为 1 时。

（3）试说明当输入端 $\bar{I}_0 \sim \bar{I}_{15}$ 均为高电平 1 时和 $\bar{I}_0=0$ 而其余各端为高电平 1 时，电路输出状态的区别。

［题 5.11］ 在某项比赛中，有 A、B、C 三名裁判。其中 A 为主裁判。当两名（必须包括 A 在内）或两名以上裁判认为运动员合格后发出得分信号。试用 4 选 1 数据选择器设计此逻辑电路。

［题 5.12］ 试用双 4 选 1 74LS153 设计全减器电路。

［题 5.13］ 试用数据选择器实现逻辑函数

$$F = A \oplus B \oplus C$$

［题 5.14］　试用 8 选 1 数据选择器 74LS151 实现逻辑函数

$$Z = \overline{A}\,\overline{B}\,\overline{C} + A\overline{D} + AC\overline{D}$$

［题 5.15］　试用 8 选 1 数据选择器实现逻辑函数

$$F(A,\ B,\ C,\ D) = \sum m(1,5,6,7,9,11,12,13,14)$$

［题 5.16］　试用 4 选 1 数据选择器和 3 线 – 8 线译码器，组成 20 选 1 数据选择器。

［题 5.17］　试用 8 选 1 数据选择器产生 10110011 序列信号。

［题 5.18］　试利用两片 3 线 – 8 线译码器 74LS138 扩展成 4 线 – 16 线译码器。并加入必要的门电路，实现一个判别电路，输入为 4 位二进制代码，当输入代码能被 5 整除时电路输出为 1，否则为 0。

［题 5.19］　试画出用 3 线 – 8 线译码器 74LS138 和门电路产生如下多输出函数的逻辑图。

$$\begin{cases} Z_1 = A\overline{B} + \overline{A}\,\overline{B}C + AB\overline{C} \\ Z_2 = ABC + \overline{B}C \\ Z_3 = \overline{A}\,\overline{B} + ABC \end{cases}$$

［题 5.20］　试用 4 位数值比较器 74LS85 设计一个四舍五入判别电路。输入为 8421BCD 码 $ABCD$，当 $ABCD \geqslant 0101$ 时，判别电路输出为 1，否则输出为 0。

［题 5.21］　分析下列函数组成的逻辑电路是否存在竞争 – 冒险现象。

（1） $Y = A\overline{B} + \overline{A}C + B\overline{C}$　　（2） $Y = (A + B)(\overline{B} + C)$

［题 5.22］　已知函数 $Y(ABCD) = \Sigma(0,1,5,7,9,11)$

① 写出化简后的逻辑表达式并画出逻辑图。

② 分析此电路是否存在竞争冒险，如存在冒险，应如何消除?

③ 画出无冒险的逻辑图。

第6章 触 发 器

内容提要

由逻辑门组成的组合逻辑电路的特点是：某一时刻的输出完全取决于当时的输入信号，即没有记忆功能。而在数字系统中，还需要具有记忆功能的时序逻辑电路。构成时序逻辑电路的基本单元是触发器。

触发器的类型很多，本章首先介绍触发器的基本单元电路——基本RS触发器，然后介绍同步式RS、D、JK、T和T′等功能触发器、主从触发器及边沿触发器等时钟触发器。还简单介绍了触发器的脉冲工作特性及触发器相互间的功能转换。最后介绍了触发器的Verilog HDL实现。

掌握触发器的各种逻辑功能及其触发方式，是分析与设计时序逻辑电路的基础。

教学目标

1. 熟悉基本RS触发器和时钟触发器的电路结构、工作原理和触发方式。
2. 掌握RS、D、JK、T和T′等触发器的逻辑功能及其描述方法。
3. 掌握触发器之间的功能转换。
4. 了解触发器的分类、各种结构触发器的特点。

6.1 概述

在数字系统中，除了采用组合逻辑电路完成逻辑运算等功能之外，还需要具有存储数字信息的时序逻辑电路。触发器是存储数字信息的最常用的一种基本单元电路，它能够存储一位二值信号。为了实现记忆功能，触发器有两个互补输出端，在电路结构上存在反馈，使其输出状态不仅与输入有关，而且还与原先的输出状态有关。

触发器的类型很多，通常按下列3种方法进行分类：

1）按有无时钟脉冲可分为基本触发器（无时钟触发器）和时钟触发器。

2）按逻辑功能可分为RS触发器、D触发器、JK触发器、T触发器、T′触发器等。

3）按电路结构可分为基本触发器、同步触发器、主从触发器、边沿触发器等。

6.2 基本RS触发器

1. 电路结构

基本RS触发器电路如图6.2.1a所示。它由两个与非门交叉耦合而成，有两个输入端$\overline{R}$和$\overline{S}$，两个输出端Q和$\overline{Q}$。在正常情况下，这两个输出端是互补的，即一个为0时另一个为1。通常以输出端Q的状态为触发器的状态，$Q=1(\overline{Q}=0)$时称触发器为1状态，$Q=0(\overline{Q}=1)$

时称触发器为 0 状态。图 6.2.1b 是基本 RS 触发器的逻辑符号。

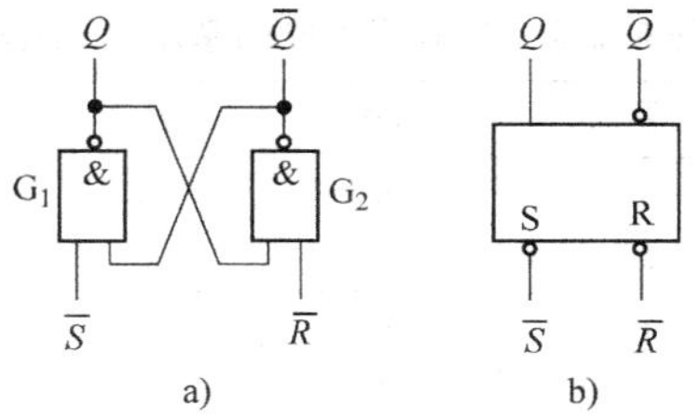

图 6.2.1 基本 RS 触发器
a) 电路结构 b) 逻辑符号

2. 工作原理

根据与非逻辑关系，由输入信号$\overline{R}$、$\overline{S}$的 4 种不同状态，不难分析触发器的输出与输入之间的关系。

(1) $\overline{R}=0$、$\overline{S}=1$ 时 由于$\overline{S}=1$，故与非门 G_1 的输出 Q 取决于$\overline{Q}$的状态，而由于$\overline{R}=0$，与非门 G_2 的输出$\overline{Q}$为 1，故 $Q=0$，所以说当$\overline{R}=0$、$\overline{S}=1$ 时触发器被置 0，称为置 0 状态。

(2) $\overline{R}=1$、$\overline{S}=0$ 时 由电路的对称性，得 $Q=1$，$\overline{Q}=0$，触发器被置 1，称为置 1 状态。

(3) $\overline{R}=\overline{S}=1$ 时 触发器若处于 1 状态，这个状态维持不变；若处于 0 状态，这个状态也维持不变。即触发器具有保持功能。

(4) $\overline{R}=\overline{S}=0$ 时 从电路图上看出，此时 $Q=\overline{Q}=1$，这是触发器的失效状态。因为此时触发器两输出端均为 1，破坏了 Q 和$\overline{Q}$的互补性，而且，在$\overline{R}$和$\overline{S}$端的低电平信号同时撤除后，由于与非门 G_1 和 G_2 的延迟时间不等，触发器最后究竟稳定到哪个状态是很难预知的，所以称为不定状态。在实际使用时应当避免这种情况。然而当两输入端的低电平信号不同时撤除时，下一个状态是可以确定的。

综上所述，由两个与非门交叉耦合构成的基本 RS 触发器具有置 0、置 1 及保持功能。$\overline{R}=0$、$\overline{S}=1$ 使触发器置 0，因置 0 的决定性条件是$\overline{R}=0$，故称$\overline{R}$端为置 0 端，且低电平有效；同理，称$\overline{S}$端为置 1 端，低电平有效。文字符号$\overline{R}$、$\overline{S}$的“非号”和图 6.2.1b 中输入端的“小圆圈”就是代表低电平有效。要想改变触发器的状态，$\overline{R}$或$\overline{S}$中必须有低电平信号触发才行，否则，触发器的状态 0 或 1 保持不变，所以，我们又把该触发器称为双稳态触发器。

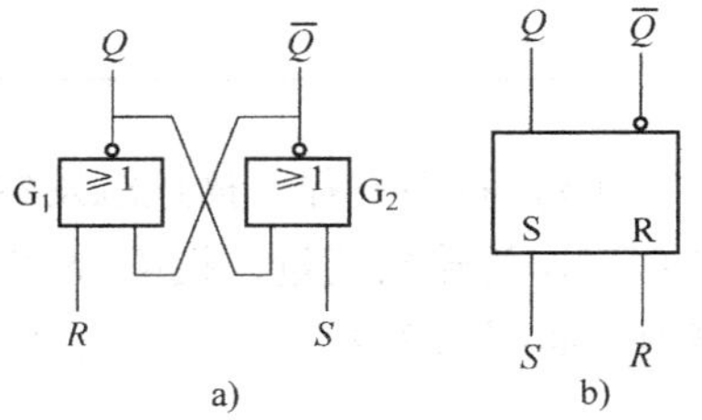

图 6.2.2 用或非门组成的基本 RS 触发器
a) 电路结构 b) 逻辑符号

实际上，凡是具有非逻辑关系的两个门交叉耦合都可以构成基本 RS 触发器。图 6.2.2 所示是用两个或非门交叉耦合构成的基本 RS 触发器，它具有同样的功能，所不同的是触发器输入端高电平有效，用 R 和 S 表示，而且在电路中 R、S 的位置对调了一下。

3. 逻辑功能的表示方法

描述触发器的逻辑功能，通常有以下 4 种方法：

(1) 特性表 根据以上分析，与非门组成的基本 RS 触发器的逻辑功能如表 6.2.1 所示，它反映了触发器在输入信号作用下，触发器的下一稳定状态（次态）Q^{n+1}与触发器的原稳定状态（现态）Q^n之间的关系，该表称为触发器的特性表，又称为真值表（或功能表）。表 6.2.2 为表 6.2.1 的简化表。

(2) 驱动表和状态转换图 要想把当前的触发器状态 Q^n改变成所要求的下一状态 Q^{n+1}，必须有相应的输入$\overline{R}$、$\overline{S}$驱动，即$\overline{R}$、$\overline{S}$的取值决定着触发器由现态到次态的翻转。由特性表可得到驱动表，如表 6.2.3 所示。例如，触发器由“1”态翻转到“0”态时，$\overline{R}\,\overline{S}$应为 01。

表 6.2.1 与非门组成的基本 RS 触发器特性表

$\overline{R}$ $\overline{S}$	Q^n	Q^{n+1}	功能
0 1	0	0	置 0
0 1	1	0	
1 0	0	1	置 1
1 0	1	1	
1 1	0	0	保持
1 1	1	1	
0 0	0	×	不定
0 0	1	×	

表 6.2.2 简化特性表

$\overline{R}$	$\overline{S}$	Q^{n+1}
0	1	置 0
1	0	置 1
1	1	保持
0	0	不定

该表可以用更直观的状态转换图 6.2.3 表示，图中两个圆圈分别代表触发器的两个稳定状态 0 和 1，箭头表示由现态到次态的转换方向，箭头旁边用文字符号及其相应的值表示转换条件。

表 6.2.3 驱动表

$Q^n \to Q^{n+1}$	$\overline{R}$ $\overline{S}$	说明
0→0	1 1 0 1	× 1
0→1	1 0	1 0
1→0	0 1	0 1
1→1	1 0 1 1	1 ×

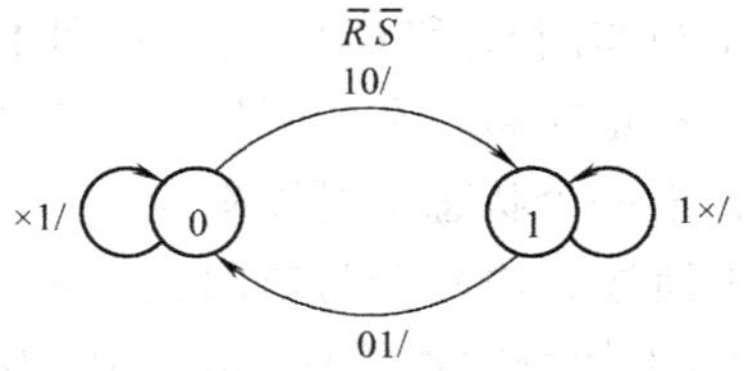

图 6.2.3 基本 RS 触发器的状态转换图

(3) 特性方程 描述触发器逻辑功能的逻辑函数表达式称为特性方程或状态方程。现将 Q^{n+1}作为输出变量，把$\overline{R}$、$\overline{S}$和 Q^n作为输入变量，根据表 6.2.1 可得基本 RS 触发器的卡诺图，如图 6.2.4 所示，经化简可得

$$\begin{cases} Q^{n+1}=\overline{\overline{S}}+\overline{R}Q^n=S+\overline{R}Q^n \\ \overline{R}+\overline{S}=1 \end{cases} \tag{6.2.1}$$

其中，$\overline{R}+\overline{S}=1$ 称为约束条件，即$\overline{R}$、$\overline{S}$不能同时为 0。

(4) 波形图 设触发器初始状态为 0（或为 1），根据给定的$\overline{R}$、$\overline{S}$的波形，相应可画出触发器输出端 Q 的波形，如图 6.2.5 所示，该波形图又称为时序图，它直观地显示触发器输入输出的一一对应关系。

利用基本 RS 触发器可构成无抖动开关。我们通常使用的开关一般是机械触点实现开关

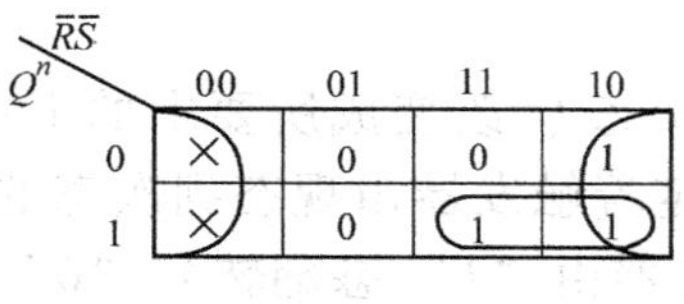

图 6.2.4 基本 RS 触发器的卡诺图

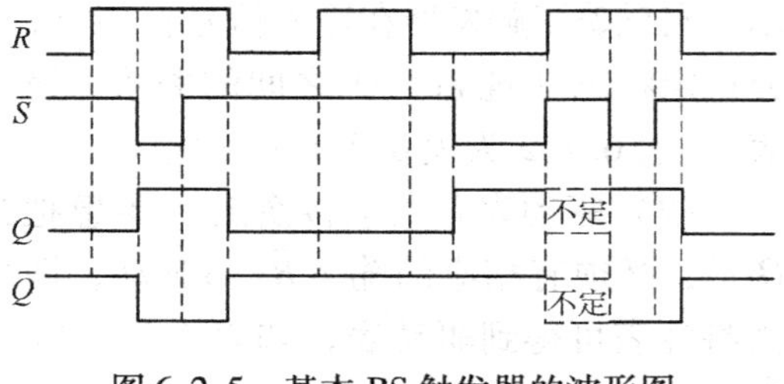

图 6.2.5 基本 RS 触发器的波形图

的合上和断开的，由于机械触点存在弹性，当机械开关从一个位置搬到另一个位置时，一般都存在接触抖动，在几十毫秒的时间里连续产生多个脉冲，这在数字系统中会造成电路的误动作，是绝对不允许的。为了避免抖动影响，可以采用基本 RS 触发器组成如图 6.2.6a 所示无抖动开关电路。当开关动作时，只使输出端产生一次的电压阶跃，如图 6.2.6b 所示。

在实际使用中，很少直接用到基本 RS 触发器，但它是各种复杂触发器的基本组成部分，所以其逻辑功能极为重要。

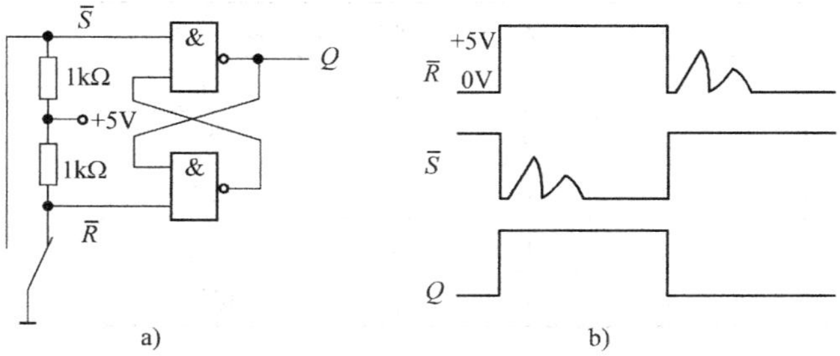

图 6.2.6 基本 RS 触发器构成的无抖动开关

a）电路图 b）波形图

6.3 同步触发器

基本 RS 触发器是无时钟触发器，即当$\bar{R}$和$\bar{S}$端的输入信号变化时，触发器的状态就立即改变。但在数字系统中，为了协调各部分的工作状态，常常要求某些触发器在同一时刻动作，这样输出状态受输入信号直接控制的基本触发器就不适用了。为此，必须引入决定其动作时间的时钟脉冲（Clock Pulse），简称 CP，使这些触发器只有在时钟脉冲到达时才按输入信号改变状态。具有时钟脉冲输入端的触发器称为时钟触发器。同步触发器是一种结构最简单的时钟触发器。

6.3.1 同步 RS 触发器

同步 RS 触发器电路如图 6.3.1 所示，该电路由基本 RS 触发器和由与非门 G_3、G_4组成的输入控制电路组成。

由图可知，当 $CP=0$ 时，门 G_3、G_4封锁，$\bar{R}=\bar{S}=1$，触发器不接收输入信号，保持原来状态不变；当 $CP=1$ 时，门 G_3、G_4打开，输入信号 S、R 分别经 G_3、G_4反相后加到由 G_1 和 G_2 组成的基本 RS 触发器上，使 Q 和$\bar{Q}$的状态跟随输入信号而变。

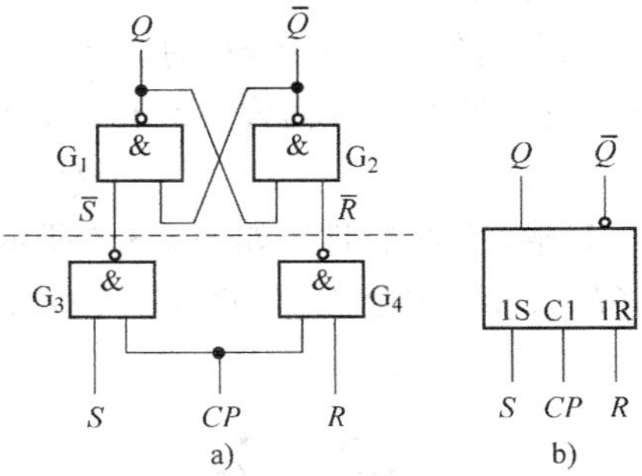

图 6.3.1 同步 RS 触发器

a）电路结构 b）逻辑符号

显然，当 $CP=1$ 时，根据基本触发器的特性方程式（6.2.1），可以得到同步 RS 触发器的特性方程

$$\begin{cases} Q^{n+1}=S+\bar{R}Q^n \\ RS=0 \end{cases} \tag{6.3.1}$$

其中，$RS=0$ 是约束条件。可见，当 $CP=1$ 时，它的功能等同于基本 RS 触发器，只不过输入是高电平有效。$R=1$，$S=0$，触发器置 0；$R=0$，$S=1$，触发器置 1；$R=S=0$，触发器状态保持不变；$R=S=1$，触发器状态不定。

同理可得到同步 RS 触发器的特性表如表 6.3.1 所示，驱动表如表 6.3.2 所示，状态转换图如图 6.3.2 所示，波形图如图 6.3.3 所示。

表 6.3.1 同步 RS 触发器特性表

CP	R	S	Q^{n+1}	功　能
1	0	0	Q^n	保持
1	1	0	0	置 0
1	0	1	1	置 1
1	1	1	×	不定
0	×	×	Q^n	保持

表 6.3.2 同步 RS 触发器驱动表

$Q^n \to Q^{n+1}$	R　S
0　0	×　0
0　1	0　1
1　0	1　0
1　1	0　×

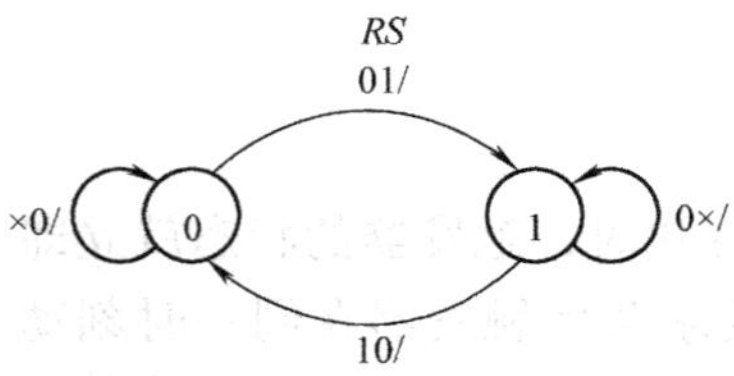

图 6.3.2 同步 RS 触发器状态转换图

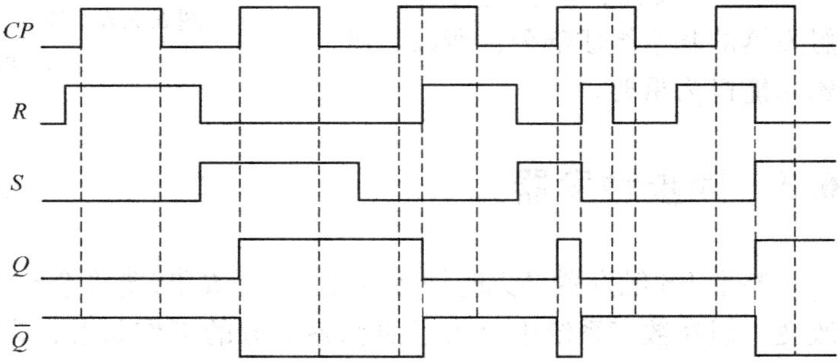

图 6.3.3 同步触发器的波形图

6.3.2 同步 D 触发器

把图 6.3.1a 同步 RS 触发器的 R 端接到 G_3输出端，就构成同步 D 触发器。电路结构及逻辑符号如图 6.3.4 所示。

由图可知，当 $CP=0$ 时，$Q^{n+1}=Q^n$，触发器维持原状态不变；当 $CP=1$ 时，根据同步 RS 触发器的特性方程式（6.3.1），可以得到 D 触发器的特性方程为

$$Q^{n+1}=S+\overline{R}Q^n=D+\overline{\overline{D}}Q^n=D \tag{6.3.2}$$

D 触发器的特性表如表 6.3.3 所示，状态图如图 6.3.5 所示，波形图如图 6.3.6 所示。由于当 $CP=1$ 时，D 触发器的次态与输入 D 始终一致，所以 D 触发器又称为锁存器或延迟触发器。

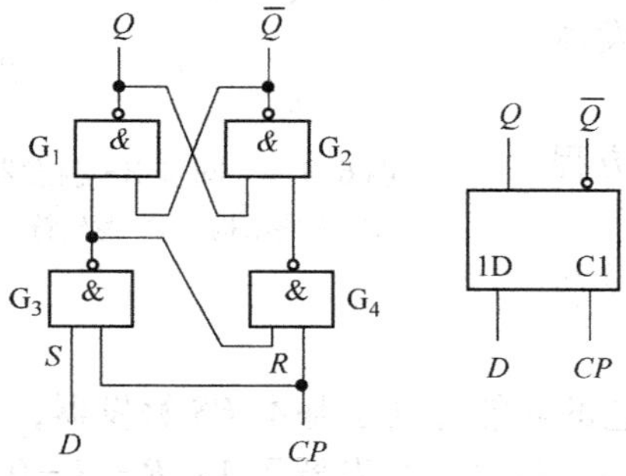

a)　　b)

图 6.3.4 同步 D 触发器
a）电路结构　b）逻辑符号

表 6.3.3 D 触发器特性表

D	Q^{n+1}
0	0
1	1

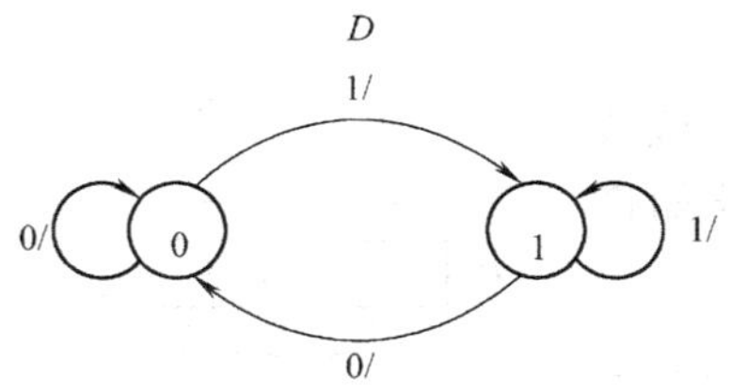

图6.3.5 同步D触发器状态图

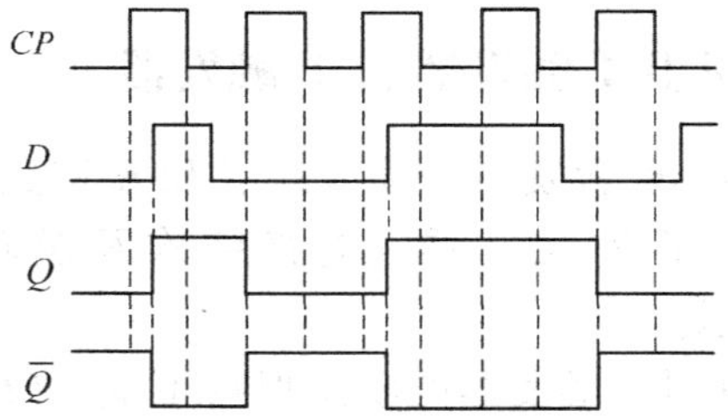

图6.3.6 同步D触发器的波形图

6.3.3 同步JK触发器

把图6.3.1a同步RS触发器的输出端Q引回到门G_4的输入端，$\overline{Q}$引回到门G_3的输入端，就构成了同步JK触发器。电路结构及逻辑符号如图6.3.7所示。

由图可知，当$CP=0$时，$Q^{n+1}=Q^n$，触发器维持原状态不变；当$CP=1$时，根据同步RS触发器的特性方程式（6.3.1），可以得到JK触发器的特性方程为

$$Q^{n+1}=S+\overline{R}Q^n=J\overline{Q}^n+\overline{KQ^n}Q^n=J\overline{Q}^n+\overline{K}Q^n \tag{6.3.3}$$

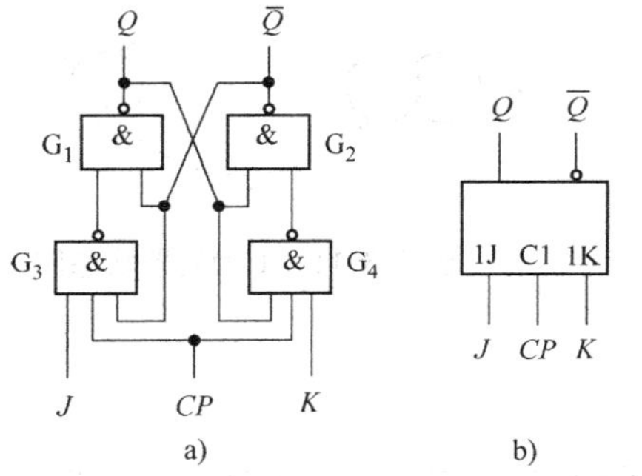

图6.3.7 同步JK触发器

a）电路结构 b）逻辑符号

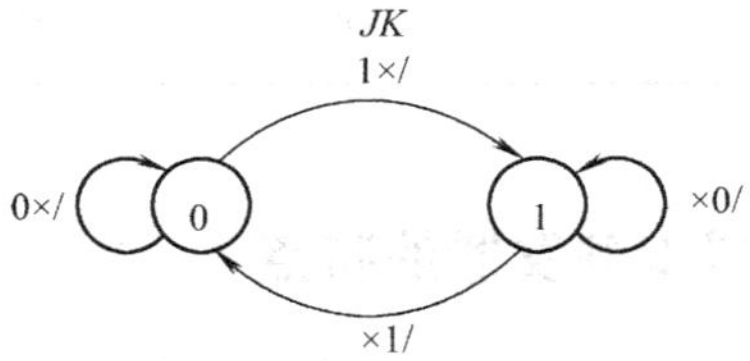

图6.3.8 同步JK触发器状态图

约束条件$RS=KQ^n\cdot J\overline{Q}^n=0$即JK触发器永远满足约束条件。JK触发器的特性表如表6.3.4所示，状态图如图6.3.8所示，波形图如图6.3.9所示。由表6.3.4可知，JK触发器在$J=0$、$K=0$时具有保持功能；在$J=0$、$K=1$时具有置0功能；在$J=1$、$K=0$时具有置1功能；在$J=1$、$K=1$时具有翻转功能。

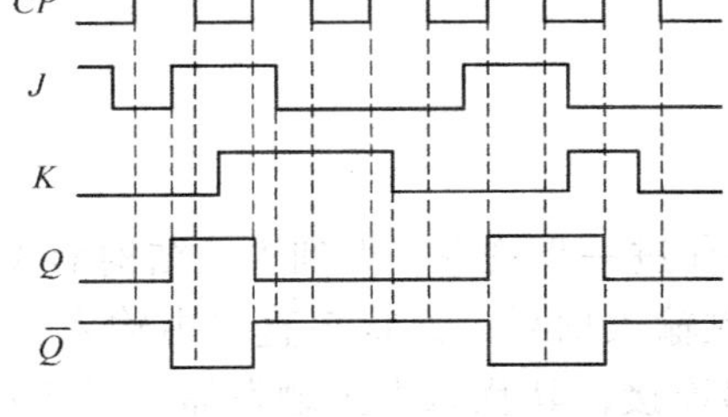

图6.3.9 同步JK触发器的波形图

表6.3.4 同步JK触发器的特性表

CP	J K	Q^{n+1}	功能
1	0 0	Q^n	保持
1	0 1	0	置0
1	1 0	1	置1
1	1 1	$\overline{Q}^n$	翻转
0	× ×	Q^n	保持

6.3.4 同步T触发器和T′触发器

将同步JK触发器的输入端 J 和 K 连到一起，改成 T，就构成了T触发器。电路结构及逻辑符号如图6.3.10所示。

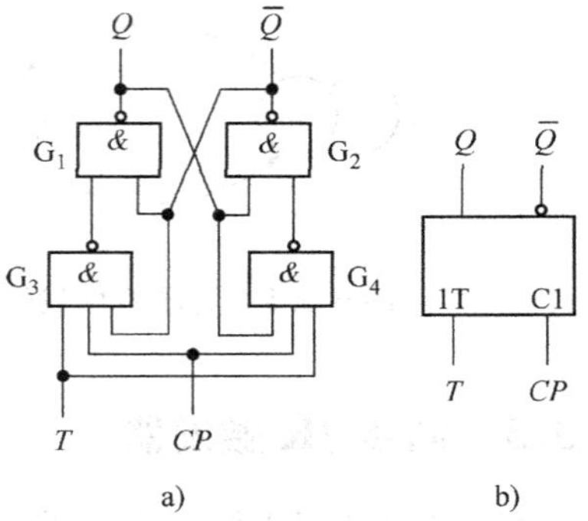

图6.3.10 T触发器
a）电路结构 b）逻辑符号

$CP=0$ 时，触发器的状态保持不变。$CP=1$ 时，触发器的特性方程为

$$Q^{n+1}=T\overline{Q^n}+\overline{T}Q^n=T\oplus Q^n \qquad (6.3.4)$$

其特点是 $T=0$ 时，触发器的状态保持不变；而当 $T=1$ 时，触发器的状态就翻转。T触发器特性表如表6.3.5所示，状态图如图6.3.11所示。

如果将 $T=1$ 固定，就构成T′触发器，则每来一个时钟脉冲 CP，触发器就翻转一次，即有计数功能，故又称为计数型触发器。

表6.3.5 T触发器特性表

T	Q^{n+1}	功能
0	Q^n	保持
1	$\overline{Q^n}$	翻转

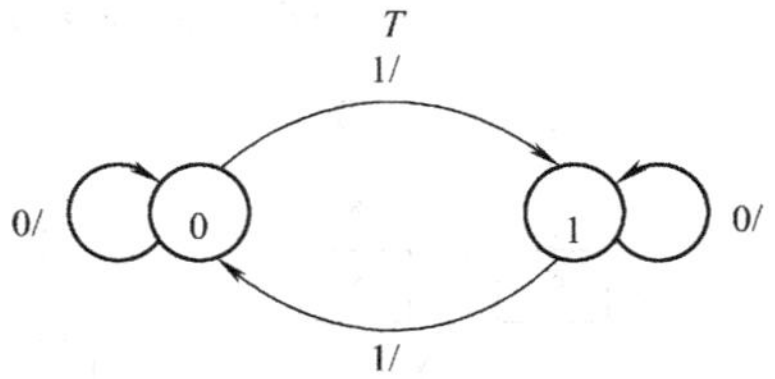

图6.3.11 T触发器状态图

6.3.5 同步触发器的特点

以上介绍的各种功能同步触发器，其触发方式均为电平触发。所谓电平触发，指触发器的时钟信号 CP 为约定的逻辑电平时，输入信号才能被触发器接收并导致输出状态的变化；而当时钟信号为非约定逻辑电平时，触发器不接收输入信号且状态维持不变。这种触发器又称为电位触发器。

电平触发方式存在的问题是在约定的时钟电平（$CP=0$ 或 $CP=1$）期间，输入信号的变化都会引起触发器状态的改变。特别是对于T触发器（$T=1$ 时）和T′触发器，在 $CP=1$ 且脉冲宽度较宽时，触发器状态将会出现多次翻转，即触发器的状态发生了一次以上的变化，这种现象称为空翻。为保证每来一个时钟脉冲 CP 触发器输出只翻转一次，则对时钟信号的约定电平的宽度要求极其苛刻。

6.4 主从触发器

为了克服同步触发器的空翻现象，对触发器电路作进一步改进，得到主从结构形式的触发器。它由两级同步触发器级联组成，其中一级接收输入信号，其状态直接由输入信号控制，称为主触发器，另一级的输入与主触发器的输出连接，其状态由主触发器的状态控制，称为从触发器。

6.4.1 主从 RS 触发器

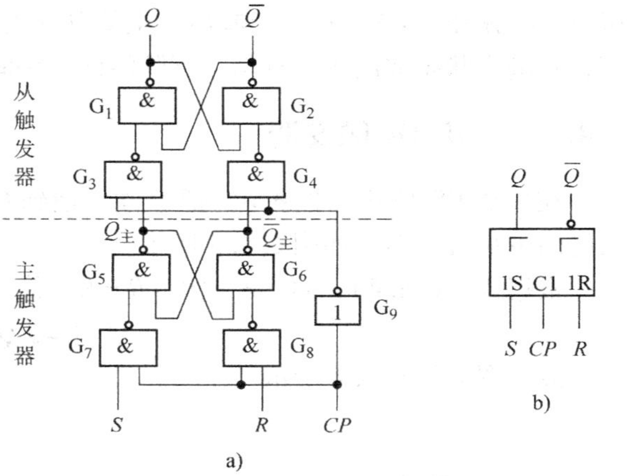

图 6.4.1 主从 RS 触发器

a) 逻辑图 b) 逻辑符号

1. 电路结构和符号

主从 RS 触发器的逻辑电路如图 6.4.1a 所示。主触发器由 $G_5 \sim G_8$ 组成，时钟信号为 CP，输入为 R、S，输出为 $Q_主$ 和 $\overline{Q}_主$。从触发器由 $G_1 \sim G_4$ 组成，时钟信号为 $\overline{CP}$，输入为主触发器的输出 $Q_主$ 和 $\overline{Q}_主$，输出 Q 和 $\overline{Q}$ 便是整个触发器的输出。图 6.4.1b 是主从 RS 触发器的逻辑符号，方框内的符号“⌐”表示延迟，即直到 CP 脉冲下降沿到来时触发器的输出端才会改变状态。

2. 工作原理

在 $CP=0$ 期间，主触发器状态保持不变，而 $\overline{CP}=1$，从触发器接收主触发器的状态，因为主触发器的输出始终互补，所以 $Q=Q_主$。

当 CP 由 0 变至 1 及 $CP=1$ 期间，主触发器接收输入信号 R、S，特性方程为

$$\begin{cases} Q_主^{n+1}=S+\overline{R}Q_主^n \\ RS=0 \end{cases} \tag{6.4.1}$$

而此时 $\overline{CP}=0$，从触发器状态保持不变，即主触发器的 $Q_主^n$ 为从触发器所保存的 Q^n。所以式（6.4.1）可写成

$$\begin{cases} Q_主^{n+1}=S+\overline{R}Q_主^n=S+\overline{R}Q^n \\ RS=0 \end{cases} \tag{6.4.2}$$

当 CP 由 1 变至 0 及 $CP=0$ 期间，从触发器状态跟随主触发器的状态，特性方程为

$$Q^{n+1}=Q_主^{n+1} \tag{6.4.3}$$

由于 $CP=0$，主触发器状态保持不变，所以此时的 $Q_主^{n+1}$ 可用式（6.4.2）代入，可得

$$\begin{cases} Q^{n+1}=Q_主^{n+1}=S+\overline{R}Q^n \\ RS=0 \end{cases} \tag{6.4.4}$$

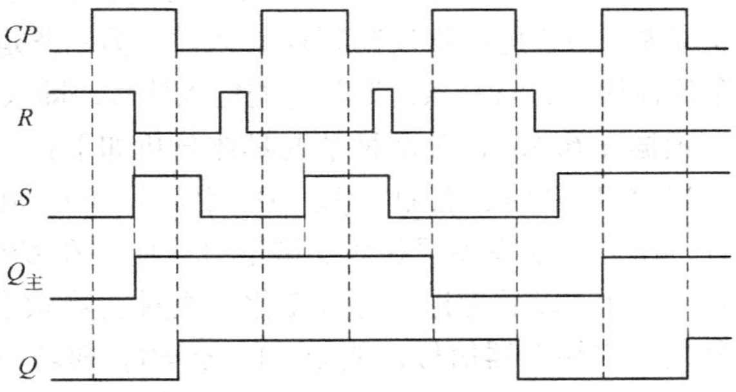

图 6.4.2 主从 RS 触发器的波形图

由以上分析可知，由于主、从两个触发器的时钟互补，主从触发器接收输入信号分两步进行。第一步，在 $CP=1$ 时，主触发器接收信号，从触发器被封锁，主触发器起着储存输入信号的作用。第二步，在 CP 由 1 变 0 的时刻，主触发器被封锁，从触发器根据主触发器的状态翻转，而主触发器的状态不再受 R、S 的影响，其状态保持不变，即为 CP 下降沿前的状态，故从触发器的状态也不可能改变，即它只在 CP 由 1 变 0 时刻触发翻转一次，因此不会引起触发器状态发生两次以上的改变，即克服了空翻现象。如图 6.4.2 所示为主从

RS 触发器的波形图。从图中看出，主从触发器输出状态的改变发生在时钟信号的下降沿时刻，且输出状态取决于时钟信号下降沿前一瞬间的输入信号。

6.4.2 主从 JK 触发器

在主从 RS 触发器电路中，把 Q 端反馈到 G_8 输入端，把 $\overline{Q}$ 反馈到 G_7 输入端，就构成 JK 功能的主从触发器。如图 6.4.3 所示。

根据式（6.4.4），将 $S=J\overline{Q}^n$、$R=KQ^n$ 代入，得到主从 JK 触发器的特性方程

$$Q^{n+1}=J\overline{Q}^n+\overline{K}Q^n \tag{6.4.5}$$

波形图如图 6.4.4 所示。

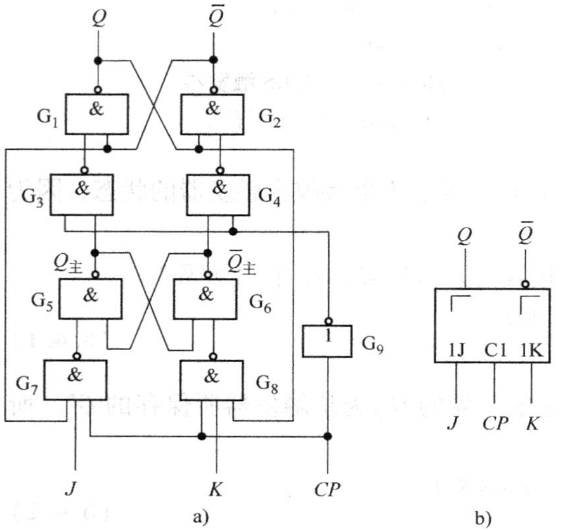

图 6.4.3 主从 JK 触发器

a）逻辑电路 b）逻辑符号

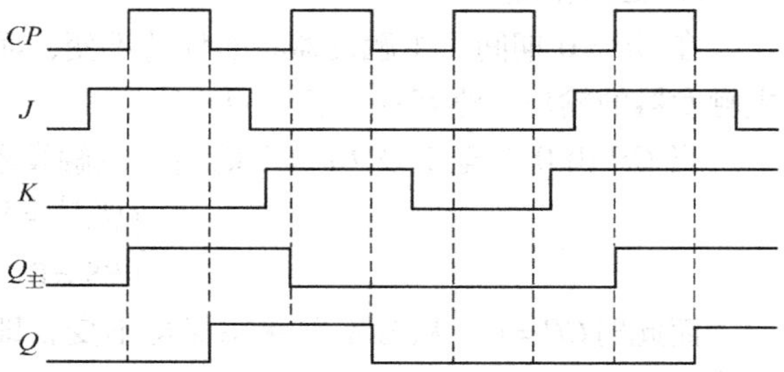

图 6.4.4 主从 JK 触发器的波形图

必须指出，主从 JK 触发器在 $CP=1$ 期间，如果输入信号发生变化或引入干扰信号，当 CP 下降沿到达时，实际状态转移与特性方程式（6.4.5）所描述的状态转移有可能不相同，其原因是主从 JK 触发器电路图中的两条反馈线会封锁 G_7 或 G_8，使得触发器接收不到输入信号 J 或 K。一条是 Q 端反馈到 G_8 输入端，另一条是 $\overline{Q}$ 反馈到 G_7 输入端。因为当 Q 为 0 或 1 时，两条反馈线中必有一条封锁相应的输入信号，即只有没被封锁的输入信号能送入触发器。

根据图 6.4.3，分两种情况具体分析如下：

1）$CP=0$ 时，若 $Q=Q_主=0$、$\overline{Q}=\overline{Q}_主=1$，则 CP 由 0 变为 1 时，门 G_8 仍被封锁，门 G_7 打开，所以主触发器只接收 J 端信号。而且在 $CP=1$ 期间，如果 J 由 0 变为 1，则主触发器从 0 变为 1，以后无论 J 怎么变化，主触发器状态都不再改变。当 CP 由 1 变为 0 时，从触发器接收主触发器信号，使 $Q=1$、$\overline{Q}=0$。即若 $Q^n=0$，则在 $CP=1$ 期间，只要输入 J 有变化，主触发器的状态只发生一次由 0 到 1 的翻转，而且跟输入 K 无关。

2）$CP=0$ 时，若 $Q=Q_主=1$、$\overline{Q}=\overline{Q}_主=0$，则当 CP 由 0 变为 1 时，门 G_7 被封锁，门 G_8 打开，主触发器只接收 K 端信号。而且在 $CP=1$ 期间，如果 K 由 0 变为 1，则主触发器从 1 变为 0，以后无论 K 怎么变化，主触发器状态都不再改变。当 CP 由 1 变为 0 时，从触发器

接收主触发器的信息，使 $Q=0$、$\overline{Q}=1$。即若 $Q^n=1$，则在 $CP=1$ 期间，只要输入 K 有变化，主触发器的状态也只发生一次由1到0的翻转，而且跟输入 J 无关。

由此看出，在 $CP=1$ 期间，如果 J、K 发生了变化，主从JK触发器会存在一次翻转现象。为了避免此现象，一般都要求主从 JK 触发器在 $CP=1$ 期间，J、K 不能发生变化，这也降低了其抗干扰能力。

[例6.4.1] 已知图6.4.3主从JK触发器的 CP、J、K 的波形如图6.4.5所示，试画出输出端 Q 的波形。设触发器的初始状态为0。

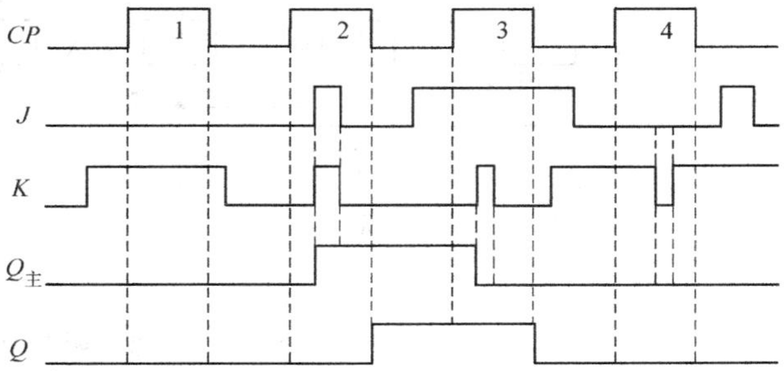

图6.4.5 ［例6.4.1］的波形图

解 由图可知，第1个 CP 高电平期间，$J=0$、$K=1$，当第1个 CP 下降沿到来时触发器置0；第2个 CP 高电平期间，由于 $Q^n=0$，且 J 发生了变化，所以发生了一次翻转现象，即第2个 CP 下降沿到来时，$Q=1$；第3个 CP 高电平期间，由于 $Q^n=1$，且 K 发生了变化，故第3个 CP 下降沿到来时，$Q=0$；第4个 CP 高电平期间，虽然 K 发生了变化，但由于 $Q^n=0$，K 不起作用，而 J 没有发生变化且其值为0，故第4个 CP 下降沿到来时，触发器状态不变，仍保持0。

6.5 边沿触发器

主从触发器虽然克服了同步触发器的空翻现象，但存在一次翻转问题。为此，可采用抗干扰能力更强的边沿触发器，它是利用时钟脉冲的有效边沿（上升沿或下降沿）将输入的变化反映在输出端，而在 $CP=0$ 及 $CP=1$ 期间不接收信号。

下面介绍常用的边沿触发器：维持阻塞型、传输迟延实现的边沿触发器和CMOS边沿触发器。随着CMOS器件的发展，CMOS边沿触发器得到广泛应用。

6.5.1 维持阻塞D触发器

1. 电路结构

维持阻塞D触发器电路如图6.5.1所示，G_1 和 G_2、G_3 和 G_5、G_4 和 G_6 分别组成了基本 RS 触发器。$\overline{R}_D$ 和 $\overline{S}_D$ 分别是直接复位端和直接置位端，低电平有效。即当 $\overline{R}_D\overline{S}_D=01$ 时，$Q=0$；当 $\overline{R}_D\overline{S}_D=10$ 时，$Q=1$。由于它们对触发器的作用不受 CP 控制，所以 $\overline{R}_D$ 和 $\overline{S}_D$ 又分别被称为异步复位端和异步置位端。正常工作时 $\overline{R}_D$ 和 $\overline{S}_D$ 都接高电平。图中连线①称为置0维持线；连线②称为阻塞置1线；连线③称为置1维持线；连线④称为阻塞置0线。

2. 工作原理

当 $CP=0$ 时，封锁了门 G_3、G_4，使 $\overline{S}=\overline{R}=1$，触发器保持原状态不变。

若 $D=0$，当 CP 由0变为1（上升沿）时，由 G_4 和 G_6 组成的基本RS触发器的两输入信号为01（一端是 D 为0，另一端是 CP 与 G_3 的输出相与后为1），则 G_4 的输出一定是0，即 $\overline{R}=0$。此时由置0维持线①将这个0送给 G_6，将 G_6 封锁，不再接收输入信号 D，且 G_6 输出

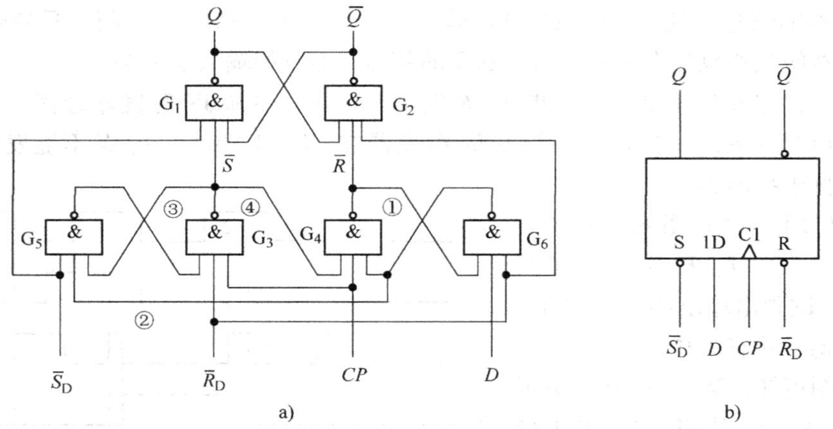

图 6.5.1 维持阻塞 D 触发器

a）逻辑电路 b）逻辑符号

维持 1 不变。同时阻塞置 1 线②将这个 1 送给 G_5，使得 G_3 和 G_5 组成的基本 RS 触发器输入信号全为 1（一端是线②，另一端是 *CP*），其输出状态维持不变，即 $\overline{S}=1$，$\overline{R}=0$，所以由 G_1 和 G_2 组成的基本 RS 触发器就一定置 0，即 $Q^{n+1}=D=0$。

同理，若 $D=1$，当 *CP* 由 0 变为 1（上升沿）时，G_6 因输入全 1 而输出为 0，而 G_3 和 G_5 组成的基本 RS 触发器输入信号为 01（一端是线②为 0，另一端是 *CP* 为 1），则 $\overline{S}=0$。此时由置 1 维持线③送给 G_5，使 G_5 输出维持 1 不变，从而保证 $\overline{S}=0$ 不变。同时通过阻塞置 0 线④送给 G_4，保证 $\overline{R}=1$，这时，即使 *D* 发生变化，对 $\overline{R}$ 也不影响，即不再接收 *D* 信号。由于 $\overline{S}=0$，$\overline{R}=1$，所以由 G_1 和 G_2 组成的基本 RS 触发器就一定置 1，即 $Q^{n+1}=D=1$。

由以上分析可知，这种维持阻塞触发器是上升沿触发的 D 触发器，其特性表如表 6.5.1 所示。其特性方程为

$$Q^{n+1}=D\cdot CP\uparrow \tag{6.5.1}$$

可见，只要在 *CP* 上升沿到来之前的极短时间内输入信号不存在干扰，触发器就会有正确的输出，故与主从触发器相比，边沿触发器有更强的抗干扰能力，且有更高的工作速度。

表 6.5.1 维持阻塞 D 触发器特性表

$\overline{R}_D$	$\overline{S}_D$	*CP*	*D*	Q^{n+1}
0	1	×	×	0
1	0	×	×	1
1	1	↑	0	0
1	1	↑	1	1

[例 6.5.1] 已知维持阻塞 D 触发器的 *CP*、*D* 的波形如图 6.5.2 所示，试画出输出端 *Q* 的波形。设触发器的初始状态为 0。

解 根据每一个 *CP* 上升沿前一瞬间 *D* 的状态，就可以决定触发器每一个次态 Q^{n+1}，其 *Q*

端的波形如图 6.5.2 所示。

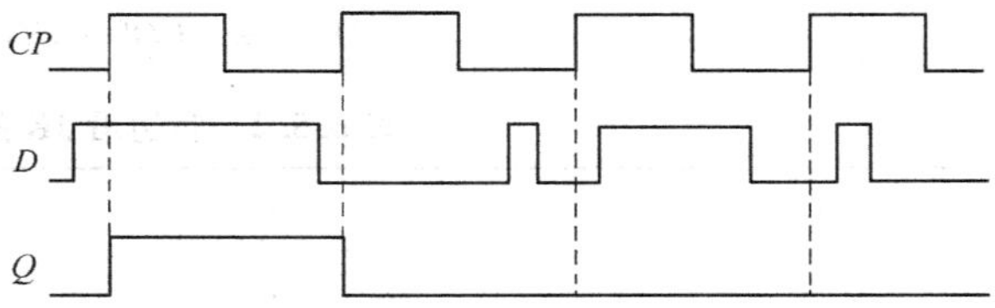

图 6.5.2 [例 6.5.1] 的波形图

6.5.2 负边沿 JK 触发器

负边沿 JK 触发器电路如图 6.5.3 所示，它由两个与或非门构成的基本 RS 触发器和由与非门 G_3、G_4 构成的输入控制电路组成。其工作原理如下：

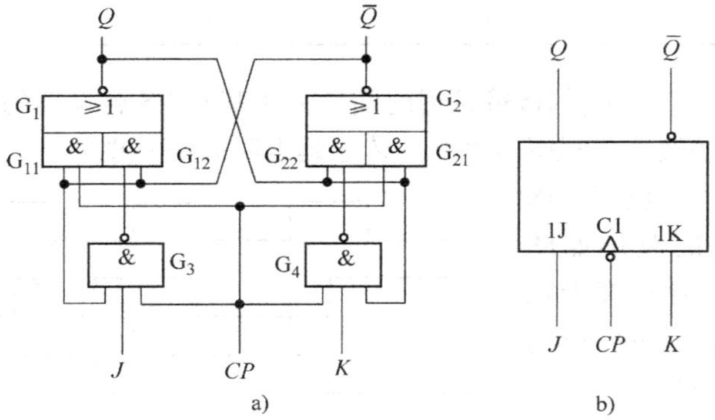

图 6.5.3 负边沿 JK 触发器

a）逻辑电路 b）逻辑符号

在 $CP=0$ 期间，与门 G_{11}、G_{21} 被封锁，输出均为 0；与非门 G_3、G_4 也被封锁，输出均为 1。此时，与或非门 G_1、G_2 相当于构成与非门的基本 RS 触发器，且输入信号全为 1，则触发器状态保持不变。

在 $CP=1$ 期间，G_{11}、G_{21} 及 G_3、G_4 被解除封锁，现用 G'_{11}、G'_{21}、G'_{12} 和 G'_{22} 分别表示 G_{11}、G_{21}、G_{12} 和 G_{22} 的输入端，此时

$G'_{11}=\overline{Q}^n$，$G'_{21}=Q^n$

$G'_{12}=\overline{J\,\overline{Q}^n}\,\overline{Q}^n=\overline{J}\,\overline{Q}^n$，$G'_{22}=\overline{KQ^n}\,Q^n=\overline{K}Q^n$

$Q^{n+1}=\overline{G'_{11}+G'_{12}}=\overline{\overline{Q}^n+\overline{J}\,\overline{Q}^n}=Q^n$，$\overline{Q}^{n+1}=\overline{G'_{21}+G'_{22}}=\overline{Q^n+\overline{K}Q^n}=\overline{Q}^n$

即触发器状态也保持不变。

在 CP 上升沿到来瞬间，由于 G_3、G_4 的传输延迟，G_{11}、G_{21} 先打开，即先有 $G'_{11}=\overline{Q}^n$，$G'_{21}=Q^n$，然后才有 $G'_{12}=\overline{J}\,\overline{Q}^n$，$G'_{22}=\overline{K}Q^n$，这时与 $CP=1$ 的情况等同，则触发器状态同样保持不变。

在 CP 下降沿（负边沿）到来瞬间，由于 G_3、G_4 的传输延迟，同样 G_{11}、G_{21} 先关闭，$G'_{11}=0$，$G'_{21}=0$；而 G_3、G_4 要滞后一个 t_{pd} 时间才关闭，在这个短暂的时间内，G_3、G_4 仍接收输入信号，此时 G_1、G_2 及 G_3、G_4 相当于组成同步 JK 触发器，即

$$Q^{n+1}=J\overline{Q}^n+\overline{K}Q^n$$

此后，G_3、G_4 被封锁，触发器状态不再改变。

综上所述，该触发器只能在 CP 下降沿瞬间接收输入信号，使触发器状态发生变化，其特性表如表 6.5.2 所示。其特性方程为

$$Q^{n+1}=(J\overline{Q^n}+\overline{K}Q^n)\cdot CP\downarrow \qquad (6.5.2)$$

表 6.5.2 负边沿 JK 触发器特性表

CP	J	K	Q^{n+1}	功能
↓	0	0	Q^n	保持
↓	0	1	0	置 0
↓	1	0	1	置 1
↓	1	1	$\overline{Q^n}$	翻转

该触发器必须满足 G_3、G_4的传输延迟时间要大于基本 RS 触发器的翻转时间，才能实现正常的功能。即这种触发器是利用门电路的传输延迟时间来实现的。

[例 6.5.2] 已知负边沿 JK 触发器的 CP、J、K 的波形如图 6.5.4 所示，图中 J 端存在窄干扰脉冲，试画出输出端 Q 的波形。设触发器的初始状态为 0。

解 根据每一个 CP 下降沿前一瞬间 J、K 的状态，就可以决定触发器每一个次态 Q^{n+1}，其 Q 端的波形如图 6.5.4 所示。

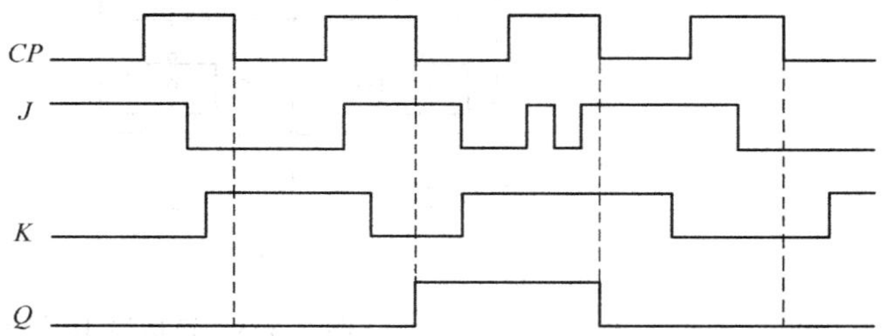

图 6.5.4 [例 6.5.2] 的波形图

6.5.3 主从 CMOS 边沿触发器

主从 CMOS 边沿触发器是目前使用较多的触发器，主要有 D 触发器和 JK 触发器，其电路采用主从结构的形式，但由于利用了传输门的特殊性能，这种主从结构触发器不存在 TTL 主从触发器的一次翻转现象。

下面介绍主从 CMOS 边沿 D 触发器，如图 6.5.5 所示。它由两级 CMOS 同步 D 触发器

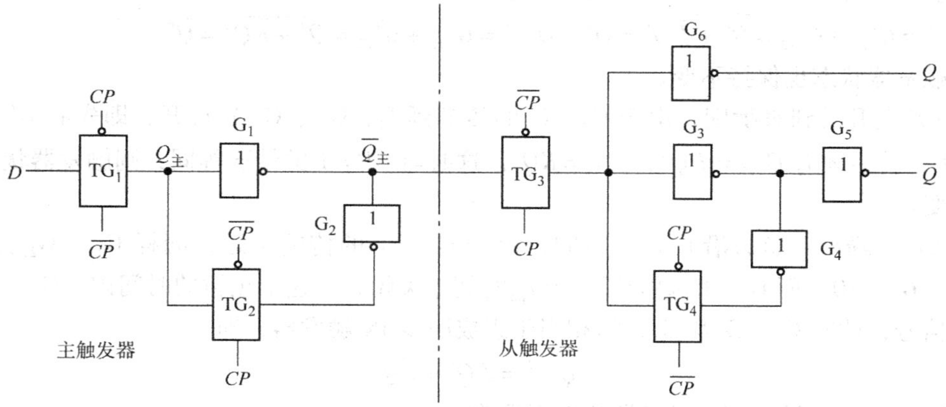

图 6.5.5 主从 CMOS 边沿 D 触发器

组成。反相器 G_1、G_2和传输门 TG_1、TG_2组成主触发器；反相器 G_3、G_4和传输门 TG_3、TG_4组成从触发器。反相器 G_5、G_6是两个缓冲门，它们既能隔离负载对触发器工作的影响，又能增强电路带负载能力。

$CP=0$ 时，$\overline{CP}=1$，TG_1、TG_4导通，TG_2、TG_3截止。主触发器接收输入信号 D，使 $Q_{主}=D$，$\overline{Q}_{主}=\overline{D}$；由于 TG_3截止，主从触发器之间被隔离，从触发器通过 TG_4闭环反馈自锁，维持原来的状态不变。

$CP=1$，$\overline{CP}=0$，TG_1、TG_4截止，TG_2、TG_3导通，输入通道被封锁，主触发器通过 TG_2保持 CP 上升沿前瞬间 D 的值，从触发器接收主触发器的信息，使 $Q^{n+1}=Q_{主}=D$。

可见，该触发器是由 CP 的上升沿触发翻转的，如果把所有传输门上的控制信号 CP 和 $\overline{CP}$对换，那么就变成下降沿触发。

6.6　触发器的脉冲工作特性

由于构成触发器的门电路存在传输延迟问题，所以为了保证触发器可靠工作，时钟脉冲和输入信号的作用时间必须满足一定的要求，这就是触发器的脉冲工作特性。脉冲工作特性取决于触发器的电路结构。下面介绍常用集成触发器的脉冲工作特性。

6.6.1　主从 JK 触发器的脉冲工作特性

根据前面分析可知，在图 6.6.1 所示的主从 JK 触发器电路中，为了避免出现一次翻转现象，JK 信号在 $CP=1$ 期间不能发生变化，即 JK 信号必须在 CP 上升沿前送入，并保持到 CP 下降沿后。

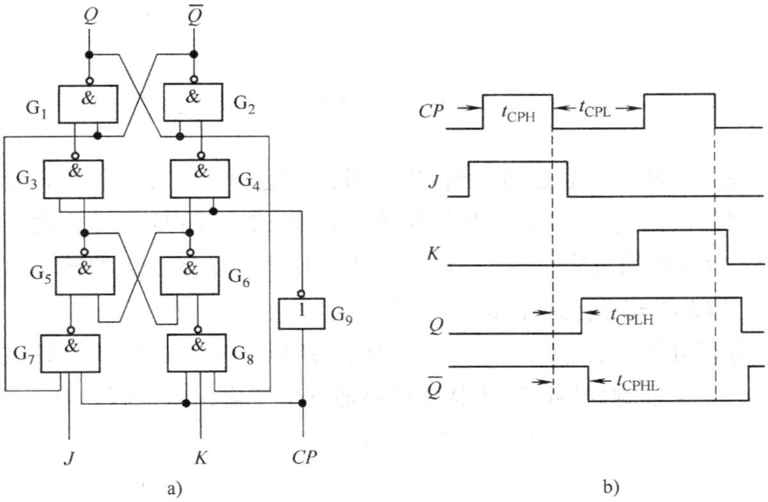

图 6.6.1　主从 JK 触发器的电路及动态波形

a）逻辑电路　b）动态波形

为了保证主触发器的状态可靠翻转，设 $CP=1$ 持续的时间为 t_{CPH}，并设所有门电路的平均传输延迟时间都为 t_{pd}，则 $t_{CPH}>3t_{pd}$。

为了保证从触发器状态可靠翻转，设 $CP=0$ 持续的时间为 t_{CPL}，并把从 CP 下降沿开始到一个输出端由 0 变为 1 所需的延迟时间用 t_{CPLH} 表示，把从 CP 下降沿开始到一个输出端由 1 变为 0 所需的延迟时间用 t_{CPHL} 表示，则 $t_{CPL}>t_{CPHL}$。

综上所述，为了保证主从触发器的输出状态可靠地发生转移，时钟信号 CP 的最高工作频率为

$$f_{CPmax}<\frac{1}{t_{CPH}+t_{CPL}} \tag{6.6.1}$$

由于主从 JK 触发器存在一次翻转现象，为了提高抗干扰能力，t_{CPH} 在满足要求的条件下要尽可能缩短。所以在实际使用时，采用窄脉冲触发。

6.6.2 维持阻塞 D 触发器的脉冲工作特性

由图 6.6.2 可知，CP 信号接到门 G_3 和 G_4，而 D 信号要经过 G_6 到达 G_4，再经 G_5 到达 G_3，所以 D 信号要先于 CP 上升沿到达，这段提前到达的时间称为建立时间 t_{set}，$t_{set}>2t_{pd}$。故 $CP=0$ 的持续时间 $t_{CPL}>t_{set}$。

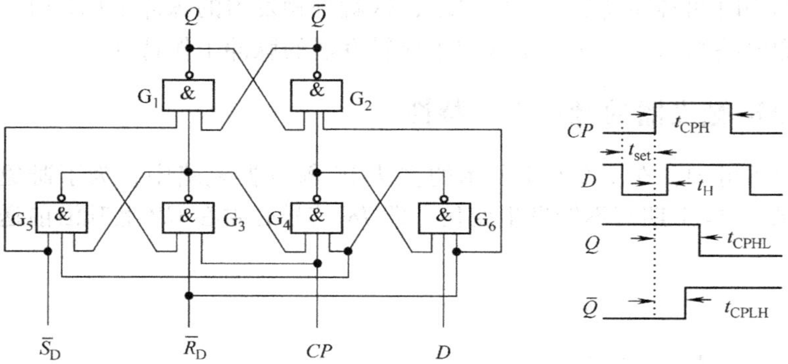

图 6.6.2 维持阻塞 D 触发器的电路及动态波形

为了保证触发器的状态可靠翻转，当 CP 上升沿到达后，信号 D 还需保持一段时间，这段时间称为保持时间 t_h。当 $D=0$ 时，D 的 0 状态必须维持到门 G_4 的输出由 1 变为 0 后将门 G_6 封锁为止，所以 $D=0$ 的保持时间 $t_h>t_{pd}$。当 $D=1$ 时，由于门 G_3 的输出由 1 变为 0 后直接将门 G_4 封锁，所以 $D=1$ 的保持时间 t_h 为零。

由图 6.6.2 分析可知，$t_{CPLH}=2t_{pd}$，$t_{CPHL}=3t_{pd}$。所以 $CP=1$ 的持续时间 $t_{CPH}>t_{CPHL}$。

综上所述，为了保证触发器的输出状态可靠地发生变化，输入信号 D 必须在 CP 上升沿前 $2t_{pd}$ 时间内到达，而且在 CP 上升沿后再保持 t_{pd} 的时间。

6.7 触发器逻辑功能的转换

在集成触发器中，使用较广泛的是 D 触发器和 JK 触发器，有时需要将一种功能的触发器转换为其他功能的触发器。不同功能触发器的相互转换模型如图 6.7.1 所示。

由图 6.7.1 可知，需要求出转换电路的输出与输入的逻辑函数式，而转换电路的输出是

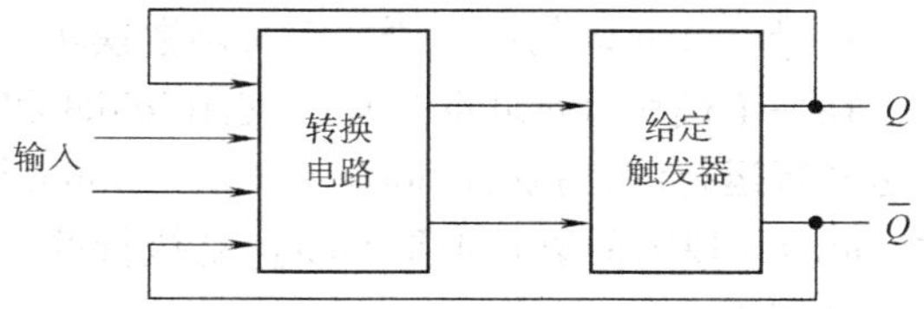

图 6.7.1 触发器功能转换模型

给定触发器的输入信号，转换电路的输入是想要实现的触发器的输入信号及触发器的状态。

1. D 触发器转换成 JK 触发器

D 触发器的输入端为 D，JK 触发器的输入端为 J 和 K，则转换电路输出端的逻辑表达式应为 $D=f\ (J,\ K,\ Q^n)$。

D 触发器的特性方程为 $Q^{n+1}=D$，JK 触发器的特性方程为 $Q^{n+1}=J\overline{Q}^n+\overline{K}Q^n$，故有

$$D=J\overline{Q}^n+\overline{K}Q^n=\overline{\overline{J\overline{Q}^n}\cdot\overline{\overline{K}Q^n}} \tag{6.7.1}$$

由式（6.7.1）可画出图 6.7.2 所示的由 D 触发器转换为 JK 触发器的逻辑电路。

2. JK 触发器转换成 D 触发器

同理，JK 触发器转换为 D 触发器功能，转换电路应满足逻辑函数 $J=f_1\ (D,\ Q^n)$，$K=f_2\ (D,\ Q^n)$。

D 触发器的特性方程可改写成

$$Q^{n+1}=D=D(\overline{Q}^n+Q^n)=D\overline{Q}^n+DQ^n \tag{6.7.2}$$

将式（6.7.2）代入到 JK 触发器的特性方程 $Q^{n+1}=J\overline{Q}^n+\overline{K}Q^n$，比较可得

$$\begin{cases}J=D\\K=\overline{D}\end{cases} \tag{6.7.3}$$

由式（6.7.3）可画出 JK 触发器转换成 D 触发器的逻辑电路，如图 6.7.3 所示。

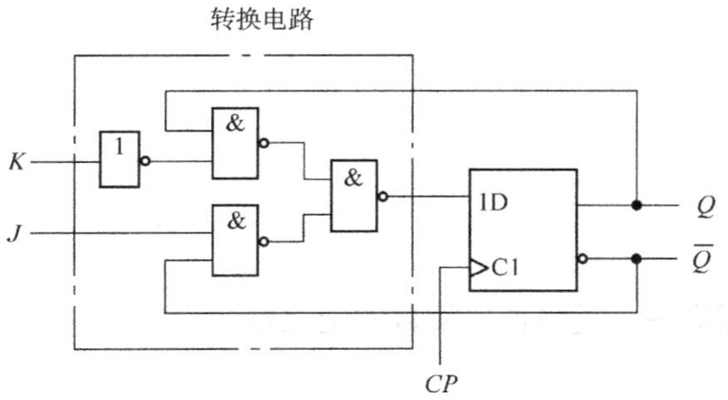

图 6.7.2 用 D 触发器实现 JK 触发器

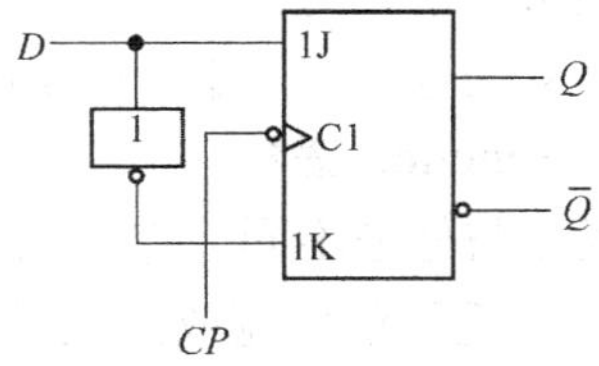

图 6.7.3 用 JK 触发器实现 D 触发器

同理，可实现其他功能之间的触发器转换，这里不再作介绍。

6.8 触发器的 Verilog HDL 实现

6.8.1 时序逻辑电路的建模方法

Verilog HDL 中设计的行为功能使用下述过程语句结构描述：

1）initial 语句：此语句只执行一次。

2）always 语句：此语句总是循环执行，或者说此语句重复执行。

3）task 语句：此语句定义任务模块。

4）function 语句：此语句定义函数模块。

在一个模块（module）中，使用 initial 和 always 语句的次数是不受限制的。4 种语句结构是并行运行的，执行时间没有先后。initial 说明语句一般用于仿真中的初始化，仅执行一次；always 块内的语句则是不断重复执行的；task 和 function 语句可以在程序模块中的一处或多处调用。

1. always 块语句

always 块语句在时序逻辑电路建模中与组合逻辑电路中的使用基本一致。时序电路的建模中，always 块语句中敏感信号表达式是采用边沿触发。Verilog HDL 提供了 posedge 和 negedge 两个关键字来描述上升沿触发和下降沿触发这两种边沿触发方式。若有两个或两个以上敏感信号时，它们之间可以用"or"连接，但只有相同触发方式的表达式可以相连。如：always@（posedge clk or in）是错误的敏感表达形式，其中 clk 是边沿触发方式而 in 是电平触发方式，两种不同的触发方式不能用"or"相连。

2. initial 语句

initial 说明语句一般用于仿真中的初始化，从仿真开始运行，仅执行一次。

3. task 语句

task 语句用于定义任务。利用任务和函数可以把一个大的程序模块分解成许多小的任务和函数，以方便调试，并且能使写出的程序清晰易懂。

任务定义和调用的格式如下：

定义：task <任务名>;
　　端口及数据类型声明语句;
　　其他语句;
　　endtask

任务调用的格式为：

　　<任务名>(端口 1,端口 2,…);

4. function 语句

函数与任务不同，它在函数结束时必须有一个返回值。函数的定义格式为：

function <返回值位宽或类型说明〉 函数名;
　　端口声明;
　　局部变量定义;
　　其他语句;
endfunction

5. 阻塞赋值与非阻塞赋值

简单的阻塞过程赋值语句有如下 3 种形式：

Lhs_expression = expression;

Lhs_expression = #delay expression;

Lhs_expression = @ event expression;

Lhs（左端）可以是一个变量名、变量的某一特定位、变量的指定几位或是对变量的并置。形式 1 中，仿真器先对右端表达式进行计算然后立即将结果赋给左端；形式 2 中，仿真器计算右端表达式后等待 delay（延迟）时间，再赋值到左端；形式 3 下，仿真器要等 event

事件发生才把右端的值赋给左端。这 3 种赋值形式都要等到赋值操作后才能执行下一条语句，前一条赋值语句阻塞了下一条语句的执行，因此这种赋值语句称为阻塞过程赋值语句。

非阻塞（unblock）过程赋值语句在句法上与阻塞（block）过程赋值语句相似，只是用“<=”代替了“=”。

```
Lhs_expression <= expression;
Lhs_expression <= #delay expression;
Lhs_expression <= @ event expression;
```

两者的差别在于非阻塞赋值语句右端表达式计算好后并不立即赋给左端，在所有非阻塞赋值语句的右端表达式计算好结果后，同时赋值给等式左边。非阻塞赋值语句对描述数据流很简便。

6.8.2 基于 Verilog HDL 的 D 触发器与 JK 触发器的设计

[**例 6.8.1**] 带异步清 0、异步置 1 的 D 触发器

```
module DFF1(q,qn,d,clk,set,reset);
input d,clk,set,reset;
output q,qn;
reg q,qn;
always @ (posedge clk or negedge set or negedge reset)
begin
if(!reset) begin
q <=0;//异步清 0,低电平有效
qn <=1;
end
else if(!set) begin
q <=1;//异步置 1,低电平有效
qn <=0;
end
else begin
q <=d;
qn <=~d;
end
end
endmodule
```

[**例 6.8.2**] 带异步清 0、异步置 1 的 JK 触发器

```
module JK_FF(CLK,J,K,Q,RS,SET);
input CLK,J,K,SET,RS;
output Q;
reg Q;
always @ (posedge CLK or negedge RS or negedge SET)
```

```
begin
if(!RS)Q <= 1'b0;
else if(!SET)Q <= 1'b1;
else case({J,K})
2'b00:Q <= Q;
2'b01:Q <= 1'b0;
2'b10:Q <= 1'b1;
2'b11:Q <= ~Q;
default:Q <= 1'bx;
endcase
end
endmodule
```

小　　结

（1）触发器各种电路结构、触发方式及功能分类如下：

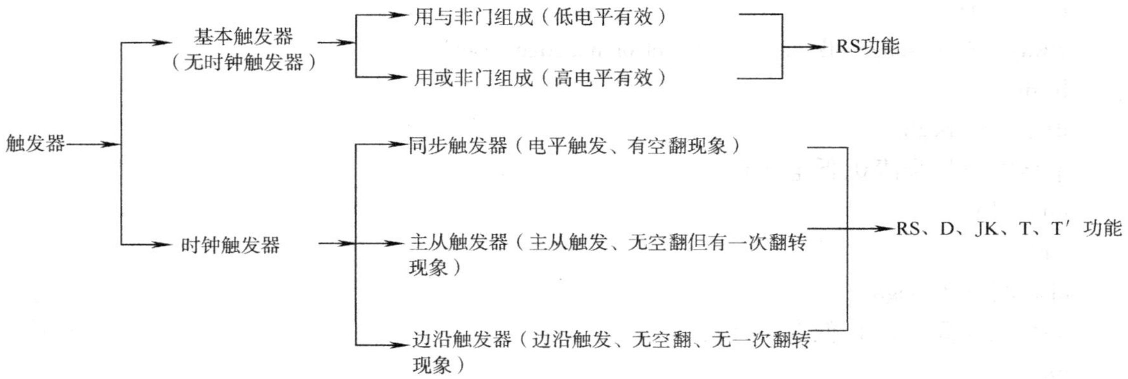

（2）基本 RS 触发器是其他触发器的基础。同步触发器是最简单的时钟触发器，因存在空翻现象，所以实际使用不多，但它是其他时钟触发器的基本组成部分。主从触发器虽然克服了空翻现象，但有一次翻转问题。边沿触发器是性能最好、抗干扰能力最强的触发器。

（3）常用的集成触发器有主从型、边沿型触发方式的 JK 触发器和 D 触发器。并且在集成触发器上设有直接复位输入端 R_D和直接置位输入端 S_D，若不需要时钟作用就可直接实现复位或置位，称为异步复位和置位；若需在 CP 作用下才能完成复位或置位，称为同步复位和置位。

（4）同种功能的触发器有不同的电路结构，即有不同的触发方式；同样的电路结构可构成各种不同功能的触发器；不同功能的触发器可以相互转换。所以，在使用时，必须注意电路的功能及触发方式，这是分析时序逻辑电路的两个重要依据。

（5）由于构成触发器的门电路存在传输延迟问题，所以在实际使用触发器时，要注意时钟脉冲输入和信号输入在作用时间上的配合。如对于边沿触发器，输入信号必须在 CP 有效作用沿前到达，这段提前的时间称建立时间；同样，输入信号在 CP 有效作用沿后还要保持一段时间，这段时间称保持时间。为了电路稳定可靠工作，在建立时间和保持时间内，输入信号必须保持不变，所以这段时间又称为非稳定时间。非稳定时间越短，触发器抗干扰能力越强。

检 测 题

一、分析图 6.2.2 所示的由两个或非门构成的基本触发器的功能，写出特性表和状态转换图。

二、试说明描述触发器逻辑功能的几种方法。

三、分别写出 RS 触发器、JK 触发器、D 触发器、T 触发器及 T′触发器的特性表和特性方程。

四、解释同步触发器的空翻现象和主从 JK 触发器的一次翻转现象。

五、解释基本 RS 触发器、同步触发器、主从触发器和边沿触发器触发的特点。

六、触发器逻辑功能与电路结构形式的关系如何？

七、逻辑电路如图 6.1 所示，指出各触发器的触发方式。

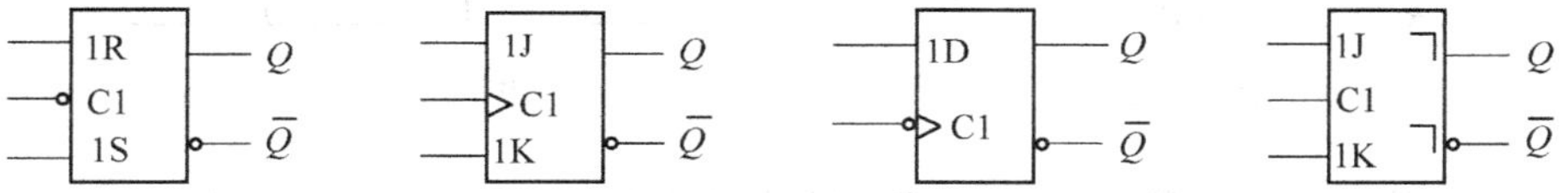

图 6.1

习 题

［题 6.1］ 基本 RS 触发器和输入 $\overline{R}$、$\overline{S}$ 的波形如图 6.2 所示，画出触发器输出端 Q 和 $\overline{Q}$ 的波形，并指出不定状态。设触发器初始状态为 0。

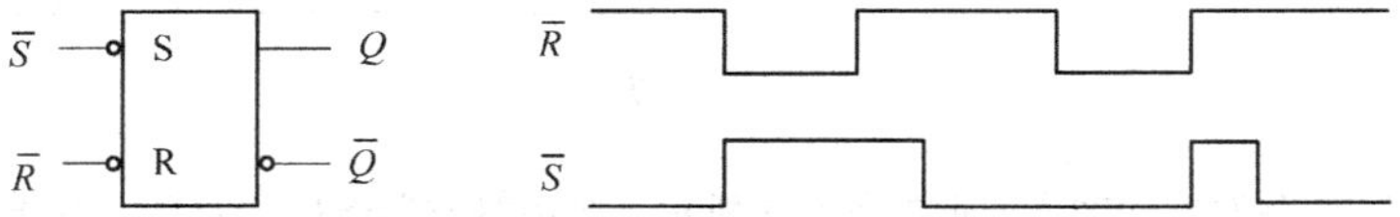

图 6.2

［题 6.2］ 基本 RS 触发器和输入 R、S 的波形如图 6.3 所示，画出触发器输出端 Q 和 $\overline{Q}$ 的波形，并指出不定状态。设触发器初始状态为 0。

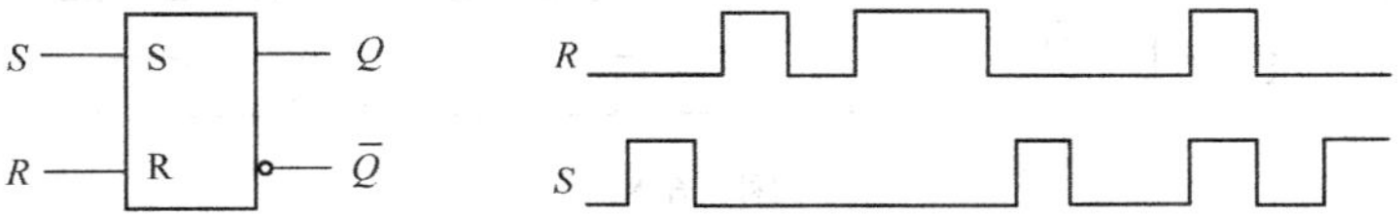

图 6.3

［题 6.3］ 同步 RS 触发器和输入 R、S 的波形如图 6.4 所示，画出触发器输出端 Q 和 $\overline{Q}$ 的波形。设触发器初始状态为 0。

［题 6.4］ 逻辑电路如图 6.5 所示，分析该触发器的功能，并写出其状态方程和状态转换图。

［题 6.5］ 已知图 6.5 所示触发器的输入 R、S、CP 的波形如图 6.6 所示，试画出触发器输出端 Q 的工作波形。设触发器初始状态为 0。

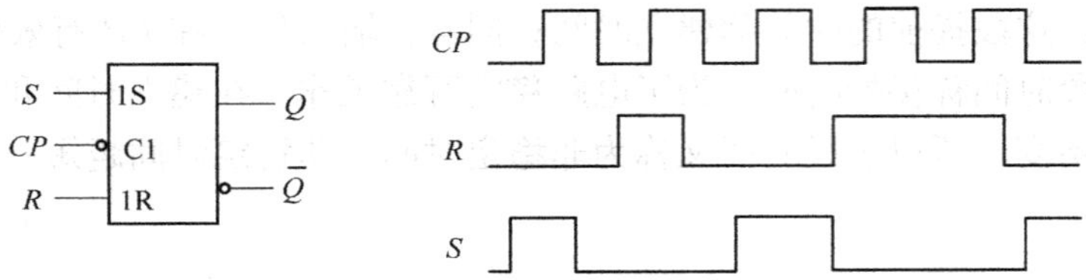

图 6.4

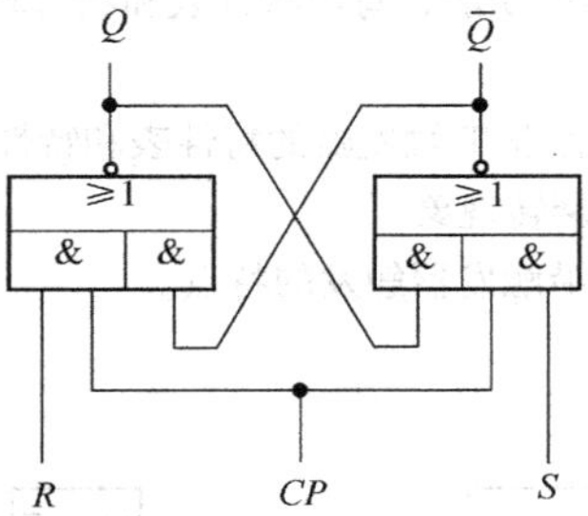

图 6.5

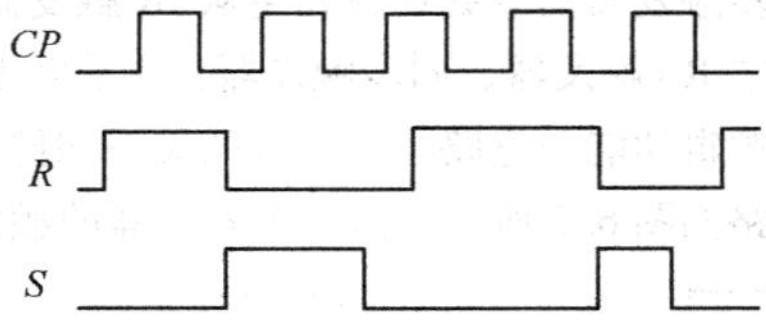

图 6.6

［题6.6］ 主从 RS 触发器和输入 R、S、CP 的波形如图 6.7 所示，请画出触发器输出端 Q 的工作波形。设触发器初始状态为 0。

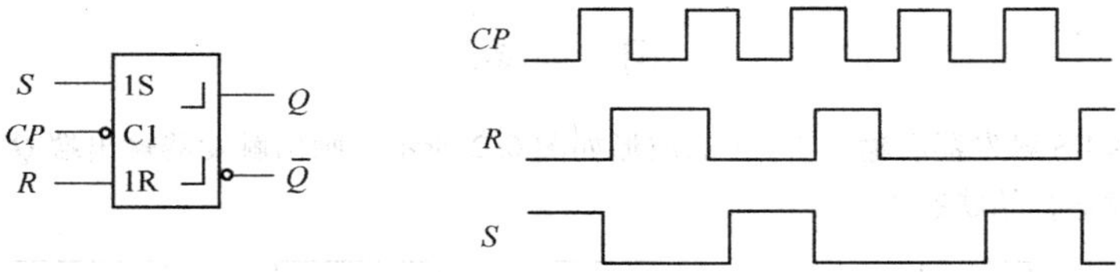

图 6.7

［题6.7］ 主从 JK 触发器和输入波形如图 6.8 所示，画出触发器输出端 Q 的工作波形。设触发器初始状态为 0。若触发器改为负边沿 JK 触发器，输出波形又如何？

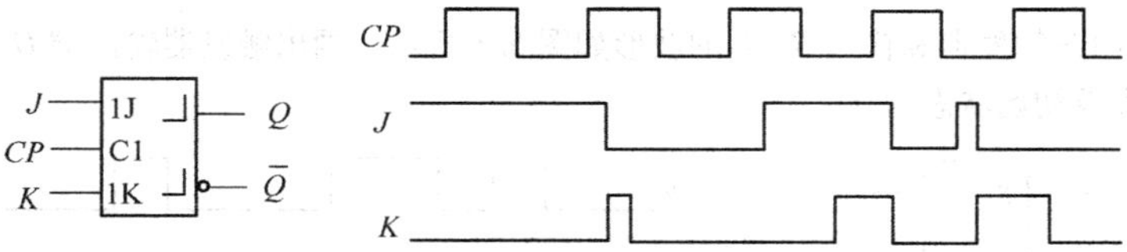

图 6.8

［题6.8］ 已知维持阻塞 D 触发器的输入端波形如图 6.9 所示，画出输出端 Q 的工作波形。设触发器初始状态为 0。

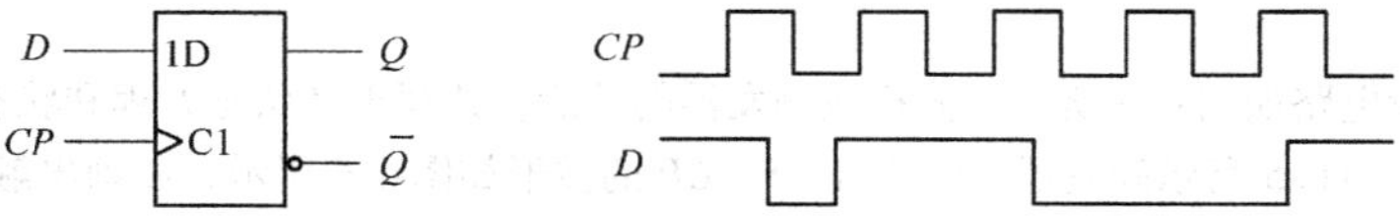

图 6.9

［题 6.9］ 已知边沿 D 触发器各输入端波形如图 6.10 所示，画出触发器输出端 Q 的波形。设触发器初始状态为 0。

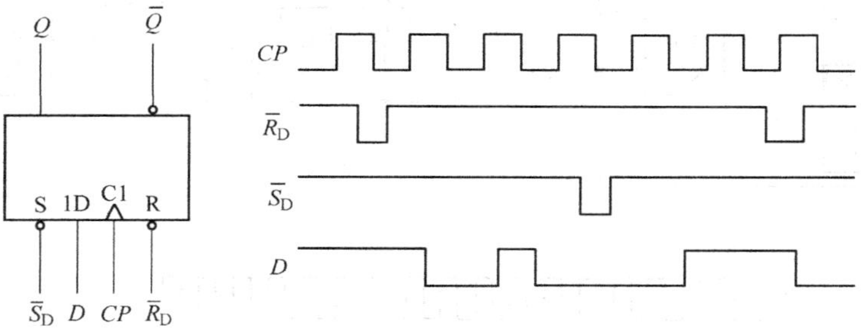

图 6.10

［题 6.10］ 已知边沿 JK 触发器各输入端波形如图 6.11 所示，试画出触发器输出端 Q 的波形。设触发器初始状态为 0。

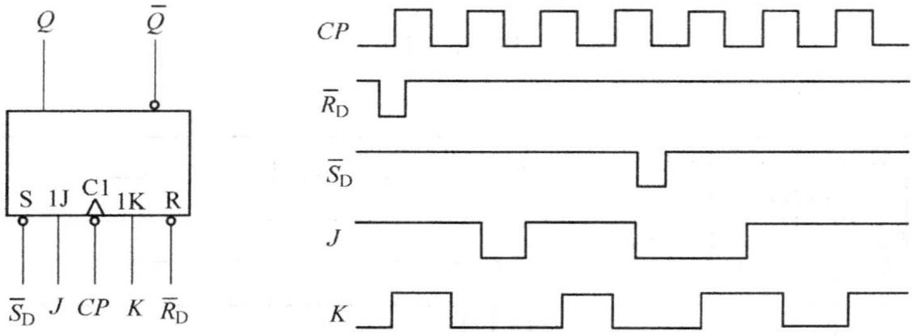

图 6.11

［题 6.11］ 逻辑电路如图 6.12 所示，设各触发器的初态为“0”，试画出在 CP 波形作用下的输出端 Q 的波形。

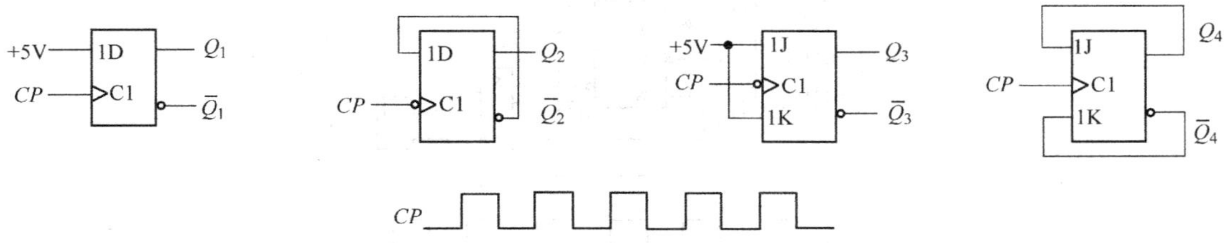

图 6.12

［题 6.12］ 请写出图 6.13a、b 中各电路的状态函数（Q_1^{n+1}、Q_2^{n+1}），并画出在图 6.13c 中给定信号作用下的 Q_1、Q_2的电压波形。

［题 6.13］ 逻辑电路及输入波形如图 6.14 所示，画出各触发器输出端 Q 的波形。

［题 6.14］ 如图 6.15 所示为两相脉冲产生电路，试画出在 CP 作用下 φ_1、φ_2的波形，并说明 φ_1、φ_2之间的相位差。设触发器初始状态为 0。

［题 6.15］ 逻辑电路如图 6.16 所示，画出在 CP 作用下，φ_0、φ_1、φ_2、φ_3的波形。

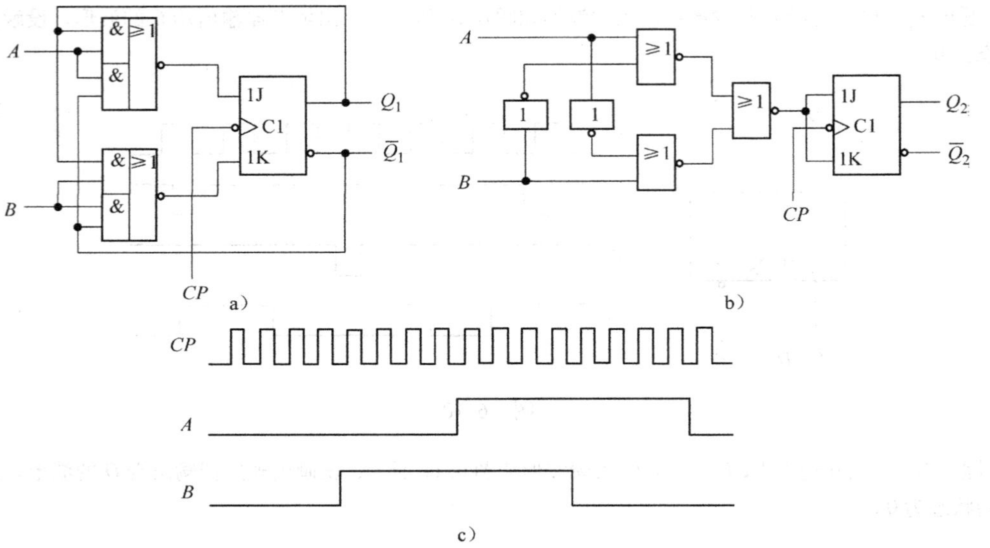

图 6.13

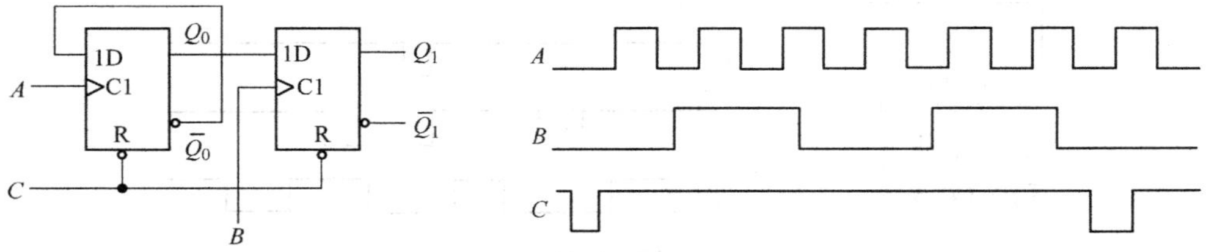

图 6.14

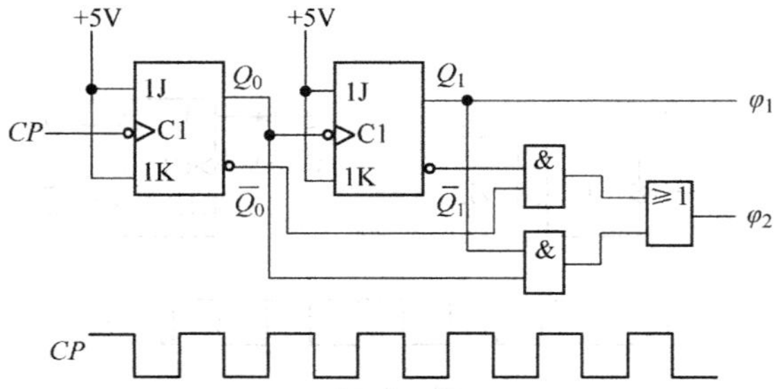

图 6.15

［题 6.16］ 如图 6.17 所示为维持阻塞 D 触发器组成的脉冲分频电路，试画出在一系列 CP 脉冲作用下触发器 Q_1、Q_2 及 Z 端的输出波形。设触发器初始状态为 0。

［题 6.17］ 试设计将 JK 触发器转换为 RS 触发器的电路。

［题 6.18］ 设计一个 4 人智力竞赛抢答器电路。要求如下：

（1）每个参赛者控制一个按钮，用按动按钮发出抢答信号；

（2）竞赛主持人有一个总控制按钮，用于将电路复位；

（3）主持人宣布开始后，最先抢答者对应的发光二极管亮，并封锁后抢答者的输入信号。

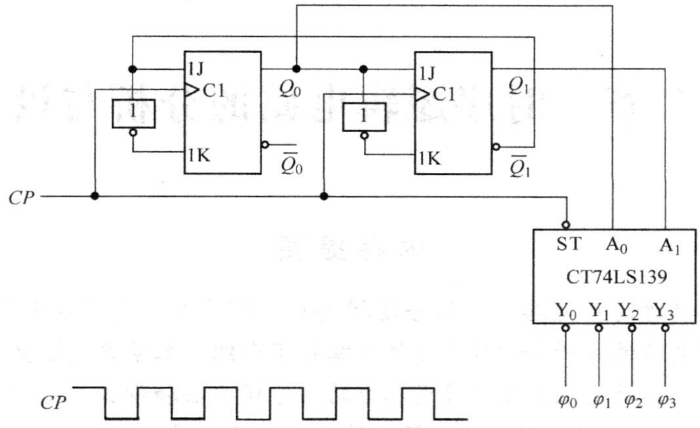
1J
C1
1K
1
Q0
Q1
CP
ST A0 A1
CT74LS139
Y0 Y1 Y2 Y3
φ0 φ1 φ2 φ3

图 6.16

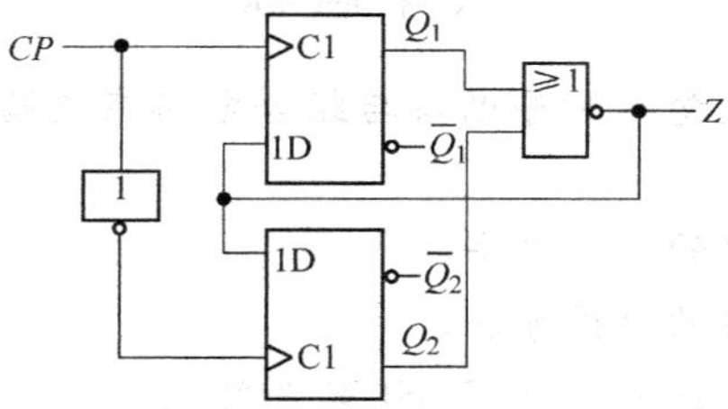
CP
C1
1D
Q1
Q2
≥1
Z
1

图 6.17

第 7 章　时序逻辑电路的分析与设计

内容提要

时序逻辑电路简称时序电路，与组合逻辑电路并驾齐驱，是数字电路两大重要分支之一。关于组合逻辑电路的分析和设计已在第 5 章作了介绍，本章首先概要介绍时序逻辑电路的基本概念及特点；然后重点介绍时序逻辑电路的分析方法和步骤。使读者对时序电路的描述方法及“时序”的含义有更深刻的理解。随后讲述了时序逻辑电路的设计方法。最后对典型的时序逻辑系统的 Verilog HDL 实现进行了具体说明。

教学目标

1. 理解时序逻辑电路的概念和时序电路与组合电路在电路结构、逻辑功能描述方法及分析设计方法等方面的区别。
2. 重点掌握同步时序电路的分析方法。
3. 了解异步时序逻辑电路的分析方法。
4. 掌握同步时序电路的设计方法（用 SSI 触发器）。
5. 掌握典型时序逻辑系统的 EDA 设计方法。

7.1　概述

时序逻辑电路简称时序电路。其特点是，电路在某一时刻的稳定输出状态不仅取决于当时的输入信号，而且还与电路的原状态有关，即与以前的输入有关，具有这种功能特点的电路叫做时序逻辑电路。

时序电路中必须含有具有记忆能力的存储器件。存储器件的种类很多，如触发器、延迟线、磁性器件等，但最常用的是触发器。

时序电路在结构上由存储电路和组合电路两部分组成，或通俗地说由触发器和门电路组成。时序电路的状态是由存储电路来记忆的，因而在时序逻辑电路中，触发器是必不可少的，而组合逻辑电路在有些时序电路中则可以没有。由触发器作存储器件的时序电路的基本结构框图如图 7.1.1 所示。

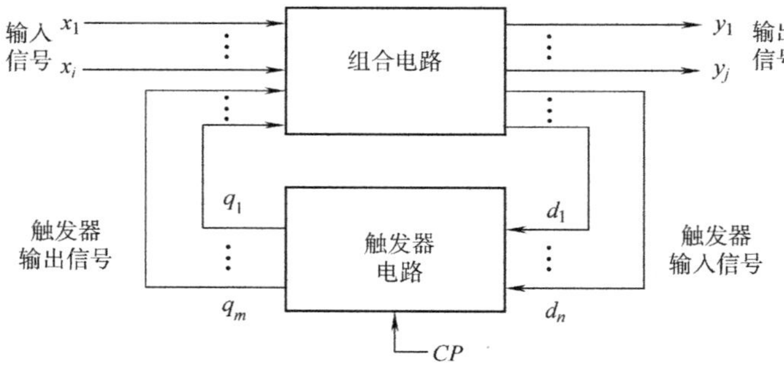

图 7.1.1　时序逻辑电路框图

图中 $X(x_1, x_2, \cdots, x_i)$ 代表输入信号，$Y(y_1, y_2, \cdots, y_j)$ 代

表输出信号，$D(d_1, d_2, \cdots, d_n)$代表存储电路的输入信号，$Q(q_1, q_2, \cdots, q_m)$代表存储电路的输出信号，CP 代表存储电路的时钟信号。这些信号之间的逻辑关系可用以下 3 个方程组来描述：

$$\begin{cases} y_1 = f_1(x_1, x_2, \cdots, x_i, q_1, q_2 \cdots q_m) \\ y_2 = f_2(x_1, x_2, \cdots, x_i, q_1, q_2 \cdots q_m) \\ \vdots \\ y_j = f_j(x_1, x_2, \cdots, x_i, q_1, q_2 \cdots q_m) \end{cases} \tag{7.1.1}$$

$$\begin{cases} d_1 = g_1(x_1, x_2, \cdots, x_i, q_1, q_2 \cdots q_m) \\ d_2 = g_2(x_1, x_2, \cdots, x_i, q_1, q_2 \cdots q_m) \\ \vdots \\ d_n = g_n(x_1, x_2, \cdots, x_i, q_1, q_2 \cdots q_m) \end{cases} \tag{7.1.2}$$

$$\begin{cases} q_1^{n+1} = h_1(d_1, d_2, \cdots, d_n, q_1, q_2 \cdots q_m) \\ q_2^{n+1} = h_2(d_1, d_2, \cdots, d_n, q_1, q_2 \cdots q_m) \\ \vdots \\ q_m^{n+1} = h_m(d_1, d_2, \cdots, d_n, q_1, q_2 \cdots q_m) \end{cases} \tag{7.1.3}$$

方程式（7.1.1）为输出方程，式（7.1.2）为触发器的驱动方程，式（7.1.3）为状态方程，q_1、q_2、…、q_m表示存储电路中每个触发器的现态，q_1^{n+1}、q_2^{n+1}、…、q_m^{n+1}表示存储电路中每个触发器的次态。

在时序电路中，根据存储电路中触发器的动作特点不同，可分为同步时序逻辑电路和异步时序逻辑电路。在同步时序电路中，所有触发器的时钟输入端 CP 都连在一起，在外加的时钟脉冲 CP 作用下，凡是具备翻转条件的触发器均在同一时刻改变状态。也就是说，触发器的状态更新与外加时钟脉冲 CP 的有效触发沿是同步的。而在异步时序逻辑电路中，外加时钟脉冲 CP 只触发部分触发器，其余触发器则是由电路内部信号触发的，因此，凡具备翻转条件的触发器状态的翻转有先有后，并不都和时钟脉冲 CP 的有效触发沿相同步。在后面章节中将分别对这两种类型的电路进行分析和设计。

此外，按输出信号特点的不同，还可以将时序逻辑电路分为米里（Mealy）型和摩尔（Moore）型两类。在米里型电路中，输出信号不仅取决于存储电路的状态，而且还取决于输入变量；在摩尔型电路中，输出信号仅仅取决于存储电路的状态。由此可见，摩尔型时序电路只不过是米里型的一种特例而已。

7.2　时序逻辑电路的分析方法

时序逻辑电路的分析，就是根据给定时序逻辑电路的结构，得出该电路在时钟信号及输入信号的作用下，存储电路状态的转换关系及电路的输出结果，从而概括出该时序电路的逻辑功能。分析时序逻辑电路一般采用存储电路的状态方程、电路的输出函数表达式、状态转换表、状态转换图及工作波形（时序图）等方法。

7.2.1 时序逻辑电路的分析步骤

时序逻辑电路的分析步骤可用如图 7.2.1 所示的框图来表示。

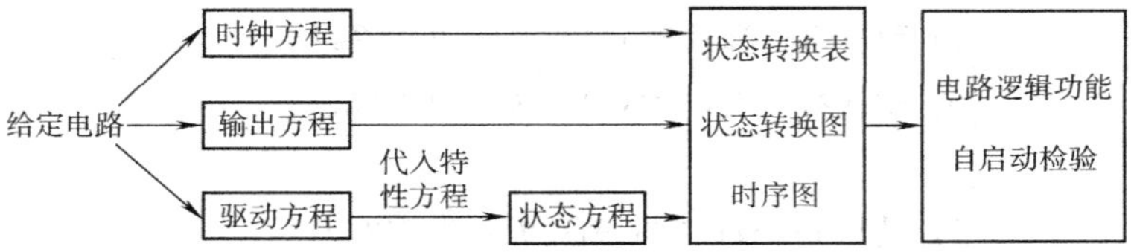

图 7.2.1 时序逻辑电路分析步骤框图

分析过程的具体步骤如下：

（1）根据给定的时序电路图，写出下列方程

1）各存储电路（如触发器）的时钟方程；

2）时序电路的输出方程；

3）各存储电路（如触发器）的驱动方程。

（2）求状态方程 将驱动方程代入相应触发器的特性方程，求得各触发器的次态方程，也就是时序逻辑电路的状态方程。

（3）求状态转换表（状态转换真值表、状态转换图或时序图） 把电路的输入和现态的各种可能取值组合代入状态方程和输出方程进行计算，求出相应的次态和输出，从而列出该时序电路的状态转换表，画出状态转换图或时序图。

（4）描述时序电路逻辑功能 根据电路的状态表或状态图说明给定时序逻辑电路的逻辑功能，并检验该时序电路能否自启动。

在上述步骤中，关键是弄清楚时序电路的状态表或状态图。有了状态表或状态图就可知道电路对任何输入序列的响应，从而得出其逻辑功能。

7.2.2 同步时序逻辑电路的分析方法

同步时序逻辑电路中所有触发器都是在同一时钟信号控制下工作，分析方法比较简单，时钟方程可省略。

下面通过举例，具体介绍同步时序逻辑电路的分析方法和步骤。

[例 7.2.1] 分析图 7.2.2 所示同步时序电路的逻辑功能。图中的触发器由 TTL 门电路组成，输入端悬空时和逻辑状态“1”等效。

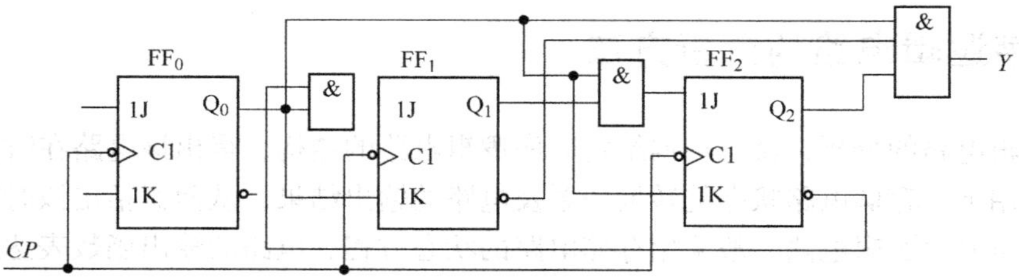

图 7.2.2 [例 7.2.1] 的逻辑电路

解 电路由3个下降沿JK触发器构成，且由同一 CP 脉冲控制，故为同步时序逻辑电路。电路中没有输入信号（注意，不要把 CP 当作输入逻辑变量，时钟信号 CP 只是控制触发器状态转换的操作信号），触发器的3个输出端分别为 Q_0、Q_1、Q_2，电路的输出端为 Y。

（1）由给定的时序电路列写方程式

1）各触发器的驱动方程

$$\begin{cases}J_0=1\\K_0=1\end{cases}\quad\begin{cases}J_1=\overline{Q}_2Q_0\\K_1=Q_0\end{cases}\quad\begin{cases}J_2=Q_1Q_0\\K_2=Q_0\end{cases}\tag{7.2.1}$$

2）输出方程

$$Y=Q_2\overline{Q}_1Q_0\tag{7.2.2}$$

（2）写出状态方程　将各驱动方程代入JK触发器的特性方程 $Q^{n+1}=J\overline{Q}+\overline{K}Q$，得各触发器的状态方程

$$\begin{cases}Q_0^{n+1}=\overline{Q}_0\\Q_1^{n+1}=\overline{Q}_2\overline{Q}_1Q_0+Q_1\overline{Q}_0\\Q_2^{n+1}=\overline{Q}_2Q_1Q_0+Q_2\overline{Q}_0\end{cases}\tag{7.2.3}$$

为了书写简化，这一章中我们将现态 Q^n 写成 Q，略去了右上角的 n。

有了驱动方程、状态方程及输出函数方程，理论上就可以描述该电路的逻辑功能，但从这3组方程中我们并不容易看出电路逻辑状态间的转换关系，也不容易总结出其逻辑功能。这主要是由于电路每一时刻的状态都和电路的历史情况有关的缘故。为了使我们能一目了然地知道在一系列时钟信号作用下电路状态转移的全过程，还要采用状态转换表（状态转换图和时序图）来描述时序电路的工作情况。由于这几种方法和方程组一样，都可以用来描述同一个时序电路的逻辑功能，所以它们之间可以相互转换。

（3）求状态转换表、状态转换图和波形图　将任何一组输入变量及电路初态的取值代入状态方程和输出方程，即可算出电路的次态和现态下的输出值，以得到的次态作为新的初态，和这时的输入变量取值一起再代入状态方程和输出方程进行计算，又得到一组新的次态和输出值，如此继续下去，把全部的计算结果列成真值表的形式，即把初态和输入信号看作真值表中的输入量，次态看作真值表的输出量，这种真值表就是时序电路的状态转换表，有的书中就直接称为真值表。

假设电路初始状态为 $Q_2Q_1Q_0=000$，作为时钟下降沿作用时的初态，代入式（7.2.2）和式（7.2.3）中，得到电路次态 $Q_2^{n+1}Q_1^{n+1}Q_0^{n+1}=001$，输出值 $Y=0$，再将得到的次态作为下一个时钟脉冲下降沿作用时的初态，再次代入式（7.2.2）和式（7.2.3）中，于是又得到一个新的次态 $Q_2^{n+1}Q_1^{n+1}Q_0^{n+1}=010$，输出值 $Y=0$。依次类推，当第5个时钟脉冲下降沿作用时，得到触发器的状态为 $Q_2Q_1Q_0=101$，再来第6个时钟脉冲的下降沿，得到次态 $Q_2^{n+1}Q_1^{n+1}Q_0^{n+1}=000$，输出值 $Y=1$，返回了最初设定的状态。即电路状态经过6个时钟脉冲周期又回到初始状态。如果再继续分析下去，就会按前面的变化顺序反复循环。这样就得到了表7.2.1的状态转换表。

在表7.2.1中，有6个状态000～101反复循环，这6个状态为该时序电路的有效状态。然而，电路中采用了3级触发器，一共应有8种状态，即除了6个有效状态外，还有两个状态（110，111）为无效态，或称作偏离状态。将无效态 $Q_2Q_1Q_0=110$ 代入式（7.2.2）和式

(7.2.3) 中进行计算，得 $Q_2^{n+1}Q_1^{n+1}Q_0^{n+1}=111$，输出值 $Y=0$，同样，将无效态 $Q_2Q_1Q_0=111$ 代入式 (7.2.2) 和式 (7.2.3) 中，得 $Q_2^{n+1}Q_1^{n+1}Q_0^{n+1}=000$，输出值 $Y=0$，将这两个计算结果补充到表中以后，才得到完整的状态转换表。

表 7.2.1 [例 7.2.1] 的状态转换表

时钟信号	现态			次态			当前输出
CP	Q_2	Q_1	Q_0	Q_2^{n+1}	Q_1^{n+1}	Q_0^{n+1}	Y
1	0	0	0	0	0	1	0
2	0	0	1	0	1	0	0
3	0	1	0	0	1	1	0
4	0	1	1	1	0	0	0
5	1	0	0	1	0	1	0
6	1	0	1	0	0	0	1
无效状态	1	1	0	1	1	1	0
	1	1	1	0	0	0	0

表 7.2.1 也可以列成表 7.2.2 的形式。这种状态表给出了在一系列时钟信号作用下电路状态转换的过程，更直观。

表 7.2.2 [例 7.2.1] 的状态转换表的另一种形式

CP 的顺序	Q_2	Q_1	Q_0	Y
0	0	0	0	0
1	0	0	1	0
2	0	1	0	0
3	0	1	1	0
4	1	0	0	0
5	1	0	1	1
6	0	0	0	0
0	1	1	0	0
1	1	1	1	0
2	0	0	0	0

由状态转移表可以画出状态转换图，如图 7.2.3 所示，状态转换图更直观地表达出时序电路的状态转换顺序。

在状态转换图中，圆圈表示电路的各个状态，箭头表示状态的转换方向，箭头旁标注状态转换前的输入变量取值 X 和输出值 Y，如无输入变量时，则不写 X，如果 “X”、“Y” 均不存在则不用标注。

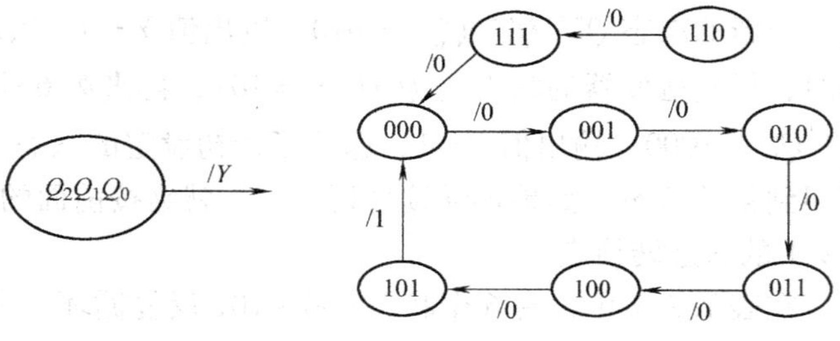

图 7.2.3 [例 7.2.1] 的状态转换图

在时钟脉冲作用下，电路状态和输出状态随时间变化的波形图称为时序图。可以由状态转换表或状态转换图画出时序图，如图 7.2.4 所示。

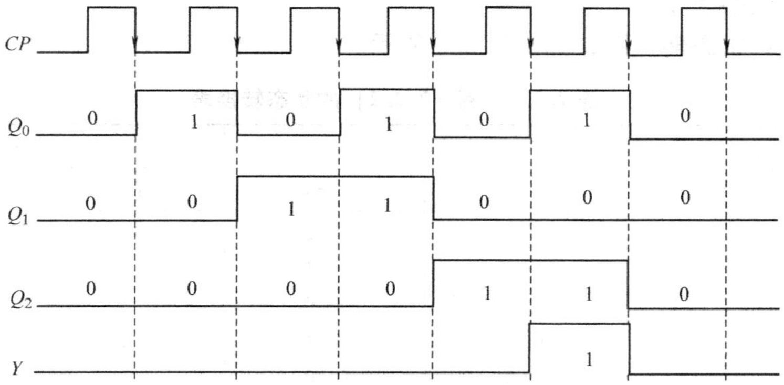

图 7.2.4　[例 7.2.1] 的时序图

（4）确定电路的逻辑功能　从状态转换表或转换图或时序图可以看出，该时序电路是实现 6 个逻辑状态的循环，具有计数功能，Y 是进位输出信号，每来 6 个计数脉冲，电路就输出 1 个高电平进位信号，所以这是 1 个六进制计数器，并且以加法形式计数。另外，无效态 110 和 111 在时钟信号作用下也能够进入到有效的计数循环中去。也就是说，若因某种原因产生干扰使电路转换到无效状态，在时钟脉冲的作用下会自动转换到有效循环状态，称为能自启动电路。否则称为不能自启动电路（不能自启动例子见本书第 8 章 8.1.4 移位寄存型环形计数器）。

综上所述：该电路的功能为能自启动的六进制加法计数器。

[例 7.2.2]　分析图 7.2.5 所示同步时序电路的逻辑功能。图中的触发器由 TTL 门电路组成。

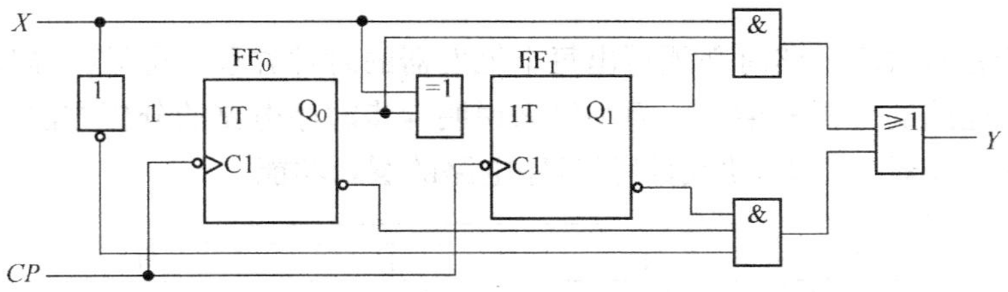

图 7.2.5　例 [7.2.2] 的逻辑电路

解　由电路可知，该电路是由两个下降沿触发的 T 触发器组成的同步时序电路，X 为电路输入信号，Y 为输出信号，触发器的两个输出端分别为 Q_0、Q_1。

（1）写方程

驱动方程为　$T_0 = 1$；$T_1 = X \oplus Q_0$　(7.2.4)

输出方程为　$Y = XQ_1Q_0 + \overline{X}\,\overline{Q}_1\overline{Q}_0$　(7.2.5)

将式（7.2.4）代入 T 触发器的特性方程，得状态方程

$$Q_0^{n+1} = \overline{Q}_0$$

$$Q_1^{n+1} = X \oplus Q_1 \oplus Q_0 \quad (7.2.6)$$

（2）状态转换表和状态转换图　设触发器初态为 $Q_1Q_0 = 00$，由式（7.2.5）和式

(7.2.6) 得电路的状态转换表如表 7.2.3 所示，它直观地显示了电路在时钟脉冲和输入信号作用下的状态转换关系。

由表 7.2.3 作状态转换图，如图 7.2.6 所示。

表 7.2.3 例 [7.2.2] 的状态转换表

CP 的顺序	Q_1Q_0		Y	
	$X=0$	$X=1$	$X=0$	$X=1$
0	0 0	0 0	1	0
1	0 1	1 1	0	1
2	1 0	1 0	0	0
3	1 1	0 1	0	0
4	0 0	0 0	1	0

由图 7.2.6 状态转换图可以看出，该电路有 4 个状态 00，01，10，11。当 $X=0$ 时，电路状态按加 1 规律从 00 到 11 递增；当 $X=1$ 时，电路状态按减 1 规律从 11 到 00 递减，所以该电路是一个可控的四进制计数器。

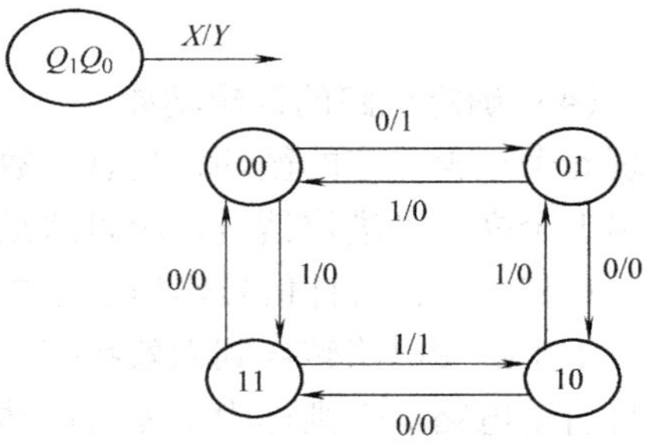

图 7.2.6 例 [7.2.2] 的状态转换图

7.2.3 异步时序逻辑电路的分析方法

与同步时序逻辑电路相比，异步时序逻辑电路没有统一的时钟信号。各个触发器的状态变化不是在统一的时钟作用下完成的，所以分析时必须注意各个触发器的时钟信号的变化情况，只有那些有时钟信号的触发器才需要用特性方程去计算次态，而没有时钟信号的触发器将保持原来的状态不变。

因此，分析异步时序电路时必须写出每个触发器的时钟方程。可见，异步时序电路的分析要比同步时序电路的分析复杂。下面举例来说明异步时序电路的分析方法。

[例 7.2.3] 分析图 7.2.7 所示异步时序电路的逻辑功能。

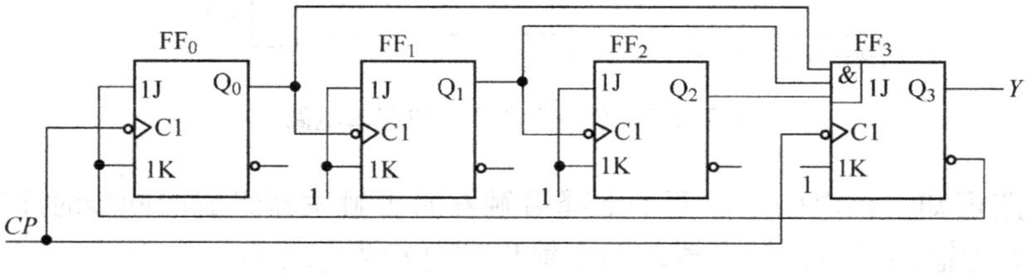

图 7.2.7 [例 7.2.3] 的电路图

解 图 7.2.7 是由 4 个下降沿触发的 JK 触发器组成的异步时序电路，CP 是输入计数脉冲，Y 为电路输出信号。

(1) 由电路图可列出方程：

$$\text{时钟方程}\begin{cases}CP_0 = CP_3 = CP \\ CP_1 = Q_0 \\ CP_2 = Q_1\end{cases} \tag{7.2.7}$$

$$\text{驱动方程}\begin{cases}J_0 = K_0 = \overline{Q}_3 \\ J_1 = K_1 = 1 \\ J_2 = K_2 = 1 \\ J_3 = Q_2 Q_1 Q_0,\ K_3 = 1\end{cases} \tag{7.2.8}$$

$$\text{输出方程}\quad Y = Q_3 \tag{7.2.9}$$

（2）由驱动方程得状态方程

$$\begin{cases}Q_0^{n+1} = [\overline{Q}_3\overline{Q}_0 + Q_3 Q_0]\cdot CP_0\downarrow \\ Q_1^{n+1} = [\overline{Q}_1]\cdot CP_1\downarrow \\ Q_2^{n+1} = [\overline{Q}_2]\cdot CP_2\downarrow \\ Q_3^{n+1} = [\overline{Q}_3 Q_2 Q_1 Q_0]\cdot CP_3\downarrow\end{cases} \tag{7.2.10}$$

式（7.2.10）中 CP_i 表示时钟脉冲信号，不是一个逻辑变量，它表明触发器状态转换的时钟条件，只有当 CP_i 端有脉冲下降沿时，其状态方程才成立；否则，触发器保持原状态不变。

（3）列状态转换表和状态转换图　由式（7.2.10）和式（7.2.9）列出状态转换表如表 7.2.4 所示。

表 7.2.4　［例 7.2.3］的状态转换表

CP 的顺序	触发器的状态				时钟信号				输出
	Q_3	Q_2	Q_1	Q_0	$CP_3\downarrow$	$CP_2\downarrow$	$CP_1\downarrow$	$CP_0\downarrow$	Y
0	0	0	0	0	0	0	0	0	0
1	0	0	0	1	1	0	0	1	0
2	0	0	1	0	1	0	1	1	0
3	0	0	1	1	1	0	0	1	0
4	0	1	0	0	1	1	1	1	0
5	0	1	0	1	1	0	0	1	0
6	0	1	1	0	1	0	1	1	0
7	0	1	1	1	1	0	0	1	0
8	1	0	0	0	1	1	1	1	1
9	0	0	0	0	1	0	0	1	0

表中 CP 为外部加入的计数脉冲，$Q_3Q_2Q_1Q_0$ 为 4 个触发器在外加计数脉冲作用下的状态，$CP_3CP_2CP_1CP_0$ 为 4 个触发器的时钟信号，用 1 表示该 CP 端有触发信号的下降沿作用，用 0 表示该 CP 端无触发信号的下降沿作用。表中第 1 行表示，在外加计数脉冲没有作用时，触发器初始状态为 $Q_3Q_2Q_1Q_0 = 0000$，并保持此状态不变，此时 4 个触发器都无有效的时钟信号。

当外加脉冲 CP 开始作用时，如表中第 2 行，此时 CP_0 和 CP_3 因直接与 CP 相连，故其触发端有下降沿作用（用 1 表示），使 $Q_0^{n+1} = \overline{Q}_3\overline{Q}_0 + Q_3Q_0 = 1$、$Q_3^{n+1} = \overline{Q}_3Q_2Q_1Q_0 = 0$；而 Q_0 端

从 0→1，则 CP_1端无下降沿作用（用 0 表示），Q_1保持原状态不变；Q_1端从 0→0，使得 CP_2端无下降沿作用（用 0 表示），故 Q_2保持原状态不变。依次类推，可得表中其他各行。

在表 7.2.4 中，可看出该时序电路有 9 个有效的循环状态。然而，本电路采用 4 个触发器，它们的状态组合有 16 种，因此还有 7 个无效状态，须求出无效状态下的输出和次态，才是完整的状态转换表，电路完整的状态转换图如图 7.2.8 所示。从状态图可以看出，当电路处于任何一种无效状态时，都会在时钟脉冲的作用下回到有效的循环状态，因此该电路能自启动。

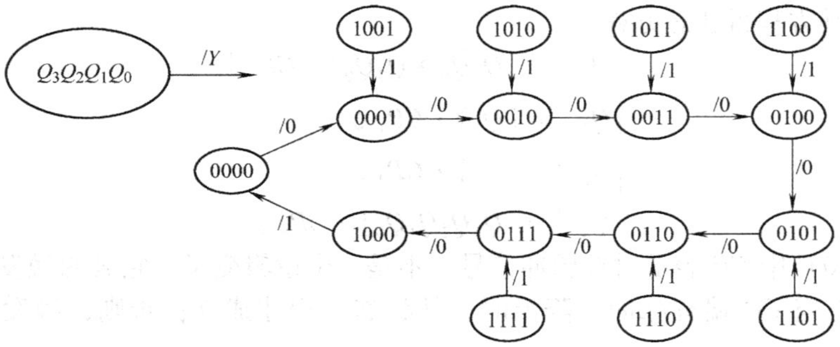

图 7.2.8 ［例 7.2.3］的状态转换图

由状态表可画出电路的时序图如图 7.2.9 所示。

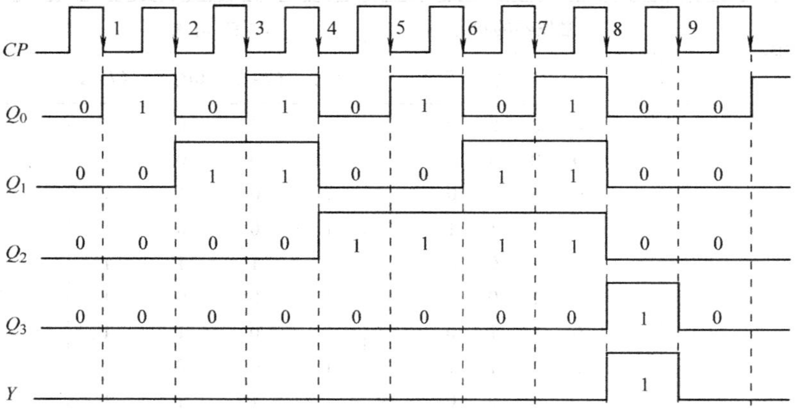

图 7.2.9 ［例 7.2.3］的时序图

（4）功能说明　从状态转换图看出，图 7.2.3 电路一共有 9 个状态 0000→1000，在时钟脉冲作用下，按照加 1 规律循环变化，所以是一个能自启动的异步九进制加法计数器，Y 是输出进位信号。由以上例子可以看出，异步时序电路的分析与同步时序电路的分析方法、步骤相似，但由于异步时序电路各级触发器的时钟信号不同，在描述各级触发器状态方程时，需说明其时钟信号，对于同步时序电路，由于时钟信号统一由外部脉冲加入，所以可以不说明。

另外，状态真值表、状态转换图和时序图这 3 种方法都可以用来描述同一时序电路的逻辑功能，并且它们之间可以相互转换，分析时序电路的步骤并不是每步都必须经过。无论采用哪种方法，只要能确定其逻辑功能就行。

7.3　时序逻辑电路的设计方法

时序逻辑电路的设计，就是根据给定的逻辑功能设计出相应的时序逻辑电路，并要求所得电路最简，设计过程是分析的反过程。电路最简的原则是选用器件最少、器件的种类最少以及器件间的连线最少。本节首先介绍时序逻辑电路的设计原则和一般步骤，然后重点介绍常用的同步时序逻辑电路的设计。

7.3.1　设计原则及步骤

时序逻辑电路的设计方法，一般可按如下步骤进行：

（1）功能描述　根据设计要求，确定输入变量、输出变量和状态数。

（2）设定电路状态　根据设计要求，设定状态，导出对应原始状态转换图或状态转换表。

（3）状态化简　原始状态图（表）通常不是最简的，需要合并一些等价状态，使电路的状态数最少，设计出来的电路最简单。

电路的两个（或两个以上）状态在相同的输入情况下有相同输出，并且转换到同一个次状态，则称他们为等价状态。等价状态是重复的，须将它们合并。

（4）状态分配（又称状态编码）　时序逻辑电路的状态是用触发器状态的不同组合来表示的。所以首先确定触发器的数目 n，因为 n 个触发器共有 2^n 个状态，若要实现 M 个状态，则应满足 $2^{n-1}<M\leqslant 2^n$。其次给电路的每一状态规定与之相对应的触发器状态组合。每组触发器的状态组合是一组二进制代码，因此这一过程也称为状态编码。其编码方案较多，如果编码方案选得好，可以使电路最简。

（5）选择触发器的类型　不同类型触发器的特性方程和激励函数不同，触发器的类型选用合适，可以简化电路结构。

（6）求驱动方程和输出方程　根据编码后的状态转换表以及所采用的触发器的逻辑功能，导出待设计电路的状态方程、驱动方程和输出方程。

（7）画逻辑电路图　根据输出方程和驱动方程画出逻辑电路图。

（8）检验电路逻辑功能和自启动性　根据设计出的逻辑电路图再反过来分析它的逻辑功能和自启动性，若不符合给定的设计要求，需重新设计。

这里还要说明两点：

1）实际设计电路时，因设计要求不同，不一定要完全按照上述步骤，可以略去或颠倒其中某些步骤。

2）异步时序逻辑电路没有统一的时钟信号，因此在设计异步时序电路时除了完成以上步骤，还要为每个触发器选定合适的时钟信号。

图 7.3.1 给出了时序逻辑电路的设计流程。

7.3.2 设计实例

1. 同步时序逻辑电路的设计方法

［例 7.3.1］ 设计一个同步五进制加法计数器，Y 为进位输出端。

解 设计步骤如下。

（1）功能描述 该设计为计数器电路，所以除了时钟信号外，没有其他的输入量，输出量为 Y，用 1 来表示有进位输出，0 表示无进位输出。

（2）设定状态，画出状态转换图 由于是五进制计数器，所以应有 5 个不同的状态，分别用 S_0、S_1、S_2、S_3、S_4 表示。在计数脉冲 CP 作用下，5 个状态循环转换，在状态为 S_4时，进位输出 $Y=1$。画出电路的原始状态转换图如图 7.3.2a 所示。

（3）状态化简 五进制计数器应有 5 个状态，没有可以合并的状态，不需化简。

（4）状态分配，列状态转换编码表 现要求 $M=5$，由式 $2^{n-1}<M\leqslant 2^n$可知，应采用 3 位二进制代码，所以用到的触发器数为 3。对于状态 S_0、S_1、S_2、S_3、S_4的编码可采用自然二进制方式，即可取 $S_0=000$、$S_1=001$、…、$S_4=100$。由此可列出电路的状态转换表如表 7.3.1 所示。状态分配后的状态图如图 7.3.2b 所示。

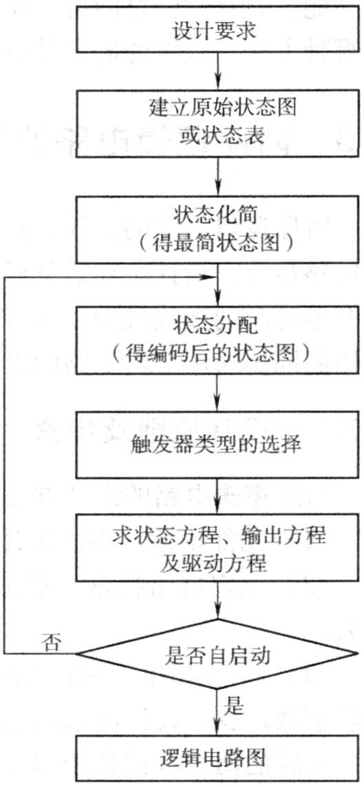

图 7.3.1 时序逻辑电路设计流程图

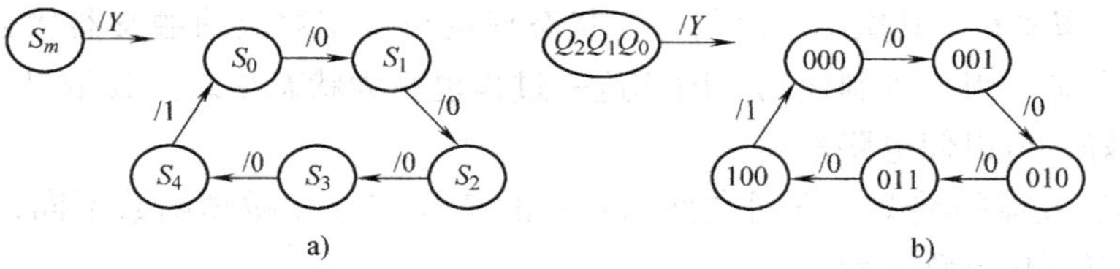

图 7.3.2 ［例 7.3.1］的状态转换图

a）原始状态图 b）状态分配后的状态图

（5）选择触发器 本例选用功能比较灵活的 JK 触发器。

（6）求各触发器的驱动方程和进位输出方程 由于电路的次态 $Q_2^{n+1}Q_1^{n+1}Q_0^{n+1}$和进位输出 Y 只与电路的现态有关，则由表 7.3.1 画出电路的次态和输出的卡诺图如图 7.3.3 所示，斜线下方是输出端 Y 的值，除了电路用到的 5 个状态，剩余 3 个状态 101、110、111 作无效态处理，用 × 表示。

将图 7.3.3 的卡诺图分解为图 7.3.4 的 4 个卡诺图，分别表示 Q_2^{n+1}，Q_1^{n+1}，Q_0^{n+1} 和 Y。

表 7.3.1　[例 7.3.1] 的状态转换表

状态转换顺序	现　态			次　态			进位输出
	Q_2	Q_1	Q_0	Q_2^{n+1}	Q_1^{n+1}	Q_0^{n+1}	Y
S_0	0	0	0	0	0	1	0
S_1	0	0	1	0	1	0	0
S_2	0	1	0	0	1	1	0
S_3	0	1	1	1	0	0	0
S_4	1	0	0	0	0	0	1

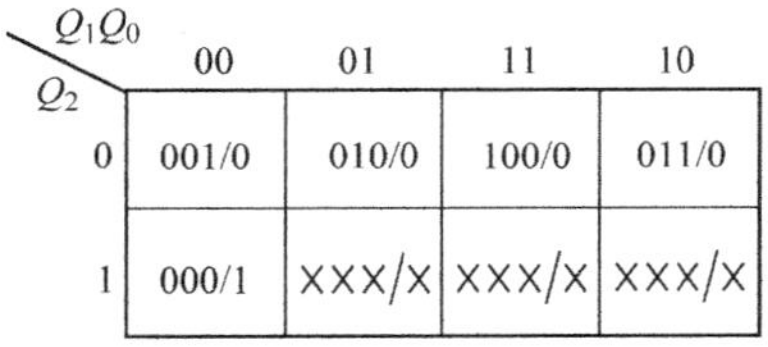

图7.3.3　[例 7.3.1] 的次态卡诺图

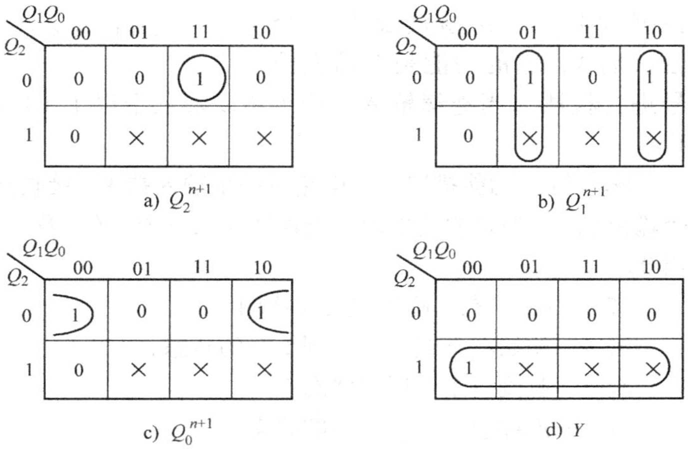

图 7.3.4　[图 7.3.3] 卡诺图的分解

从图 7.3.4 卡诺图得到电路的状态方程为

$$\begin{cases} Q_2^{n+1} = \overline{Q}_2 Q_1 Q_0 \\ Q_1^{n+1} = \overline{Q}_1 Q_0 + Q_1 \overline{Q}_0 \\ Q_0^{n+1} = \overline{Q}_2 \overline{Q}_0 \end{cases} \tag{7.3.1}$$

输出方程为

$$Y = Q_2 \tag{7.3.2}$$

将各触发器的状态方程与 JK 触发器的特征方程 $Q^{n+1} = J\overline{Q} + \overline{K}Q$ 比较。得驱动方程

$$\begin{cases} J_2 = Q_1 Q_0 & K_2 = 1 \\ J_1 = Q_0 & K_1 = Q_0 \\ J_0 = \overline{Q_2} & K_0 = 1 \end{cases} \tag{7.3.3}$$

(7) 画逻辑图　根据驱动方程和输出方程，画出五进制计数器的逻辑图如图 7.3.5 所示。

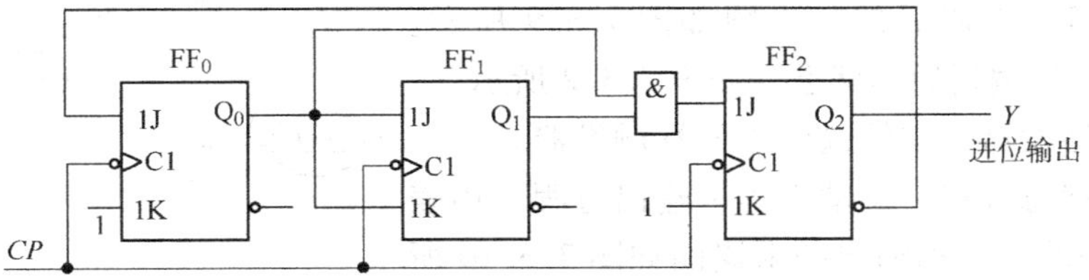

图 7.3.5　[例 7.3.1] 的逻辑电路图

（8）检查能否自启动　利用逻辑分析的方法画出电路完整的状态图如图 7.3.6 所示。可见，若电路处于无效状态 101 或 110 或 111 时，在 *CP* 脉冲作用下，分别进入有效状态 010、010、000。所以电路能够自启动。

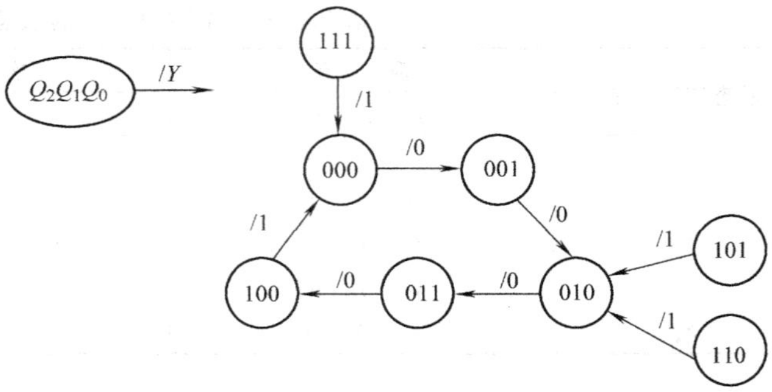

图 7.3.6 ［例 7.3.1］的完整状态转换图

［例 7.3.2］ 设计一个串行数据检测器。该检测器有一个输入端 *X*，它的功能是对输入信号进行检测。当连续输入三个 1（以及三个以上 1）时，该电路输出 $Y=1$，否则输出 $Y=0$。

解 （1）功能描述　该电路有一个输入端 *X*，接收被检测的二进制串行输入序列，有一个输出端 *Y*。根据检测要求，当连续输入三个 1（以及三个以上 1）时，*Y* 输出 1，否则 *Y* 输出 0。

（2）设定状态，画出状态转换图

S_0——初始状态或没有收到 1 时的状态；

S_1——收到一个 1 后的状态；

S_2——连续收到两个 1 后的状态；

S_3——连续收到三个 1（以及三个以上 1）后的状态。

根据题意可画出如图 7.3.7 所示的原始状态图。

（3）状态化简　状态化简就是合并等效状态。所谓等效状态就是那些在相同的输入条件下，输出相同、次态也相同的状态。观察图 7.3.7 可知，S_2 和 S_3 是等效状态，所以将 S_2 和 S_3 合并，并用 S_2 表示，图 7.3.8 是经过化简之后的状态图。

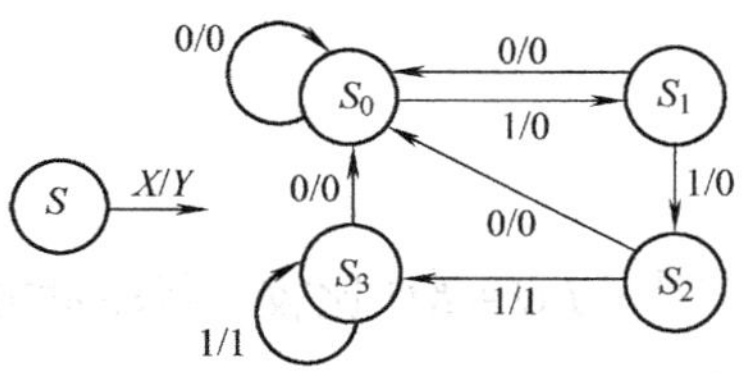

图 7.3.7 ［例 7.3.2］的原始状态图

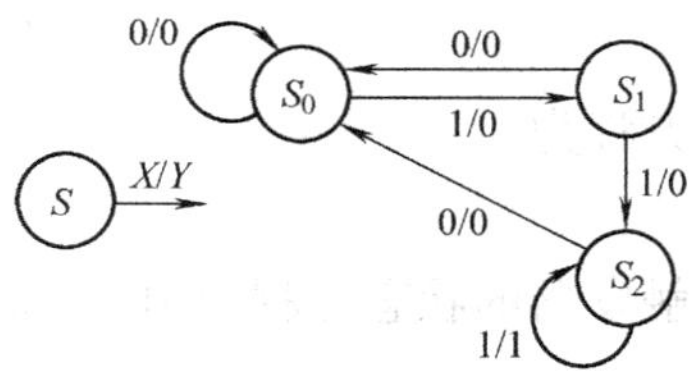

图 7.3.8 ［例 7.3.2］化简后的状态图

（4）状态分配，列状态转换编码表　现要求 $M=3$，由式 $2^{n-1}<M\leqslant 2^n$ 可知，应采用两位二进制代码，所以用到的触发器数为 2。设 $S_0=00$、$S_1=01$、$S_2=11$。编码后的状态图如图 7.3.9 所示。由图 7.3.9 可画出编码后的状态表如表 7.3.2 所示。

（5）选择触发器　本例选用两个 D 触发器。

（6）求出状态方程、驱动方程和输出方程　由表 7.3.2 画出电路的次态和输出的卡诺图如图 7.3.10 所示，斜线下方是输出端 *Y* 的值，状态 10 作无效态处

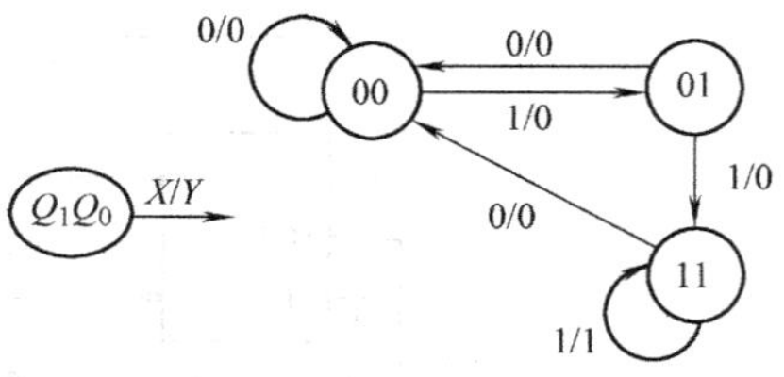

图 7.3.9 ［例 7.3.2］编码后的状态图

理，用×表示。

表 7.3.2 ［例 7.3.2］的编码状态表

现态 Q_1Q_0	次态 $Q_1^{n+1}Q_0^{n+1}$		输出 Y	
	$X=0$	$X=1$	$X=0$	$X=1$
0 0	0 0	0 1	0	0
0 1	0 0	1 1	0	0
1 1	0 0	1 1	0	1

将图 7.3.10 的卡诺图分解为图 7.3.11 的 3 个卡诺图，分别表示 Q_1^{n+1}，Q_0^{n+1} 和 Y。

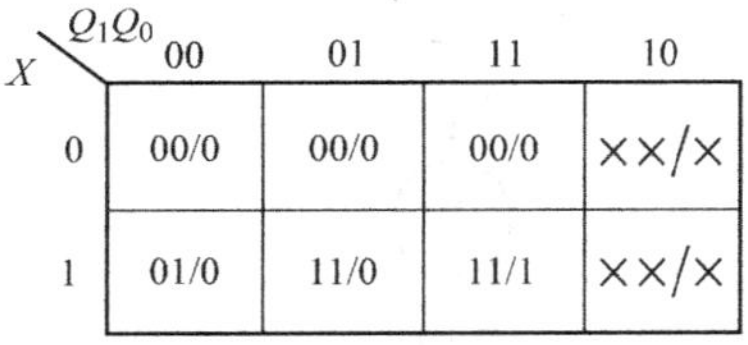

图 7.3.10 ［例 7.3.2］的次态和输出卡诺图

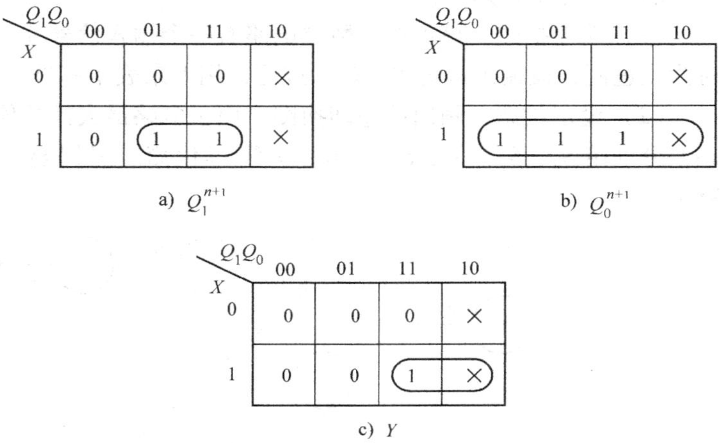

图 7.3.11 图 7.3.10 的分解卡诺图

从图 7.3.11 卡诺图得到电路的状态方程为

$$\begin{cases} Q_1^{n+1}=XQ_0 \\ Q_0^{n+1}=X \end{cases} \tag{7.3.4}$$

输出方程

$$Y=XQ_1 \tag{7.3.5}$$

将各触发器的状态方程与 D 触发器的特征方程 $Q^{n+1}=D$ 比较。得驱动方程

$$\begin{cases} D_1=XQ_0 \\ D_0=X \end{cases} \tag{7.3.6}$$

（7）画逻辑图　根据驱动方程和输出方程，得该串行数据检测器的逻辑图如图 7.3.12 所示。

（8）检查能否自启动　利用逻辑分析的方法画出电路完整的状态图如图 7.3.13 所示。可见，如果电路进入无效状态 10 时，在 CP 脉冲作用下，能进入有效状态。所以电路能够自启动。

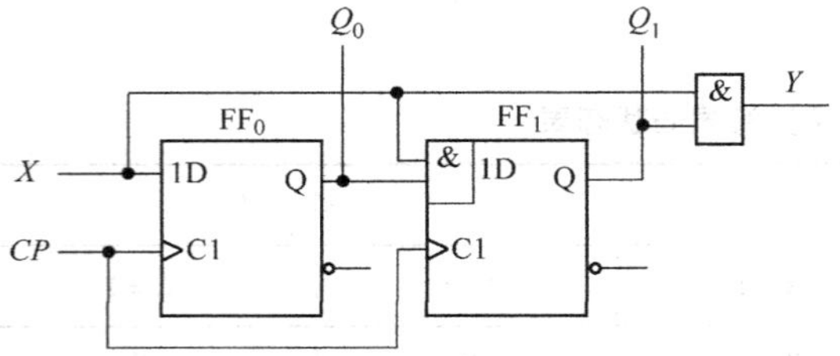

图 7.3.12 ［例 7.3.2］的逻辑图

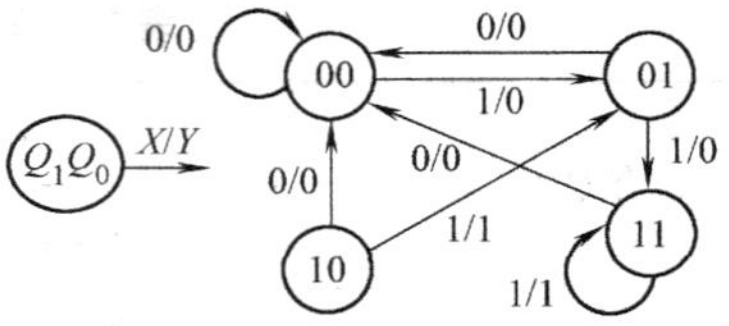

图 7.3.13 ［例 7.3.2］完整的状态图

［例 7.3.3］ 设计一个模可变的计数器，当控制信号 $A=0$ 时，实现十二进制加法计数器，当 $A=1$ 时，实现九进制加法计数器。

解 设计步骤如下：

（1）功能描述 该可控计数器电路有一个输入信号 A，当 $A=0$ 时为十二进制，当 $A=1$ 时为九进制，设输出量为 Y，表示进位，用 1 来表示有进位，0 表示没有进位。

（2）设定状态，画出状态转换图 由于电路最大计数值为 12，所以应有 12 个不同的状态，分别用 S_0、S_1、…、S_{11} 表示，无需再化简。根据要求得原始状态转换图如图 7.3.14 所示。

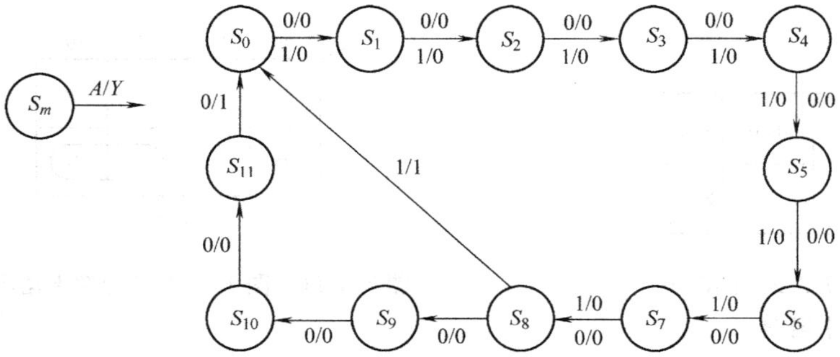

图 7.3.14 ［例 7.3.3］的原始状态转换图

（3）状态分配，列状态转移表 现最大计数为 12，所以应采用 4 位二进制代码，用到的触发器数为 4。假设 $S_0=0000$、$S_1=0001$、$S_2=0010$、$S_3=0011$、$S_4=0100$、$S_5=0101$、$S_6=0110$、$S_7=0111$、$S_8=1000$、$S_9=1001$、$S_{10}=1010$、$S_{11}=1011$，则可列出状态转移表如表 7.3.3 所示。

表 7.3.3 ［例 7.3.3］的状态转移表

状态转换顺序	现态				次态 $A=0$				次态 $A=1$				输出 Y	
	Q_3	Q_2	Q_1	Q_0	Q_3^{n+1}	Q_2^{n+1}	Q_1^{n+1}	Q_0^{n+1}	Q_3^{n+1}	Q_2^{n+1}	Q_1^{n+1}	Q_0^{n+1}	$A=0$	$A=1$
S_0	0	0	0	0	0	0	0	1	0	0	0	1	0	0
S_1	0	0	0	1	0	0	1	0	0	0	1	0	0	0
S_2	0	0	1	0	0	0	1	1	0	0	1	1	0	0
S_3	0	0	1	1	0	1	0	0	0	1	0	0	0	0

（续）

状态转换顺序	现态				次态								输出 Y	
					A=0				A=1					
	Q_3	Q_2	Q_1	Q_0	Q_3^{n+1}	Q_2^{n+1}	Q_1^{n+1}	Q_0^{n+1}	Q_3^{n+1}	Q_2^{n+1}	Q_1^{n+1}	Q_0^{n+1}	A=0	A=1
S_4	0	1	0	0	0	1	0	1	0	1	0	1	0	0
S_5	0	1	0	1	0	1	1	0	0	1	1	0	0	0
S_6	0	1	1	0	0	1	1	1	0	1	1	1	0	0
S_7	0	1	1	1	1	0	0	0	1	0	0	0	0	0
S_8	1	0	0	0	1	0	0	1	0	0	0	0	0	1
S_9	1	0	0	1	1	0	1	0	×	×	×	×	0	×
S_{10}	1	0	1	0	1	0	1	1	×	×	×	×	0	×
S_{11}	1	0	1	1	0	0	0	0	×	×	×	×	1	×

（4）选择触发器　本例选用 4 个下降沿触发的 JK 触发器。

（5）求各触发器的驱动方程和进位输出方程　由表 7.3.4 可作出次态 Q_3^{n+1}、Q_2^{n+1}、Q_1^{n+1}、Q_0^{n+1}和电路输出 Y 的卡诺图如图 7.3.15 所示。其中 $A=0$ 时，只用到 12 个状态，因此 1100、1101、1110、1111 当无关项处理，用 × 表示；$A=1$ 时，只用到 9 个状态，因此 1001、1010、1011、1100、1101、1110、1111 当无关项处理，用 × 表示。

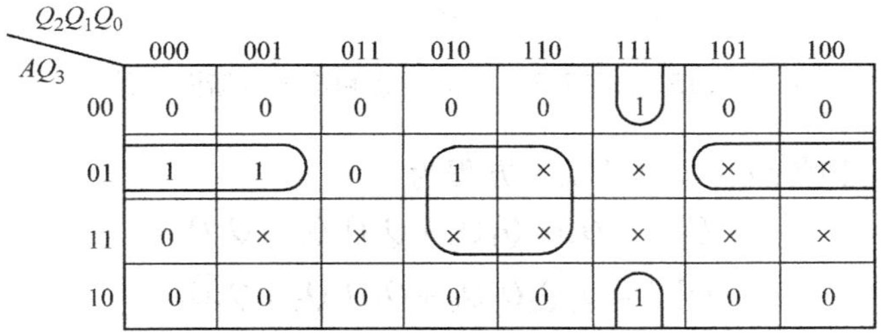

a) Q_3^{n+1}

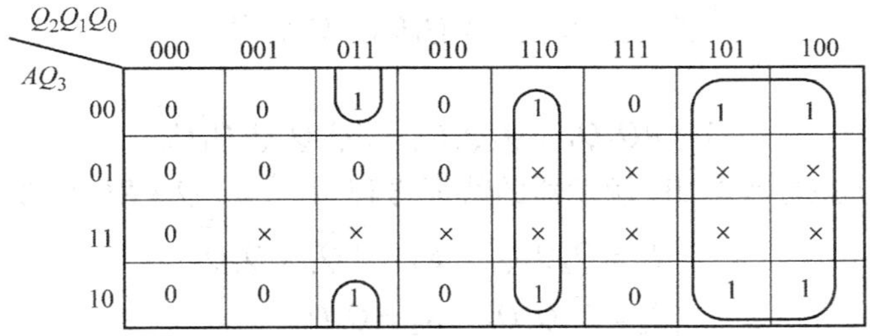

b) Q_2^{n+1}

图 7.3.15 ［例 7.3.3］的次态和输出卡诺图

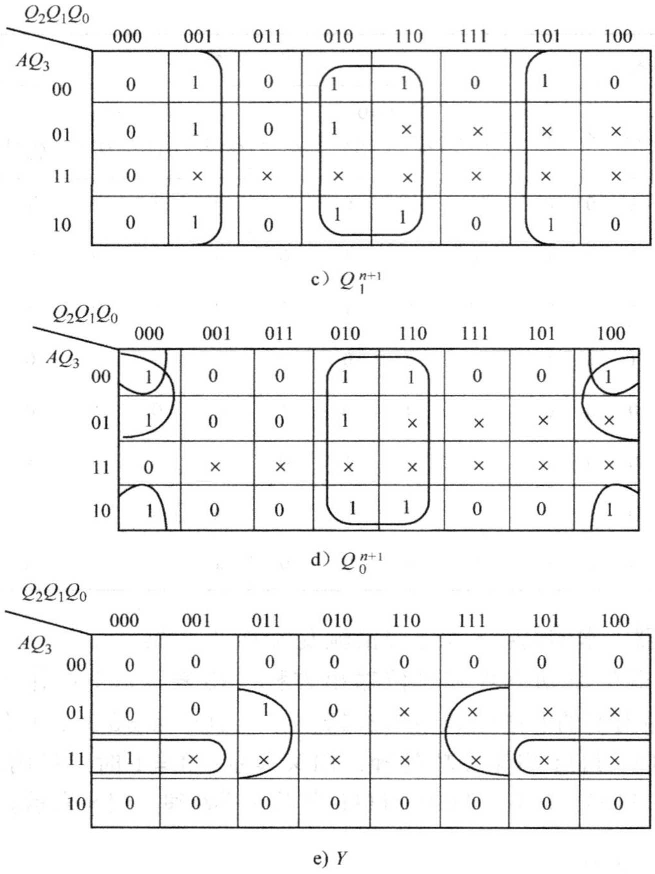

图 7.3.15 [例 7.3.3] 的次态和输出卡诺图（续）

经卡诺图化简得到各级触发器的状态方程为

$$\begin{cases} Q_3^{n+1} = \bar{Q}_3Q_2Q_1Q_0 + Q_3Q_1\bar{Q}_0 + Q_3\bar{Q}_1\bar{A} \\ Q_2^{n+1} = \bar{Q}_3\bar{Q}_2Q_1Q_0 + Q_2Q_1\bar{Q}_0 + Q_2\bar{Q}_1 \\ Q_1^{n+1} = \bar{Q}_1Q_0 + Q_1\bar{Q}_0 \\ Q_0^{n+1} = Q_1\bar{Q}_0 + \bar{A}\,\bar{Q}_1\bar{Q}_0 + \bar{Q}_3\bar{Q}_1\bar{Q}_0 \end{cases} \tag{7.3.7}$$

输出方程为

$$Y = AQ_3\bar{Q}_1 + Q_3Q_1Q_0 = \overline{\overline{AQ_3\bar{Q}_1}\;\overline{Q_3Q_1Q_0}} \tag{7.3.8}$$

将各触发器的状态方程与 JK 触发器的特征方程 $Q^{n+1} = J\bar{Q} + \bar{K}Q$ 比较。得驱动方程

$$\begin{cases} J_3 = Q_2Q_1Q_0 & K_3 = \overline{\bar{A}\,\bar{Q}_1 + Q_1\bar{Q}_0} \\ J_2 = \bar{Q}_3Q_1Q_0 & K_2 = Q_1Q_0 \\ J_1 = Q_0 & K_1 = Q_0 \\ J_0 = \overline{AQ_3\bar{Q}_1} & K_0 = 1 \end{cases} \tag{7.3.9}$$

（6）画逻辑图　根据驱动方程和输出方程，得出该可控计数器的逻辑图如图 7.3.16 所示。

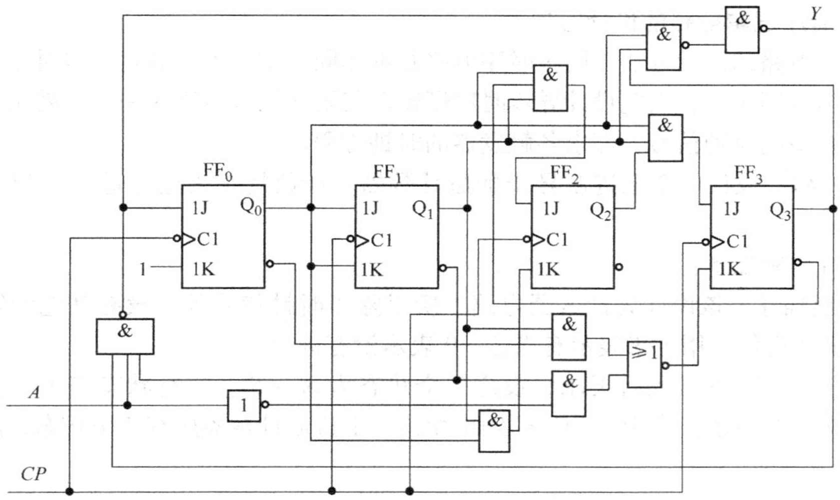

图 7.3.16　[例 7.3.3] 的逻辑图

(7) 检查能否自启动　利用逻辑分析的方法画出电路完整的状态图如图 7.3.17 所示。

由题意可知，$A=0$ 时是十二进制，有 4 个无效状态，$A=1$ 时是九进制，有 7 个无效状态，将这些无效状态代入到电路的状态方程检验，情况如表 7.3.4 所示。可见无效状态在 CP 脉冲作用下能自动进入到有效状态，所以电路能够自启动。

表 7.3.4　无效状态的检验

现态				次态								输出 Y	
				A=0				A=1				A=0	A=1
Q_3	Q_2	Q_1	Q_0	Q_3^{n+1}	Q_2^{n+1}	Q_1^{n+1}	Q_0^{n+1}	Q_3^{n+1}	Q_2^{n+1}	Q_1^{n+1}	Q_0^{n+1}		
1	0	0	1					0	0	1	0		1
1	0	1	0					1	0	1	1		0
1	0	1	1					0	0	0	0		1
1	1	0	0	1	1	0	1	0	1	0	0	0	1
1	1	0	1	1	1	1	0	0	1	1	0	0	1
1	1	1	0	1	1	1	1	1	1	1	1	0	0
1	1	1	1	0	0	0	0	0	0	0	0	1	1

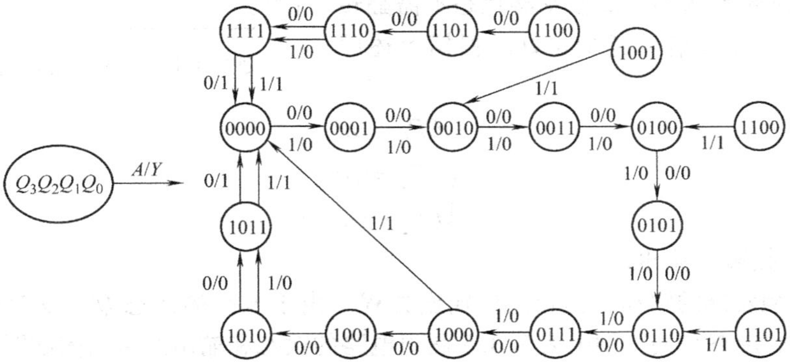

图 7.3.17　[例 7.3.3] 的状态转换图

2. 异步时序逻辑电路的设计方法

异步时序电路的设计方法与同步时序电路基本相同。唯一不同的是异步时序电路中各触发器的时钟信号不统一，因此设计异步时序逻辑电路要比同步电路多一步，就是为每个触发器选择一个合适的时钟信号，即求各触发器的时钟方程。

[例 7.3.4] 设计一个七进制异步加法计数器，计数规则为逢七进一，产生一个进位输出。

解 设计步骤如下：

(1) 功能描述 该设计为计数器电路，所以除了时钟信号外，没有其他的输入量，输出量为 Y，表示进位，用 1 来表示有进位，0 表示没有进位。

(2) 设定状态 根据设计要求，设定 7 个状态为 $S_0 \sim S_6$。进行状态编码后，列出状态转换表如表 7.3.5 所示。表中 Y 为进位输出变量。七进制计数器应有 7 个状态，所以不须状态化简。

表 7.3.5 [例 7.3.4] 的状态转换表

状态转换顺序	现态			次态			进位输出
	Q_2	Q_1	Q_0	Q_2^{n+1}	Q_1^{n+1}	Q_0^{n+1}	Y
S_0	0	0	0	0	0	1	0
S_1	0	0	1	0	1	0	0
S_2	0	1	0	0	1	1	0
S_3	0	1	1	1	0	0	0
S_4	1	0	0	1	0	1	0
S_5	1	0	1	1	1	0	0
S_6	1	1	0	0	0	0	1

(3) 选择触发器 本例选用 3 个下降沿触发的 JK 触发器。

(4) 求各触发器的时钟方程 即为各触发器选择时钟信号。为了选择方便，由状态表画出电路的时序图，如图 7.3.18 所示。为触发器选择时钟信号的原则是：①触发器状态需要翻转时，必须要有时钟信号的翻转沿送到。②触发器状态不需翻转时，“多余的”时钟信号越少越好。根据上述原则，选择

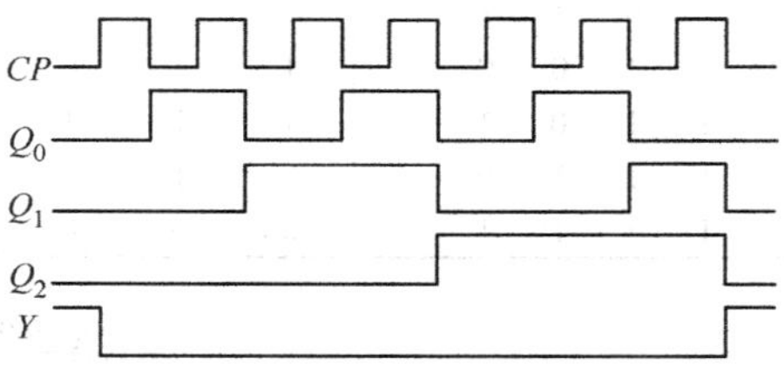

图 7.3.18 [例 7.3.4] 的时序图

$$\begin{cases} CP_0 = CP \\ CP_1 = CP \\ CP_2 = Q_1 \end{cases} \tag{7.3.10}$$

其中，CP 为计数输入脉冲。

(5) 求各触发器的驱动方程和进位输出方程 由于电路的次态 $Q_2^{n+1}Q_1^{n+1}Q_0^{n+1}$ 和进位输出 Y 只与电路的现态有关，则由表 7.3.5 画出电路的次态和输出的卡诺图如图 7.3.19 所示，斜线下方是输出端 Y 的值，无效状态 111 作无效态处理，用 × 表示。将图 7.3.19 的卡诺图

分解为图 7.3.20 的 4 个卡诺图，分别表示 Q_2^{n+1}、Q_1^{n+1}、Q_0^{n+1}和 Y 的卡诺图。在卡诺图中，把没有时钟信号的次态也作为无效态处理，这样更利于状态方程的化简。例如在图 7.3.20a 中 Q_2^{n+1}的卡诺图，当现态为 000、001、010、100、101 时，电路在向次态转换时 CP_2没有下降沿产生，因此 Q_2^{n+1}的状态方程无效，可以任意设定它的状态。

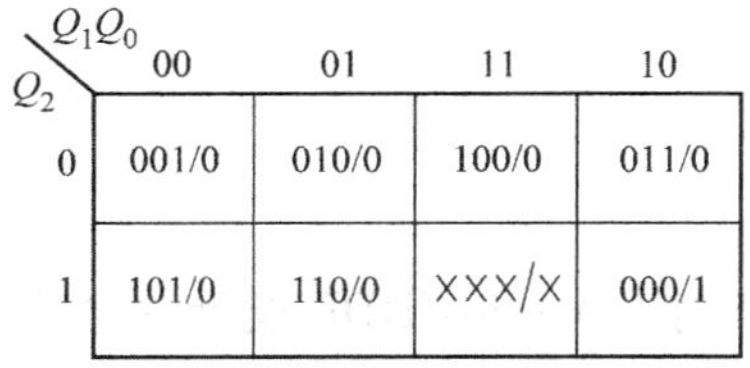

图 7.3.19 ［例 7.3.4］的次态卡诺图

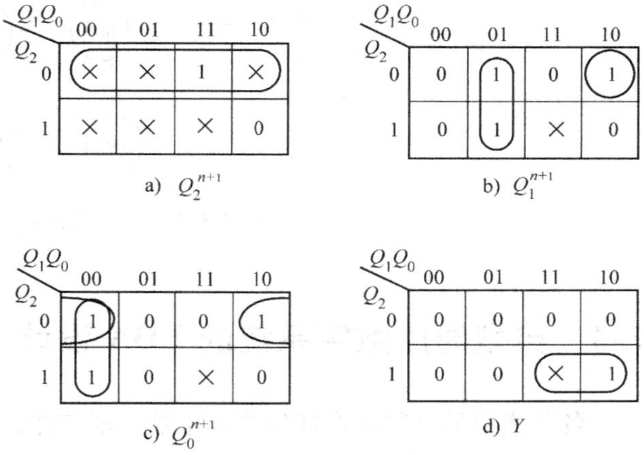

图 7.3.20　图 7.3.19 卡诺图的分解

根据图 7.3.20 卡诺图得到电路的状态方程为

$$\begin{cases} Q_2^{n+1} = \overline{Q}_2 \\ Q_1^{n+1} = \overline{Q}_1 Q_0 + \overline{Q}_2 Q_1 \overline{Q}_0 \\ Q_0^{n+1} = \overline{Q}_1 \overline{Q}_0 + \overline{Q}_2 \overline{Q}_0 \end{cases} \tag{7.3.11}$$

输出方程为

$$Y = Q_2 Q_1 \tag{7.3.12}$$

将各触发器的状态方程与 JK 触发器的特征方程 $Q^{n+1} = J\overline{Q} + \overline{K}Q$ 比较。得驱动方程

$$\begin{cases} J_2 = 1 & K_2 = 1 \\ J_1 = Q_0 & K_1 = Q_2 + Q_0 \\ J_0 = \overline{Q_2 Q_1} & K_0 = 1 \end{cases} \tag{7.3.13}$$

（6）画逻辑图　根据驱动方程、输出方程和时钟方程，画出异步七进制计数器的逻辑图如图 7.3.21 所示。

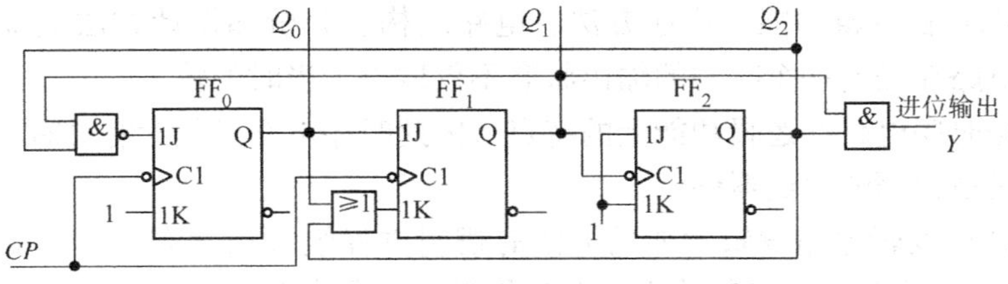

图 7.3.21 ［例 7.3.4］的逻辑图

（7）检查能否自启动　利用逻辑分析的方法画出完整的电路状态图如图 7.3.22 所示。

可见，如果电路进入无效状态 111 时，在 *CP* 脉冲作用下可进入有效状态 000，所以电路能够自启动。

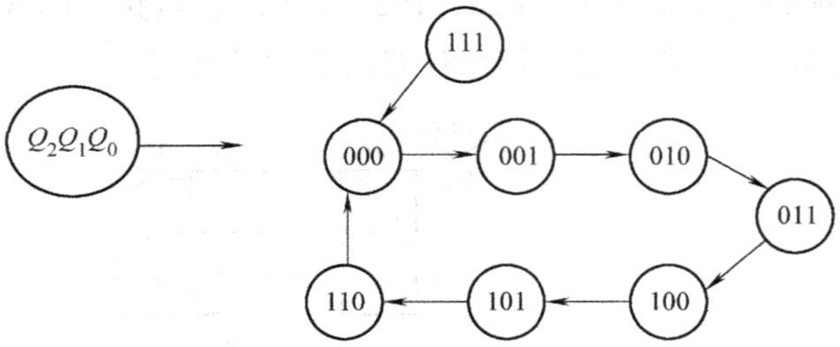

图 7.3.22 ［例 7.3.4］的完整状态图

7.4 典型时序数字系统的 EDA 设计

各种模值的分频器在通信系统中被广泛使用，下面采用了 Verilog HDL 设计一个 8 分频器，该程序对实现模值为 2^n 的分频器具有一般性。

```
module div_freq8(out,clk);
output out;
input clk;
reg[2:0]temp;//定义一个 3 位二进制计数器
reg out;
always @ (posedge clk)
begin
temp = temp + 1;//实现加法计数
out = temp[2];//将 3 位计数器的最高二进位输出实现了 8 分频器
end
endmodule
```

小　　结

（1）时序电路在逻辑功能、描述方法、电路结构、分析和设计方法上都与组合电路不同。时序逻辑电路在任何一个时刻的输出状态不仅取决于当时的输入信号，还与电路的原状态有关，这就是时序电路在逻辑功能上的特点。因此时序电路必须含有具有记忆能力的存储器件，触发器是最常用的存储器件。

（2）描述时序逻辑电路逻辑功能的方法有逻辑方程组（由状态方程、驱动方程和输出方程组成）、状态转换表、状态转换图和时序图等。他们各具特色，可以互相转换。其中逻辑方程组是与逻辑电路直接对应的一种表达方式，状态表和状态图给出了时序电路状态变化过程，能使逻辑电路的功能一目了然，波形图直观地表达了电路的逻辑功能。故这 4 种描述方法是分析和设计时序逻辑电路的最基本工具，必须深刻理解并能运用。

（3）时序逻辑电路的分析，就是根据给定时序逻辑电路的结构，得出该时序电路的逻辑功能。时序逻辑电路的一般分析步骤为：逻辑图→时钟方程（异步）、驱动方程、输出方程→状态方程→状态转换真值表→状态转换图和时序图→逻辑功能。

（4）时序电路的设计是分析的反过程，其目的是根据设计要求，设计出合理的时序电路，时序逻辑电路的设计步骤一般为：设计要求→原始状态图→最简状态图→状态分配、编码后状态图→次态卡诺图→状态方程、驱动方程、输出方程→逻辑图（并检查自启动）。

（5）时序逻辑电路的分析和设计是本章的重点，上述的分析和设计方法，对于任何给定的时序电路都是适用的，但并不是所有简单的时序逻辑电路都必须按照这些步骤一一进行，实际应用中应该深刻理解，灵活应用。

检　测　题

一、时序逻辑电路与组合逻辑电路不同，其电路由＿＿＿＿＿和＿＿＿＿＿两部分组成。

二、描述同步时序电路有三组方程，分别是＿＿＿＿＿、＿＿＿＿＿和＿＿＿＿＿。

三、在设计时序电路时，要对原始状态图进行化简，其目的是＿＿＿＿＿＿＿＿＿＿。

四、时序逻辑电路根据触发器的动作特点不同，可分为＿＿＿＿＿和＿＿＿＿＿两大类。

五、分析图 7.1 所示时序电路的逻辑功能，写出电路的驱动方程、状态方程和输出方程，画出电路的状态转换图和时序图。

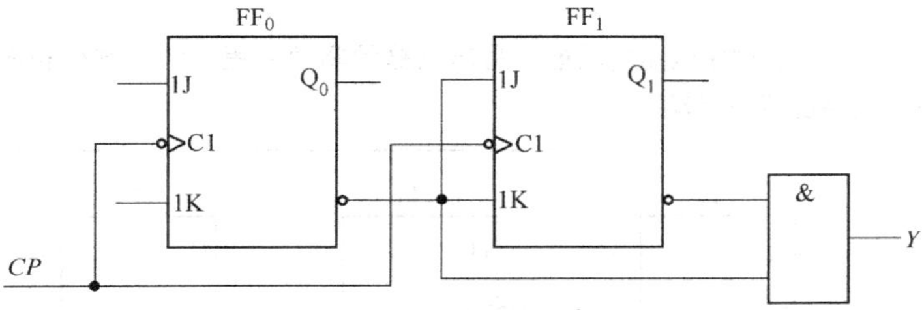

图　7.1

六、试用触发器和门电路设计一个同步五进制计数器。

习　　题

［题 7.1］　分析图 7.2 所示的时序电路的逻辑功能，写出电路驱动方程、状态转移方程和输出方程，画出状态转换图，并说明时序电路是否具有自启动性。

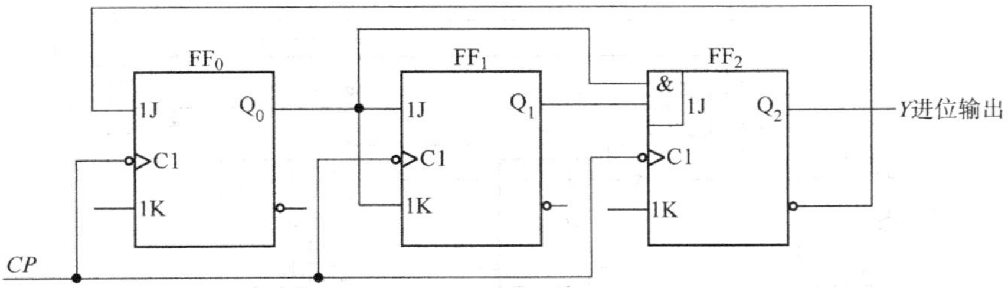

图　7.2

［题 7.2］　图 7.3 所示的时序逻辑电路。试分析电路功能，写出电路驱动方程、状态转移方程和输出方程，画出状态转换图，并说明时序电路是否具有自启动性。

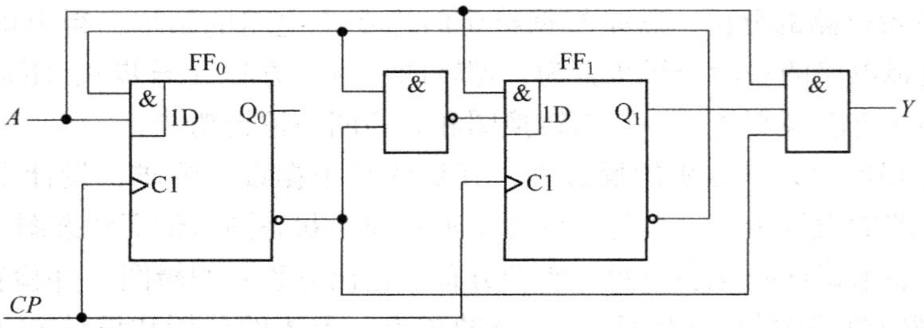

图 7.3

［题7.3］ 分析图7.4所示的时序电路的逻辑功能，写出电路的驱动方程、状态方程和输出方程，画出电路的状态转换图，并检查电路能否自启动。

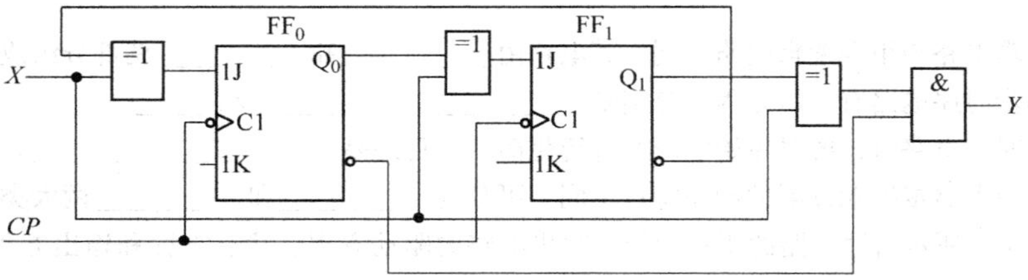

图 7.4

［题7.4］ 分析图7.5所示时序电路的功能，写出电路的驱动方程、状态方程和输出方程，画出电路的状态转换图，并检查电路能否自启动。

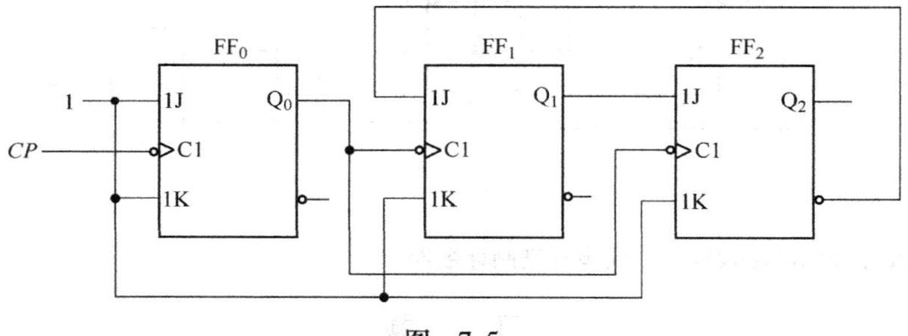

图 7.5

［题7.5］ 分析图7.6所示时序电路的功能，写出电路的驱动方程、状态方程和输出方程，画出电路的状态转换图，并检查电路能否自启动。

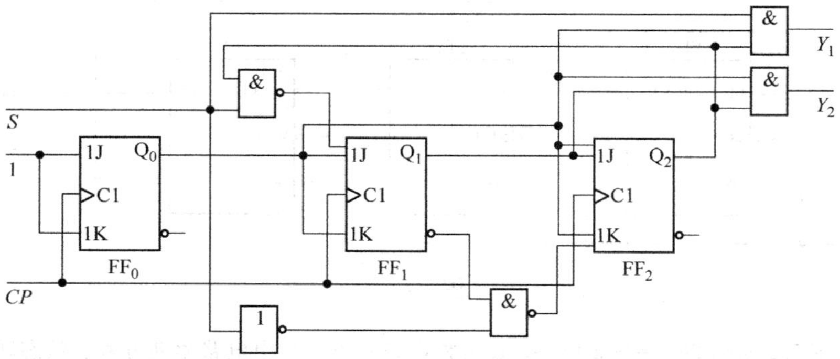

图 7.6

［题 7.6］　试用 JK 触发器和门电路设计一个同步六进制加法计数器。

［题 7.7］　用 D 触发器和门电路设计一个十一进制计数器，并检查设计的电路能否自启动。

［题 7.8］　试用 JK 触发器设计一个可控型计数器，其状态转换图如图 7.7 所示。$A=0$，实现 8421 码六进制计数；$A=1$，实现循环码六进制计数，并检验电路能否自启动。

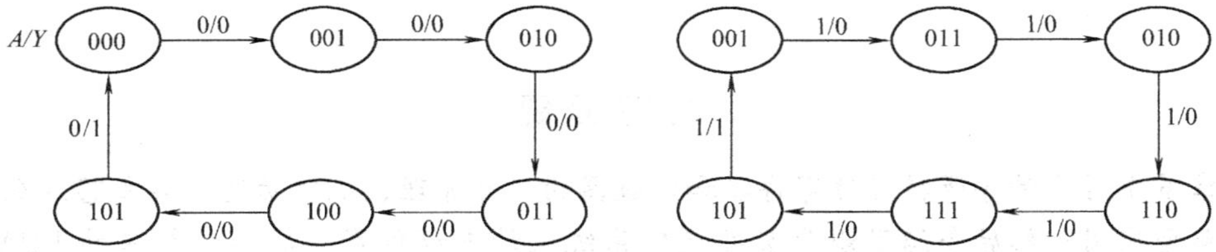

图　7.7

［题 7.9］　设计一个串行数据检测电路。当连续出现 4 个和 4 个以上的 1 时，检测输出信号为 1，其余情况下输出信号为 0。

［题 7.10］　设计一个异步七进制计数电路，试分别用上升沿 D 触发器和下降沿 JK 触发器实现此电路，并检测所设计电路的自启动情况。

［题 7.11］　试用 JK 触发器设计一个同步 24 分频电路，电路采用 6×4 两级计数器级联的形式。低位为四进制，高位为六进制。

［题 7.12］　四相八拍步进电机脉冲分配电路的状态转换图如图 7.8 所示。试用 JK 触发器和部分门电路实现之，并画出相应的逻辑电路图。

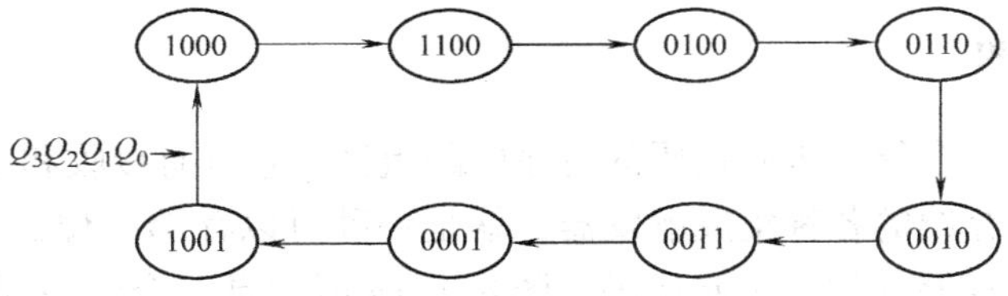

图　7.8

［题 7.13］　试设计一个公共汽车自动售票的逻辑电路。它的投币口每次只能投入一枚五角或一元的硬币，投入一元五角钱硬币后允许上车，投入两元（两枚一元）硬币后，允许上车并找回一枚五角的硬币。

［题 7.14］　用 Verilog HDL 语言实现 256 分频器。

［题 7.15］　用 Verilog HDL 语言实现 8 位三态双向驱动器。

［题 7.16］　用 Verilog HDL 语言实现 8 位串行-并行转换器。

［题 7.17］　用 FSM 设计“1011”序列检测器。

第 8 章　常用时序逻辑功能器件

内容提要

本章首先讨论时序逻辑部件寄存器和计数器的工作原理、逻辑功能、集成芯片及其使用方法和典型应用；然后介绍了现代数字逻辑系统设计中移位寄存器和计数器的 EDA 实现；最后给出了具体数字系统的 EDA 实现实例。

教学目标

1. 深刻理解时序逻辑器件移位寄存器和计数器的工作原理与逻辑功能。
2. 掌握集成移位寄存器、计数器芯片的使用方法及其在时序电路中的典型应用。
3. 了解计数器、移位寄存器的 EDA 实现方法及其典型应用的数字逻辑系统的 EDA 实现方法。

8.1　寄存器

8.1.1　数码寄存器

数码寄存器是用于存储二进制代码的时序电路组件，它具有接收和寄存二进制代码的逻辑功能。因此第 6 章介绍的各种集成触发器，就是一种可以存储一位二进制代码的寄存器，用 n 个触发器就可以存储 n 位二进制代码。图 8.1.1a 所示是一个由 D 触发器组成的 4 位集成寄存器的实例——74LS175 的逻辑电路图，其引脚图如图 8.1.1b 所示。其中，$\overline{R}_D$是异步清零控制端，$D_0 \sim D_3$是并行数据输入端，CP 为时钟脉冲端，$Q_0 \sim Q_3$是并行数据输出端，$\overline{Q}_0 \sim \overline{Q}_3$是反码数据输出端。

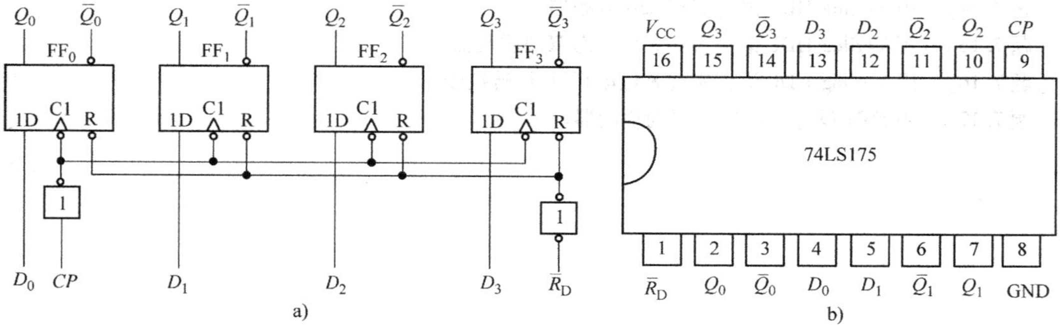

图 8.1.1　4 位集成寄存器 74LS175

a）逻辑图　b）引脚图

该数码寄存器工作过程为：将需要存储的 4 位二进制数码送到数据输入端 $D_0 \sim D_3$，在

CP 的高电平和低电平期间以及下降沿时，*Q* 端的输出状态保持不变，而在脉冲上升沿作用后，4 位数码 $D_0 \sim D_3$并行地出现在 4 个触发器 *Q* 端。74LS175 的功能表如表 8.1.1 所示。

表 8.1.1　74LS175 的功能表

清　零	时　钟	输　入	输　出	工作模式
$\overline{R}_D$	*CP*	D_0　D_1　D_2　D_3	Q_0　Q_1　Q_2　Q_3	
0	×	×　×　×　×	0　0　0　0	异步清零
1	↑	D_0　D_1　D_2　D_3	D_0　D_1　D_2　D_3	数码寄存
1	1	×　×　×　×	保持	数据保持
1	0	×　×　×　×	保持	数据保持

在上面介绍的寄存器电路中，接收数据时所有代码是同时输入的，而且所有触发器中的数据是并行地出现在输出端的，因此将这种输入、输出方式叫并行输入、并行输出方式。

8.1.2　移位寄存器

移位寄存器不仅与数码寄存器一样可以寄存二进制代码，而且在移位脉冲作用下，寄存器中的数码可根据需要向左或向右移动，分别称为左移、右移。移位寄存器是数字系统和计算机中应用很广泛的基本逻辑部件之一，可用来寄存数据代码，也可以用来实现数据的串行—并行转换及数值的运算。

1. 4 位右移寄存器

图 8.1.2 所示的电路为由上升沿触发的 D 触发器组成的 4 位右移寄存器。其中左边第一个触发器 FF_0的输入端接收串行输入信号，其他的每个 D 触发器的输出端与另一个触发器的输入端相连，最右端的 D 触发器的输出为该移位寄存器的串行输出，$\overline{R}_D$是异步清零控制端。

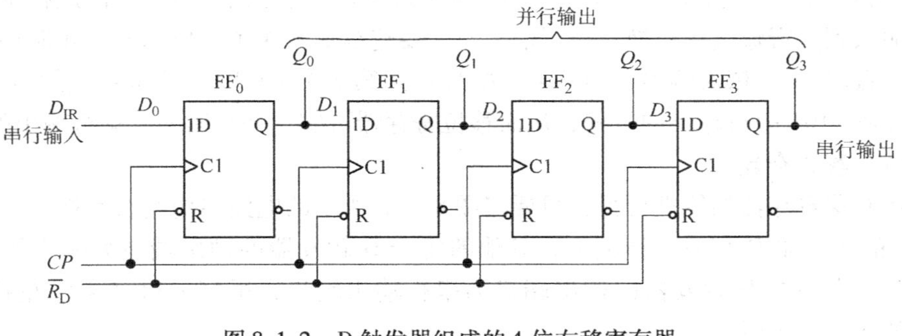

图 8.1.2　D 触发器组成的 4 位右移寄存器

该右移寄存器的工作过程如下：当 *CP* 的上升沿同时作用于 4 个 D 触发器时，由于工作时钟上升沿到达 D 触发器到 D 触发器输出端新状态的建立需要一段传输延迟时间，每个触发器输入端的状态还没有改变，所以当 *CP* 上升沿作用后，FF_3的状态会按 Q_2的原有状态翻转，FF_2的状态会按 Q_1的原有状态翻转，FF_1的状态会按 Q_0的原有状态翻转，同时 FF_0的状态也会随着串行输入端 D_{IR}的数据翻转，一位数码就存入了寄存器中。所以随着 *CP* 时钟上升沿作用后，移位寄存器中原来的 4 位代码依次向右移位一次。

设移位寄存器的初始状态为 0000，串行输入数码 $D_{IR} = 1101$，从高位到低位依次输入。在 4 个移位脉冲作用后，输入的 4 位串行数码 1101 全部存入了寄存器中。移位寄存器里数码的移动情况如表 8.1.2 所示，各触发器输出端在移位过程中的时序图如图 8.1.3 所示。

表 8.1.2 4 位右移寄存器的状态表

移位脉冲	异步清零	输入数码	输出			
CP	$\overline{R}_D$	D_{IR}	Q_0	Q_1	Q_2	Q_3
×	0	×	0	0	0	0
0	1	×	0	0	0	0
1	1	1	1	0	0	0
2	1	1	1	1	0	0
3	1	0	0	1	1	0
4	1	1	1	0	1	1

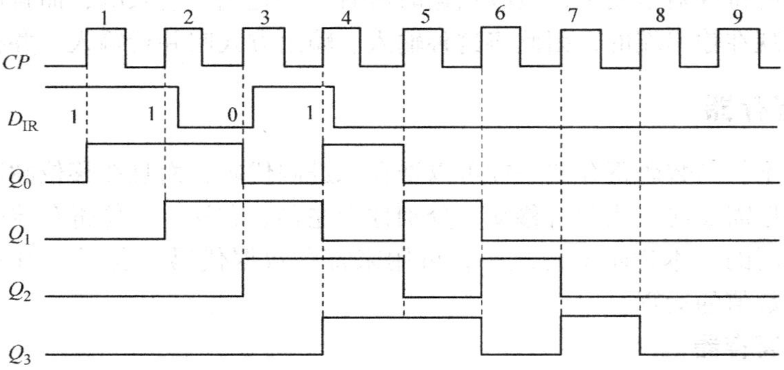

图 8.1.3 4 位右移寄存器的时序图

移位寄存器中的数码可由 Q_3、Q_2、Q_1和 Q_0并行输出，也可从 Q_3串行输出。图 8.1.3 中第 4 个 CP 脉冲及所对应的波形，就是将 4 位数码 1101 并行输出的过程，因此移位寄存器可实现串行输入到并行输出的转换。串行输出时，要连续输入 4 个移位脉冲，才能将寄存器中存放的 4 位数码 1101 依次输出。图 8.1.3 中第 4 到第 7 个 CP 脉冲及所对应的 Q_3波形，就是将 4 位数码 1101 串行输出的过程，从而移位寄存器可实现并行输入到串行输出的转换。

2. 4 位左移寄存器

由上述右移寄存器的原理可得，只要将图 8.1.2 所示的电路结构左右互换，最右边的 D 触发器 FF_3的输入端 D_3接收串行输入，其他的每个 D 触发器的输出端与另一个触发器的输入端相连，最左边的 D 触发器的输出端口为串行输出端口，很容易得到 4 位左移寄存器，电路结构如图 8.1.4 所示。

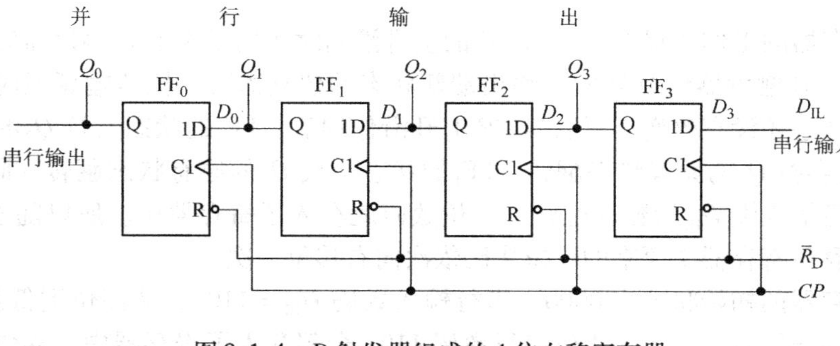

图 8.1.4 D 触发器组成的 4 位左移寄存器

该电路实现的逻辑功能为 4 位左移寄存器，设移位寄存器的初始状态为 0000，串行输入数码 $D_{IL}=1101$，从高位到低位依次输入。在 4 个移位脉冲作用后，输入的 4 位串行数码 1101 全部存入了寄存器中。电路的状态如表 8.1.3 所示。

表 8.1.3　4 位左移寄存器的状态表

移位脉冲	输入数码	输出
CP	D_{IL}	Q_0　Q_1　Q_2　Q_3
0	×	0　0　0　0
1	1	0　0　0　1
2	1	0　0　1　1
3	0	0　1　1　0
4	1	1　1　0　1

3. 双向移位寄存器

将图 8.1.2 所示的右移寄存器和图 8.1.4 所示的左移寄存器组合起来，并引入一控制端 S 便构成既可左移又可右移的双向移位寄存器，如图 8.1.5 所示。

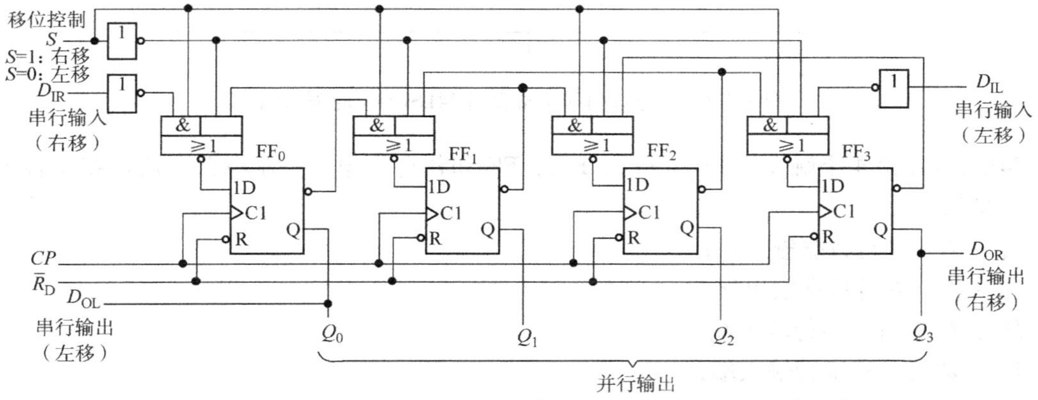

图 8.1.5　D 触发器组成的 4 位双向移位寄存器

由图可知该电路的驱动方程为

$$\begin{cases} D_0 = \overline{\overline{S\overline{D}_{IR}} + \overline{\overline{S}\,\overline{Q}_1}} \\ D_1 = \overline{\overline{S\overline{Q}_0} + \overline{\overline{S}\,\overline{Q}_2}} \\ D_2 = \overline{\overline{S\overline{Q}_1} + \overline{\overline{S}\,\overline{Q}_3}} \\ D_3 = \overline{\overline{S\overline{Q}_2} + \overline{\overline{S}\,\overline{D}_{IL}}} \end{cases} \tag{8.1.1}$$

式中，D_{IR}为右移串行输入端；D_{IL}为左移串行输入端。

当 $S=1$ 时，$D_0=D_{IR}$、$D_1=Q_0$、$D_2=Q_1$、$D_3=Q_2$，在 CP 脉冲作用下，实现右移操作；当 $S=0$ 时，$D_0=Q_1$、$D_1=Q_2$、$D_2=Q_3$、$D_3=D_{IL}$，在 CP 脉冲作用下，实现左移操作。

8.1.3　74LS194A 集成移位寄存器

为便于扩展逻辑功能和增加使用的灵活性，在定型生产的移位寄存器集成电路上除了左右移控制外，有的还附加了数据并行输入、保持、异步清零（复位）等功能。

图 8.1.6 中的 74LS194A 是由 4 个触发器组成的功能很强的 4 位集成移位寄存器，它同时具有左移、右移、保持和并行输入数据 4 种功能。

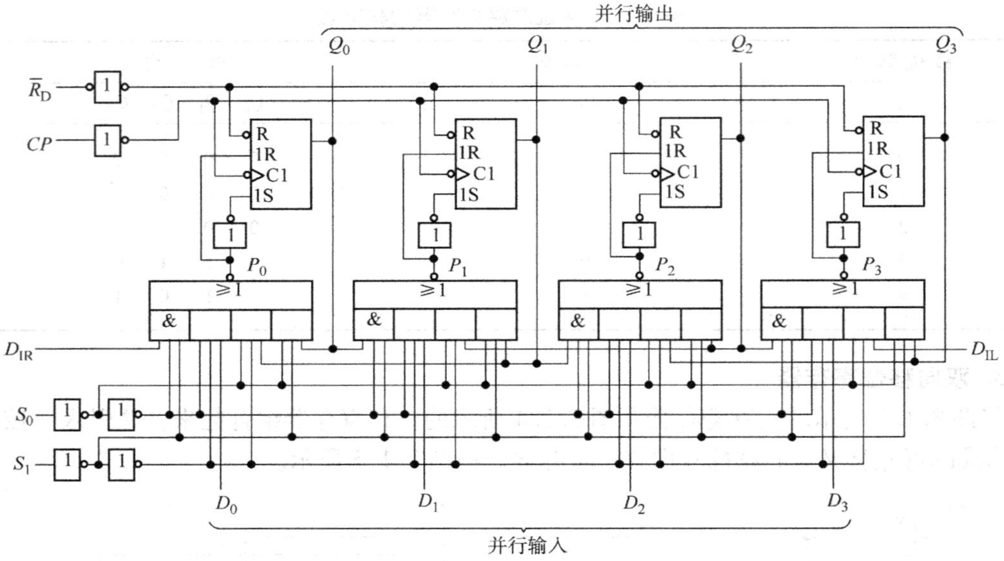

图 8.1.6　4 位双向移位寄存器 74LS194A 的逻辑图

74LS194A 由 4 个触发器 FF_0、FF_1、FF_2、FF_3和各自的输入控制电路组成。图中各个参数的意义为

$D_0 \sim D_3$：并行数据输入端；

$Q_0 \sim Q_3$：并行数据输出端；

D_{IR}：数据右移串行输入端；

D_{IL}：数据左移串行输入端；

S_1、S_0：控制端（控制电路完成左移、右移、保持及并行输入等功能）。

74LS194A 的逻辑示意图和引脚图如图 8.1.7a 和 b 所示。

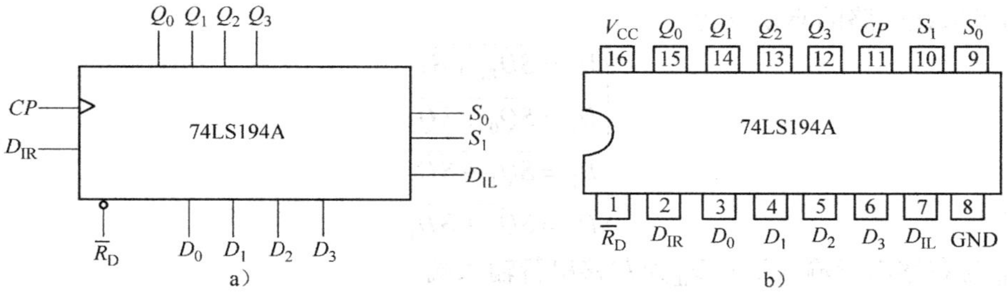

图 8.1.7　74LS194A 集成移位寄存器

a）逻辑功能示意图　b）引脚图

现分析一下 S_1、S_0为不同取值时移位寄存器的工作状态，图中寄存器单元是下降沿 RS 触发器，已转换成 D 触发器使用，其输入端 $P_0 \sim P_3$受与或非门控制，借以实现左移、右移、

保持以及并行输入数据。

根据图中连接方式，可以列出触发器输入端的逻辑表达式

$$\begin{cases} P_0 = \overline{D_{IR}\bar{S}_1 S_0 + D_0 S_1 S_0 + Q_1 S_1 \bar{S}_0 + Q_0 \bar{S}_1 \bar{S}_0} \\ P_1 = \overline{Q_0 \bar{S}_1 S_0 + D_1 S_1 S_0 + Q_2 S_1 \bar{S}_0 + Q_1 \bar{S}_1 \bar{S}_0} \\ P_2 = \overline{Q_1 \bar{S}_1 S_0 + D_2 S_1 S_0 + Q_3 S_1 \bar{S}_0 + Q_2 \bar{S}_1 \bar{S}_0} \\ P_3 = \overline{Q_2 \bar{S}_1 S_0 + D_3 S_1 S_0 + D_{IL} S_1 \bar{S}_0 + Q_3 \bar{S}_1 \bar{S}_0} \end{cases} \tag{8.1.2}$$

当 $S_1=1$，$S_0=0$ 时，$P_0=\overline{Q}_1$，$P_1=\overline{Q}_2$，$P_2=\overline{Q}_3$，$P_3=\overline{D}_{IL}$，在 CP 的上升沿作用下，可实现左向移位操作，流向是 $D_{IL}\rightarrow Q_3\rightarrow Q_2\rightarrow Q_1\rightarrow Q_0$。

当 $S_1=0$，$S_0=1$ 时，$P_0=\overline{D}_{IR}$，$P_1=\overline{Q}_0$，$P_2=\overline{Q}_1$，$P_3=\overline{Q}_2$，在 CP 的上升沿作用下，实现右向移位，流向是 $D_{IR}\rightarrow Q_0\rightarrow Q_1\rightarrow Q_2\rightarrow Q_3$。

当 $S_1=1$，$S_0=1$ 时，$P_0=\overline{D}_0$，$P_1=\overline{D}_1$，$P_2=\overline{D}_2$，$P_3=\overline{D}_3$，在 CP 的上升沿作用下，实现并行置数操作。

当 $S_1=0$，$S_0=0$ 时，$P_0=\overline{Q}_0$，$P_1=\overline{Q}_1$，$P_2=\overline{Q}_2$，$P_3=\overline{Q}_3$，则不论有无 CP 到来，各触发器状态不变，实现保持工作状态。

另外，当$\overline{R}_D=0$ 时，$FF_0 \sim FF_3$即刻清零，与其他输入状态及 CP 无关，所以正常工作时应使$\overline{R}_D=1$。根据上面的分析可列出 74LS194A 的功能表，如表 8.1.4 所示。

表 8.1.4　74LS194A 的功能表

输入										输出				工作模式
清零	控制		串行输入		时钟	并行输入								
$\overline{R}_D$	S_1	S_0	D_{IL}	D_{IR}	CP	D_0	D_1	D_2	D_3	Q_0	Q_1	Q_2	Q_3	
0	×	×	×	×	×	×	×	×	×	0	0	0	0	异步清零
1	0	0	×	×	×	×	×	×	×	Q_0^n	Q_1^n	Q_2^n	Q_3^n	保持
1	0	1	×	1	↑	×	×	×	×	1	Q_0^n	Q_1^n	Q_2^n	右移，D_{IR} 为串行输入，Q_3 为串行输出
1	0	1	×	0	↑	×	×	×	×	0	Q_0^n	Q_1^n	Q_2^n	
1	1	0	1	×	↑	×	×	×	×	Q_1^n	Q_2^n	Q_3^n	1	左移，D_{IL} 为串行输入，Q_0 为串行输出
1	1	0	0	×	↑	×	×	×	×	Q_1^n	Q_2^n	Q_3^n	0	
1	1	1	×	×	↑	D_0	D_1	D_2	D_3	D_0	D_1	D_2	D_3	并行置数

图 8.1.8 是由两片 74LS194A 组成的 8 位双向移位寄存器。

8.1.4　移位寄存器型环形计数器

1. 环形计数器

图 8.1.9 是用 74LS194A 构成的环形计数器的逻辑图。将 S_0 接 1，S_1 接脉冲起动信号 ST，当正脉冲起动信号 ST 到来时，使 $S_1S_0=11$，从而不论 74LS194A 移位寄存器的原状态如何，在 CP 上升沿的作用下，总是执行置数操作，使 $Q_0Q_1Q_2Q_3=1000$。当 ST 由 1 变 0 之

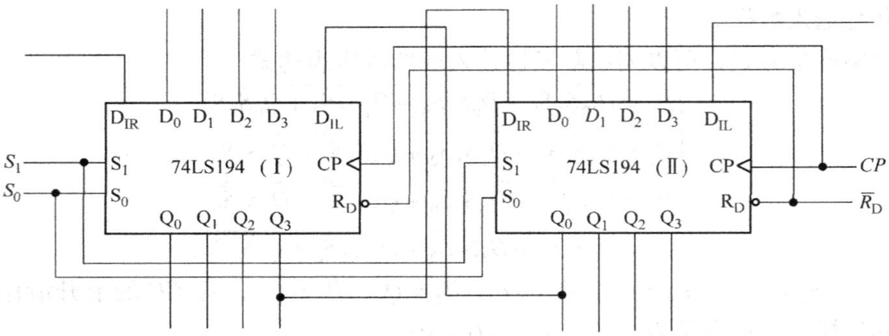

图 8.1.8 由 74LS194 构成的 8 位双向移位寄存器

后，$S_1S_0=01$，在 CP 作用下，移位寄存器进行右移操作，由于寄存器的 $D_{IR}=Q_3$，电路的状态将按 1000→0100→0010→0001→1000 的次序循环变化。因此，用电路的不同状态能够表示输入的时钟信号的数目，即用这个电路作为时钟脉冲信号的计数器，构成模为 4 的计数器，也称为四进制计数器。

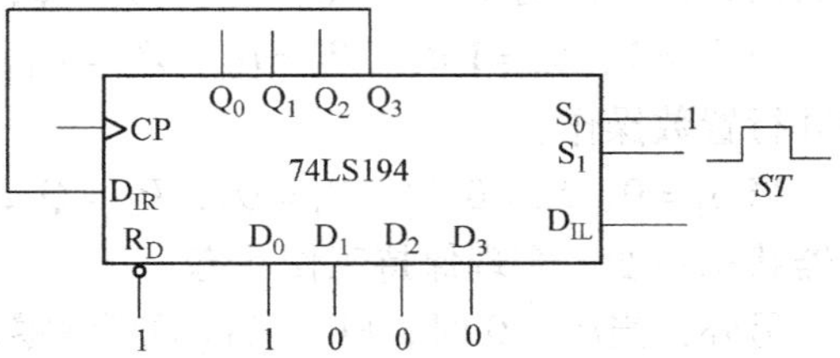

图 8.1.9 由 74LS194A 构成的环形计数器逻辑图

由移位寄存器的工作特点，可以很方便的列出电路的状态转换图，如图 8.1.10 所示。由图可知，有效状态 1000、0100、0010 和 0001 所组成的循环为有效循环，剩余 12 个状态所构成的循环为无效循环。而且，一旦电路处于无效状态后，电路将不会自动回到有效循环中去，所以该环形计数器是不能自启动的。

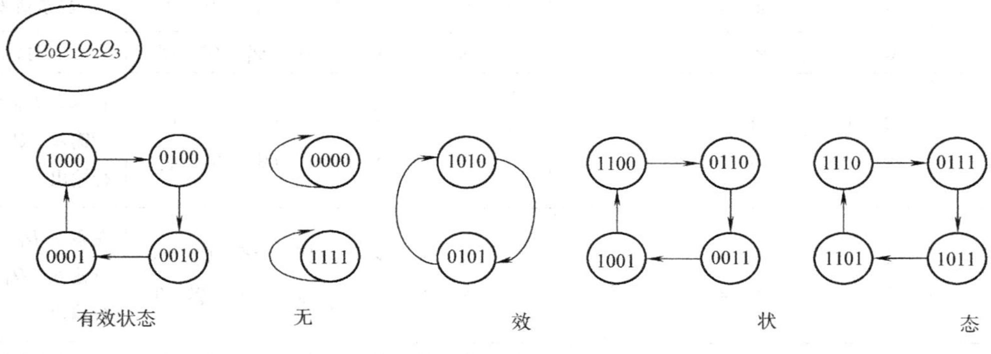

图 8.1.10 图 8.1.9 电路的状态转换图

在一般情况下，计数器都需能自启动，即当电路进入任何无效状态时，都能在时钟信号的作用下自动返回到有效循环中去。对图 8.1.9 的环形计数器稍作修改，即可以将非自启动的电路修改为能够自启动的电路，如图 8.1.11 所示。

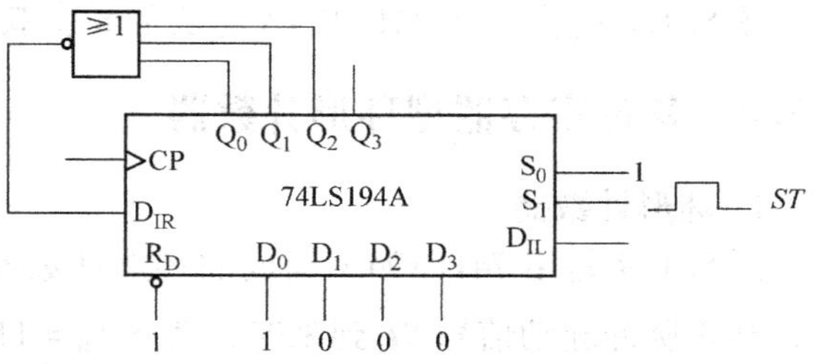

图 8.1.11 能自启动的环形计数器的电路

根据移位寄存器的工作特点，可得图

8.1.11 电路的状态图如图 8.1.12 所示。由图可知该环形计数器可自启动。

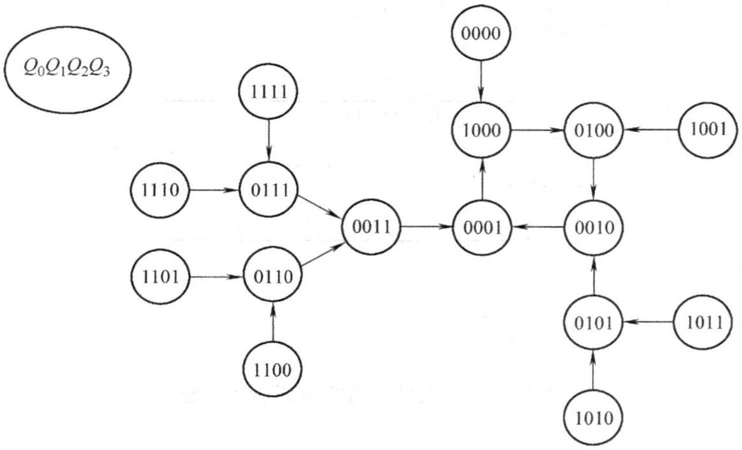

图 8.1.12 图 8.1.11 电路的状态转换图

环形计数器的优点是电路十分简单，n 位移位寄存器可以计 n 个数，实现模 n 计数器，且状态为 1 的输出端的序号即代表收到的计数脉冲的个数，通常不需要任何译码电路。

它的缺点是利用率低，用 n 位寄存器构成的计数器只能记 n 个数，而电路本身总共有 2^n 个状态。

2. 扭环形计数器

为了增加有效计数状态，扩大计数器的模，将上述接成右移寄存器的 74LS194A 的末级输出 Q_3 反相后，接到串行输入端 D_{IR}，就构成了扭环形计数器（也称为约翰逊计数器），如图 8.1.13 所示。根据电路画出它的状态转换图如图 8.1.14 所示，不难看出该电路有一个有效循环和一个无效循环，因此该电路不能自启动，并且电路有 8 个计数状态，为模 8 计数器。

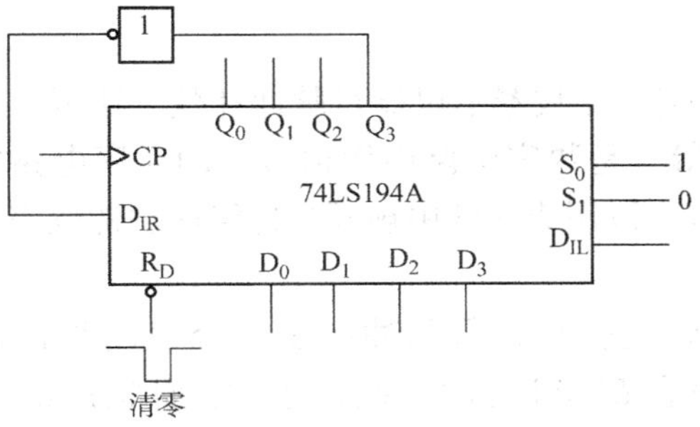

图 8.1.13 由 74LS194A 构成的扭环形计数器

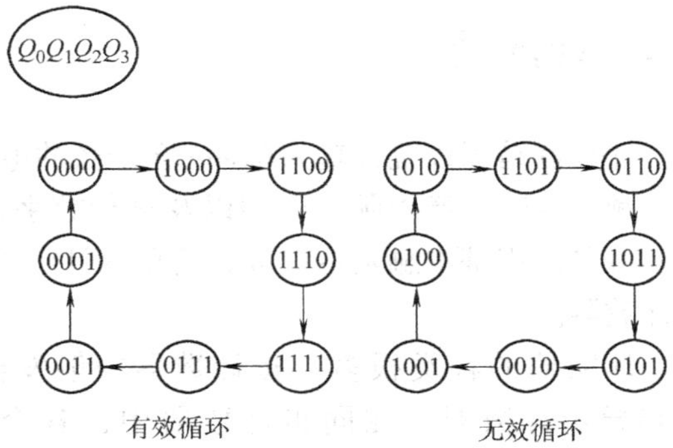

图 8.1.14 图 8.1.13 电路的状态转换图

将图 8.1.13 输入端 D_{IR} 稍作修改，就可实现能自启动的扭环形计数器，其电路图如图 8.1.15 所示，状态转换图如图 8.1.16 所示。

由上述分析可知，n 位移位寄存器可以组成模 $2n$ 的扭环形计数器，状态利用率比环形计数器提高一倍，另外电路在每次状态转换时只有一位触发器状态发生改变。

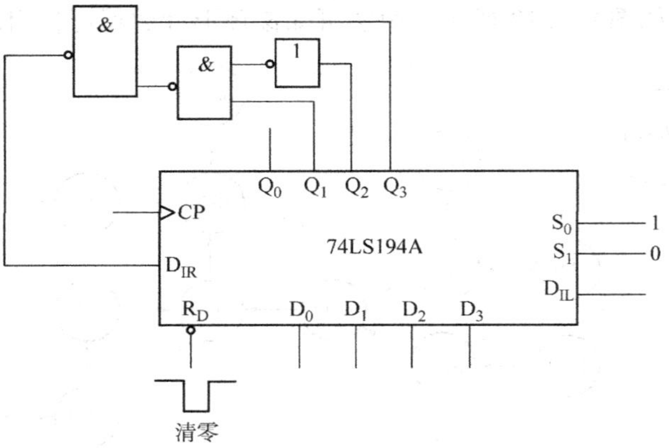

图 8.1.15 能自启动的扭环形计数器

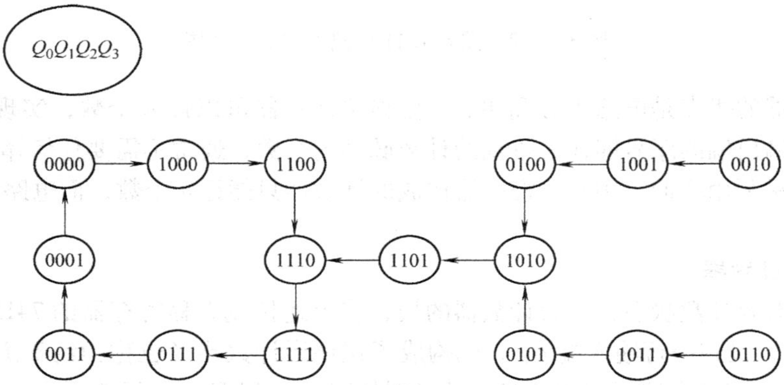

图 8.1.16 图 8.1.15 电路的状态转换图

8.2 计数器

计数器是用以统计输入脉冲 *CP* 个数的电子电路。计数器不仅能对脉冲计数，还可以用于分频、定时、产生脉冲序列以及进行数字运算等，是数字电路中用途最广的时序电路之一。可以使用基本触发器组成较简单的计数器，也可以用集成的中规模器件组成功能较完善的计数器。

计数器的种类很多。按计数器中触发器翻转是否与计数脉冲同步，分为同步计数器和异步计数器。在同步计数器中，各个触发器都受计数脉冲控制，它们状态的更新是同步的。异步计数器则不同，各个触发器不受同一时钟脉冲控制，它们状态的更新有先有后，是异步的。按计数进制可分为二进制计数器和非二进制计数器。非二进制计数器中最典型的是二－十进制计数器。按计数过程中数字的增减趋势可分为加法计数器（其计数结果是递增的）、减法计数器（其计数结果是递减的）和可逆计数器（可加可减）。

除了以上特点，计数器还具有可预置数功能、双时钟计数功能、异步清零等功能。下面将分别分析介绍各种计数器逻辑电路。

8.2.1 同步计数器

1. 同步二进制计数器

目前生产的同步计数器芯片基本上分为二进制和二－十进制两种。首先讨论同步二进制计数器。一个触发器能表示一位二进制代码，用 n 个触发器可以组成 n 位二进制计数器。

由于同步计数器中各触发器的 CP 端输入同一时钟脉冲，因此触发器的翻转状态就由它们的输入信号状态决定。则组成同步计数器的关键就是根据翻转条件，确定各触发器输入端的逻辑表达式。

（1）同步二进制加法计数器　图 8.2.1 所示为由 4 个下降沿触发的 JK 触发器组成的 4 位同步二进制加法计数器的逻辑图。图中各触发器的时钟脉冲输入端接同一计数脉冲 CP，显然，这是一个同步时序电路。同时，各个触发器的 $J=K$，把 JK 触发器转换成计数型触发器 T（同步计数器通常由 T 触发器构成），C 为进位输出信号。

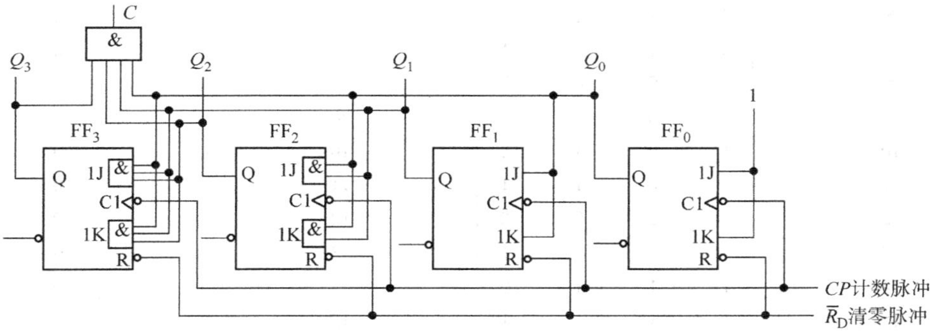

图 8.2.1　4 位同步二进制加法计数器的逻辑图

由图可见，各触发器的驱动方程分别为

$$\begin{cases} J_0 = K_0 = 1 \\ J_1 = K_1 = Q_0 \\ J_2 = K_2 = Q_1 Q_0 \\ J_3 = K_3 = Q_2 Q_1 Q_0 \end{cases} \tag{8.2.1}$$

将上式代入到 JK 触发器的特性方程，得电路的状态方程

$$\begin{cases} Q_0^{n+1} = \overline{Q}_0 \\ Q_1^{n+1} = Q_0\overline{Q}_1 + \overline{Q}_0 Q_1 \\ Q_2^{n+1} = Q_0 Q_1 \overline{Q}_2 + \overline{Q_0 Q_1} Q_2 \\ Q_3^{n+1} = Q_0 Q_1 Q_2 \overline{Q}_3 + \overline{Q_0 Q_1 Q_2} Q_3 \end{cases} \tag{8.2.2}$$

电路的输出方程为

$$C = Q_3 Q_2 Q_1 Q_0 \tag{8.2.3}$$

由式（8.2.2）和式（8.2.3）得到电路的状态转换表如表8.2.1所示，由状态转换表清楚地看到，从初始状态0000开始，每经过一个计数脉冲，计数器的状态按二进制递增（加1），输入第16个计数脉冲后，计数器又回到0000状态。因此它是2^4（16）进制加法计数器，也称模十六加法计数器。其中C为进位信号，经过16个计数脉冲，进位C输出一个脉冲的高电平作为向高位计数器电路进位的输出信号。

表8.2.1　图8.2.1所示4位同步二进制加法计数器的状态表

计数脉冲序号	电路状态				等效十进制数	进位输出 C
	Q_3	Q_2	Q_1	Q_0		
0	0	0	0	0	0	0
1	0	0	0	1	1	0
2	0	0	1	0	2	0
3	0	0	1	1	3	0
4	0	1	0	0	4	0
5	0	1	0	1	5	0
6	0	1	1	0	6	0
7	0	1	1	1	7	0
8	1	0	0	0	8	0
9	1	0	0	1	9	0
10	1	0	1	0	10	0
11	1	0	1	1	11	0
12	1	1	0	0	12	0
13	1	1	0	1	13	0
14	1	1	1	0	14	0
15	1	1	1	1	15	1
16	0	0	0	0	0	0

由状态转换表得到电路的状态转换图和时序图如图8.2.2和图8.2.3所示。从时序图可看出Q_3、Q_2、Q_1、Q_0的周期分别是计数脉冲（CP）周期的16倍、8倍、4倍、2倍，也就是说假设计数脉冲的频率为f_0，则Q_3、Q_2、Q_1、Q_0端输出脉冲的频率依次为$1/16f_0$、$1/8f_0$、$1/4f_0$、$1/2f_0$。针对计数器的这种分频功能，也把它叫做分频器。

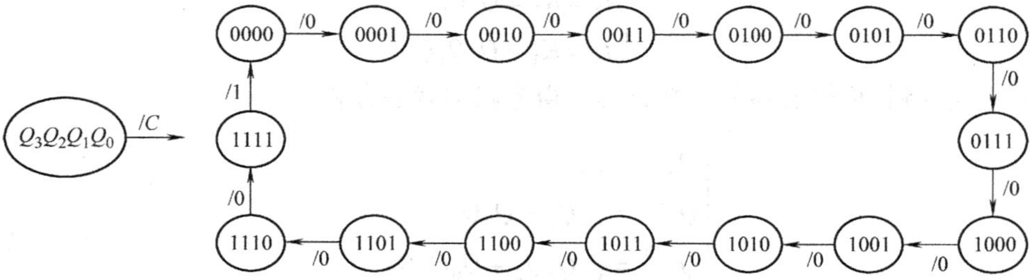

图8.2.2　图8.2.1电路的状态转换图

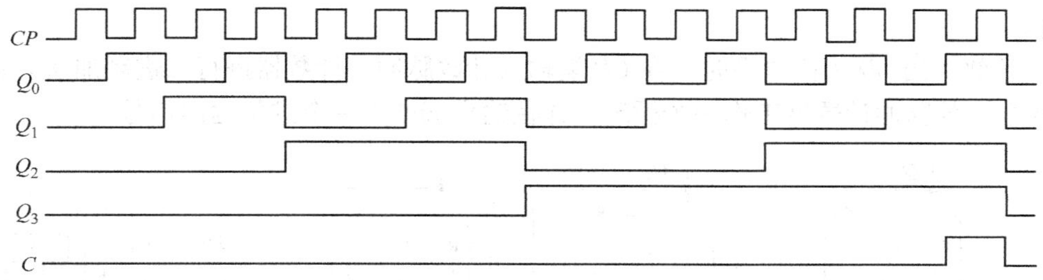

图 8.2.3　图 8.2.1 电路的时序图

由以上分析可知，由于同步计数器的计数脉冲 CP 同时作用于各位触发器，在设计同步二进制计数器时，各触发器的翻转条件为：最低位触发器 FF_0 每输入一个脉冲翻转一次；其他触发器当所有低位触发器的输出端 Q 全为 1，且下一个时钟脉冲的触发沿到来时状态才改变一次。依次类推，n 位同步二进制计数器第 i 位 T 触发器激励方程的一般表达式为

$$\begin{cases} T_0 = 1 \\ T_i = Q_{i-1}Q_{i-2}\cdots Q_1Q_0 = \prod_{j=0}^{i-1} Q_j \quad (i=1,\ 2,\cdots,\ n-1) \end{cases} \tag{8.2.4}$$

在实际生产的计数器集成芯片中，往往还附加了一些控制电路，以增加电路的功能和使用的灵活性。图 8.2.4a 为中规模集成 4 位同步二进制加法计数器 74LS161 的逻辑图。这个电路除了具有二进制加法计数功能外，还具有同步并行预置数、保持和异步置零等附加功能。预置和计数功能的选择是通过在 $T_0 \sim T_3$ 端各插入一个 2 选 1 数据选择器实现的。图中 $\overline{LD}$ 为预置数控制端，$D_0 \sim D_3$ 为数据输入端，C 为进位输出端，$\overline{R}_D$ 为异步置零（复位）端，EP 和 ET 为工作状态控制端。图 8.2.4b、c 是它的符号图和引脚图。表 8.2.2 是 74LS161 的功能表，它给出了当 EP 和 ET 为不同取值时电路的工作状态。

表 8.2.2　4 位同步二进制计数器 74LS161 的功能表

清零	预置	使能		时钟	预置数据输入				输出				工作模式
$\overline{R}_D$	$\overline{LD}$	EP	ET	CP	D_3	D_2	D_1	D_0	Q_3	Q_2	Q_1	Q_0	
0	×	×	×	×	×	×	×	×	0	0	0	0	异步清零
1	0	×	×	↑	d_3	d_2	d_1	d_0	d_3	d_2	d_1	d_0	同步置数
1	1	0	1	×	×	×	×	×	保持				数据保持
1	1	×	0	×	×	×	×	×	保持				数据保持
1	1	1	1	↑	×	×	×	×	计数				加法计数

由图 8.2.4a 和表 8.2.2 可知，74LS161 具有以下功能：

1）异步清零。当 $\overline{R}_D = 0$ 时，不管其他输入端的状态如何，不论有无时钟脉冲 CP，计数器输出将被直接置零（$Q_3Q_2Q_1Q_0 = 0000$），称为异步清零。而在同步置零的计数器电路中（例如 74LS162，74LS163），$\overline{R}_D$ 出现低电平后要等 CP 信号到达时才能将触发器置 0。

2）同步并行预置数。当 $\overline{R}_D = 1$、$\overline{LD} = 0$ 时，在输入时钟脉冲 CP 上升沿的作用下，并行输入端 $D_3D_2D_1D_0$ 的数据 $d_3d_2d_1d_0$ 被置入计数器的输出端，即 $Q_3Q_2Q_1Q_0 = d_3d_2d_1d_0$。由于这个操作要与 CP 上升沿同步，且 $D_0 \sim D_3$ 的数据同时置入计数器，所以称为同步并行预置数。

3）计数。当 $\overline{LD}$ 为高电平时，在 CP 端输入计数脉冲，计数器进行二进制加法计数。每输入 16 个计数脉冲计数器工作一个循环，并在输出端产生一个进位输出信号。

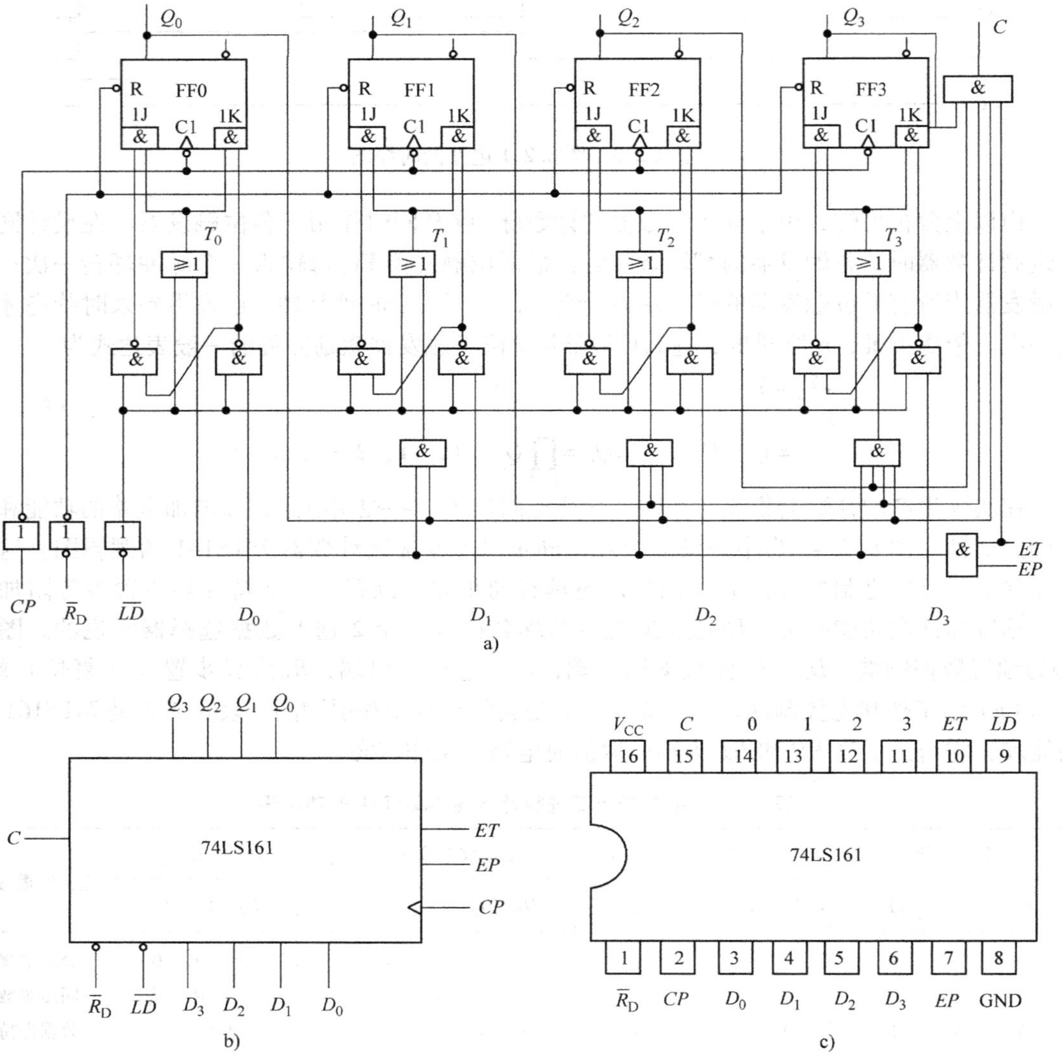

图 8.2.4　4 位同步二进制计数器 74LS161 逻辑电路图、符号图及引脚图

a）逻辑电路图　b）符号图　c）引脚图

4）保持。当 $\overline{LD}=1$，且 $EP \cdot ET=0$，即两个使能端中有 0 时，则不管有无时钟脉冲沿，计数器保持原来的状态不变。这时，如 $EP=0$、$ET=1$，则进位输出信号 C 保持不变；如 $ET=0$ 则不管 EP 状态如何，进位输出信号 C 为低电平。

（2）同步二进制减法计数器　4 位同步二进制减法计数器的状态表如表 8.2.3 所示，由表可得各触发器的翻转规律为：最低位触发器每来一个计数脉冲就翻转一次，高位触发器只有当其低位触发器同时为 0，并有计数脉冲时才翻转。

这样与 4 位同步二进制加法计数器相比较，很容易看出，只要将图 8.2.1 所示电路的各

表 8.2.3　4 位同步二进制减法计数器的状态表

计数脉冲序号	电路状态				等效十进制数	B
	Q_3	Q_2	Q_1	Q_0		
0	0	0	0	0	0	1
1	1	1	1	1	15	0
2	1	1	1	0	14	0
3	1	1	0	1	13	0
4	1	1	0	0	12	0
5	1	0	1	1	11	0
6	1	0	1	0	10	0
7	1	0	0	1	9	0
8	1	0	0	0	8	0
9	0	1	1	1	7	0
10	0	1	1	0	6	0
11	0	1	0	1	5	0
12	0	1	0	0	4	0
13	0	0	1	1	3	0
14	0	0	1	0	2	0
15	0	0	0	1	1	0
16	0	0	0	0	0	1

触发器的驱动方程改为

$$\begin{cases} J_0 = K_0 = 1 \\ J_1 = K_1 = \overline{Q}_0 \\ J_2 = K_2 = \overline{Q}_1\overline{Q}_0 \\ J_3 = K_3 = \overline{Q}_2\overline{Q}_1\overline{Q}_0 \end{cases} \tag{8.2.5}$$

就构成了 4 位同步二进制减法计数器。其逻辑电路图如图 8.2.5 所示，其中 B 为向高位计数器的借位信号。表达式为 $B = \overline{Q}_3\ \overline{Q}_2\ \overline{Q}_1\ \overline{Q}_0$。

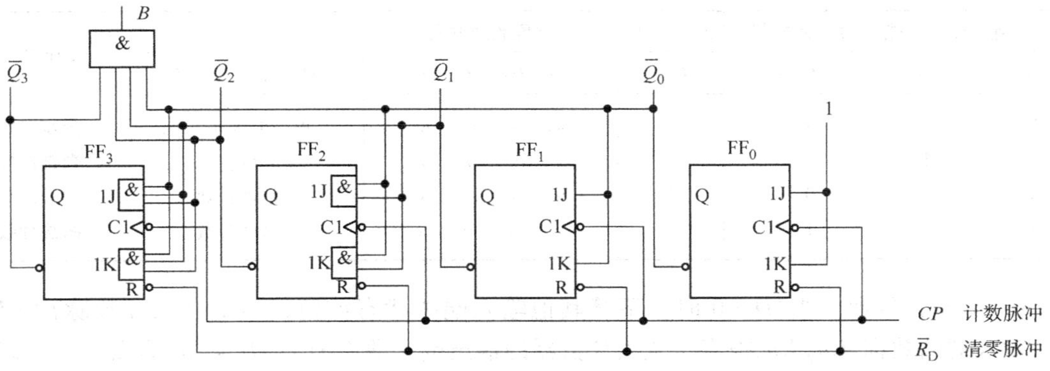

图 8.2.5　4 位同步二进制减法计数器的逻辑图

（3）同步二进制可逆计数器　既能作加计数又能作减计数的计数器称为可逆计数器。将前面介绍的4位同步二进制加法计数器和减法计数器合并起来，并引入一个加/减控制信号 X，便构成4位同步二进制可逆计数器，如图8.2.6所示。

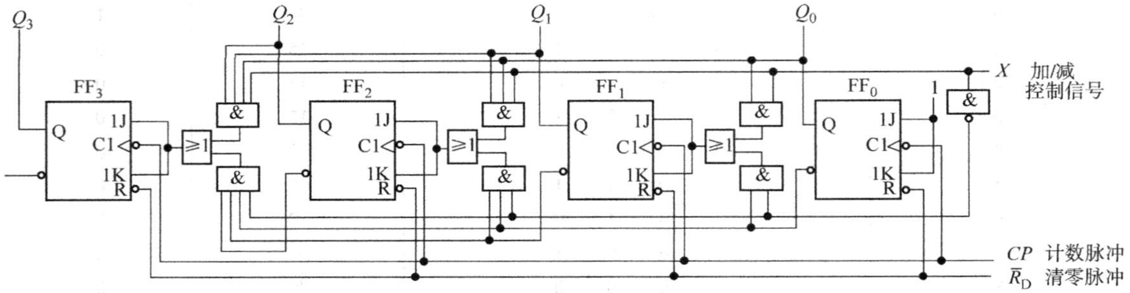

图8.2.6　同步二进制可逆计数器的逻辑图

由图可知，各触发器的驱动方程为

$$\begin{cases} J_0=K_0=1 \\ J_1=K_1=XQ_0+\overline{X}\,\overline{Q}_0 \\ J_2=K_2=XQ_1Q_0+\overline{X}\,\overline{Q}_1\overline{Q}_0 \\ J_3=K_3=XQ_2Q_1Q_0+\overline{X}\,\overline{Q}_2\overline{Q}_1\overline{Q}_0 \end{cases} \tag{8.2.6}$$

当控制信号 $X=1$ 时，$FF_1 \sim FF_3$ 中的各 J、K 端分别与低位各触发器的 Q 端相连，作加法计数；当控制信号 $X=0$ 时，$FF_1 \sim FF_3$ 中的各 J、K 端分别与低位各触发器的 $\overline{Q}$ 端相连，作减法计数，实现了可逆计数器的功能。

图8.2.7a是集成4位同步二进制可逆计数器74191的逻辑电路图，图8.2.7b是其常用符号图，图8.2.7c是其引脚排列图。其中 $\overline{LD}$ 是异步预置数控制端，$D_0 \sim D_3$ 是预置数据输入端；$\overline{S}$ 是使能端，低电平有效；$\overline{U}/D$ 是加/减控制端，为0时作加法计数，为1时作减法计数；C/B 是进位/借位输出端，CP_I 是输入的计数脉冲，CP_O 是串行脉冲输出端。

表8.2.4是74LS191的功能表。由表可知，74LS191具有以下功能：

表8.2.4　74LS191的功能表

预　置	使　能	加/减控制	时　钟	预置数据输入	输　出	工作模式
$\overline{LD}$	$\overline{S}$	$\overline{U}/D$	CP_I	D_3　D_2　D_1　D_0	Q_3　Q_2　Q_1　Q_0	
0	×	×	×	d_3　d_2　d_1　d_0	d_3　d_2　d_1　d_0	异步置数
1	1	×	×	×　×　×　×	保持	数据保持
1	0	0	↑	×　×　×　×	加法计数	加法计数
1	0	1	↑	×　×　×　×	减法计数	减法计数

1）异步预置数。当 $\overline{LD}=0$ 时，不管其他输入端的状态如何，不论有无计数脉冲 CP_I，并行输入端的数据 $d_3d_2d_1d_0$ 被直接置入计数器的输出端，即 $Q_3Q_2Q_1Q_0=d_3d_2d_1d_0$。由于该操作不受 CP_I 控制，所以称为异步置数。注意该计数器无清零端，需清零时可用预置数的方法置零。

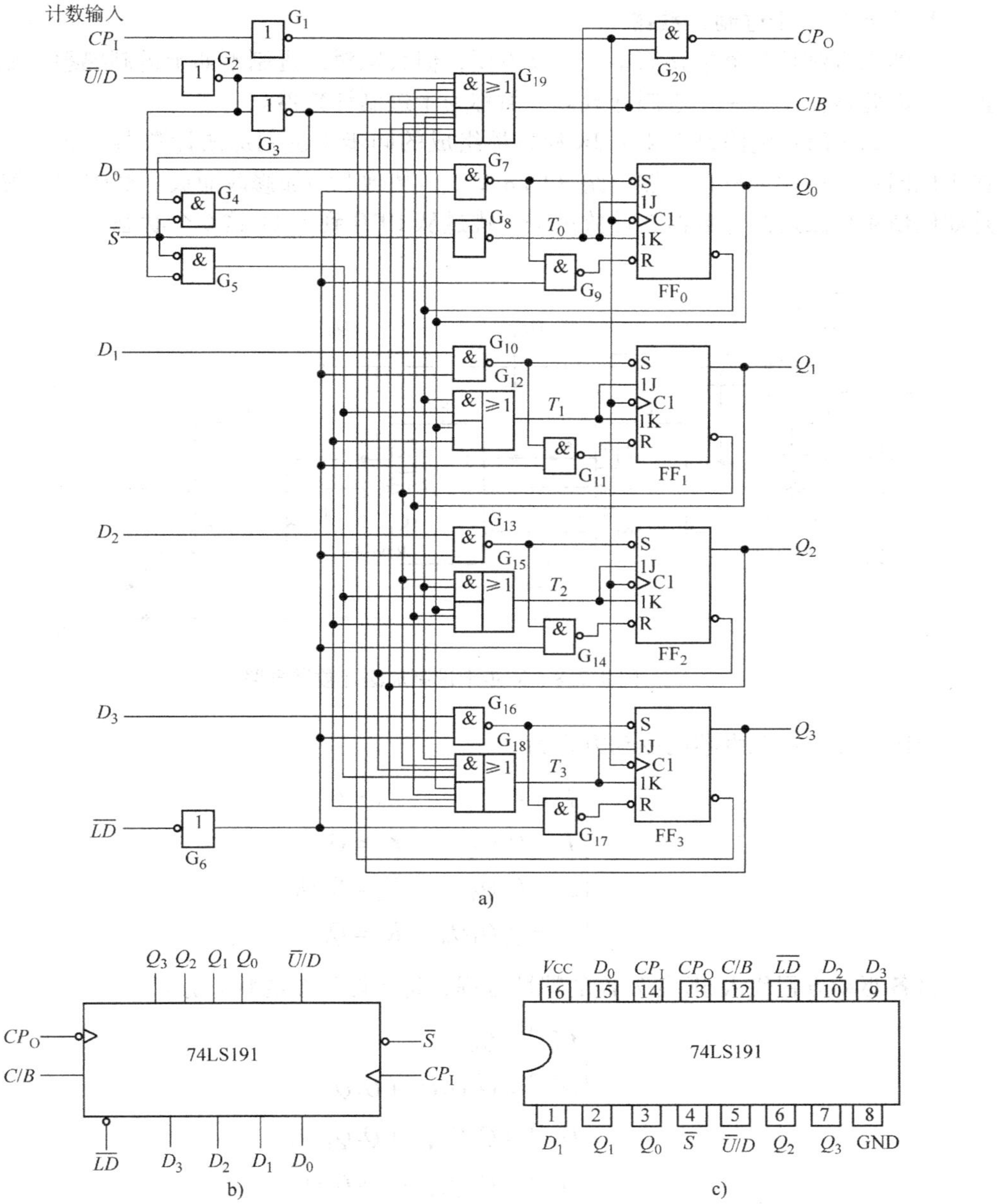

图 8.2.7 74LS191 的逻辑电路图、符号图及引脚图

a）逻辑电路图 b）符号图 c）引脚图

2）保持。当$\overline{S}=1$ 且$\overline{LD}=1$ 时，则计数器保持原来的状态不变。

3）计数。当$\overline{LD}=1$ 且$\overline{S}=0$ 时，在 CP_I端输入计数脉冲，计数器进行二进制计数。当$\overline{U}/D=0$ 时作加法计数，且当计数到最大时，即 $Q_3Q_2Q_1Q_0=1111$ 时，$C/B=1$，有进位输出；当$\overline{U}/D=1$ 时作减法计数，且 $Q_3Q_2Q_1Q_0=0000$ 时，$C/B=1$，有借位输出。CP_O是串行时钟输出端。当 $C/B=1$ 的情况下，在下一个 CP_I上升沿到达前 CP_O端有个负脉冲输出。

2. 同步二－十进制计数器

虽然二进制计数器电路简单，计算方便，但大家对二进制不如十进制熟悉，显示输出不直观，因此常使用二－十进制计数器，简称为十进制计数器。

图 8.2.8 所示电路是由 4 个 JK 触发器组成的同步十进制加法计数器，从图中看出它是在 4 位同步二进制加法计数器电路（图 8.2.1）基础上稍加修改而成。修改时要解决的问题是如何使 4 位二进制计数器在计数过程中跳过从 1010 到 1111 这 6 个状态。

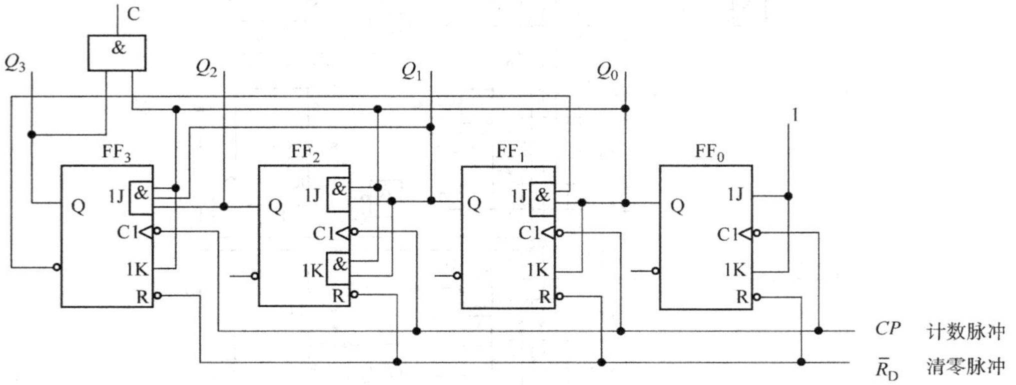

图 8.2.8 同步十进制加法计数器电路

由图可知，各触发器的驱动方程为

$$\begin{cases} J_0 = 1 & K_0 = 1 \\ J_1 = \overline{Q}_3 Q_0 & K_1 = Q_0 \\ J_2 = Q_1 Q_0 & K_2 = Q_1 Q_0 \\ J_3 = Q_2 Q_1 Q_0 & K_3 = Q_0 \end{cases} \tag{8.2.7}$$

将各驱动方程代入 JK 触发器的特性方程，得各触发器的状态方程

$$\begin{cases} Q_0^{n+1} = \overline{Q}_0 \\ Q_1^{n+1} = \overline{Q}_3 \overline{Q}_1 Q_0 + Q_1 \overline{Q}_0 \\ Q_2^{n+1} = \overline{Q}_2 Q_1 Q_0 + Q_2 \overline{Q_1 Q_0} \\ Q_3^{n+1} = \overline{Q}_3 Q_2 Q_1 Q_0 + Q_3 \overline{Q}_0 \end{cases} \tag{8.2.8}$$

根据各触发器的状态方程进一步得到电路的状态转换表如表 8.2.5 所示，表中 $Q_3Q_2Q_1Q_0$ 的每组 4 位二进制码表示了一个十进制数码，这组 4 位二进制代码为 8421BCD 码。同时电路从初始状态 0000 开始，每经过一个计数脉冲，计数器的状态递增（加 1），输入第 10 个计数脉冲后，计数器又回到 0000 状态。因此它是十进制加法计数器。其中 C 为进位信号，经过 10 个计数脉冲，进位输出 $C=1$，相当于十进制数逢十进一。

由表 8.2.5 画出如图 8.2.9a、b 所示的电路状态转换图和时序图。

由于图 8.2.8 所示的电路中有 4 个触发器，它们的状态组合共有 16 种，而在 8421BCD 码计数器中只用了 10 种有效状态。用同样的分析方法分别求出 6 种无效状态下的次态，补充到状态图中，得到完整的状态转换图如图 8.2.10 所示，由此可见电路能够自启动。

表 8.2.5　同步十进制加法计数器电路转换表

计数脉冲序号	电路状态 Q_3 Q_2 Q_1 Q_0	Q_3 Q_2 Q_1 Q_0 代表的十进制数	进位输出 C
0	0 0 0 0	0	0
1	0 0 0 1	1	0
2	0 0 1 0	2	0
3	0 0 1 1	3	0
4	0 1 0 0	4	0
5	0 1 0 1	5	0
6	0 1 1 0	6	0
7	0 1 1 1	7	0
8	1 0 0 0	8	0
9	1 0 0 1	9	1
10	0 0 0 0	0	0

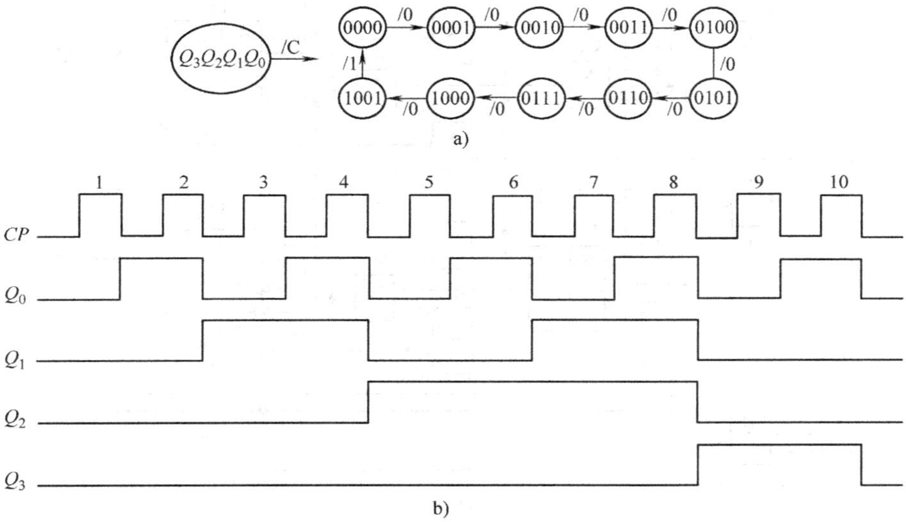

图 8.2.9　图 8.2.8 电路的状态转换图和时序图

a）状态转换图　b）时序图

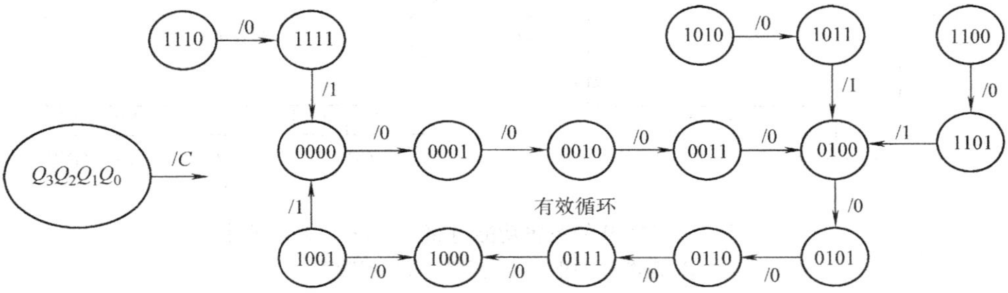

图 8.2.10　图 8.2.8 电路的完整状态图

图 8.2.11a 是中规模集成的同步十进制加法计数器 74160 的逻辑电路图，它在图 8.2.8 电路的基础上又增加了预置数、异步清零和保持的功能。74160 的功能表如表 8.2.6 所示，与 74161 的功能表相同，所不同的仅在于 74160 是十进制而 74161 为十六进制。图 8.2.11b

为 74160 的符号图；图 c 为 74160 的引脚图。

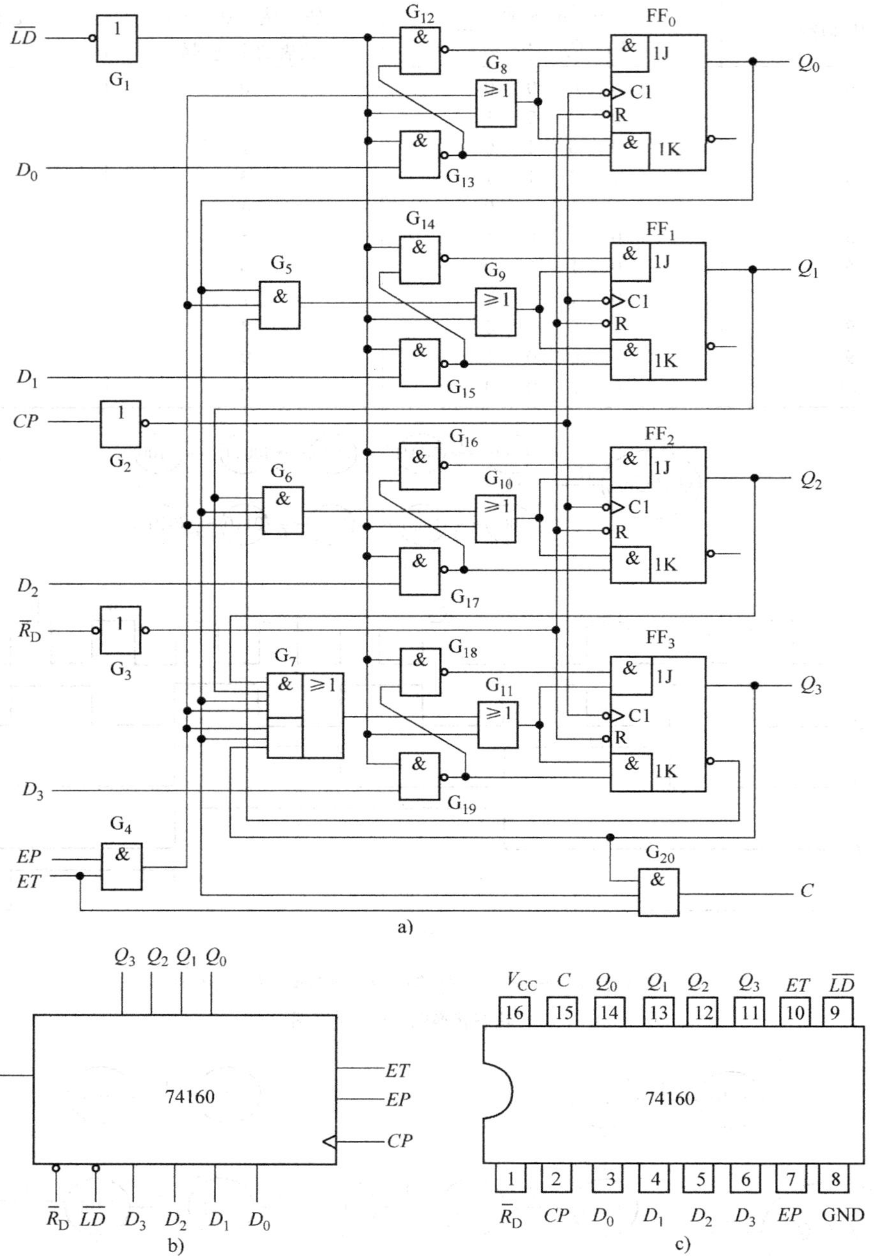

图 8.2.11　74160 的逻辑功能电路图、符号及引脚图

a）逻辑电路图　b）符号图　c）引脚图

表 8.2.6　74160 的功能表

清　零	预　置	使　能		时　钟	预置数据输入				输　出				工作模式
$\overline{R}_D$	$\overline{LD}$	EP	ET	CP	D_3	D_2	D_1	D_0	Q_3	Q_2	Q_1	Q_0	
0	×	×	×	×	×	×	×	×	0	0	0	0	异步清零
1	0	×	×	↑	d_3	d_2	d_1	d_0	d_3	d_2	d_1	d_0	同步置数

（续）

清　零	预　置	使　能		时　钟	预置数据输入				输　出				工作模式
$\overline{R}_D$	$\overline{LD}$	EP	ET	CP	D_3	D_2	D_1	D_0	Q_3	Q_2	Q_1	Q_0	
1	1	0	1	×	×	×	×	×	保持				数据保持
1	1	×	0	×	×	×	×	×	保持				数据保持
1	1	1	1	↑	×	×	×	×	十进制计数				加法计数

8.2.2 异步计数器

1. 异步二进制计数器

（1）异步二进制加法计数器　异步计数器不同于同步计数器，异步计数器各触发器的时钟脉冲不是统一的，各级触发器的状态翻转不是同步的。组成异步计数器的关键就是根据各触发器的输入条件，确定各触发器的时钟信号。

图 8.2.12 所示为由 4 个下降沿触发的 JK 触发器组成的 4 位异步二进制加法计数器的逻辑图。图中 JK 触发器都接成 T′触发器（即 $J=K=1$）。最低位触发器 FF_0的时钟脉冲输入端接计数脉冲 CP，其他触发器的时钟脉冲输入端接相邻低位触发器的 Q 端。因此各触发器的翻转规律为：最低位触发器 Q_0每来一个计数脉冲就翻转，触发器 $Q_3 \sim Q_1$在相邻低位触发器从 1 状态变为 0 状态时翻转。

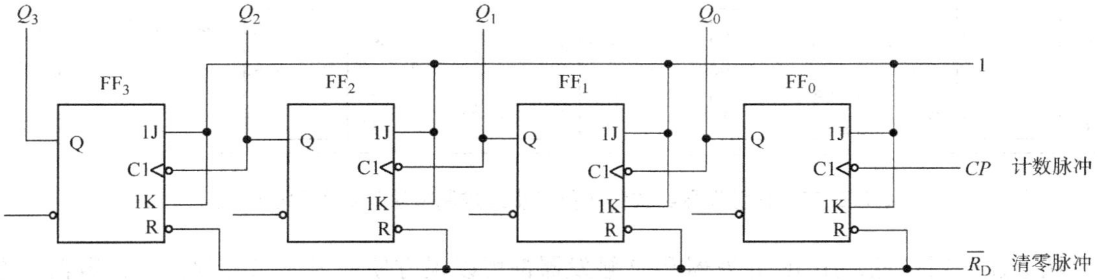

图 8.2.12　JK 触发器组成的 4 位异步二进制加法计数器的逻辑图

由于该电路的连线简单且规律性强，无须用前面介绍的分析步骤进行分析，只需作简单的观察与分析就可画出电路的时序波形图或状态图，这种分析方法称为“观察法”。

用“观察法”作出该电路的时序波形图如图 8.2.13 所示，状态图如图 8.2.14 所示。由状态图可见，从初态 0000（由清零脉冲所置）开始，每输入一个计数脉冲，计数器的状态按二进制加法规律加 1，所以是二进制加法计数器（4 位）。又因为该计数器有 0000 ~ 1111 共 16 个状态，所以也称 16 进制加法计数器或模 16（$M=16$）加法计数器。

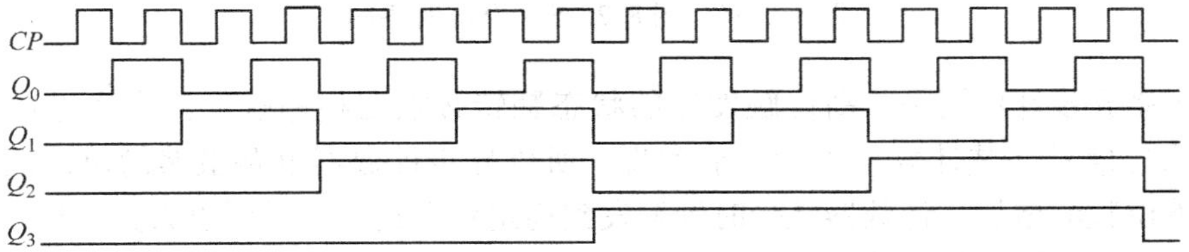

图 8.2.13　图 8.2.12 电路的时序图

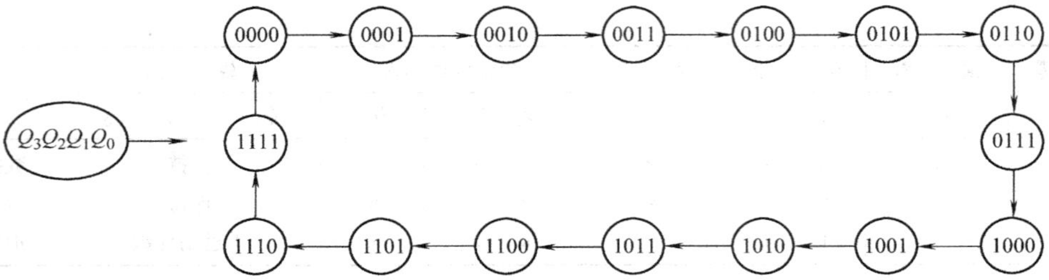

图 8.2.14 图 8.2.12 电路的状态图

异步二进制计数器电路结构简单，改变级联触发器的个数，可以很方便地改变二进制计数器的位数，n 个触发器构成 n 位二进制计数器或模 2^n 计数器或 2^n 分频器。

（2）异步二进制减法计数器　将图 8.2.12 所示电路中 FF_1、FF_2、FF_3 的时钟脉冲输入端改接到相邻低位触发器的 $\overline{Q}$ 端，就可构成二进制异步减法计数器。图 8.2.15 所示是用 4 个上升沿触发的 D 触发器组成的 4 位异步二进制减法计数器的逻辑图。图中 4 个 D 触发器都接成 T′触发器。最低位触发器 FF_0 的时钟脉冲输入端接计数脉冲 CP，其他触发器的时钟脉冲输入端接相邻低位触发器的 Q 端。

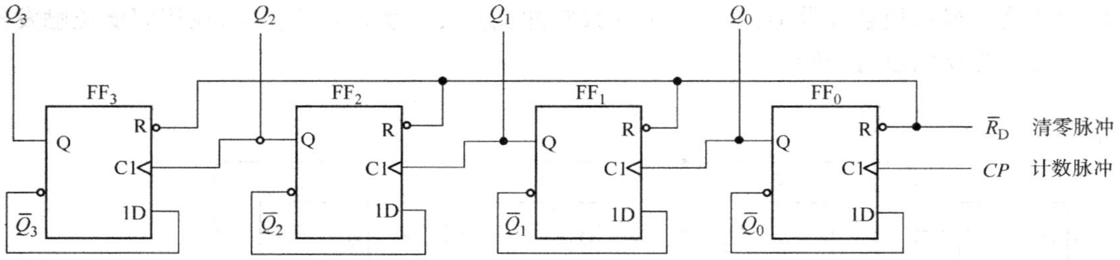

图 8.2.15 D 触发器组成的 4 位异步二进制减法计数器的逻辑图

从上述介绍可见，用 JK 触发器和 D 触发器都可以很方便地组成二进制异步计数器。方法是先将触发器都接成 T′触发器，然后根据加、减计数方式及触发器为上升沿还是下降沿触发来决定各触发器之间的连接方式。图 8.2.15 所示的 4 位异步二进制减法计数器的电路时序图和状态图如图 8.2.16 和图 8.2.17 所示。

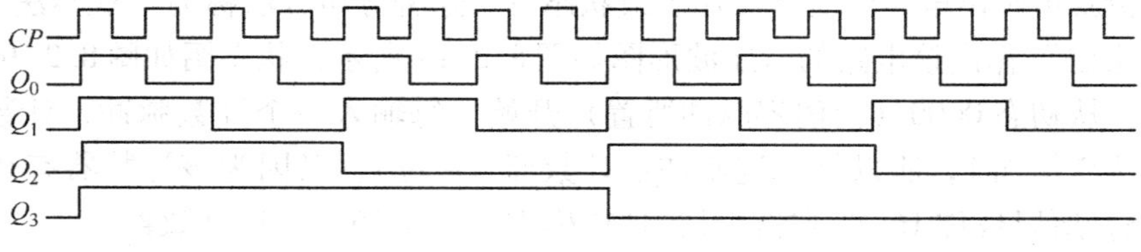

图 8.2.16 图 8.2.15 电路的时序图

在二进制异步计数器中，高位触发器的状态翻转必须在相邻触发器产生进位信号（加计数）或借位信号（减计数）之后才能实现，所以异步计数器电路虽然简单，但工作速度较低，随着位数的增加，计数器从受时钟触发到稳定状态建立，时延也大大增加。为了提高计数速度，可采用同步计数器。

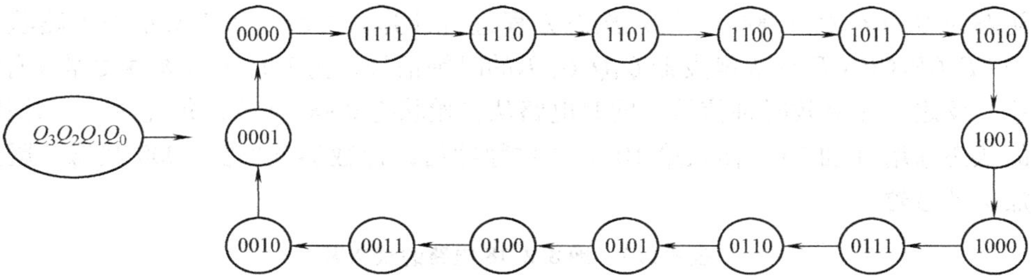

图 8.2.17 图 8.2.15 电路的状态图

2. 异步十进制加法计数器

异步十进制加法计数器是在 4 位异步二进制加法器的基础上加以修改而成的。修改时要解决的问题是如何使 4 位二进制计数器在计数过程中跳过从 1010 到 1111 这 6 个状态。

图 8.2.18 所示电路是异步十进制加法计数器的典型电路。

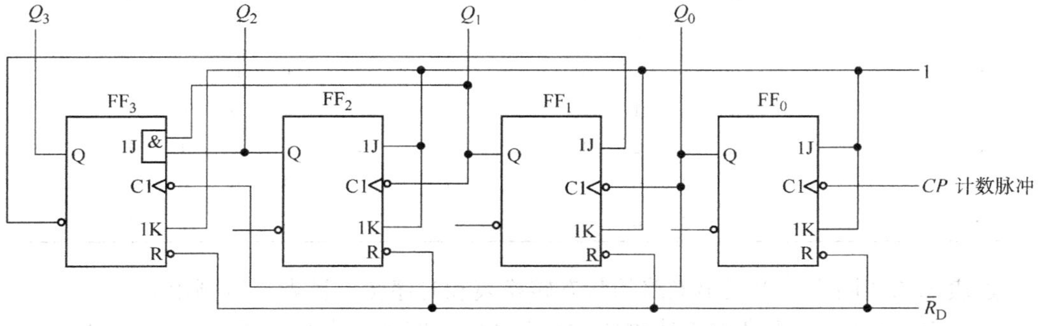

图 8.2.18 异步十进制加法计数器的典型电路

电路为异步时序逻辑电路，首先写出各个触发器的时钟方程

$$
\begin{aligned}
&CP_0 = CP \text{（时钟脉冲源的下降沿触发）}\\
&CP_1 = Q_0 \text{（当 } FF_0 \text{的 } Q_0 \text{由 } 1\to0 \text{ 时，} Q_1 \text{才改变状态）}\\
&CP_2 = Q_1 \text{（当 } FF_1 \text{的 } Q_1 \text{由 } 1\to0 \text{ 时，} Q_2 \text{才改变状态）}\\
&CP_3 = Q_0 \text{（当 } FF_0 \text{的 } Q_0 \text{由 } 1\to0 \text{ 时，} Q_3 \text{才改变状态）}
\end{aligned}
\tag{8.2.9}
$$

根据电路写出各触发器的驱动方程

$$
\begin{cases}
J_0 = 1 & K_0 = 1\\
J_1 = \overline{Q}_3 & K_1 = 1\\
J_2 = 1 & K_2 = 1\\
J_3 = Q_2Q_1 & K_3 = 1
\end{cases}
\tag{8.2.10}
$$

将式（8.2.10）代入 JK 触发器的特性方程，得各触发器的次态方程

$$
\begin{cases}
Q_0^{n+1} = \overline{Q}_0 \text{（} CP \text{ 由 } 1\to0 \text{ 时此式有效）}\\
Q_1^{n+1} = \overline{Q}_3\overline{Q}_1 \text{（} Q_0 \text{由 } 1\to0 \text{ 时此式有效）}\\
Q_2^{n+1} = \overline{Q}_2 \text{（} Q_1 \text{由 } 1\to0 \text{ 时此式有效）}\\
Q_3^{n+1} = \overline{Q}_3Q_2Q_1 \text{（} Q_0 \text{由 } 1\to0 \text{ 时此式有效）}
\end{cases}
\tag{8.2.11}
$$

设初态为 $Q_3Q_2Q_1Q_0=0000$，代入次态方程进行计算，得表 8.2.7 所示的电路状态转换表。表中 $CP_3CP_2CP_1CP_0$ 代表触发器 $Q_3Q_2Q_1Q_0$ 的时钟信号，为 1 时表示该触发器有有效的时钟沿到达，反之，无有效时钟信号。同时电路从初始状态 0000 开始，每经过一个计数脉冲，计数器的状态递增（加 1），输入第 10 个计数脉冲后，计数器又回到 0000 状态。因此它是十进制加法计数器。

表 8.2.7 图 8.2.18 电路的状态表

CP 的顺序	电路的状态				时钟信号			
	Q_3	Q_2	Q_1	Q_0	$CP_3\downarrow$	$CP_2\downarrow$	$CP_1\downarrow$	$CP_0\downarrow$
0	0	0	0	0	0	0	0	0
1	0	0	0	1	0	0	0	1
2	0	0	1	0	1	0	1	1
3	0	0	1	1	0	0	0	1
4	0	1	0	0	1	1	1	1
5	0	1	0	1	0	0	0	1
6	0	1	1	0	1	0	1	1
7	0	1	1	1	0	0	0	1
8	1	0	0	0	1	1	1	1
9	1	0	0	1	0	0	0	1
10	0	0	0	0	1	0	1	1

通过表 8.2.7 同样可以画出电路的状态转换表和时序图，读者自行画出。

图 8.2.19 给出了中规模异步计数器 74LS290 的电路图，它是按照图 8.2.18 异步十进制计数器的原理制成的。在 74LS290 芯片中为了增加使用的灵活性，FF_1 和 FF_3 的 CP 端不是从 Q_0 输出，而是从 CP_1 端单独引出。

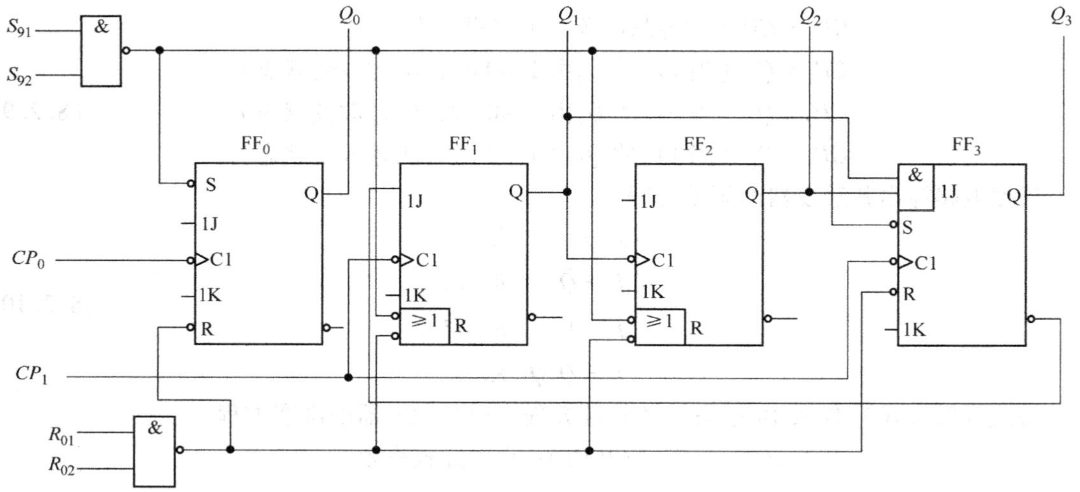

图 8.2.19 二－五－十进制异步计数器 74LS290 的电路图

图 8.2.20a、b 是 74LS290 的符号图和引脚图，其中 S_{91}、S_{92} 称为置“9”端，R_{01}、R_{02}

称为置“0”端；CP_0、CP_1为计数时钟输入端，$Q_3Q_2Q_1Q_0$为输出端，NC 表示空脚。

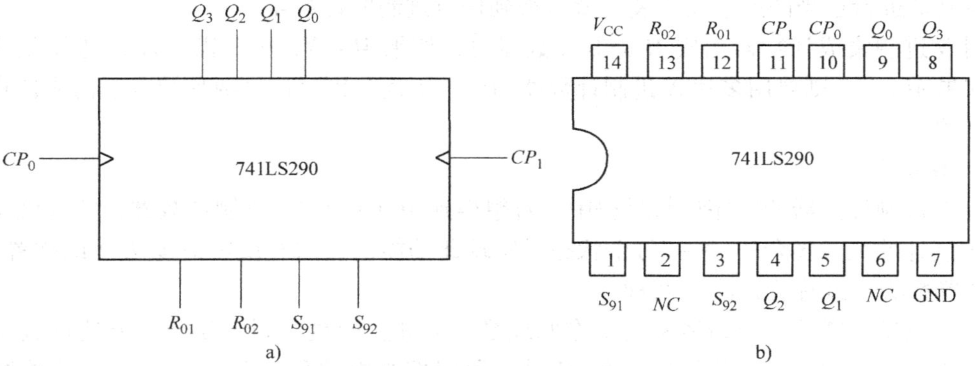

图 8.2.20 74LS290 的符号图和引脚图

a）符号图 b）引脚图

表 8.2.8 为 74LS290 的功能表。由功能表可得 74LS290 具有以下功能：

表 8.2.8 二－五－十进制异步计数器 74LS290 的功能表

复位输入 R_{01}	R_{02}	置位输入 S_{91}	S_{92}	时钟脉冲 CP_0	CP_1	电路状态 Q_3	Q_2	Q_1	Q_0
1	1	×	0	×	×	0	0	0	0
1	1	0	×	×	×	0	0	0	0
×	0	1	1	×	×	1	0	0	1
0	×	1	1	×	×	1	0	0	1
×	0	×	0	1	0	二进制计数器（Q_0 端输出）			
×	0	0	×	0	1	五进制计数器（$Q_3Q_2Q_1$ 端输出）			
0	×	×	0	1	Q_0	十进制计数器（$Q_3Q_2Q_1Q_0$ 端输出）			

置“9”功能：当 $S_{91}=S_{92}=1$，并且 R_{01}和 R_{02}不全为 1 时，不论其他输入端状态如何，计数器输出 $Q_3Q_2Q_1Q_0=1001$，而 $(1001)_2=(9)_{10}$，故又称为异步置数（置“9”）功能。

置“0”功能：当 S_{91}和 S_{92}不全为 1，并且 $R_{01}=R_{02}=1$ 时，不论其他输入端状态如何，计数器输出 $Q_3Q_2Q_1Q_0=0000$，故又称为异步清零功能或复位功能。

计数功能：当 S_{91}和 S_{92}不全为 1，并且 R_{01}和 R_{02}不全为 1 时，输入计数脉冲 CP，计数器开始计数。若计数脉冲由 CP_0输入，从 Q_0输出时，则构成二进制计数器；若计数脉冲由 CP_1输入，输出为 $Q_3Q_2Q_1$时，则构成五进制计数器；若将 Q_0和 CP_1相连，计数脉冲由 CP_0输入，输出为 $Q_3Q_2Q_1Q_0$时，则构成十进制（8421 码）计数器；因此，74LS290 又称为“二－五－十进制集成加法计数器”。

和同步计数器相比，异步计数器的电路结构比较简单。但异步计数器也存在致命的缺点，工作速度比较低。

8.2.3 用集成计数器构成 N 进制计数器

目前生产的集成计数器一般为二进制和 8421BCD 码十进制计数器两种，二进制计数器可以构成 2^n（n 为大于或等于 1 的正整数）进制的计数器，如 4 位二进制、7 位二进制、12

位二进制、14 位二进制等。要想构成任意进制的计数器，须利用已有的集成计数器，将它们的控制端进行适当的连接及扩展，就可得到任意进制的计数器。

用 N 进制集成计数器构成 M 进制计数器时，如果 $M<N$，则只需一片 N 进制集成计数器；如果 $M>N$，则要用多片 N 进制计数器构成。下面分别讨论这两种情况下构成任意进制计数器的方法。

1. $M<N$

在 N 进制计数器的顺序计数过程中，若想得到 M（$M<N$）进制计数器，关键就是如何使 N 进制计数跳过多余的$(N-M)$个状态。实现此功能的方法有反馈清零法（或称置零法）和反馈置数法（或称置位法）两种。

（1）反馈清零法　反馈清零的工作原理是，N 进制计数器利用复位功能使计数从“清零”状态开始计数，当计数长度达到 M 时，利用控制电路使复位控制有效，计数器“清零”又开始新一轮计数。

根据集成计数器是同步清零还是异步清零。反馈清零法又分为同步清零法和异步清零法。

异步清零法适用于具有异步清零端的集成计数器。

异步清零的思想是：在时钟 CP 的作用下，电路自全 0 状态 S_0开始，一直到 S_{M-1}状态顺序出现，当电路的 S_M状态出现时，通过译码门电路译码得到一个有效清零信号，并将此信号送至各触发器的异步清零端，使得所有的触发器清零，即电路返回 S_0状态。由于门和触发器的传输时间为纳秒量级，所以电路的 S_M状态只存在很短的瞬间。最后电路的稳定状态只有 S_0、S_1、S_2、...、S_{M-1}共 M 个，即实现了 M 进制的计数。图 8.2.21 为异步清零法状态转移示意图。

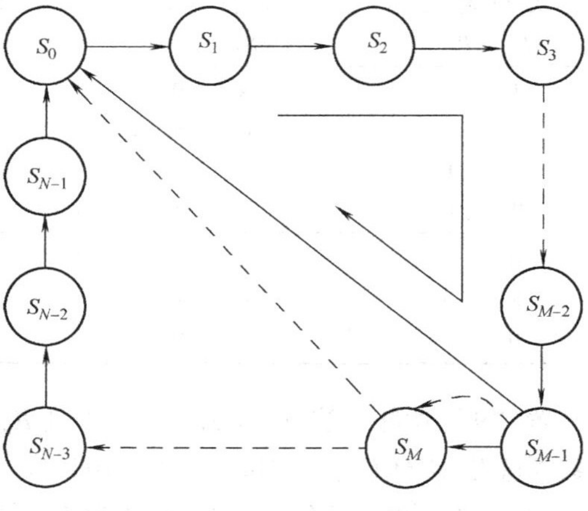

图 8.2.21　异步清零法状态转移示意图

[例 8.2.1]　采用异步清零法，用集成计数器 74LS161 和与非门组成六进制计数器。

解　图 8.2.22a 所示电路是采用异步清零法接成的六进制计数器。图中当计数器从 0000 状态开始计数，第 6 个 CP 脉冲上升沿到达时，输出 $Q_3Q_2Q_1Q_0=0110$，通过一个与非门译码后，反馈给 74LS161 的$\overline{R}_D$端一个清零信号，立即使 $Q_3Q_2Q_1Q_0$返回到 0000 状态。电路在进入 0110 状态后，立即被置成 0000 状态，即 0110 状态只在极短的瞬间出现，因此在状态转换图 8.2.22b 中用虚线表示。电路的完整状态转换图由读者自行画出，并分析该六进制计数器能否自启动。

同步清零法适用于具有同步清零端的集成计数器。

同步清零的思想是：在时钟 CP 的作用下，电路自 S_0状态开始，一直到 S_{M-1}状态顺序出现，当电路的 S_{M-1}出现时，通过译码门电路译码得到一个清零信号，并将此信号送至各触发器的同步清零端，使得所有的触发器在下一个时钟 CP 来临时清零，即电路返回 S_0状态。由于是同步清零，所以电路的 S_{M-1}状态保持了一个时钟周期时间。最后电路的稳定状态有

S_0、S_1、S_2、...、S_{M-1}共 M 个，即实现了 M 进制的计数。图 8.2.23 为同步清零法状态转移示意图。

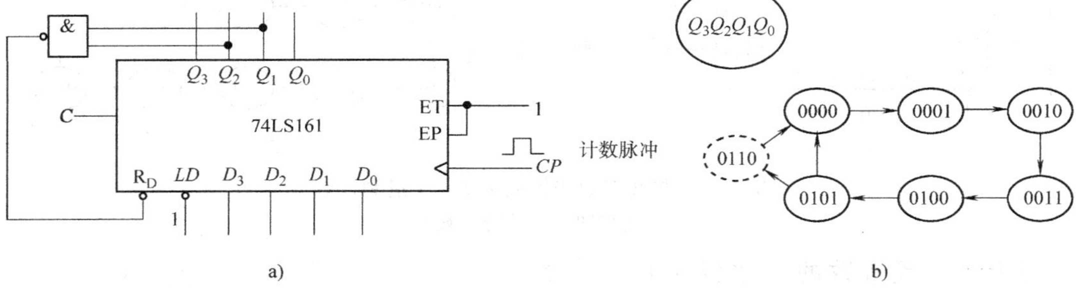

图 8.2.22　[例 8.2.1] 的电路图和状态转换图
a) 电路图　b) 状态转换图

(2) 反馈置数法　反馈置数法和反馈清零法不同，它是通过给计数器重复置入某个数值的方法跳跃（$N-M$）个状态，从而获得 M 进制计数器的。置数法可以在电路的任何一个状态下进行。这种方法适合于有预置数功能的计数器。与反馈清零法一样，反馈置数法有同步置数法和异步置数法两种。

异步预置数法适用于具有异步预置端的集成计数器。

对于异步式预置数的计数器（如 74LS190、74LS191），异步置数信号一旦有效，立即就会将数据置入计数器中，而不受 CP 信号的控制。图 8.2.24 为异步置数法状态转移示意图，图中计数器从 S_i开始计数，每当达到 S_{i+M}状态时产生一个有效置数信号送给置数端，将 S_i状态置入计数器，由于 S_{i+M}状态只存在瞬间时刻，所以稳定的状态只有 S_i、S_{i+1}、...、S_{i+M-1}共 M 个。

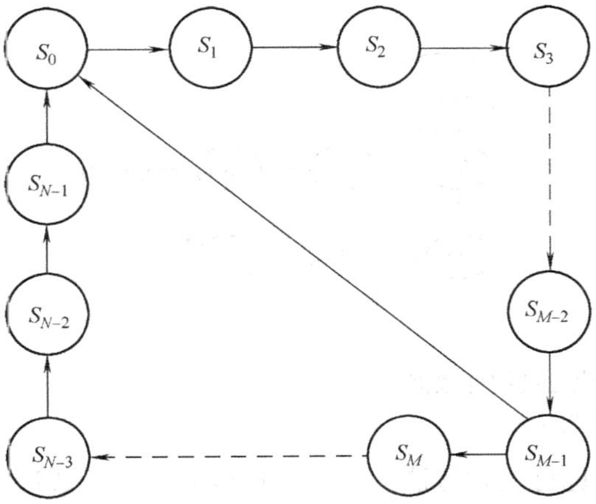

图 8.2.23　同步清零法状态转移示意图

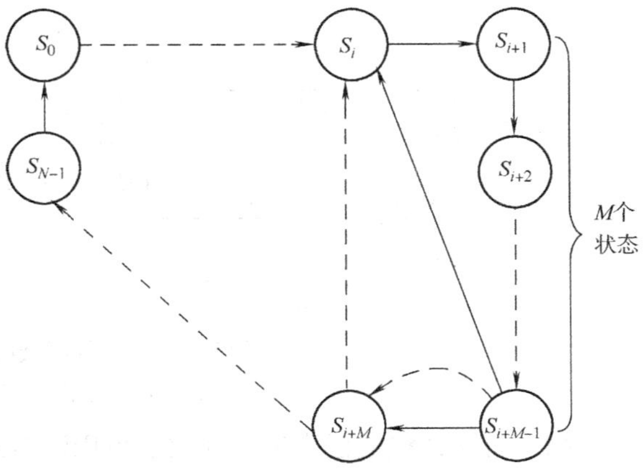

图 8.2.24　异步置数法状态转移示意图

图 8.2.25 所示是用集成计数器 74LS191 和与非门组成的十进制计数器。该电路的有效状态是 0011 ~ 1100，共 10 个状态，可作为余 3 码计数器。

同步置数法适用于具有同步预置端的集成计数器。

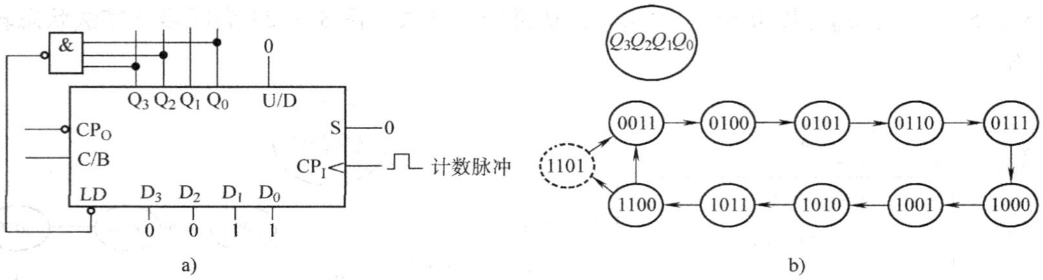

图 8.2.25 异步置数法组成余 3 码十进制计数器

a）电路图 b）状态转换图

对于同步预置数的计数器（如 74160、74161），同步置数信号有效后，要在下一个 *CP* 时钟到来时才将数据置入计数器中。图 8.2.26 为同步置数法状态转移示意图，图中计数器从 S_i状态开始计数，每当达到 S_{i+M-1}状态时产生一个有效置数信号送给置数端，在下一个 *CP* 时钟到来时，将 S_i状态置入计数器，计数器便从 S_i 状态计到 S_{i+M-1}状态，构成 *M* 进制计数器。

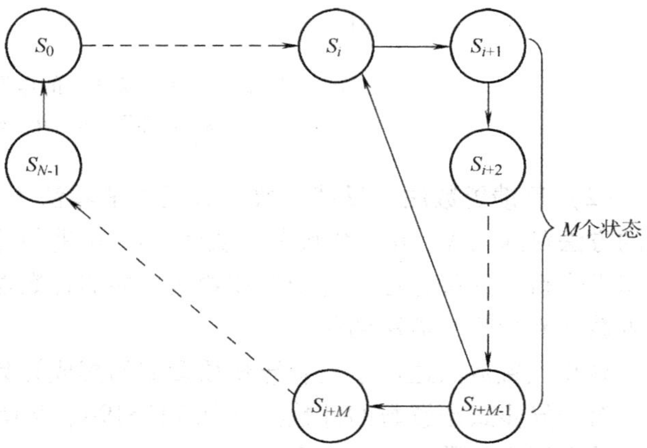

图 8.2.26 同步置数法状态转移示意图

图 8.2.27 所示是用集成计数器 74160 和与非门组成的七进制计数器。图中是将 74160 计数到 1001 状态时产生的进位信号反相后，反馈到预置控制端，使电路进入 0011 状态，电路便从 0011 开始加 1 计数，输入 6 个 *CP* 脉冲后电路又达到 1001 状态。

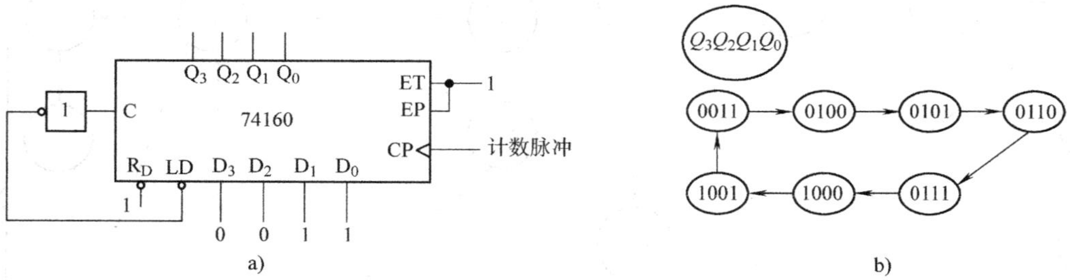

图 8.2.27 同步置数法组成七进制计数器

a）电路图 b）状态转换图

综上所述，组成任意进制计数器可用清零法，也可用置数法。清零法比较简单，置数法比较灵活。但不管用哪种方法，都应先搞清所用集成组件的清零端或预置端是异步还是同步工作方式，根据不同的工作方式选择合适的清零信号或预置信号。

2. $M>N$

这时必须用多片 *N* 进制计数器组合起来，才能构成 *M* 进制计数器。各芯片之间可采用串行进位方式（或称为异步级联方式）、并行进位方式（或称为同步级联方式）、整体反馈清零方式和整体反馈置数方式几种。

在并行进位方式中，两片的 CP 输入端同时接计数脉冲，以低位片的进位输出信号作为高位片的计数状态控制信号（计数器的使能端）；在串行进位方式中，以低位片的进位输出信号作为高位片的时钟输入信号。下面分别通过两个例子来说明这几种方法。

[例 8.2.2] 用 74160 组成 45 进制计数器。

解 因为所需计数器 $M=45$，而 74160 为模十计数器，所以要用两片 74160 构成此计数器。先将两芯片采用并行进位方式（同步级联方式）连接成 100 进制计数器，如图 8.2.28a 所示，图中两片 74160 的 CP 同时接输入计数脉冲，低位片 Ⅰ 的 $EP=ET=1$，高位片 Ⅱ 的 $EP=ET$，接低位片的进位信号 C。当有连续计数脉冲输入时，低位片 Ⅰ 从状态 0000 计到 1001 时，进位 $C=1$，高位片 Ⅱ 就加 1，所以该电路为 100 进制计数器。

然后再借助 74160 异步清零功能，在输入第 45 个计数脉冲后，计数器输出状态为 0100 0101 时，高位片 Ⅱ 的 Q_2 和低位片 Ⅰ 的 Q_2Q_0 同时为 1，使与非门输出 0，加到两芯片异步清零端上，使计数器立即返回 0000 0000 状态，状态 0100 0101 仅在极短的瞬间出现，为过渡状态，计数器从 0000 0000 状态计到 0100 0100 状态，就组成了 45 进制计数器，其逻辑电路如图 8.2.28b 所示。

这种连接方式可称为整体反馈清零法，其原理与 $M<N$ 的反馈清零法是一致的。

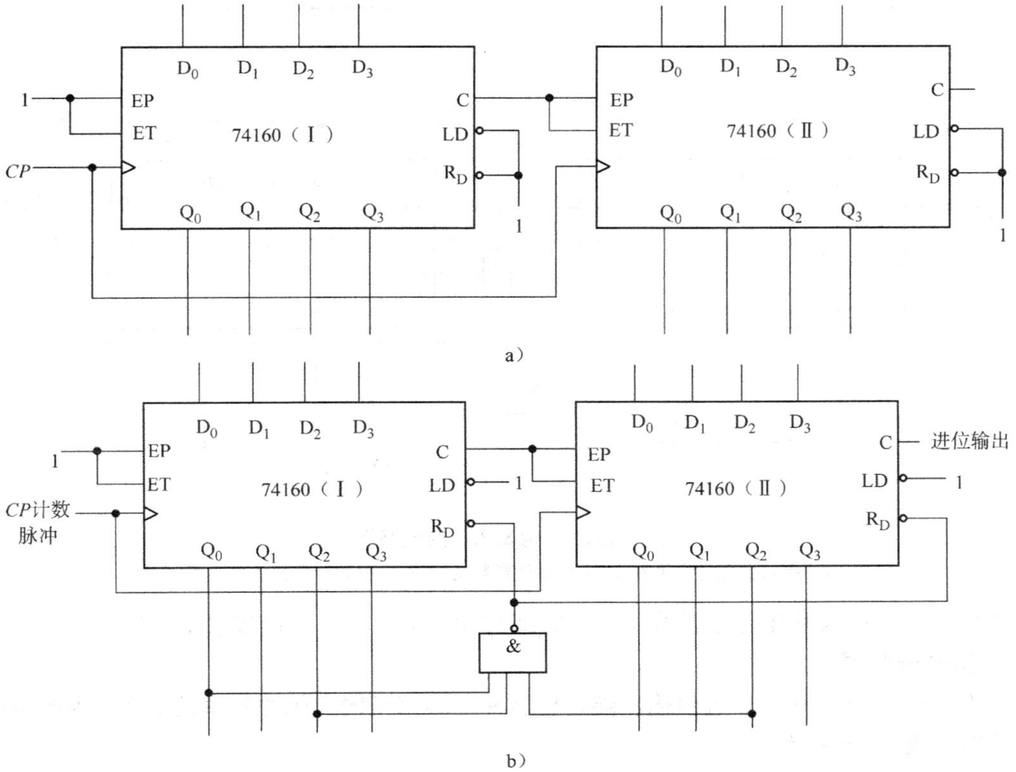

图 8.2.28 ［例 8.2.2］的电路图

a）并行进位的连接方式　b）整体置零法构成 45 进制计数器的电路图

［例 8.2.3］ 用 74LS161 组成 83 进制计数器。

解 因为所需计数器 $M=83$，而 74LS161 为模十六计数器，所以要用两片 74LS161 构成此计数器。先将两芯片采用串行进位方式（异步级联方式）连接成 256 进制计数器，如图 8.2.29a 所示，图中两片 74LS161 的 $EP=ET=1$，低位片Ⅰ的 CP 接输入计数脉冲，高位片Ⅱ的 CP 接低位片Ⅰ的进位信号 C。当有连续计数脉冲输入时，低位片Ⅰ从状态 0000 计到 1111 时，进位 C 输出一个时钟脉冲的高电平，下个计数脉冲到达后 C 端跳回低电平，经反相器反相后产生一个上升沿使高位片Ⅱ的 CP 信号有效，高位片Ⅱ就加 1，所以该电路为 256 进制计数器。然后再借助 74LS161 同步预置数功能，在输入第 82 个计数脉冲后，计数器输出状态为 01010010 时，高位片Ⅱ的 Q_2Q_0 和低位片Ⅰ的 Q_1 同时为 1，使与非门输出 0，加到两芯片同步预置端上，在下个计数脉冲到来时，计数器返回到 00000000 状态，因此计数器的计数范围为 00000000 ~ 01010010，组成了 83 进制计数器，其逻辑电路如图 8.2.29b 所示。

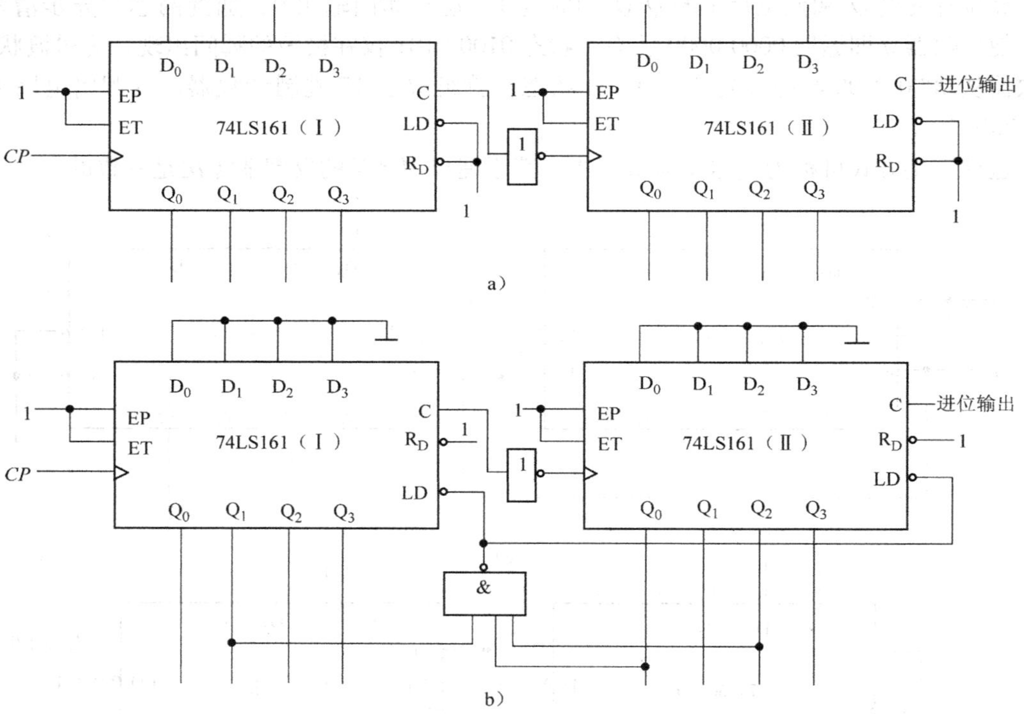

图 8.2.29 例 8.2.3 的电路图

a）串行进位的连接方式 b）整体置数法构成 83 进制计数器的电路图

这种连接方式可称为整体反馈置数法，其原理与 $M<N$ 时的反馈置数法是一致的。

3. 组成分频器

前面提到，模 N 计数器进位输出端输出脉冲的频率是输入脉冲频率的 $1/N$，因此可用模 N 计数器组成 N 分频器。

［例 8.2.4］ 某石英晶体振荡器输出脉冲信号的频率为 16384Hz，用 74LS161 组成分频器，将其分频为频率为 1Hz 的脉冲信号。

解 因为 $16384=2^{14}$，经 14 级二分频，就可获得频率为 1Hz 的脉冲信号。因此将 4 片

74LS161 级联组成 16 位二进制计数器，从高位片(Ⅳ)的 Q_1 输出即可，其逻辑电路如图 8.2.30 所示。

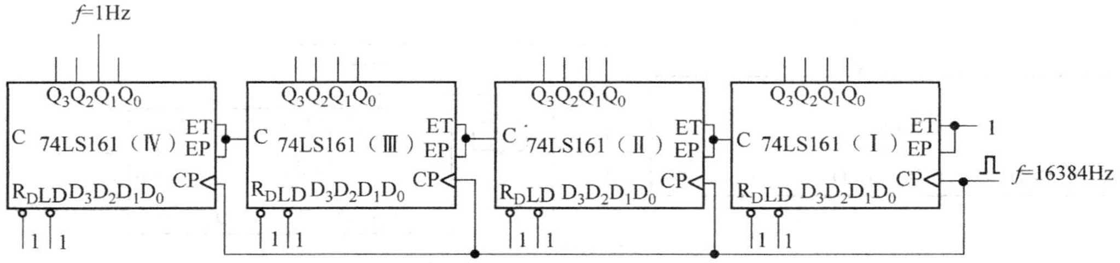

图 8.2.30　例 8.2.4 的逻辑电路图

8.2.4　组成序列信号发生器

在数字系统中经常需要一些串行周期性信号，在每个循环周期中，1 和 0 数码按一定的规则顺序排列，产生序列信号的电路称为序列信号发生器。

序列信号发生器的构成方法很多。一种比较简单的方法是用计数器和组合电路构成。例如，图 8.2.31 是用 74160 及门电路构成的序列信号发生器。其中 74160 与 G_1 构成了一个模六计数器，且 $Y=\overline{Q}_2Q_0$。在 CP 作用下，计数器的状态变化如表 8.2.9 所示。由于 $Y=\overline{Q}_2Q_0$，故不同状态下的输出如该表的右列所示。因此，这是一个 010100（时间顺序为自左而右）序列信号发生器，序列长度 $P=6$。

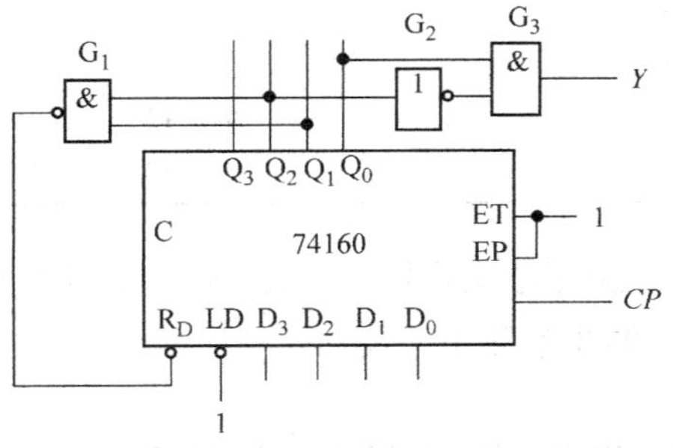

图 8.2.31　计数器组成序列信号发生器

表 8.2.9　图 8.2.31 的状态表

CP 脉冲的顺序	计数器的状态				输　出
	Q_3	Q_2	Q_1	Q_0	Y
0	0	0	0	0	0
1	0	0	0	1	1
2	0	0	1	0	0
3	0	0	1	1	1
4	0	1	0	0	0
5	0	1	0	1	0

构成序列信号发生器的另一种比较简单、直观的方法是用计数器和数据选择器组成。构成的方法如下：

第一步，构成一个模 P（P 为序列的长度）计数器；

第二步，选择适当的数据选择器，把欲产生的序列的 0、1 按规定的顺序加在数据选择器的数据输入端，把地址输入端与计数器的输出端适当地连接在一起。

［**例 8.2.5**］　试用计数器 74LS161 和数据选择器设计一个 01101001 序列发生器。

解　由于序列长度 $P=8$，故将 74LS161 构成模八计数器，并选用 8 选 1 数据选择器 74LS151 产生所需序列，从而得电路如图 8.2.32 所示。图中当 CP 脉冲连续作用到计数器 74LS161 时，$Q_2Q_1Q_0$ 的状态按 000 ~ 111 不断循环，则数据选择器 74LS151 的地址输入码 $A_2A_1A_0$ 也按 000 ~ 111 循环。则数据选择器 D_0 ~ D_7 的状态就循环不断的依次出现在 Y 端。只要令

$D_0=D_3=D_5=D_6=1$，$D_1=D_2=D_4=D_7=0$，便可在 Y 端输出不断循环的序列信号 01101001。表 8.2.10 为电路的功能表。

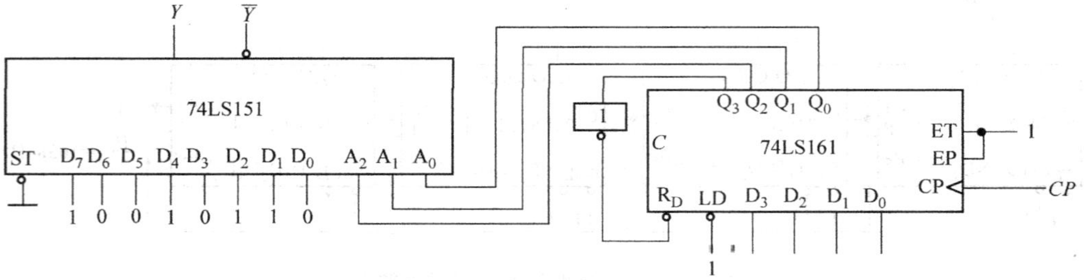

8.2.32 计数器和数据选择器组成序列信号发生器

表 8.2.10 图 8.2.32 电路的功能表

CP 脉冲的顺序	计数器的状态			序列信号的输出
	Q_2 A_2	Q_1 A_1	Q_0 A_0	Y
0	0	0	0	D_0 (0)
1	0	0	1	D_1 (1)
2	0	1	0	D_2 (1)
3	0	1	1	D_3 (0)
4	1	0	0	D_4 (1)
5	1	0	1	D_5 (0)
6	1	1	0	D_6 (0)
7	1	1	1	D_7 (1)
8	0	0	0	D_0 (1)

只要修改数据选择器输入端 $D_0 \sim D_7$ 的 0、1 值，就可得到不同的序列信号，而不需要对电路作任何改动。因此，使用该种方法实现序列发生器非常简单、灵活。

8.3 基于 Verilog HDL 语言的常用时序逻辑器件的功能实现

8.3.1 移位寄存器的 EDA 实现

移位寄存器是指寄存器里存放的数据在移位脉冲的作用下依次左移或右移。因此它不但可以用来寄存数据，还可以用来实现数据的串行—并行转换、数值的运算和数据处理，广泛应用于各类数字系统中。

下面使用 Verilog 语言设计一个 8 位左移位寄存器，该寄存器具有同步清零、异步置数功能。

```
module shifter(din,clk,clr,dout,data,load);
input din,clk,clr,load;
input[7:0]data;
```

```
output[7:0]dout;
reg[7:0]dout;
always @ (posedge clk or negedge load)
begin
if(!load)dout = data;//异步置数,低电平有效
else if(clr)dout <=8'b0;//同步清0,高电平有效
else
begin
dout <= dout << 1;//输出信号左移一位
dout[0] <= din;//输入信号补充到输出信号的最低位
end
end
endmodule
```

8.3.2 可变模加法/减法计数器的 EDA 实现

加法器和减法器都是在数字系统实现中常用的功能模块，下面采用 Verilog 语言实现了一个 8 位可变模加法/减法计数器，并具有同步清零和异步置数功能。

```
module updown_count(d,clk,clr,load,up_down,qd);
input[7:0]d;
input clk,clr,load;
input up_down;
output[7:0]qd;
reg[7:0]cnt;
assign qd = cnt;
always@ (posedge clk or posedge load)
begin
if(! clr)cnt = 8'h00;//同步清0,低电平有效
else if(load)cnt = d;//异步预置
else if(up_down)cnt = cnt + 1;//加法计数
else cnt = cnt - 1;//减法计数
end
endmodule
```

小　　结

(1) 时序电路的功能、结构和种类繁多。本章仅对数码寄存器、移位寄存器、计数器和序列信号发生器等几种典型的时序电路及它们的集成电路进行了较详细的讨论。利用这些集成电路器件，可以设计出各种不同功能的电子系统。对这些器件的集成芯片的功能及应用方法必须掌握。

（2）数码寄存器是用于存储二进制代码的时序电路组件，它具有接收和寄存二进制代码的逻辑功能，在结构上它由具有记忆功能的触发器组成。n 个触发器可以组成 n 位寄存器。

（3）移位寄存器不仅具有数码寄存器存储代码的功能，而且具有移位功能。在工作时钟的控制下，随着每个时钟的有效边沿到来，寄存器中的二进制代码向左或向右移动一位。

（4）计数器在数字系统中被广泛地使用，计数器不仅用于对脉冲进行计数，还可用于定时、分频、序列信号发生、数字运算等。计数器的种类很多，有同步计数器和异步计数器之分。无论同步还是异步计数器，都有加法、减法和可逆计数器之分。在各种进制的计数器中，二进制和十进制计数器是最基本的计数器，由它们可以构成任意进制计数器。任意进制（M 进制）计数器的设计方法有基本设计法、修改法、反馈清零法、置数法和多片计数器组合法等。

检　测　题

一、可以用来暂时存放数据的器件叫__________。

二、移位寄存器除__________功能外，还有__________功能。

三、某寄存器由 D 触发器构成，有 4 位代码要存储，此寄存器必须由__________个触发器构成。

四、一个 4 位二进制加法计数器，由 0000 状态开始，问经过 18 个输入脉冲后，此计数器的状态为__________。

五、n 级环形计数器的计数长度是__________，n 级扭环形计数器的计数长度是__________。

六、集成计数器的模值是固定的，但可以用__________法和__________来改变它们的模值。

七、通过级联方式，把两片 4 位二进制计数器 74LS161 连接成为 8 位二进制计数器后，其最大模值是__________；将 3 片 4 位十进制计数器 74160 连接成 12 位十进制计数器后，其最大模值是__________。

八、设计模值为 38 的计数器至少需要__________个触发器。

习　　题

［题 8.1］　试画出用 2 片 74LS194A 组成 8 位双向移位寄存器的逻辑图。74LS194A 的功能表见表 8.1.4。

［题 8.2］　图 8.1 所示电路是用 8 选 1 数据选择器 74LS151 和移位寄存器 CC40194 组成的序列信号发生器。试分析在 CP 脉冲作用下电路的输出序列信号 Y。

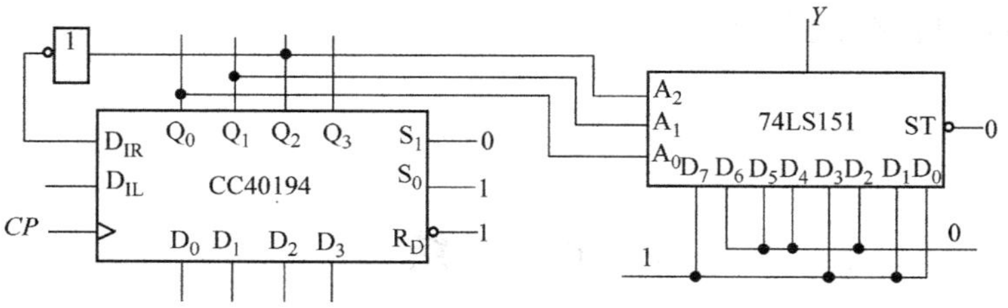

图　8.1

［题 8.3］　分析图 8.2 的计数器电路，画出电路的状态转换图，说明这是多少进制计数器。十六进制计数器 74LS161 的功能表如表 8.2.2 所示。

［题 8.4］　分析图 8.3 的计数器电路，说明这是多少进制的计数器，并画出电路的状态转换图。十进

制计数器 74160 的功能表如表 8.2.6 所示。

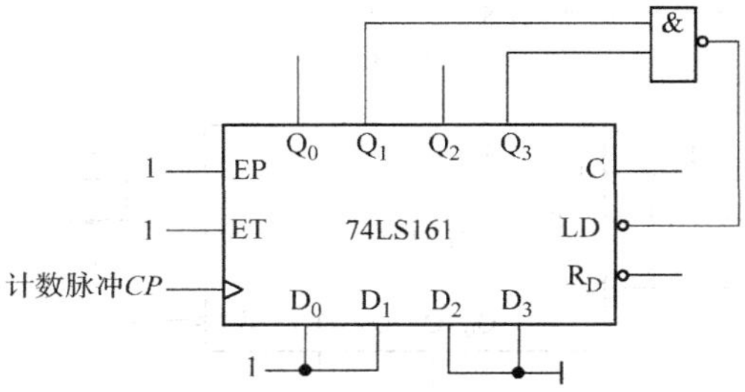

图　8.2

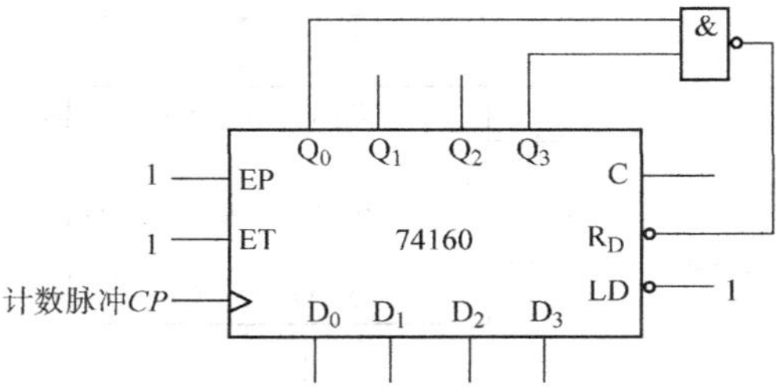

图　8.3

［题 8.5］　试用十六进制计数器 74LS161 设计十三进制计数器，标出输入、输出端，可以附加必要的门电路。74LS161 的功能表如表 8.2.2 所示。

［题 8.6］　分析图 8.4 的计数器在 $M=1$ 和 $M=0$ 时各为几进制计数器，并画出相应的状态转换图。74LS161 的功能表如表 8.2.2 所示。

［题 8.7］　分析图 8.5 的计数器在 $M=1$ 和 $M=0$ 时各为几进制，并画出相应的状态转换图。74LS161 的功能表如表 8.2.2 所示。

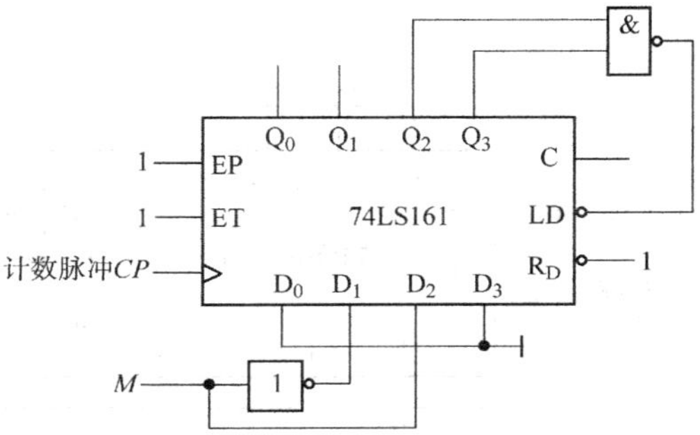

图　8.4

［题 8.8］　设计一个可控进制的计数器，当输入控制变量 $A=1$ 时为十三进制计数器，$A=0$ 时为七进制计数器。标出计数器的输入端和进位输出端。

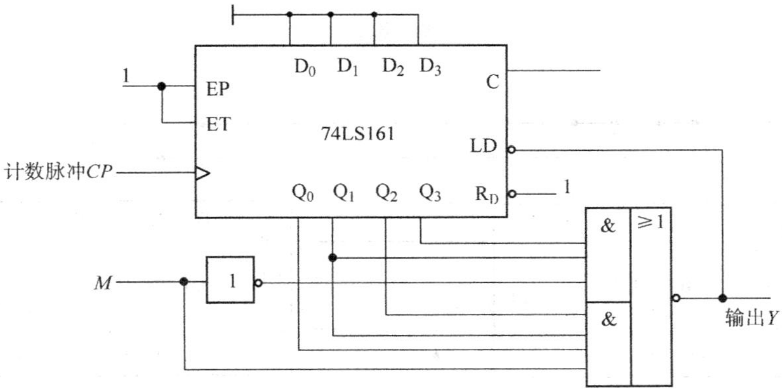

图　8.5

［题 8.9］　图 8.6 电路是由两片同步十六进制计数器 74LS161 组成的计数器，试分析这是多少进制的计数器，两片之间是几进制。74LS161 的功能表如表 8.2.2 所示。

［题 8.10］　图 8.7 电路是由两片同步十六进制计数器 74LS161 组成的计数器，试分析这是多少进制的计数器，两片之间是几进制。74LS161 的功能表如表 8.2.2 所示。

［题 8.11］　试分析图 8.8 计数器电路的分频比（即 Y 和 CP 的频率比）。74LS161 的功能表如表 8.2.2 所示。

［题 8.12］　试用同步 4 位二进制计数器 74LS161 芯片和必要的门电路来组成一个 125 进制加法计数

器。要求标出计数器的输入端和进位输出端，画出逻辑连接图。

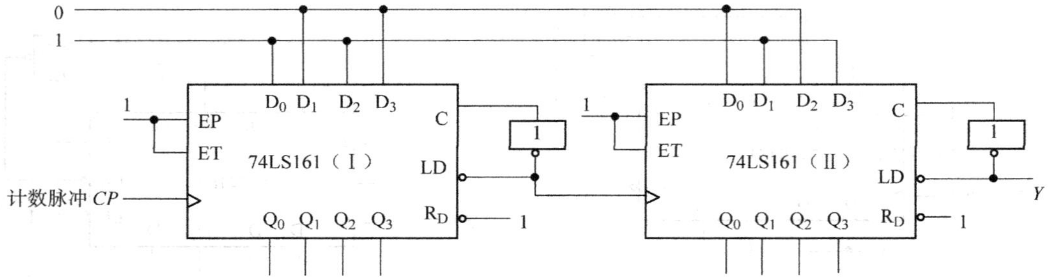

图 8.6

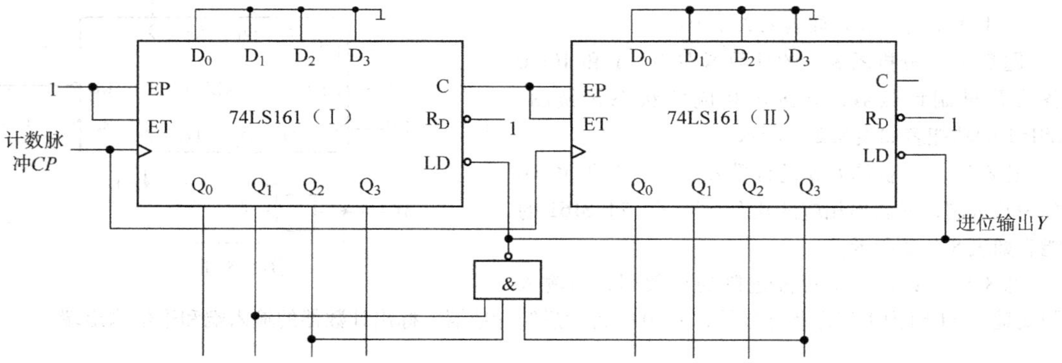

图 8.7

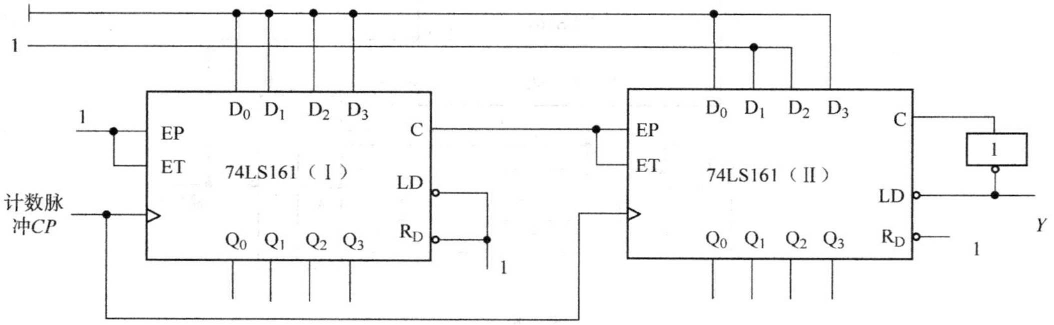

图 8.8

［题 8.13］ 设计一个序列信号发生器电路，使之在一系列 *CP* 信号作用下能周期性地输出“11010010111”的序列信号。

［题 8.14］ 图 8.9 是由同步十进制计数器 74160 和 3 线—8 线译码器 74LS138 组成的电路。分析电路功能，画出 74160 的状态转换图和电路输出 $\overline{Y}_i \sim CP$ 的波形图。

［题 8.15］ 试设计一个具有控制端 *M* 的序列信号发生电路。当 *M* 分别为 0 和 1 时，在时钟 *CP* 作用下，电路输出端 *Y* 能分别周期性地输出 1001 1010 和 0011 0101 的序列信号。用 74161 芯片和门电路实现。

［题 8.16］ 采用 Verilog HDL 设计一个模为 60 的 BCD 码加法计数器。

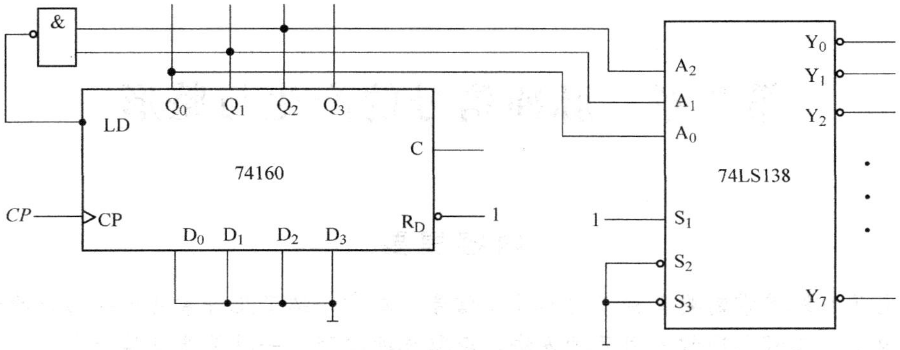

图 8.9

［题 8.17］ 采用 Verilog HDL 设计一个 4 位约翰逊计数器。

第 9 章　脉冲信号的产生与整形

内容提要

现代电子系统常常需要各种不同的脉冲信号，本章介绍了几种常见的矩形脉冲信号的产生和整形电路。工程上通常采用两种方法来获取脉冲波形：一种是能直接产生矩形脉冲信号的电路，如多谐振荡器；另一种是能将非矩形脉冲整形成矩形脉冲信号的电路如单稳态触发器和施密特触发器等。本章重点介绍构成单稳态触发器、多谐振荡器和施密特触发器的一种重要的集成电路 555 定时器及用它产生脉冲和构成整形电路的方法。

教学目标

1. 了解由基本门电路组成的单稳态触发器、多谐振荡器和施密特触发器的工作原理及集成单稳态触发器、施密特触发器的原理和应用。
2. 深刻理解单稳态触发器、多谐振荡器和施密特触发器三种典型脉冲电路的基本特点。
3. 掌握 555 集成定时器的工作原理及逻辑功能。
4. 掌握脉冲电路的波形分析方法，能熟练运用常用器件设计波形变换电路。

9.1　概述

在数字系统中，常常需要各种宽度、幅值且边沿陡峭的脉冲信号（如生产控制过程中的定时信号、*CP* 信号等）。在同步时序逻辑电路中，作为时钟信号的矩形脉冲控制和协调着整个系统的工作。因此，时钟信号的特性直接关系到系统能否正常地工作。脉冲信号的获取途径主要有两种方法：一种是利用各种形式的脉冲振荡器电路直接产生；另一种是利用各种整形电路对已有的周期性变化波形进行整形，使之符合系统的要求。

在数字电路中分别以高低电平表示 1 状态和 0 状态，此时信号的波形是非正弦波。从狭义上讲，脉冲信号是指一种持续时间极短的电压或电流波形。从广义上讲，通常把一切既非直流又非正弦交流的电压或电流统称为脉冲。几种常见的脉冲波形有方波、矩形波、锯齿波及尖顶脉冲等，这些脉冲波形都是时间的函数，但它们的幅值变化是不同的。

脉冲波形的种类繁多，表示它们特性的参数也不尽相同。最常见的脉冲波形是方波和矩形波，理想的方波和矩形波突变部分是瞬时的，不占用时间。但实际的脉冲电压在发生跃变时都需要经历一定的时间。为了定量描述矩形脉冲的特性，通常以图 9.1.1 所示的矩形脉冲为例，介绍脉冲波形的几个主要参数：

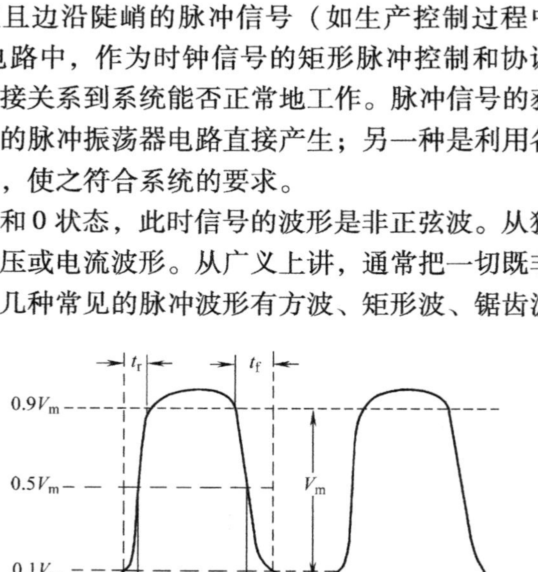

图 9.1.1　矩形脉冲参数

（1）脉冲信号的周期 T：周期性重复的脉冲序列中，两相邻脉冲重复出现的间隔时间。

（2）脉冲频率 f：单位时间内脉冲重复的次数，是脉冲周期的倒数，即 $f=\frac{1}{T}$。

（3）脉冲幅度 V_m：脉冲电压的最大变化幅度。

（4）脉冲宽度 T_w：从脉冲前沿上升到 $0.5V_m$ 处开始，到脉冲后沿下降到 $0.5V_m$ 处为止的一段时间。也是脉冲信号的持续时间，又称脉宽。

（5）上升时间 t_r（前沿）：脉冲信号前沿从 $0.1V_m$ 上升到 $0.9V_m$ 所需要的时间。

（6）下降时间 t_f（后沿）：脉冲信号后沿从 $0.9V_m$ 下降到 $0.1V_m$ 所需要的时间。

（7）占空比 q：脉冲宽度与脉冲周期的比值，亦称占空比系数，公式为 $q=\frac{T_w}{T}$。在一个周期中，$T-T_w$ 为脉冲休止期。

双稳态触发电路具有两个稳定状态，两个稳定状态的转换都需要在外加触发脉冲的作用下才能完成。前面介绍的基本 RS 触发器就是典型的双稳态触发电路。

单稳态触发电路有一个稳定状态，和一个暂时稳定状态，从稳定状态转换到暂稳态时必须由外加触发信号触发，从暂稳态转换到稳态是由电路自身完成的，暂稳态的持续时间取决于电路本身的参数。

多谐振荡电路能够自激产生脉冲波形，它的状态转换不需要外加触发信号，完全由电路自身完成。因此它没有稳定状态，只有两个暂稳态。

脉冲电路是用来产生和处理脉冲信号的电路。它由开关元件和惰性电路构成，开关元件的通断使电路实现不同状态的转换，而惰性电路则用来控制暂稳态变化过程的快慢。脉冲电路可以用分立晶体管、场效应晶体管作为开关和 RC 电路构成，也可以由集成门电路和 RC 充放电电路构成。常用的脉冲波形的产生、变换和整形电路有单稳态触发器、多谐振荡器和施密特触发器等。脉冲整形电路能够将其他形状的信号，如正弦波、三角波和一些不规则的波形变换成矩形脉冲。施密特触发器就是常用的整形电路，它有两个特点：能把变化非常缓慢的输入波形整形成数字电路所需要的矩形脉冲；有两个触发电平，当输入信号达到某一额定值时，电路状态就会转换，因此它属于电平触发的双稳态电路。

9.2 单稳态触发器

单稳态触发器有稳态和暂稳态两个不同的工作状态；在外来触发脉冲的作用下，电路从稳态翻转到暂稳态，经过一段时间后又自动返回到原来的稳定状态，故称触发后达到的状态为暂稳态；单稳态触发器输出脉冲的宽度与电路本身的参数有关，而与外界触发脉冲无关。无信号触发时，电路处于稳定状态。

单稳态触发电路通常由门电路或定时器及 RC 电路元件组成，是一种用于整形、延时、定时的脉冲电路。用集成门构成的单稳态触发器，根据维持暂稳态的 RC 定时电路的不同接法，大致分为微分型和积分型两种。

9.2.1 555 定时电路

555 定时器是一种多用途的数字—模拟混合的单片中规模集成电路，其用途非常广泛。

只需外接少量的阻容元件就可以方便地构成单稳态触发器、多谐振荡器和施密特触发器。单稳态触发器、多谐振荡器和施密特触发器既可以用分立元件、门电路构成，也可以用555定时器构成。由于该电路使用灵活、方便，因而在波形的产生与变换、音响报警、电子检测、仪器仪表、家用电器及电子玩具等领域得到了广泛的应用。

555定时器按内部元件分类，可分为双极型（TTL）和单极型（CMOS）两大类，型号分别有NE555、C7555等多种。双极型555定时器的电源电压范围为5～16V，CMOS型555定时器的电源电压范围为3～18V；按芯片内包含的定时器的个数可分为单时基定时器555和双时基定时器556两种类型。双极型产品型号最后的三位为555，而所有CMOS产品型号最后四位为7555，它们的结构、工作原理、功能和外引线排列完全相同。一般双极型定时器具有较大的驱动能力，而CMOS定时电路具有低功耗，输入阻抗高等优点。

1. 电路组成

555定时器的电路结构及外引脚排列如图9.2.1所示，它主要由电阻分压器、两个电压比较器A_1和A_2、一个基本RS触发器、晶体管开关及输出缓冲器等五部分组成。

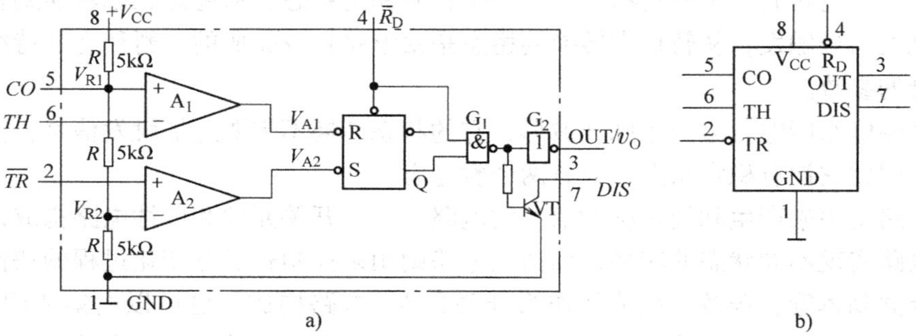

图9.2.1 555定时器

a）原理电路图 b）电路符号

设TH端、$\overline{TR}$端的输入电压分别为v_{TH}和$v_{\overline{TR}}$，OUT端输出电压为v_O。

（1）分压器　分压器由3个5kΩ的电阻串联起来组成，它为两个比较器A_1、A_2提供基准电压。当控制输入端V_{CO}悬空时，$V_{R1}=2V_{CC}/3$，$V_{R2}=V_{CC}/3$。如果在电压控制端5脚外接控制电压V_{CO}，则可改变A_1、A_2的参考电压，$V_{R1}=V_{CO}$，$V_{R2}=V_{CO}/2$。一般在工作时不另加控制电压，只是在5脚和地之间接0.01μF的电容，以防止旁路高频干扰。

（2）比较器　比较器A_1、A_2是两个结构完全相同的高精度比较器，如果用v_+、v_-分别表示集成运放相应输入端上所加的电压，由于A_1、A_2工作在电压比较状态，则当$v_+>v_-$时，$v_O=1$；当$v_+<v_-$时，$v_O=0$，两个输入端基本上不向外索取电流，即输入电阻趋向于无穷大。A_1的反相输入端为引脚6的高触发端TH，当$v_{TH}>2V_{CC}/3$时，A_1输出为低电平，即逻辑“0”；当$v_{TH}<2V_{CC}/3$时，A_1输出为高电平，即逻辑“1”。A_2的同相输入端为引脚2的低触发端$\overline{TR}$，当$v_{\overline{TR}}>V_{CC}/3$时，$A_2$输出为高电平，即逻辑“1”；当$v_{\overline{TR}}<V_{CC}/3$时，$A_2$输出为低电平，即逻辑“0”。$A_1$、$A_2$的输出正好是基本RS触发器的输入。

（3）基本RS触发器　基本RS触发器由两个与非门组成。比较器A_1、A_2的输出控制着基本RS触发器的状态。电压比较器A_1的输出端相当于复位端，电压比较器A_2的输出端相当于置位端，$\overline{R}_D$是直接置零输入端，低电平有效。当$\overline{R}_D=0$时，输出立即被置成低电平。

(4) 放电晶体管　晶体管 VT 组成放电管，当 v_O =“1” 时，VT 截止；当 v_O =“0” 时，VT 导通。

(5) 输出缓冲级　输出缓冲器 G_2 可以提高电路的带负载能力。同时还起隔离负载对定时器影响的作用，用 G_1 的输出状态控制放电晶体管的工作状态。

2. 基本功能

555 定时器的功能如表 9.2.1 所示。

表 9.2.1　555 定时器的功能表

$\overline{R}_D$	v_{TH}　　$v_{\overline{TR}}$	$\overline{R}$　$\overline{S}$	Q　$\overline{Q}$	v_O　VT
0	×　　×	×　×	0　1	0　导通
1	$<2V_{CC}/3$　$<V_{CC}/3$	1　0	1　0	1　截止
1	$<2V_{CC}/3$　$>V_{CC}/3$	1　1	Q　$\overline{Q}$	保持　保持
1	$>2V_{CC}/3$　$<V_{CC}/3$	0　0	1　1	1　截止
1	$>2V_{CC}/3$　$>V_{CC}/3$	0　1	0　1	0　导通

当 $\overline{R}_D=1$ 时，电路的逻辑功能如下：

(1) 当 $v_{TH}<V_{R1}$、$v_{\overline{TR}}<V_{R2}$ 时　$V_{A1}=1$，$V_{A2}=0$，触发器被置 1，输出 v_O 为高电平，同时放电晶体管 VT 截止。

(2) 当 $v_{TH}<V_{R1}$、$v_{\overline{TR}}>V_{R2}$ 时　$V_{A1}=1$，$V_{A2}=1$，触发器状态保持不变，因而输出 v_O 和放电晶体管 VT 的状态也保持不变。

(3) 当 $v_{TH}>V_{R1}$、$v_{\overline{TR}}<V_{R2}$ 时　$V_{A1}=0$，$V_{A2}=0$，触发器输出 $Q=\overline{Q}=1$，输出 v_O 为高电平，同时放电晶体管 VT 截止。

(4) 当 $v_{TH}>V_{R1}$、$v_{\overline{TR}}>V_{R2}$ 时　$V_{A1}=0$，$V_{A2}=1$，触发器被置 0，输出 v_O 为低电平，同时放电晶体管 VT 导通。

9.2.2　用 555 定时器构成的单稳态触发器

单稳态触发器只有一个稳定状态，在外来触发脉冲的作用下，电路从稳态翻转到暂稳态，经过一段时间后又自动返回到稳态，并在输出端产生一个宽度为 T_w 的矩形脉冲。

1. 电路组成

图 9.2.2a 是由 555 定时器构成的单稳态电路，图 9.2.2b 是它的简化电路图，图中输入信号 v_I 加至低触发 $\overline{TR}$ 端，同时 TH 端对地接入电容 C，输出信号 v_O 由 3 脚引出，R、C 为外接定时元件。

2. 工作原理

(1) 稳态（静止期）　没有触发信号时 v_I 处于高电平，电路处于稳态，根据 555 定时器的工作原理 $V_{A_1}=V_{A_2}=1$，$Q=0$，$\overline{Q}=1$，$v_O=0$。

当负触发脉冲未输入前，假定接通电源后图 9.2.3 所示电路的稳态为高电平，即触发器输出 $Q=1$，$\overline{Q}=0$，则放电晶体管 VT 一定截止，此时电源经电阻 R 对电容 C 充电。当充电

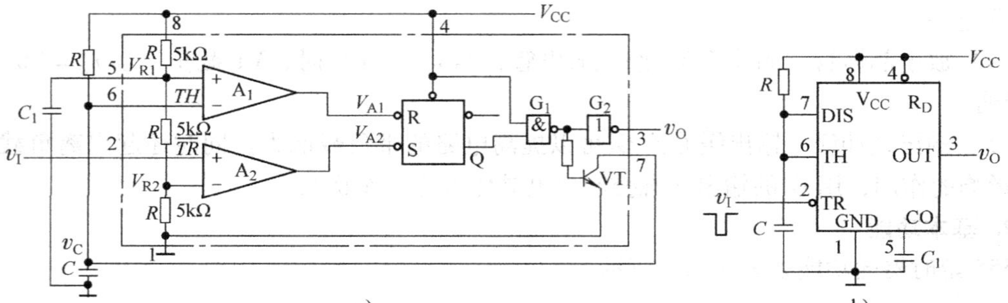

图 9.2.2　555 电路构成的单稳态电路

a）电路图　b）简化电路图

到 $v_C=2V_{CC}/3$ 时，V_{A1}变为 0，且 $V_{A2}=1$，结果使 $Q=0$，$\overline{Q}=1$，门 G_2输出 $v_O=0$。同时，放电晶体管 VT 导通，电容 C 经 VT 迅速放电，使 $v_C\approx 0$。这时 555 定时器的 $v_{\overline{TR}}>V_{CC}/3$，$v_{TH}<2V_{CC}/3$，使 $V_{A1}=V_{A2}=1$，触发器保持 $v_O=0$ 的状态不变。

如果接通电源后图 9.2.3 所示电路的稳态为低电平，即触发器输出 $Q=0$，$\overline{Q}=1$，则放电晶体管 VT 导通，使 $v_C\approx 0$。$V_{A_1}=V_{A_2}=1$，基本 RS 触发器处于保持状态，$Q=0$，$\overline{Q}=1$，使 $v_O=0$。

由上述分析得出，555 定时器构成的单稳态触发器的稳态为低电平。

（2）外加触发信号，电路由稳态翻转到暂稳态　当外加触发信号时，要求触发信号为负脉冲且低电平应小于 $V_{CC}/3$，则 $V_{A1}=1$，$V_{A2}=0$ 使 $Q=1$，$\overline{Q}=0$，$v_O=1$，同时放电晶体管 VT 截止，电路进入暂稳态，定时开始，V_{CC}经 R 对电容 C 充电。只要在 v_C上升到 $2V_{CC}/3$ 之前，撤去触发信号，其输出仍维持高电平不变。

（3）由暂稳态自动返回到稳态　在暂稳态期间，定时电容开始充电，由 $V_{CC}\rightarrow R\rightarrow C\rightarrow$GND，充电时间常数为 RC，v_C按指数规律上升，当充电到 $v_C=2V_{CC}/3$ 时，$V_{A1}=0$，$v_{\overline{TR}}$已经为高电平，$V_{A2}=1$，使触发器输出 $Q=0$，这时 555 定时器输出状态由高电平返回到低电平，即 $v_O=0$。同时放电晶体管 VT 导通，电容 C 放电，使 $v_C\approx 0$，电路恢复到稳态。图 9.2.3 画出了它的工作波形。

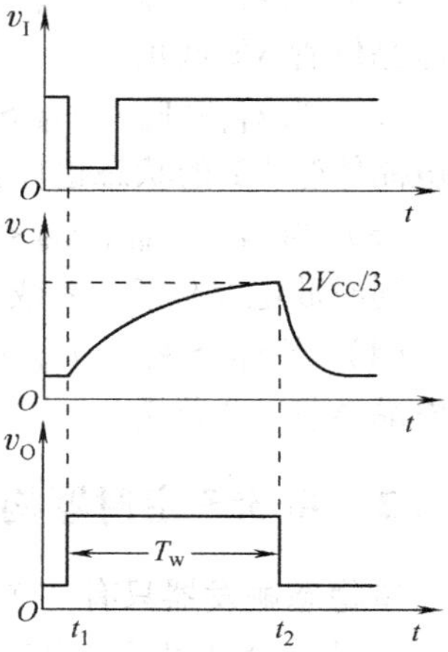

图 9.2.3　图 9.2.3 电路的电压波形图

当下一个输入负脉冲到来时，电路又重复上述过程。

电路的充电时间常数为 $\tau=RC$，放电时间常数为 $\tau=R_{ON}C$，R_{ON}为晶体管的导通电阻。

3. 输出脉冲宽度

通常将暂稳态的维持时间称为输出脉冲宽度，用 T_w 表示，它是一个重要的参数，与充电回路的时间常数 $\tau=RC$ 有关，可以根据 v_C的波形进行计算。

为了计算方便，对于图 9.2.3 的 v_C波形，将触发脉冲作用的起始时刻 t_1 作为时间起点，则

$$v_C(0)=0$$

$$v_C(\infty) = V_{CC}$$
$$\tau = RC$$

根据 RC 电路瞬态过程的分析，可得到

$$v_C(t) = v_C(\infty) - \left[v_C(\infty) - v_C(0)\right]e^{-\frac{t}{\tau}} \tag{9.2.1}$$

当 $t = T_w$ 时，$v_C(T_W) = 2V_{CC}/3$ 代入式（9.2.1）中，可求得

$$T_w = RC\ln\frac{v_C(\infty) - v_C(0)}{v_C(\infty) - v_C(T_w)} = RC\ln\frac{V_{CC} - 0}{V_{CC} - \frac{2}{3}V_{CC}} = RC\ln 3 = 1.1RC \tag{9.2.2}$$

4. 讨论

1）单稳态触发脉冲的宽度一定要小于单稳态触发器的暂稳态时间，即小于单稳态触发器的输出脉冲宽度。因为暂稳态结束，翻转到新态要求 v_I 为高电平，否则不能回到稳态。如果输入触发脉冲的宽度大于 T_w，通常在输入端接一微分电路，如图 9.2.4 所示。

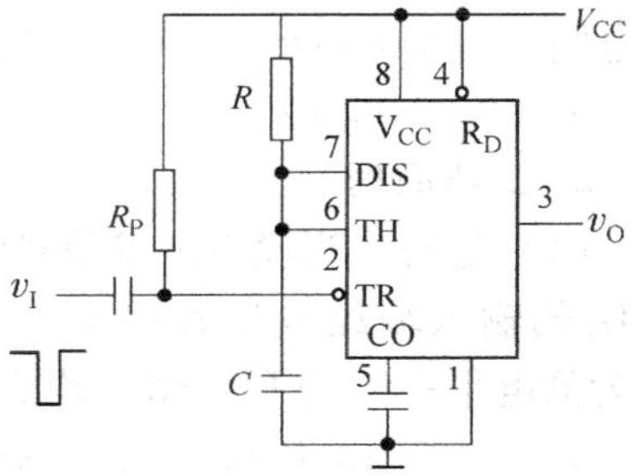

图 9.2.4　微分型单稳态电路

2）暂稳态持续时间的长短只与充电的时间常数有关，而与触发负脉冲的宽度无关。无信号触发时，电路处于稳定状态。

3）公式 $T_w = 1.1RC$ 成立的前提条件是 555 定时器的 CO 端无外加电压，且内部分压电阻相等，准确地将 V_{CC} 分成 $V_{CC}/3$、$2V_{CC}/3$ 条件下得到的。

[例 9.2.1]　由 CH7555 构成的单稳态电路如图 9.2.5a 所示，其输入触发信号如图 9.2.5b、c 所示，试确定：(1) 图 9.2.5b、c 中哪个适合作输入触发信号，并画出与其相对应的 v_C 和 v_O 的波形图。(2) 该电路的稳态持续时间。

解　(1) 由已知得输出脉冲 T_w 为

$$T_w = 1.1RC = 1.1 \times 270 \times 0.1 \times 10^{-6}\text{s} = 29.7\mu\text{s}$$

图 9.2.5b 负脉冲持续时间为 30μs，图 9.2.5c 负脉冲持续时间为 10μs，当输入负脉冲宽度小于 T_w 时才适合作输入触发信号，因此图 9.2.5c 适合作输入触发信号，与其相对应的 v_C 和 v_O 的波形如图 9.2.6 所示。

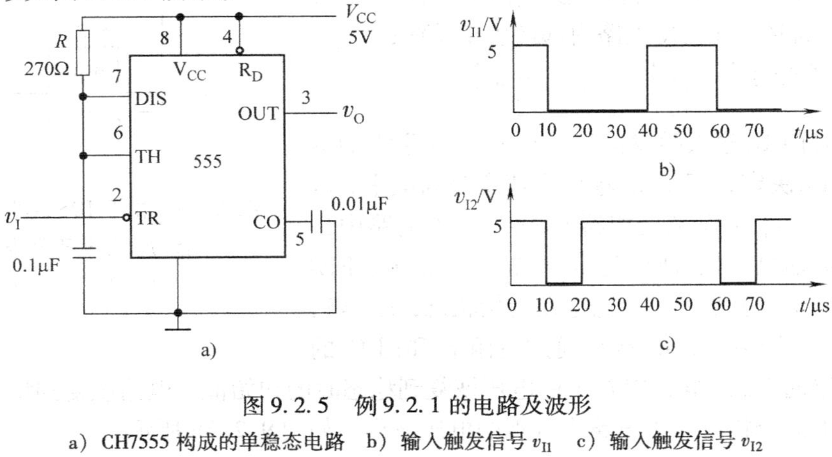

图 9.2.5　例 9.2.1 的电路及波形

a) CH7555 构成的单稳态电路　b) 输入触发信号 v_{I1}　c) 输入触发信号 v_{I2}

（2）由图 9.2.5c 中的 v_{I2} 可见，它的周期为 50μs，故该电路的稳态持续时间为

$$50\mu s - 29.7\mu s = 20.3\mu s$$

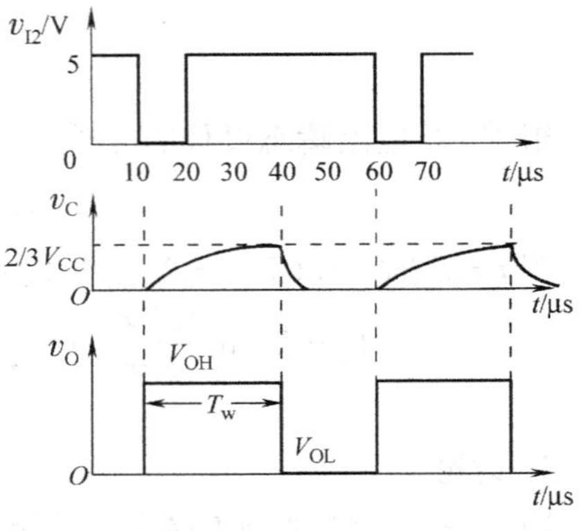

图 9.2.6 ［例 9.2.1］的相关波形

9.2.3 微分型单稳态触发器

1. 电路组成

图 9.2.7a 是由 CMOS 或非门构成的单稳态触发器。v_I是输入触发脉冲，高电平触发；v_{O2}是门 G_2 的输出电压；G_1、G_2 是 CMOS 或非门；R、C 构成微分电路。对于 CMOS 电路，可以近似认为 $V_{OH} \approx V_{DD}$，$V_{OL} \approx 0$。$V_{TH} = V_{DD}/2$。

2. 工作原理

（1）稳态　当没有触发信号时，v_I为低电平。因为门 G_2 的输入端经电阻 R 接至 V_{DD}，v_A为高电平，因此 v_{O2}为低电平；G_1 的两个输入均为 0，故输出 v_{O1} 为高电平，电容两端的电压接近为 0。这是电路的稳态，在触发信号到来之前，电路一直处于这个状态：$v_{O1} = 1$，$v_{O2} = 0$，电容 C 上没有电压。

（2）外加触发信号使电路由稳态翻转到暂稳态　当外加正触发信号 v_I时，门 G_1 的输出 v_{O1} 由 1 变为 0，v_A 也随之跳变到低电平，使门 G_2 的输出 v_{O2} 变为高电平。这个高电平反馈到门 G_1 的输入端，此时即使 v_I 的触发信号撤除，由于 v_{O2} 的作用，门 G_1 的输出仍能保持低电平不变。实现了由稳态到暂稳态的转换。暂稳态期间，$v_{O1} = 0$，$v_{O2} = 1$。

（3）暂稳态到稳态的过渡　在暂稳态期间，电源 V_{DD} 经电阻 R 和门 G_1 对电容 C 充电，随着充电时间的增加，电容 C 上的电荷逐渐增多，使 v_A 升高。当 v_A 上升到阈值电压 V_{TH} 时，又会使电路内部产生正反馈：

$$C\text{充电}\uparrow \to v_A \uparrow \to v_{O2} \downarrow \to v_{O1} \uparrow$$

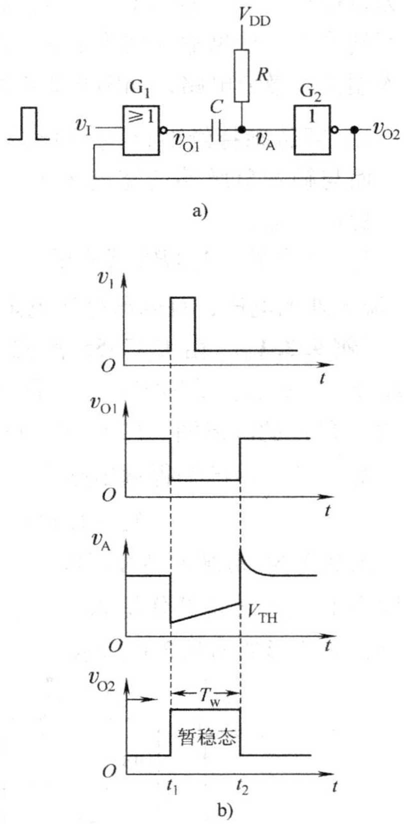

图 9.2.7　由 CMOS 或非门构成的微分型单稳态触发器

a）电路　b）波形

如果这时门 G_1 输入触发信号已经消失，门 G_1 的输出状态只由 v_{O2} 决定，门 G_1 的输出迅速变为高电平，v_A 迅速变为 $V_{DD} + V_D$（V_D 是反相器 G_2 输入保护电路中二极管的正向导通电压），所以门 G_2 的输出 v_{O2} 由 V_{DD} 下跳到 0，同时引起 v_{O1} 上跳。最后稳定在初始状态，$v_{O1} = 1$，$v_{O2} = 0$。暂稳态结束后，电容 C 通过电阻 R 和门 G_2 的输入保护电路向 V_{DD} 放电，使 C 上的电压恢复到稳态时的初始值，电路恢复到稳定状态。

根据以上的分析可画出电路中各点的电压波形，如图 9.2.7b 所示。

3. 主要参数计算

为了定量地描述单稳态触发器的性能，经常使用输出脉冲宽度 T_w、输出脉冲幅度 V_m、恢复时间 T_{re}、分辨时间 T_d、最高工作频率 f_{max} 等几个参数来描述单稳态触发器的性能。

（1）输出脉冲宽度 T_w　T_w 是 v_A 从 0V 上升到 V_{TH} 所需时间。电源通过电阻 R 及或非门 G_1 低电平时的输出电阻 R_{ON}（由于 $R_{ON} \ll R$，所以 R_{ON} 可忽略）对电容 C 充电，是一个暂态问题，写出三要素即可。如图 9.2.8 所示。

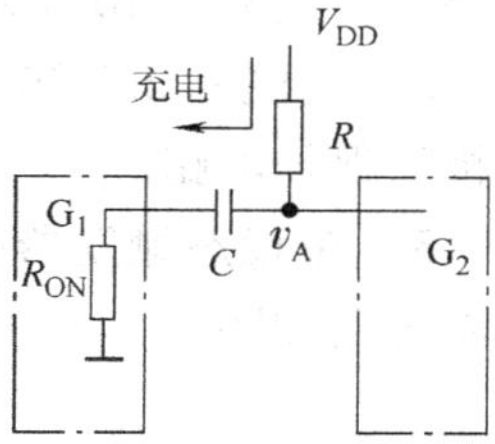

图 9.2.8　充电回路

由 RC 电路瞬态过程分析

$$v_A(t) = v_A(\infty) - [v_A(\infty) - v_A(0)]e^{\frac{-t}{\tau}} \tag{9.2.3}$$

当 $t = T_w$ 时，$v_A = V_{TH}$，将 $v_A(0) = 0$，$v_A(\infty) = V_{DD}$，$\tau = RC$，$V_{TH} = V_{DD}/2$ 代入式（9.2.3）得

$$v_A(T_w) = V_{TH} = V_{DD}(1 - e^{\frac{-T_w}{RC}})$$

$$T_w = RC\ln\frac{V_{DD}}{V_{DD} - V_{TH}} \approx 0.7RC \tag{9.2.4}$$

（2）恢复时间 T_{re}　暂稳态结束后，还需一段时间才能使电路完全恢复到触发前的起始状态。单稳态触发器一般要经过（3～5）τ_d（τ_d 为放电时间常数），放电才基本结束，RC 电路才能达到稳定。电容 C 放电的等效电路如图 9.2.9 所示。图中的 VD 是反相器 G_2 输入保护电路中的二极管，如果 VD 的正向导通电阻比 R 和门 G_1 的输出电阻 R_{ON} 小得多，则恢复时间 T_{re} 为

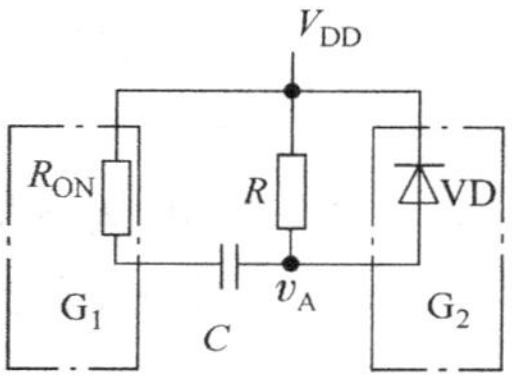

图 9.2.9　电容 C 放电的等效电路

$$T_{re} = (3 \sim 5)R_{ON}C \tag{9.2.5}$$

（3）分辨时间 T_d　分辨时间 T_d 是指在保证电路能正常工作的前提下，允许两个相邻触发脉冲之间的最小时间间隔。故有

$$T_d = T_w + T_{re} \tag{9.2.6}$$

（4）最高工作频率 f_{max}　为了使电路能正常工作，应满足 $T_d > T_w + T_{re}$，因此，单稳态触发器的最高工作频率为

$$f_{max} = \frac{1}{T_{min}} = \frac{1}{T_d} < \frac{1}{T_w + T_{re}} \tag{9.2.7}$$

（5）输出脉冲幅度 V_m　输出脉冲幅度表示脉冲电压的最大变化幅度。故有

$$V_m = V_{OH} - V_{OL} \tag{9.2.8}$$

4. 单稳态触发器的特点

单稳态触发器主要有以下 4 个特点：

1）它有稳态和暂稳态两个不同的工作状态；

2）在外来触发脉冲的作用下，电路从稳态翻转到暂稳态，经过一段时间后又自动返回到稳态；

3）单稳态输出脉冲的宽度与电路本身的参数有关，而与触发脉冲无关；

4）无信号触发时，电路处于稳定状态。

由于具备以上特点，所以单稳态触发器被广泛应用于脉冲整形、延时及定时等等。

5. 讨论

1）当输入触发器信号 v_I 的脉冲宽度大于输出脉冲 v_{O2} 的宽度时，电路由暂稳态返回到稳态时，由于门 G_1 被封锁，不能形成正反馈。所以这种电路要求输入触发信号 v_I 的脉冲宽度应小于输出脉冲 v_{O2} 的宽度。当 v_I 的宽度很宽时，可在单稳态触发器的输入端加一个 *RC* 微分电路，如图 9.2.10 所示。

2）由图 9.2.7 知，当 G_2 的输入电压达到 $V_{DD}+V_{TH}$ 时，有可能损坏 MOS 管，故需要加二极管保护电路。

3）单稳态触发器有微分型单稳态触发器和积分型单稳态触发器，积分型单稳态触发器参考电路如图 9.2.11 所示。

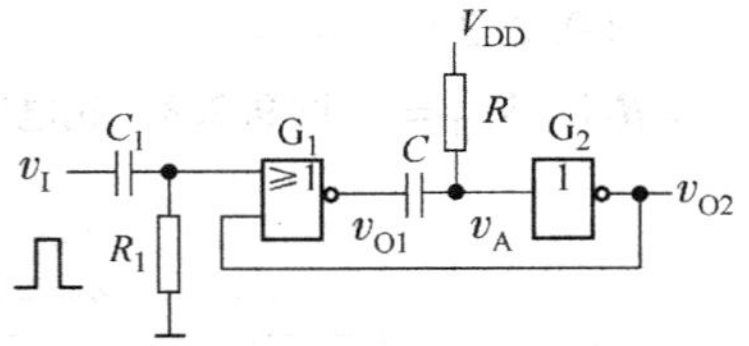

图 9.2.10 输入端加 R_1C_1 构成的微分型单稳态触发器

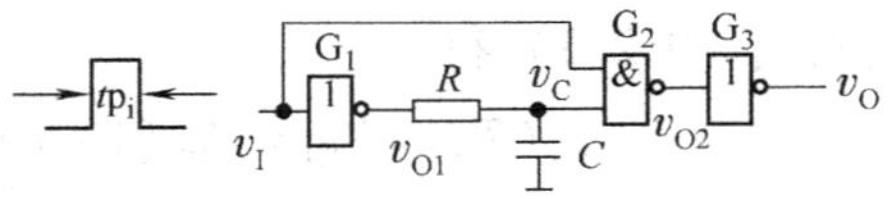

图 9.2.11 与非门构成的积分型单稳态触发器

9.2.4 集成单稳态触发器

由于单稳态触发器的应用十分广泛，在 TTL 和 CMOS 电路产品中，都生产了单片集成的单稳态触发器。集成单稳态触发器，按能否被重触发，可以分成两类：一类是可重触发的；另一类是非重触发的。不可重复的单稳态触发器一旦被触发进入暂稳态以后，再加入触发脉冲不会影响电路的工作过程，必须在暂稳态结束以后，它才能接受下一个触发脉冲而转入暂稳态。而可重复触发的单稳态触发器在电路被触发而进入暂稳态以后，如果再次加入触发脉冲，电路将重新被触发，重新开始暂稳态过程。74121、74LS221 都是不可重复触发的单稳态触发器。74LS122、74LS123 属于可重复触发的单稳态触发器。

74121 是典型的 TTL 非重触发单稳态触发器，它是在普通微分型单稳态触发器的基础上附加以输入控制电路和输出缓冲电路而形成的，其引脚排列如图 9.2.12 所示。TR_{-A}，TR_{-B}，TR_+ 是触发信号输入端，“+”号代表上升沿，“-”号代表下降沿。Q 和 $\overline{Q}$ 是两个状态互补的输出端。R_{ext}/C_{ext} 和 C_{ext} 端可外接定时电阻和电容。R_{in} 是内部 2kΩ 定时电阻的引出端，使用时只需将 R_{in} 与 V_{CC} 连接起来即可，不用时则应将 R_{in} 开路。该集成电路内部采用了施密特触

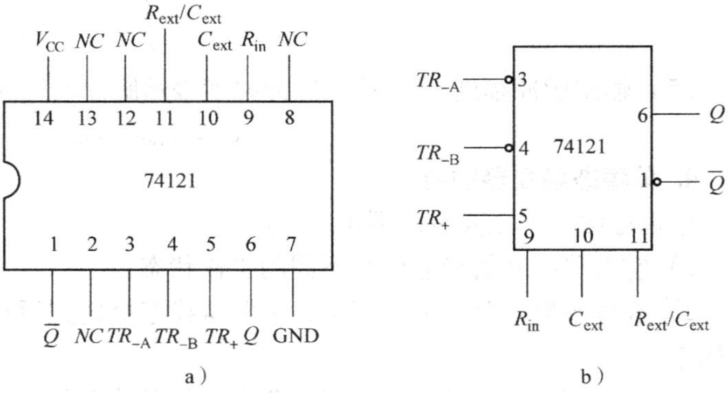

图 9.2.12 集成单稳态触发器 74121
a）引脚排列图 b）逻辑符号

发输入结构，因此对于较差的输入信号，也能输出一个宽度和幅度恒定的矩形脉冲。74121 输出脉冲宽度为 $T_w = 0.7R_{ext}C_{ext}$，74121 的功能表如表 9.2.2 所示。表中↑表示上升沿，↓表示下降沿，⎍ 表示正脉冲，⊔ 表示负脉冲。74121 的主要性能如下：

表 9.2.2　74121 的功能表

输入			输出		说明
TR_{-A}	TR_{-B}	TR_+	Q	$\overline{Q}$	
0	×	1	0	1	维持稳态
×	0	1	0	1	
×	×	0	0	1	
1	1	×	0	1	
1	↓	1	⎍	⊔	下降沿触发（TR_{-A}，TR_{-B}）
↓	1	1	⎍	⊔	
↓	↓	1	⎍	⊔	
0	×	↑	⎍	⊔	上升沿触发（TR_+）
×	0	↑	⎍	⊔	

1）电路在输入信号 TR_{-A}、TR_{-B}、TR_+ 的所有静态组合下均处于稳态 $Q=0$，$\overline{Q}=1$。

2）若 TR_{-A}、TR_{-B} 中有一个或两个为低电平，TR_+ 发生由 0 到 1 的正跳变，电路由稳态翻转到暂稳态。

3）若 TR_+ 为高电平，TR_{-A}、TR_{-B} 中有一个或两个产生由 1 到 0 的负跳变，无跳变的为高电平，电路由稳态翻转到暂稳态。

4）具有非重触发性。所谓非重触发性，是指器件在定时时间 T_w 内若有新的触发脉冲输入，电路将不会产生任何响应。

5）电路中存在死区时间。在定时时间 T_w 结束之后，定时电容有一段充电恢复时间，如果在此恢复时间内又输入新的触发脉冲，则输出脉冲宽度就会小于规定的定时时间 T_w。因此电容 C 的恢复时间就是死区时间。死区时间的存在限制了 74121 的应用场合。

74LS123 是可重复触发的单稳态触发器，并具有复位功能，引脚图如图 9.2.13 所示，功能表如表 9.2.3 所示。

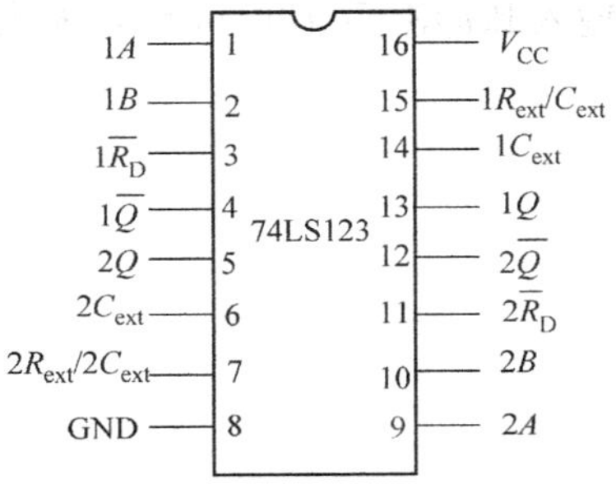

图 9.2.13　集成单稳态触发器 74LS123 的引脚图

表 9.2.3　集成单稳态 74LS123 功能表

$\overline{R}_D$	A	B	Q	$\overline{Q}$
0	×	×	0	1
×	1	×	0	1
×	×	0	0	1
1	0	↑	⎍	⊔
1	↓	1	⎍	⊔
↑	0	1	⎍	⊔

特别指出的是，集成单稳态触发器74LS123无死区时间，在定时时间 T_w 结束之后立即输入新的触发脉冲，电路可以立即响应，不会使新的输出脉冲宽度小于规定的定时时间 T_w。由于这种触发器可重复触发且没有死区时间，因此它的用途十分广泛。

9.2.5 单稳态触发器的应用

1. 波形整形

在数字信号的传输过程中，往往容易使输出波形发生畸变，而利用单稳态触发器可以对一些不规则的波形进行整形，图9.2.14就是其中的一个例子。

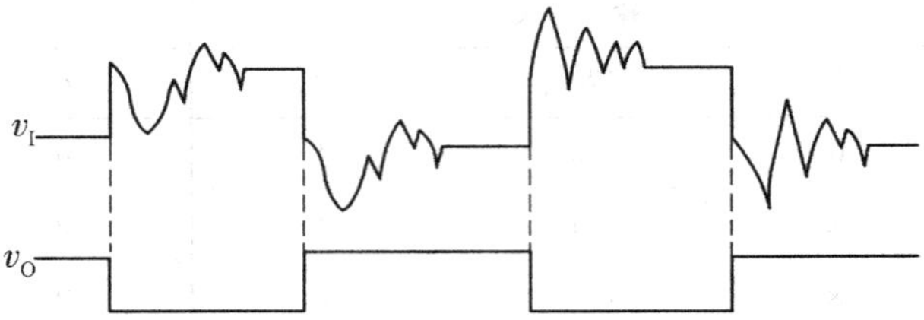

图9.2.14 用单稳态触发器对脉冲整形

2. 定时功能

利用单稳态触发器产生的矩形脉冲去控制某种电路，可实现延时与定时的功能。

图9.2.15a是其应用电路图。单稳态触发器的输出 v_B 送入与门作为定时控制信号，当 $v_B=1$ 时，与门打开，$v_O=v_A$；$v_B=0$ 时，与门关闭，$v_O=0$。从图9.2.15b可看出，与门打开时间是单稳态输出脉宽 T_w。

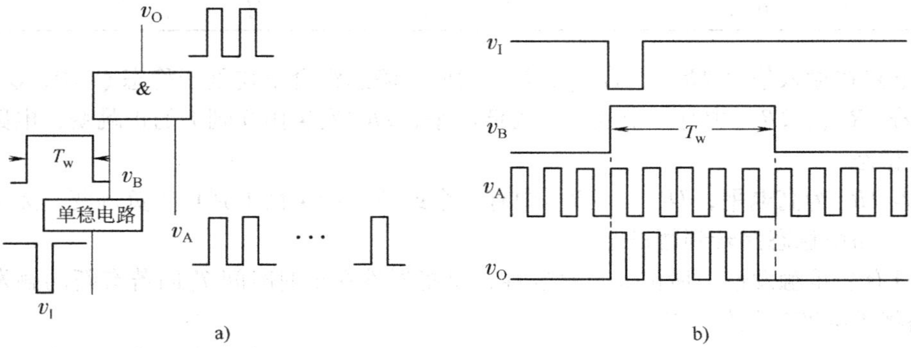

图9.2.15 脉冲信号的延时与定时控制

a）逻辑图 b）波形图

3. 延时功能

利用单稳态触发器输出脉冲宽度一定的特性，将输入脉冲滞后 T_w 时间后再输出，可实现电路的延时。

9.3 多谐振荡器

9.3.1 由555定时器构成的多谐振荡器

1. 电路组成

图9.3.1a是由555电路构成的多谐振荡器电路，图9.3.1b是它的简化电路图。图中将

TH 端和 $\overline{TR}$ 端接到一起，通过电容 C 与地相连，再由 R_2 与 DIS 端相连，输出信号由 3 脚引出，R_1、R_2、C 为外接定时元件。

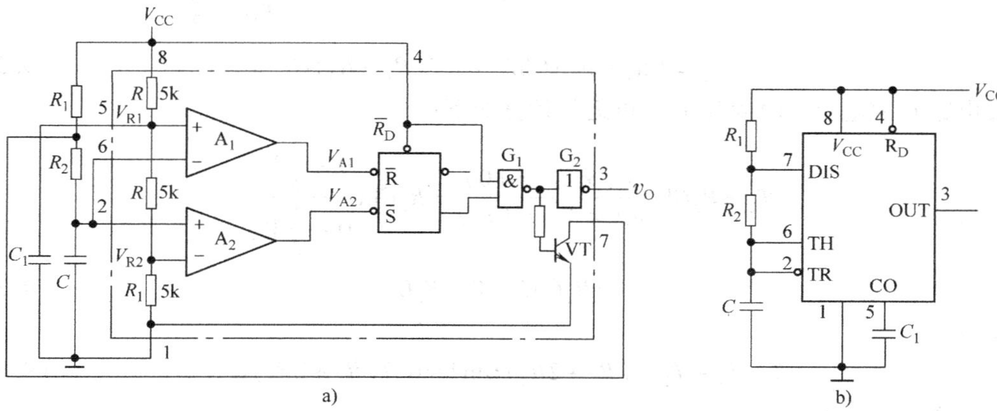

图 9.3.1　555 电路构成的多谐振荡器

a）电路图　b）简化电路图

2. 工作原理

（1）第一暂稳态及其自动翻转的过程　接通电源后，电源 V_{CC} 经过电阻 R_1、R_2 对电容 C 充电，随着充电时间的加长，v_C 上升，当电容电压上升到 $2V_{CC}/3$ 时，触发器被复位，同时放电晶体管 VT 导通，电路进入第二暂稳态，输出 v_O 为低电平。

（2）第二暂稳态及其自动翻转的过程　电路进入第二暂稳态的瞬间，$v_O=0$，电容 C 通过 R_2 向晶体管 VT 放电，随着放电的进行，当电容电压下降到 $V_{CC}/3$ 时，触发器又被置位，$v_O=1$，电路又回到了第一暂稳态。此后，电路重复上述过程，在输出端得到周期性变化的方波。v_C 和 v_O 的波形如图 9.3.2 所示。

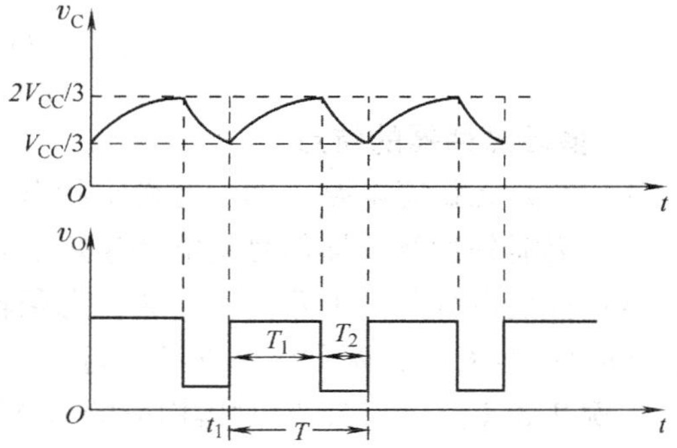

图 9.3.2　图 9.3.1 电路的电压波形图

3. 主要参数计算

（1）振荡周期 T　设电容 C 充电所需时间为 T_1，将 t_1 作为时间起点，其暂态过程为

$$v_C(0)=\frac{1}{3}V_{CC}$$

$$v_C(\infty)=V_{CC}$$

$$\tau_{充}=(R_1+R_2)C$$

根据 RC 电路的瞬态过程分析，可得到

$$v_C(t)=v_C(\infty)-[v_C(\infty)-v_C(0)]e^{-\frac{t}{\tau}} \tag{9.3.1}$$

当 $t=T_1$ 时，$v_C(T_1)=2V_{CC}/3$ 代入式（9.3.1）中可求得

$$T_1=(R_1+R_2)C\ln\frac{v_C(\infty)-v_C(0)}{v_C(\infty)-v_C(T_1)}=(R_1+R_2)C\ln\frac{V_{CC}-\frac{1}{3}V_{CC}}{V_{CC}-\frac{2}{3}V_{CC}}$$

$$=(R_1+R_2)C\ln 2\approx 0.7(R_1+R_2)C \tag{9.3.2}$$

设电路 C 放电所需时间为 T_2，可近似计算如下：

$$T_2=R_2C\ln\frac{v_c(\infty)-v_c(0)}{v_c(\infty)-v_c(T_2)}=R_2C\ln\frac{0-\frac{2}{3}V_{CC}}{0-\frac{1}{3}V_{CC}}$$

$$=R_2C\ln 2\approx 0.7R_2C \tag{9.3.3}$$

所以

$$T=T_1+T_2=(R_1+2R_2)C\ln 2\approx 0.7(R_1+2R_2)C \tag{9.3.4}$$

（2）振荡频率 f

$$f=\frac{1}{T}\approx\frac{1.43}{(R_1+2R_2)C} \tag{9.3.5}$$

（3）占空比 q　常常将输出高电平持续时间 T_1 与周期 T 之比称为占空比，通常用 q 来表示：

$$q=\frac{T_1}{T_1+T_2}=\frac{R_1+R_2}{R_1+2R_2} \tag{9.3.6}$$

4. 多谐振荡器的特点

1）它是无稳态电路，即没有稳定状态，只有暂稳态；

2）无需外加触发器信号就能产生矩形脉冲的自激振荡器；

3）接通电源后，电路由第一暂稳态翻转到第二暂稳态，第二暂稳态停留一段时间之后又回到第一暂稳态，两种状态交替进行。

［例 9.3.1］　由 555 定时器构成的多谐振荡器如图 9.3.1 所示，图中，$V_{CC}=12V$，$R_1=10k\Omega$，$R_2=7.5k\Omega$。求：（1）占空比 q；（2）如何对该电路进行改进，使占空比小于或等于 50%。

解　（1）输出 v_0 的高电平持续时间为

$$T_1=0.7(R_1+R_2)C$$

低电平持续时间为

$$T_2=0.7R_2C$$

振荡周期为

$$T=T_1+T_2=0.7(R_1+2R_2)C$$

又

$$q=\frac{T_1}{T}\times 100\%$$

$$=\frac{0.7(R_1+R_2)C}{0.7(R_1+2R_2)C}=\frac{17.5}{25}=70\%$$

（2）图 9.3.1 所示多谐振荡器的占空比 q 始终大于 50%，为了得到小于或等于 50% 的占空比，可以采用如图 9.3.3 所示的改进电路。

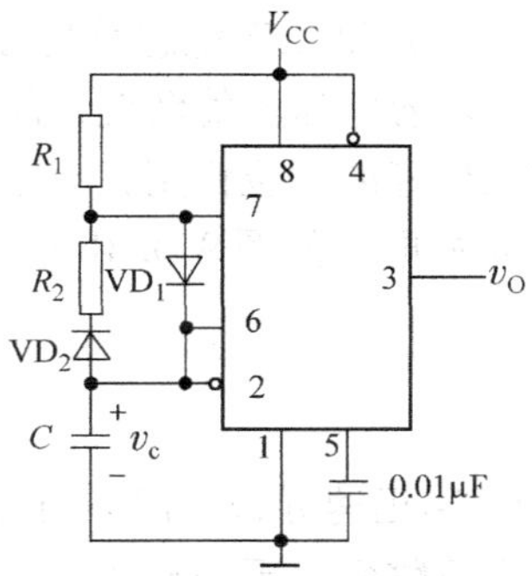

图 9.3.3　占空比可调的多谐振荡器

由于接入了二极管 VD_1 和 VD_2，电容 C 的充电电流只流经 R_1，放电电流只流经 R_2。因此有

$$T_1 = R_1 C\ln2$$

$$T_2 = R_2 C\ln2$$

$$T = T_1 + T_2 = (R_1 + R_2) C\ln2$$

$$q = \frac{R_1}{R_1 + R_2}$$

若取 $R_1 = R_2$，则 $q = 50\%$

9.3.2　CMOS 反相器构成的多谐振荡器

1. 电路组成

多谐振荡器可由基本门电路构成对称式、非对称式、环形式等，也可由石英晶体或施密特电路组成，本节主要讨论由 CMOS 反相器构成的非对称式多谐振荡器，其电路如图 9.3.4a 所示。图中电阻 R 为反相器设置了工作点，以使 CMOS 反相器在静态时工作在电压传输特性的转折区，得到较大的电压放大倍数。电容 C 为两门之间的耦合电容，通过电容 C 的充放电作用实现状态的翻转。

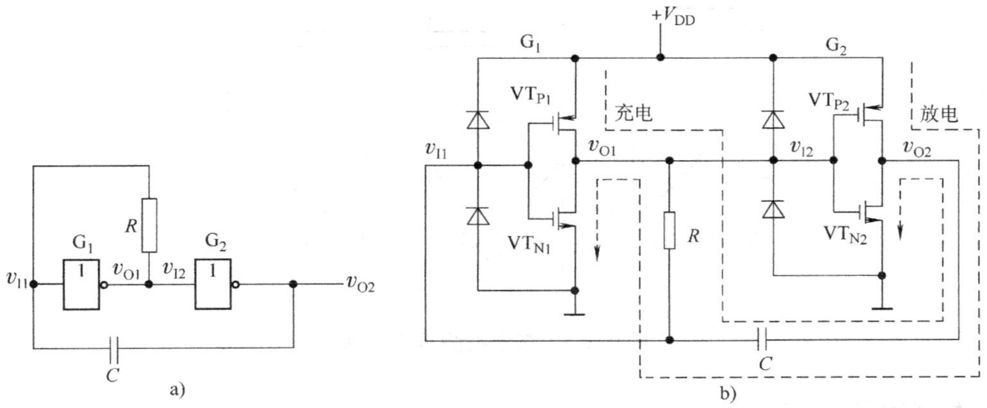

图 9.3.4　多谐振荡器

a）电路图　b）电路的充放电原理

2. 工作原理

（1）第一暂稳态及自动翻转的过程　假定在 t_0 时刻接通电源，电容 C 尚未充电，初始态为 $v_{O1}=1$，$v_{I1}=v_{O2}=0$，此时状态称为第一暂稳态。那么 v_{O1} 的高电平通过电阻 R 对电容 C 充电，即电源经 G_1 的 VT_{P1} 管、R 和 G_2 的 VT_{N2} 管对电容 C 充电，如图 9.3.4b 所示。v_{I1} 的电位随着充电时间的加长而不断升高，在 t_1 时刻，v_{I1} 达到阈值电压 V_{TH} 时，必引起下列的正反馈过程：

$$v_{I1}\uparrow \rightarrow v_{O1}\downarrow \rightarrow v_{O2}\uparrow$$

使门 G_1 迅速导通，门 G_2 迅速截止，即 $v_{O1}=0$，$v_{O2}=1$。电路进入第二暂稳态。

（2）第二暂稳态及其自动翻转的过程　在 t_1 时刻电路进入第二暂稳态，v_{O2} 由 0 变为 1，由于电容电压不能跃变，故 v_{I1} 也随 v_{O2} 发生正跳变升到 V_{DD}，v_I 本应升到 $V_{DD}+V_{TH}$，但由于保护二极管的钳位作用，v_I 仅上跳到 $V_{DD}+\Delta V_+$。然后电容通过 G_2 的 VT_{P2} 管、G_1 的 VT_{N1} 管和电阻 R 放电，如图 9.3.4b 所示，使 v_{I1} 逐渐下降。在 t_2 时刻，v_{I1} 降至 V_{TH} 后，产生下列正反馈过程：

$$v_{I1}\downarrow \rightarrow v_{O1}\uparrow \rightarrow v_{O2}\downarrow$$

使门 G_2 迅速导通，门 G_1 迅速截止，v_{O2} 由 1 变为 0，由于电容电压不能跳变，故 v_{I1} 也跟随 v_{O2} 发生负跳变，于是 $v_{O1}(v_{I2})$ 由 0 变为 1。即 $v_{O1}=1$，$v_{O2}=0$，电路又回到第一暂稳态，此后开始重复前面的过程。电路中各点的波形如图 9.3.5 所示。

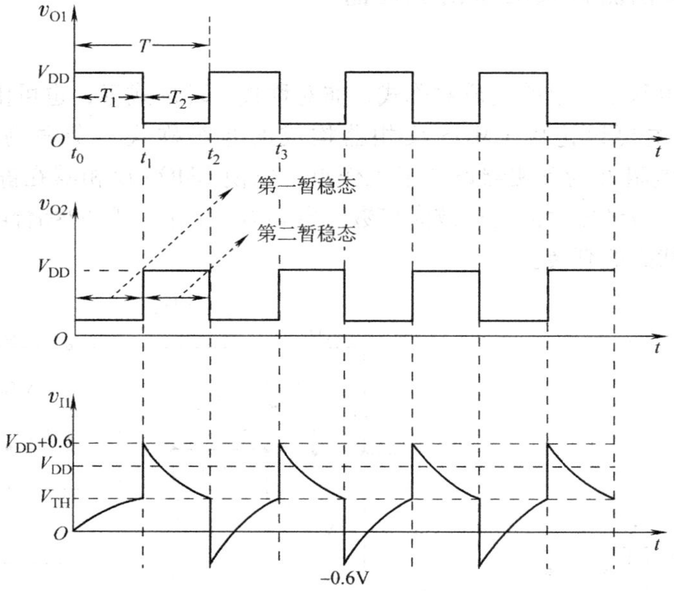

图 9.3.5　多谐振荡器波形图

3. 振荡周期的计算

（1）T_1 的计算　以 t_0 作为时间起点，第一暂稳态的暂态过程为

$$\begin{cases} v_{I1}(0)=0 \\ v_{I1}(\infty)=V_{DD} \\ \tau_{充}=RC \end{cases}$$

根据 RC 电路瞬态过程分析，可得到

$$v_{I1}(t)=v_{I1}(\infty)-[v_{I1}(\infty)-v_{I1}(0)]e^{-\frac{t}{\tau}} \tag{9.3.7}$$

当 $t=T_1$ 时，$v_{I1}(T_1)=V_{TH}$ 代入式（9.3.7）得

$$T_1=RC\ln\frac{v_{I1}(\infty)-v_{I1}(0)}{v_{I1}(\infty)-v_{I1}(T_1)}=RC\ln\frac{V_{DD}}{V_{DD}-V_{TH}} \tag{9.3.8}$$

（2）T_2 的计算　以 t_1 作为时间起点，则第二暂稳态的暂态过程为

$$\begin{cases} v_{I1}(0)=V_{DD}+0.6\text{V} \\ v_{I1}(\infty)=0 \\ \tau_{放}=RC \end{cases}$$

当 $t=T_2$ 时，$v_{I1}(T_2)=V_{TH}$ 代入式（9.3.7）得

$$T_2=RC\ln\frac{V_{DD}}{V_{TH}} \tag{9.3.9}$$

（3）T 的计算

$$T=T_1+T_2=RC\ln\left[\frac{V_{DD}^2}{(V_{DD}-V_{TH})V_{TH}}\right] \tag{9.3.10}$$

取 $V_{TH}=V_{DD}/2$，得 $T=RC\ln4\approx1.4RC$

9.3.3　石英晶体多谐振荡器

前面介绍的多谐振荡器，振荡频率不仅取决于时间常数 RC，而且还取决于阈值电压 V_{TH}。V_{TH} 容易受温度、电源电压变化等因素的影响，频率稳定性较差。在许多数字系统中，要求时钟脉冲的频率 f 十分稳定。因此在要求频率稳定性很高的场合，广泛采用石英晶体多谐振荡器。

1. 电路组成

图 9.3.6 是由反相器和石英晶体组成的石英晶体振荡器。电阻 R_1、R_2 的作用是使反相器在静态时工作在线性放大区。C_1 是耦合电容，C_2 是微调电容，C_1 的作用是实现 G_1 与 G_2 之间的耦合，为了保证频率稳定地输出，通常在电路中加电容 C_2 用来抑制高次谐波。门 G_3 的加入可以改善输出波形及增加带负载能力。

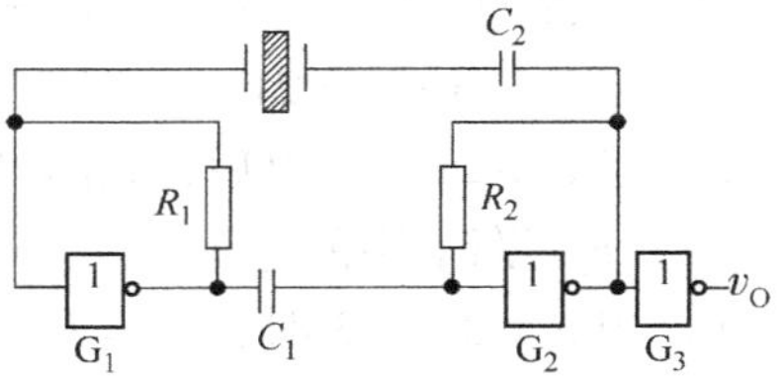

图 9.3.6　石英晶体多谐振荡器

2. 工作原理

石英晶体的阻抗频率特性如图 9.3.7 所示。由图可明显看出，当外加电压的频率 $f=f_s$ 时，石英晶体的电抗 $X=0$，在其他频率下电抗都很大，说明只有频率为 f_s 的信号最容易通过，而其他频率的信号会被晶体所衰减。石英晶体不仅选频特性极好，而且谐振频率 f_s 也十分稳定。振荡频率与 R、C 的数值无关，仅与石英晶体的串联谐振频率 f_s 有关。

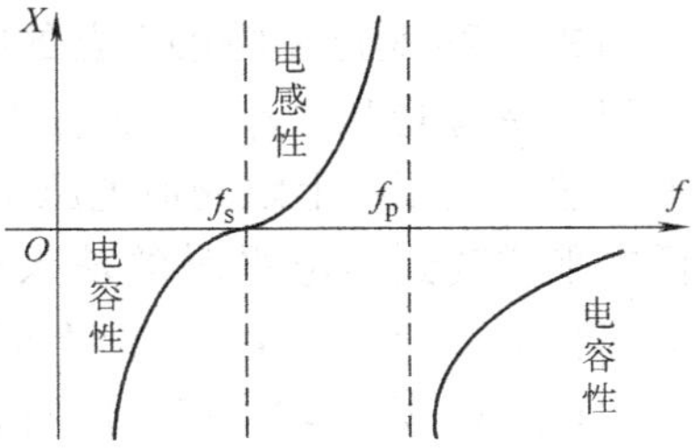

图 9.3.7　石英晶体阻抗频率特性

9.4　施密特触发器

9.4.1　用 555 定时器构成的施密特触发器

1. 电路组成

图 9.4.1a 是 555 电路构成的施密特触发器电路，图 9.4.1b 是它的简化电路图。施密特触发器属电平触发，图中将 555 定时器的高触发端 TH 和低触发端 $\overline{TR}$ 接到一起作为信号输入

端，放电管 VT 的集电极引出端通过电阻 R 接电源 V_{CC1}，成为输出端，其高电平可通过改变 V_{CC1} 进行调节，实现电平转换，v_O 是 555 电路信号输出端。

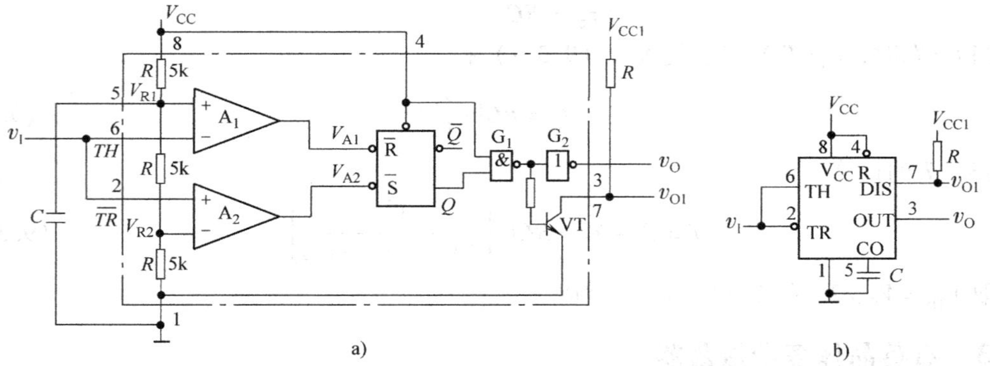

图 9.4.1 555 电路构成的施密特触发器
a）电路图 b）简化电路图

2. 工作原理

（1）v_I 从 0 逐渐升高的过程

1）当 $v_I < V_{CC}/3$ 时，比较器 A_1 输出为 1，A_2 输出为 0，即 $V_{A1}=1$，$V_{A2}=0$，基本 RS 触发器置 1，即 $Q=1$，$\overline{Q}=0$，故 $v_O=1$；

2）当 $V_{CC}/3 < v_I < 2V_{CC}/3$ 时，$V_{A1}=V_{A2}=1$，故 $v_O=1$ 保持不变；

3）当 $v_I > 2V_{CC}/3$ 以后，$V_{A1}=0$，$V_{A2}=1$，$Q=0$，$\overline{Q}=1$ 故 $v_O=0$。

（2）v_I 逐渐下降的过程

1）当 $v_I > 2V_{CC}/3$ 时，$V_{A1}=0$，$V_{A2}=1$，$Q=0$ 故 $v_O=0$；

2）当 $V_{CC}/3 < v_I < 2V_{CC}/3$ 时，$V_{A1}=V_{A2}=1$，故 $v_O=0$ 保持不变

3）当 $v_I < V_{CC}/3$ 以后，$V_{A1}=1$，$V_{A2}=0$，$Q=1$，故 $v_O=1$。

3. 电压传输特性曲线

图 9.4.2a 是施密特触发器的电压传输特性曲线，图 9.4.2b 是它的逻辑符号。

（1）回差电压 v_I 上升过程中，使施密特触发器状态翻转，输出电压由高电平跳变到低电平的输入电压叫上限阈值电压 V_{T+}；v_I 下降过程中，使施密特触发器状态翻转，输出电压由低电平跳变到高电平时的输入电压叫下限阈值电压 V_{T-}；V_{T+} 与 V_{T-} 之差称为回差电压 ΔV_T，即 $\Delta V_T = V_{T+} - V_{T-}$。由上面的分析可得：$V_{T+} = 2V_{CC}/3$，$V_{T-} = V_{CC}/3$，此电路的回差电压为 $\Delta V_T = V_{T+} - V_{T-} = V_{CC}/3$。

（2）施密特触发器的特点

1）施密特触发器有两个稳定状态，分别用Ⅰ、Ⅱ表示。在输入信号作用下，它会从状态Ⅰ转换到状态Ⅱ。但是和双稳态电路不同，它的新的稳定状态是靠输入维持的，输入信号一撤消，电路就会立即由Ⅱ态返回到Ⅰ态。

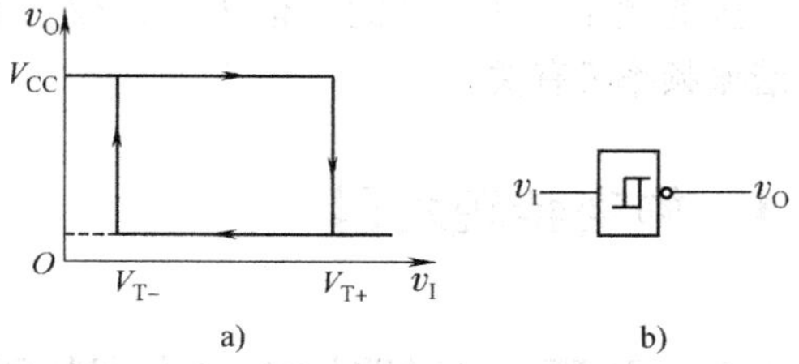

图 9.4.2 施密特触发器的电压传输特性和逻辑符号
a）传输特性曲线 b）逻辑符号

2）施密特触发器具有回差特性，从状态Ⅰ翻转到状态Ⅱ，再从状态Ⅱ翻转到状态Ⅰ，各自所需要的触发电平是不同的。

［例 9.4.1］ 试设计一脉冲鉴幅器，能将幅度大于4V 的脉冲检测出来。

解 （1）根据已知条件，选择电路类型 由于施密特触发器有正、负向阈值电压，可以用来作为脉冲鉴幅器，选用由555 电路构成的施密特触发器。

（2）参数计算 选正向阈值电压 $V_{T+}=4V$，由 $V_{T+}=2V_{CC}/3$，得 $V_{CC}=3V_{T+}/2=6V$。

（3）画出电路图 其连接电路图等同于图9.4.1a，须将 V_{CC}接6V 电源，5 脚接0.01μF 电容。

（4）讨论 如果电源电压不能改动，需将电压控制端另接一个4V 电压源，则 $V_{T+}=4V$，也能满足本题设计要求。

9.4.2 CMOS 反相器构成的施密特触发器

1. 电路组成

由两级 CMOS 反相器 G_1、G_2组成的施密特触发器如图 9.4.3a 所示。电路中两个 CMOS 反相器串接，输入电压经 R_1、R_2分压后来控制反相器的工作状态，要求 $R_2>R_1$，输出电压又通过 R_1、R_2反馈到输入端对电路产生影响。图 9.4.3b、c 分别为施密特触发器同相输出和反相输出的逻辑符号。

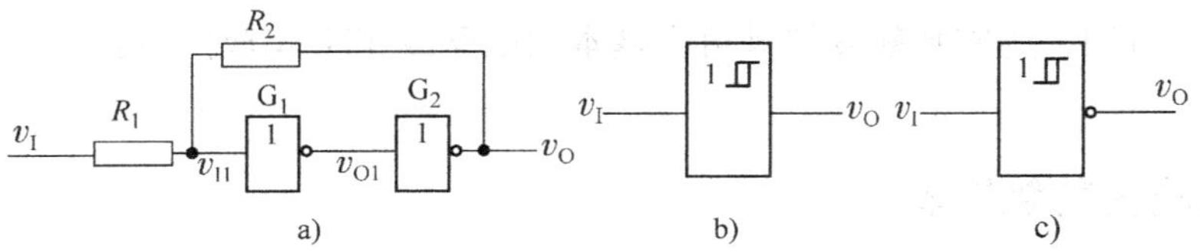

图 9.4.3 CMOS 反相器组成的施密特触发器

a）电路 b）同相输出逻辑符号 c）反相输出逻辑符号

2. 工作原理

设两个 CMOS 反相器的阈值电压 $V_{TH}=V_{DD}/2$，在图 9.4.3 中，G_1门的输入电平 v_{I1}决定着电路的状态，根据叠加原理有

$$v_{I1}=\frac{R_2}{R_1+R_2}v_I+\frac{R_1}{R_1+R_2}v_O \tag{9.4.1}$$

当 $v_I=0V$ 时，G_1门截止，G_2门导通，$v_{O1}=V_{OH}=V_{DD}$，$v_O=V_{OL}\approx 0V$。这是施密特触发器的第一稳定状态。输入从0V 电压逐渐增加，当 v_I增大时，$v_{I1}=\frac{R_2}{R_1+R_2}v_I$也随之增大，只要 $v_{I1}<V_{TH}$，则电路保持 $v_O=0V$ 不变。

当 v_I上升使得 $v_{I1}=V_{TH}$时，使电路产生如下正反馈过程：

$$v_{I1}\uparrow \rightarrow v_{O1}\downarrow \rightarrow v_O\uparrow$$

使门 G_1导通，门 G_2截止，电路状态很快转换为 $v_O\approx V_{DD}$，施密特触发器进入第二稳定状态，此时 v_I的值即为施密特触发器在输入信号正向增加时的阈值电压，称为正向阈值电压，用 V_{T+}表示，也是施密特触发器的上限触发电平。即由式（9.4.1）得

$$v_{I1}=V_{TH}\approx\frac{R_2}{R_1+R_2}V_{T+}$$

所以
$$V_{T+}=\left(1+\frac{R_1}{R_2}\right)V_{TH} \tag{9.4.2}$$

当 $v_{I1}>V_{TH}$时，电路状态维持 $v_O=V_{DD}$不变。

v_I上升到最大值后开始下降，当 $v_{I1}=V_{TH}$时，电路产生如下正反馈过程：

$$v_{I1}\downarrow\rightarrow v_{O1}\uparrow\rightarrow v_O\downarrow$$

则门 G_1截止，门 G_2导通，输出 $v_O=0$，电路再次发生翻转，施密特触发器又进入第一稳定状态。此时的输入电平为 v_I减小时的阈值电压，称为负向阈值电压，即下限触发电平，用 V_{T-}表示。则

$$v_{I1}=V_{TH}=(V_{DD}-v_I)\frac{R_1}{R_1+R_2}+v_I$$

将 $V_{DD}=2V_{TH}$，$v_I=V_{T-}$，代入可得

$$V_{T-}\approx\left(1-\frac{R_1}{R_2}\right)V_{TH} \tag{9.4.3}$$

只要满足 $v_I<V_{T-}$，触发器就稳定在 $v_O=0$ 状态。

由上面分析可知，施密特触发器既可由基本门电路或 TTL 集成门电路组成，也可由 555 电路组成。

9.4.3 集成施密特触发器

集成施密特触发器电路，可以作为基本门电路使用，也可以作为整形门电路使用，将整形信号接入任一输入端，余下的输入端全部接高电平即可。

图 9.4.4 是 TTL 集成施密特触发器 74132 的引脚排列图，其电源电压的极限值为 7V。图 9.4.5 所示是 CMOS 集成施密特触发器 CC40106 的引脚排列图。图 9.4.6a 为 CMOS 集成触发器 CC40106 的电路图，图 9.4.6b 是它的逻辑符号，整个电路主要由施密特触发器、整形级和输出缓冲级三个部分组成。其中施密特触发器由 VT_{P1}、VT_{P2}、VT_{P3}及 VT_{N1}、VT_{N2}、VT_{N3}组成；整形级由 VT_{P4}、VT_{N4}、VT_{P5}、VT_{N5}组成，电路为两个首尾相连的反相器。在 v_{O1}上升和下降过程中，利用两级反相器的正反馈作用可使输出波形有陡直的上升沿和下降沿；VT_{P6}和 VT_{N6}构成的反相器组成输出缓冲级，它不仅能起到与负载隔离的作用，而且提高了电路的带负载能力。

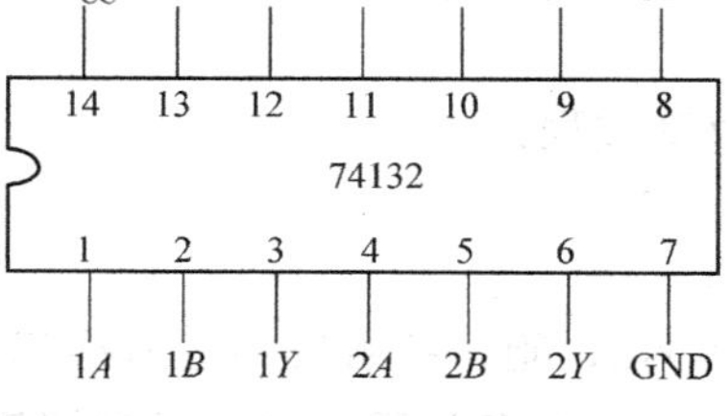

图 9.4.4 74132 的引脚排列图

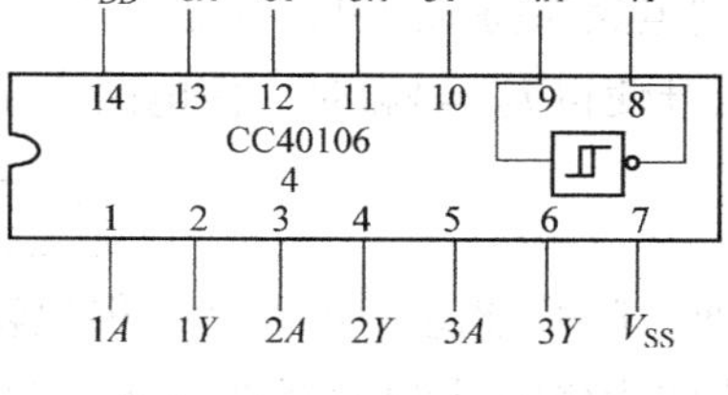

图 9.4.5 CC40106 的引脚排列图

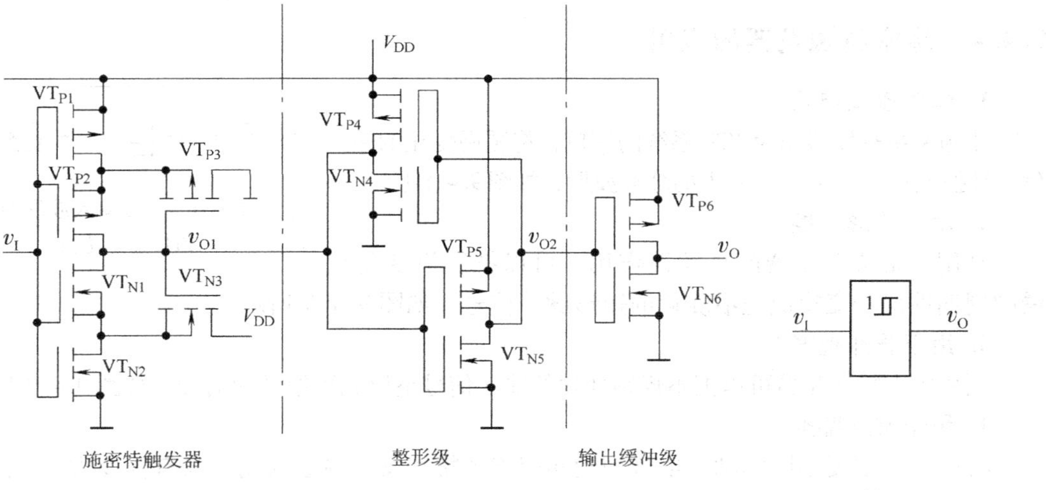

图 9.4.6 CMOS 集成施密特触发器 C40106

a）C40106 的电路 b）C40106 的逻辑符号

设 P 沟道 MOS 管的开启电压为 V_P，N 沟道 MOS 管开启电压为 V_N，输入信号 v_I 为三角波。

当 $v_I = 0$ 时，VT_{P1}、VT_{P2} 导通，VT_{N1}、VT_{N2} 截止，$v_{O1} = V_{DD}$，经 VT_{P5}、VT_{N5} 反相，$v_{O2} = 0$，v_{O2} 经 VT_{P6}、VT_{N6} 反相，使输出 $v_O = V_{OH} = V_{DD}$。v_{O1} 的高电平使 VT_{P3} 截止，VT_{N3} 导通，并工作于源极跟随器状态。使 VT_{N2} 的漏极电位为 $V_{DD} - V_{DSN3}$，该电位较高。

v_I 电位逐渐升高，当 $v_I > V_N$ 时，VT_{N2} 先导通，这时 VT_{N2} 和 VT_{N3} 均处于导通状态，使 VT_{N2} 的漏极电位约为 VT_{N3} 和 VT_{N2} 对 V_{DD} 的分压，近似为 $V_{DD}/2$，由于 VT_{N1} 源极电压较大，即使 $v_I > V_{DD}/2$，VT_{N1} 仍不能导通，直至 v_I 继续升高到 VT_{P1}、VT_{P2} 趋于截止时，随着其内阻增大，使得输出 v_{O1} 下降，VT_{N1} 源极电位也下降。

当 $v_{GSN1} \geqslant V_N$ 时，VT_{N1} 导通，并引起如下正反馈过程：

$$v_{O1}\downarrow \to v_{SN1}\downarrow \to v_{GSN1}\uparrow \to R_{ON1}\downarrow$$

于是 VT_{P1}、VT_{P2} 迅速截止，VT_{N1}、VT_{N2} 导通，$v_{O1} = 0V$。其中 R_{ON1} 为 VT_{N1} 的导通电阻。

v_{O1} 的低电平使 VT_{N3} 截止，VT_{P3} 导通且工作于源极输出器状态，此时 $v_{O2} = V_{OH} = V_{DD}$，$v_O = V_{OL} = 0V$，v_{O2} 又作为 VT_{P4}、VT_{N4} 的输入，维持 v_{O1} 为低电平。

同理可分析，当 v_I 逐渐下降时，电路工作过程与 v_I 上升过程相似，只有当 $|v_I - v_{SP2}| > |V_P|$ 时，电路转换为 $v_{O1} = V_{DD}$，$v_{O2} = 0V$，$v_O = V_{DD}$ 的状态。

由上面分析可知，电路在 v_I 上升和下降过程分别有不同的两个阈值电压，具有施密特电压传输特性。施密特触发器输出高电平和低电平两个状态的维持与转换，完全取决于输入电压 v_I 的大小。当输入电压上升到略大于 V_{T+} 或下降到略小于 V_{T-} 时，施密特触发器的状态才会迅速翻转，从而输出的波形为边沿陡峭的矩形脉冲，如图 9.4.7 所示。

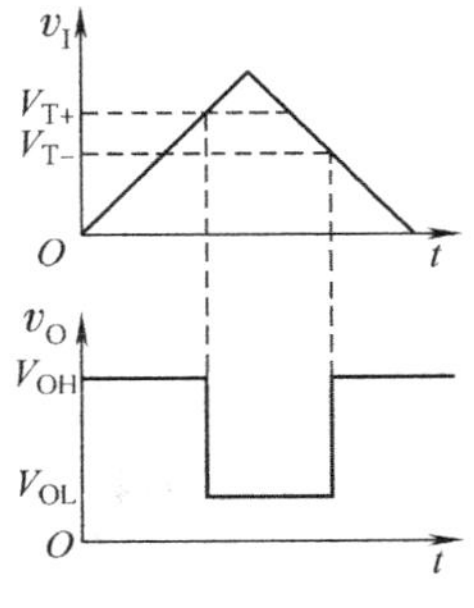

图 9.4.7 施密特触发器的工作波形图

9.4.4 施密特触发器的应用

1. 作为接口电路

用施密特触发器作为 TTL 系统的接口，将缓慢变化的输入信号转换成符合 TTL 系统要求的脉冲波形，如图 9.4.8 所示。

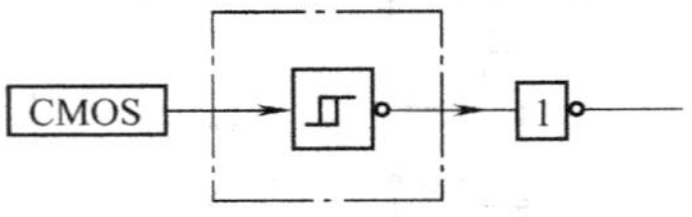

图 9.4.8 慢输入波形的 TTL 系统接口

2. 用于波形变换

利用施密特反相器的正反馈作用，可以把边沿变化缓慢的周期性信号变换成边沿陡峭的矩形脉冲信号，如图 9.4.9 所示。

3. 用于脉冲整形

利用施密特反相器可以把不规则变化的输入信号整形成矩形脉冲信号，如图 9.4.9 所示。

4. 用于幅度鉴别

将一系列幅度不同的脉冲信号加到同相施密特触发器的输入端，只有幅度大于 V_{T+} 的输入电压信号才能被鉴别出来，形成相对应的输出脉冲，如图 9.4.10 所示。

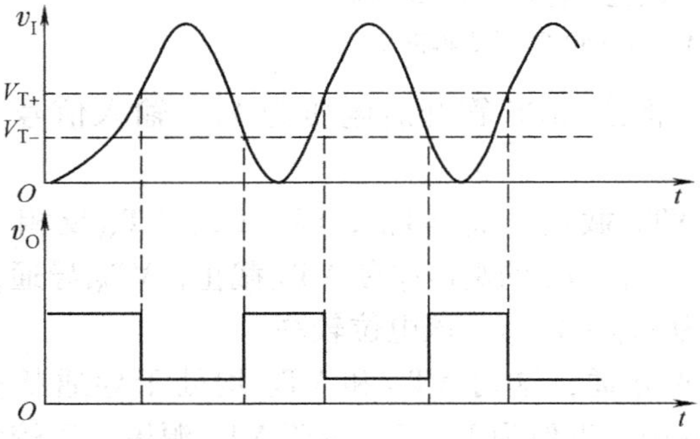

图 9.4.9 波形变换的输入、输出波形

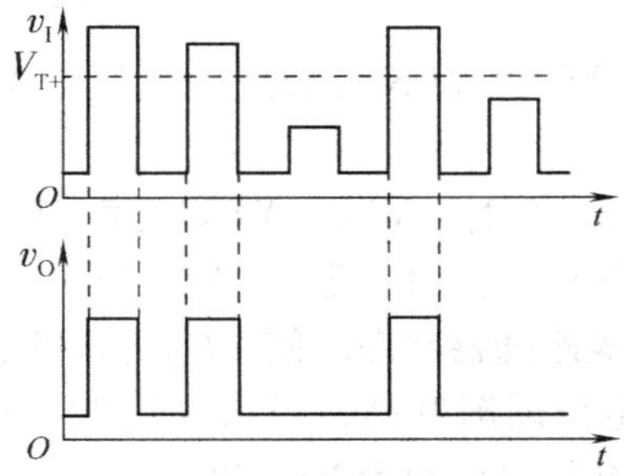

图 9.4.10 幅度鉴别

5. 构成多谐振荡器

图 9.4.11 所示是施密特触发器构成的多谐振荡器。接通电源瞬间，电容电压为 0，输出电压 $v_O=1$，此高电平通过电阻 R 对电容 C 充电，当 v_C 上升到 V_{T+} 时，施密特触发器翻转，v_O 下跳到 0，此后电容 C 又开始放电，当 v_C 下降到 V_{T-} 时，电路又发生翻转，使 v_O 上跳到 1，这样通过电容 C 的充放电作用在施密特触发器反相输出端便得到周期性变化的矩形脉冲。各点波形如图 9.4.12 所示。

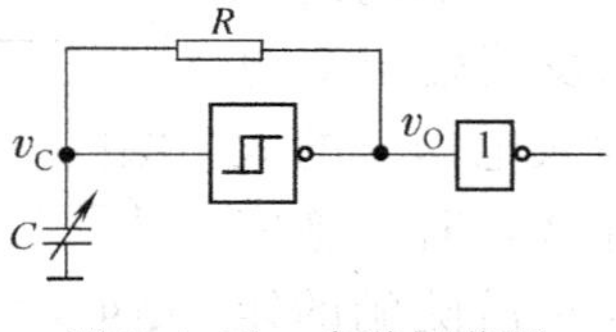

图 9.4.11 多谐振荡器

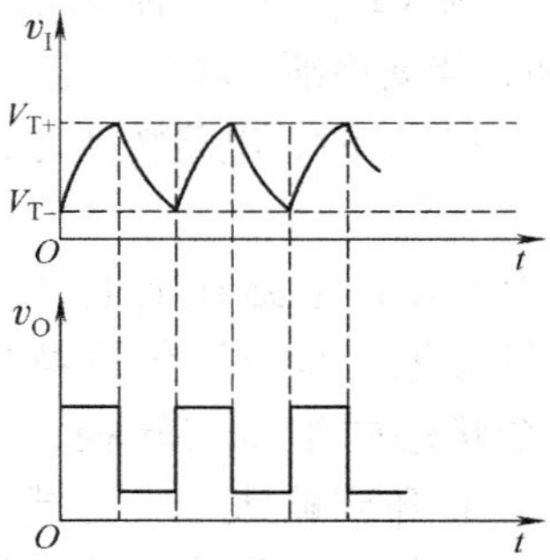

图 9.4.12 图 9.4.11 的波形

小　　结

（1）由门电路构成的单稳态触发器、多谐振荡器电路和基本RS触发器在结构上及其相似，都属于反馈结构，但由于反馈电路不同，基本RS触发器采用双侧导线反馈到门电路的输入端，单稳态触发器保留一侧导线而将另一侧改为带有惰性元件（通常是电容）的反馈网络，多谐振荡器的双侧均改为带有惰性元件的反馈网络，使得三者工作特性有本质不同。因而基本RS触发器有两个稳态，单稳触发器只有一个稳态，多谐振荡器没有稳态。

（2）单稳态触发器、施密特触发器和多谐振荡器既可由基本门电路构成，也可由555定时器构成。多谐振荡器用来产生脉冲信号，单稳态和施密特是常用的两种整形电路。多谐振荡器无需外加输入信号就能在接通电源后自行产生矩形波输出。在频率稳定性要求较高的场合通常采用石英晶体振荡器。单稳态触发器只有当外加触发脉冲时，才从稳态翻转到暂稳态，并依靠 R、C 电路的充放电过程来维持暂稳态时间，之后会自动返回到稳态。其输出信号的宽度由电路参数决定，而与输入信号无关。集成单稳态触发器分为非重复触发和可重复触发两大类。在暂稳态期间，出现的触发信号对非重复触发单稳电路无影响，而对可重复触发单稳电路可起到连续触发作用。施密特触发器的输出脉冲宽度由输入信号决定，它的滞回特性及内部存在正反馈过程使其输出信号波形边沿陡峭。

（3）555定时器可分为单稳态触发器、多谐振荡器和施密特触发器三种应用电路。555定时器是应用很广泛的电路，通过对555定时器触发输入端2，阈值输入端6和晶体管放电端7三个管脚的不同连接，可以实现不同的功能。可组成常用的单稳态、多谐和施密特触发器等，多用于脉冲产生、整形及定时。除555定时器外，目前还有556（双定时器）和558（四定时器）等。

检　测　题

一、选择题

（1）不具有存储功能的器件是__________

（a）基本RS触发器　（b）D触发器　（c）JK触发器　（d）单稳态触发器

（2）下列器件中，没有稳态的是__________

（a）单稳态触发器　（b）D触发器　（c）施密特触发器　（d）多谐振荡器

（3）下列器件中，有一个稳态、一个暂稳态的是__________。

（a）JK触发器　（b）D触发器　（c）多谐振荡器　（d）单稳态触发器

（4）不需要外加触发器信号能自动产生矩形波的电路是__________

（a）单稳态触发器　（b）寄存器　（c）多谐振荡器　（d）计数器

（5）用555定时器构成的单稳态触发器，当5脚不外加电压时，其输出脉冲宽度等于__________

（a）$(R_1+2R_2)C\ln2$　（b）$1.1RC$　（c）$RC\ln2$　（d）以上都不对

二、填空题

（1）__________触发器能产生定时脉冲。

（2）由555定时器构成的单稳态触发器，当工作于暂稳态时，其内部晶体管VT __________，电容 C 上的电压 v_C 接近于__________。

（3）由555定时器构成的单稳态触发器，其输出脉冲宽度 T_w 主要由__________决定。

（4）由555定时器构成的单稳态触发器，当触发负脉冲的宽度大于输出脉冲宽度时，用__________可将较宽的负脉冲变成比较窄的脉冲。

（5）由555定时器构成的多谐振荡器，当改变电源电压时，则__________将改变。

三、分析计算

图9.1a是用555定时器构成的施密特触发器，已知$V_{CC}=12V$，求：（1）正向阈值电压V_{T+}、负向阈值电压V_{T+}、回差电压ΔV各为多少？（2）如果输入电压v_I的波形如图9.1b所示，试画出输出电压v_O的波形。（3）若将电压控制端脚5接另一电源$V_A=4V$，则V_{T+}、V_{T-}、ΔV各为多少？

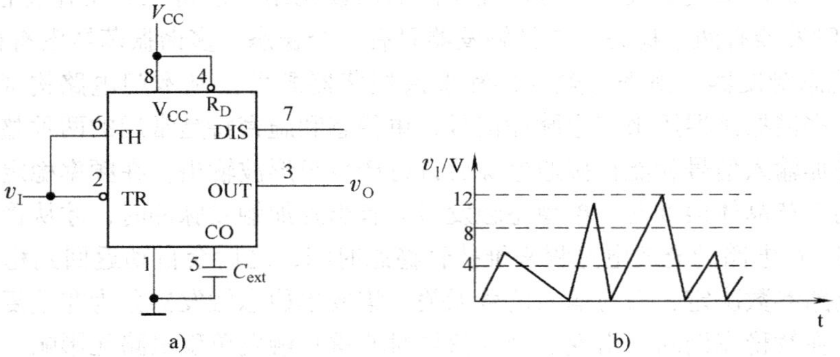

图 9.1

四、奇数个TTL与非门首尾相接构成的环形多谐振荡器电路如图9.2所示，图中n为大于等于3的奇数。（1）分析电路的工作原理，导出振荡频率的计算公式。（2）若与非门平均传输时间$\bar{t}_{pd}=10ns$，要想得到$f=10MHz$的振荡波形，需要多少个门？

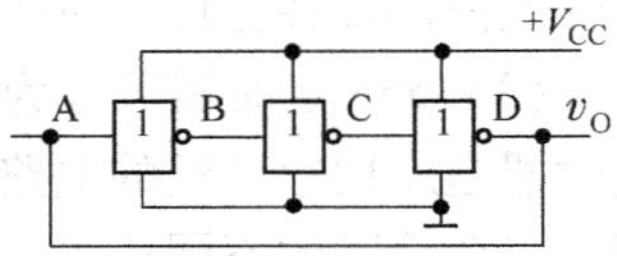

图 9.2

五、试对图9.3a、b两电路进行比较？

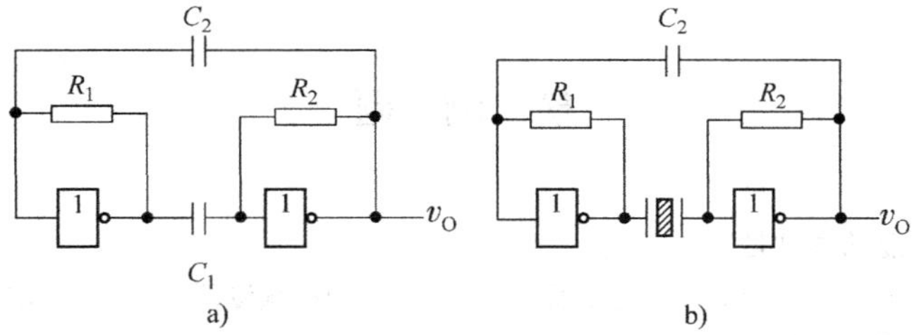

图 9.3

习　　题

［题9.1］　已知由TTL门电路组成的功能电路和输入波形如图9.4所示，试确定：

（1）该电路具有什么功能？

（2）求输出脉宽T_w、恢复时间T_{re}、最高工作频率f_{max}、分辨时间T_d及脉冲幅度V_m。

（3）画出输出电压v_O的波形图。

［题9.2］　图9.5所示电路为一简单触摸开关电路。用手摸一下金属片，发光二极管亮；经过一段时间，发光二极管熄灭（已知$C=50\mu F$，$R_2=100k\Omega$）。

（1）说明其工作原理。

（2）如何控制二极管的发光时间？

（3）发光二极管能亮多久？

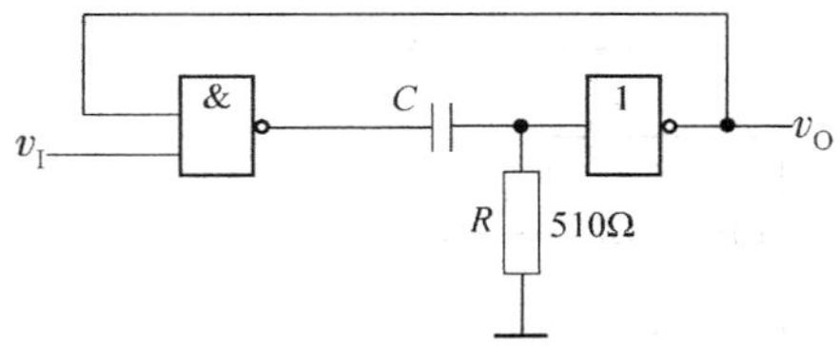

图 9.4

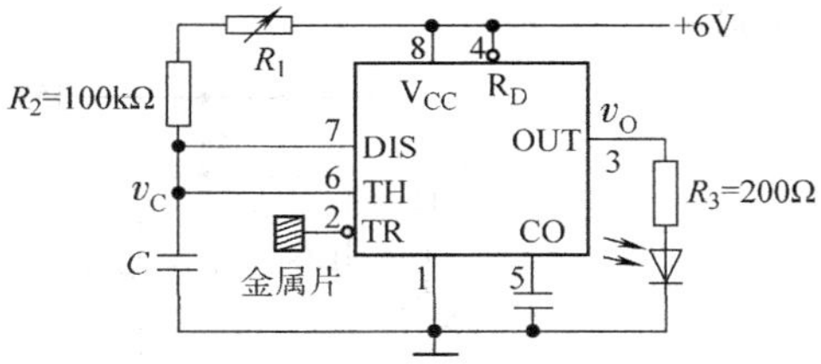

图 9.5

[题9.3] 图9.6所示的电路是由两个555定时器构成的电子门铃，当按下S时，可使门铃以1.2kHz的频率响10s。

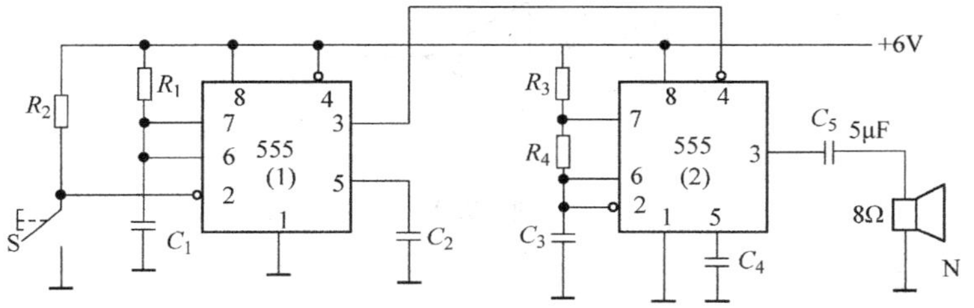

图 9.6

(1) 说明555 (1) 和555 (2) 分别构成什么电路，并分析整个电路的工作原理。

(2) 要改变铃响持续时间，需改变电路中什么参数？

(3) 要改变铃响音调高低，需改变电路中什么参数？

[题9.4] 现有一信号 v_I 如图9.7所示。现需检出幅度大于6V的脉冲，试设计用555定时器构成的电路，并确定 V_{CC} 的数值应为多大？

[题9.5] 试用555电路设计一个脉冲宽度调制器。

[题9.6] 用555定时器构成的电路如图9.8所示。

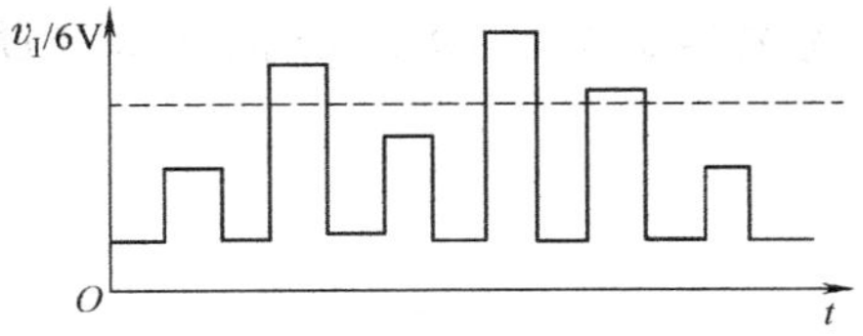

图 9.7

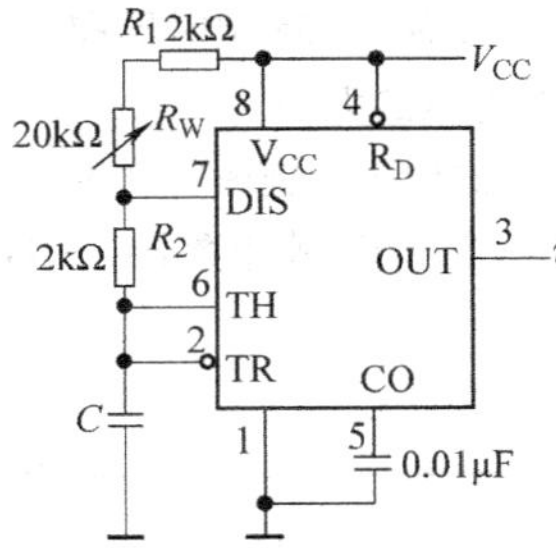

图 9.8

(1) 该电路具有什么功能？

(2) 分别计算振荡频率 f 和占空比 q。

[题9.7] 在图9.9所示电路中，$R_1 = R_2 = 50\text{k}\Omega$，$C = 0.01\mu\text{F}$，$R_3 = R_4 = R_F = 5\text{k}\Omega$

(1) 说明此电路各部分的功能。

(2) 画出 v_C、v_A 和 v_O 的波形。

(3) 求电路的振荡频率。

[题9.8] 试用555电路设计一个模拟声响电路。要求每隔7s振荡1s，振荡频率为1kHz。

[题9.9] 由555定时器构成的电路如图9.10a所示，输入信号 v_I 的波形如图9.10b所示，试画出相应

的输出波形 v_O。

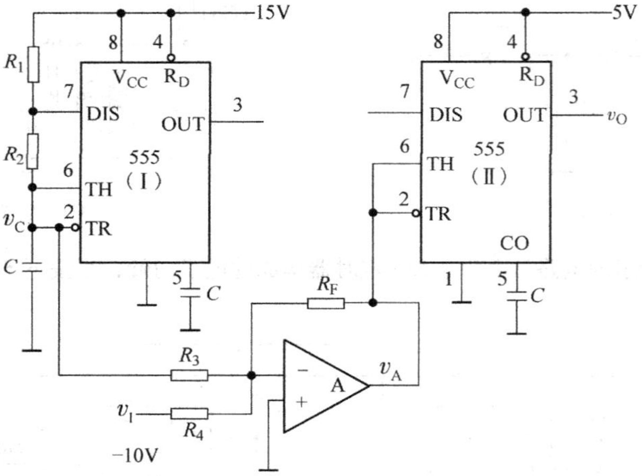

图 9.9

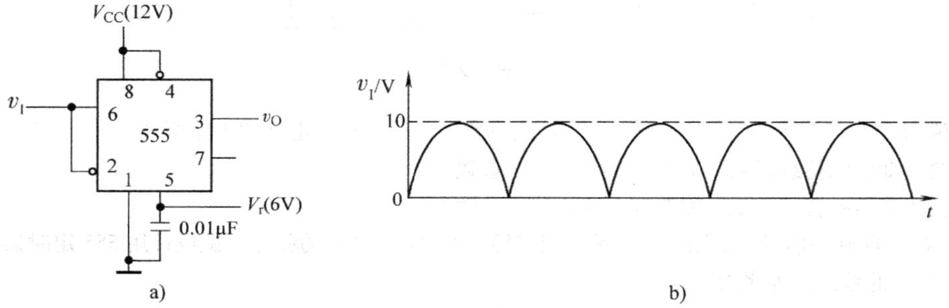

图 9.10

［题 9.10］ 设有一 555 定时器和一个容量为 1μF 的电容，试设计一电路，实现图 9.11 所示的波形，并设计所需电源电压的大小。

［题 9.11］ 试用集成施密特触发器 CT1132、集成计数器 CT4161、双四输入与非门 74LS20 及电阻 R、电容 C 等设计一个五进制计数器，CT1132 的电压传输特性曲线如图 9.12 所示，要求用$\overline{LD}$端预置数为 1110。

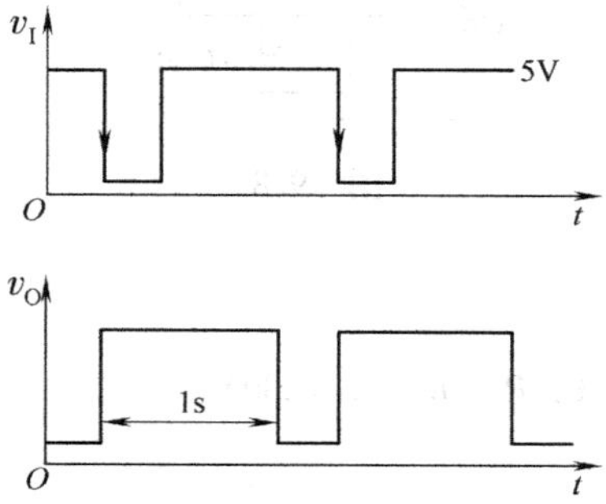

图 9.11

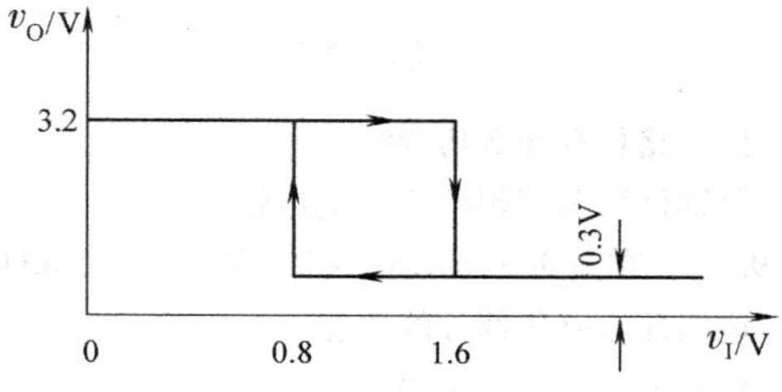

图 9.12

（1）说明电路需由哪几部分组成？各完成什么功能？

（2）画出电路连接图。

（3）画出五进制计数器的状态转换图。

（4）画出 CT1132 各点波形。

（5）估算 CT1132 组成电路的有关参量。

［题 9.12］ 试用 555 定时器设计一个防盗报警系统，用一导线将某两点连通，当非法人侵者闯入时，导线碰断，报警系统发出声响（写出电路的有关参数）。

第 10 章　数模与模数转换器

内容提要

随着电子技术和数字计算机的发展，在自动控制、通信等领域中，大多采用数字系统，而在数字系统的信号处理中，都需要将模拟信号变成数字信号，或将数字信号变成模拟信号，即模数（A/D）转换器和数模（D/A）转换器已成为不可缺少的接口电路。

本章在数模转换电路中，主要介绍权电阻网络、倒 T 形电阻网络、权电流型数模（D/A）转换器的电路构成和基本原理。并介绍典型集成数模转换器的应用，讨论 D/A 转换器的转换精度与转换速度等技术指标。

在模数转换电路中，介绍取样 – 保持电路、直接 A/D 转换器、间接 A/D 转换器和典型集成 A/D 转换器，以及 A/D 转换器的转换精度与转换速度等技术指标。

教学目标

1. 掌握权电阻网络、倒 T 形电阻网络、权电流型数模转换器的电路结构和工作原理。
2. 了解取样 – 保持电路的工作原理。
3. 掌握并联比较型、逐次逼近型和双积分型模数转换器的电路结构和工作原理。
4. 了解 ADC 和 DAC 的主要技术指标及集成 ADC、DAC 产品的应用。

10.1　概述

在计算机工业自动控制、自动检测系统及通信领域中，计算机检测和控制的对象一般都是模拟信号（如：温度、压力、流量、速度、光亮度、声音等），而数字计算机只能识别数字信号，为了把检测到的模拟信号送入计算机，首先必须把该模拟信号转换成相应的数字信号，然后再把数字信号送入计算机，以便计算机进行处理和运算。通常模拟量转换成相应的数字量的过程叫模数转换，简称 A/D（Analog to Digital）转换，其相应的转换电路叫做 A/D 转换器，简写 ADC（Analog-Digital Converter）。而控制系统所需的控制信号通常也是模拟信号，需将处理过的数字信号再转换为模拟信号，然后送到被控制系统中，这种把数字量转换成相应的模拟量的过程叫做数模转换，简称 D/A（Digital to Analog）转换，其相应的转换电路叫做 D/A 转换器，简写 DAC（Digital-Analog Converter）。

图 10.1.1 所示为计算机工业控制系统的框图，由此图可看出 ADC 和 DAC 的作用。控制对象中被检测的工艺过程参数，如温度、压力、流量等物理量通过传感器将这些非电量参数转换成模拟的电量信号，然后通过 A/D 转换器把它转换成数字信号，输入到计算机中进行计算处理；处理器对输入的数据进行处理，处理的结果再经 D/A 转换器输出模拟电量信号，去调节控制对象的工艺过程参数，使之符合工艺要求。

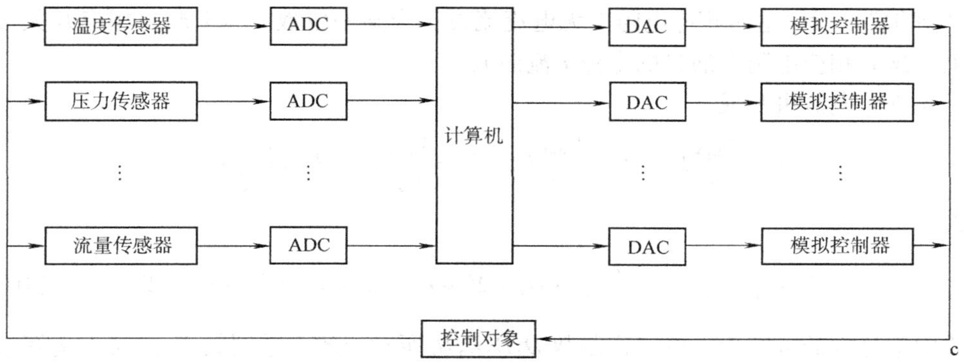

图 10.1.1　计算机工业控制系统框图

下面先介绍 D/A 转换器，因为 DAC 比 ADC 简单些，而且在 ADC 中要用到 DAC。

10.2　D/A 转换

D/A 转换器按电路结构不同，分为权电阻网络、倒 T 形电阻网络及权电流 D/A 转换器等。按 D/A 转换器数字量的输入方式不同，分为并行输入和串行输入两种。

10.2.1　权电阻网络 D/A 转换

如图 10.2.1 所示是 4 位权电阻网络 D/A 转换器的原理图，它由权电阻网络、模拟开关及运算放大器构成的求和电路组成。

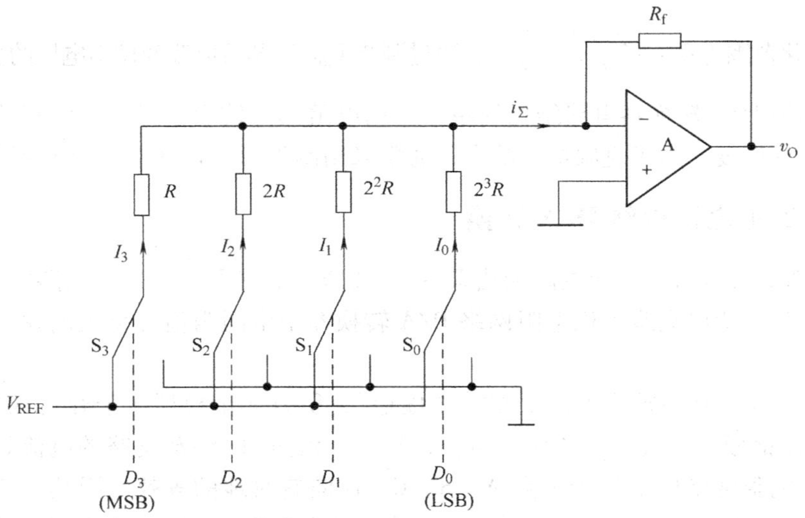

图 10.2.1　权电阻网络 D/A 转换器

V_{REF}为基准电压，4 个模拟电子开关 $S_3S_2S_1S_0$表示了 4 位二进制数 $D_3D_2D_1D_0$，D_3为最高位（MSB），D_0为最低位（LSB）。当某一位数 $D_i=0$ 时，相应开关接地，由于运算放大器的反相端“虚地”，所以这时相应电阻上无电流流过；当某一位数 $D_i=1$ 时，相应开关接到基准电压上，这时相应电阻上通过的电流 I_i流向 i_Σ。

因而各支路电流可写成

$$I_3=\frac{V_{REF}}{R}D_3,\ I_2=\frac{V_{REF}}{2R}D_2,\ I_1=\frac{V_{REF}}{2^2R}D_1,\ I_0=\frac{V_{REF}}{2^3R}D_0$$

所以总电流为

$$i_\Sigma=I_3+I_2+I_1+I_0=\frac{V_{REF}}{2^3R}\ (D_3\cdot2^3+D_2\cdot2^2+D_1\cdot2^1+D_0\cdot2^0) \tag{10.2.1}$$

上式中括号内的数即为 4 位二进制数 $D_3D_2D_1D_0$所对应的十进制数 N_B。又由运算放大器求和电路可得输出电压为

$$v_O=-R_fi_\Sigma=-\frac{R_f}{R}\frac{V_{REF}}{2^3}N_B \tag{10.2.2}$$

若取 $R_f=R/2$ 时，有

$$v_O=-\frac{V_{REF}}{2^4}N_B \tag{10.2.3}$$

同理，对于 n 位的权电阻网络 D/A 转换器，输出电压为

$$v_O=-\frac{V_{REF}}{2^n}N_B \tag{10.2.4}$$

可见，输出的模拟电压的大小与输入二进制数所展开的十进制数成正比，即实现了数字量到模拟量的转换。

当输入二进制数全 0 时，$v_O=0$；全 1 时，$v_O=-\frac{2^n-1}{2^{n-1}}\frac{R_fV_{REF}}{R}$（$n$ 为二进制数的位数），所以输出电压的变化范围为 $0\sim-\frac{2^n-1}{2^{n-1}}\frac{R_fV_{REF}}{R}$，通过调节 V_{REF}和 R_f可以改变输出电压的变化范围。

权电阻网络 D/A 转换器电路结构简单，所用电阻元件较少，但电阻值相差很大，位数较多时很难保证精度。为了克服这个缺点，通常采用倒 T 形电阻网络 D/A 转换器。

10.2.2 倒 T 形电阻网络 D/A 转换

如图 10.2.2 所示为倒 T 形电阻网络 D/A 转换器。由图可见，整个电路中只有 R 和 $2R$ 两种阻值的电阻，所以克服了权电阻网络 D/A 转换器中电阻阻值变化大的缺点，这也便于集成化。

由图可知，由于运算放大器的反相端“虚地”，所以无论模拟电子开关 S_i接到哪一边，与 S_i相连的 $2R$ 都相当于接到了“地”电位，这样，流过每个 $2R$ 支路的电流始终不变。通过分析可知，电阻网络中从每个节点 A、B、C、D 向右对地的等效电阻均为 R，基准电压 V_{REF}提供的基准电流 $I=V_{REF}/R$，流过各 $2R$ 支路（从左到右）的电流分别为 $I/2$、$I/4$、$I/8$、$I/16$，如图 10.2.2 所示。

当 $D_i=0$ 时，开关 S_i接地；当 $D_i=1$ 时，开关 S_i接放大器的反相端，由图 10.2.2 可知

$$i_\Sigma=\frac{I}{2}\times D_3+\frac{I}{4}\times D_2+\frac{I}{8}\times D_1+\frac{I}{16}\times D_0=\frac{V_{REF}}{2^4R}N_B \tag{10.2.5}$$

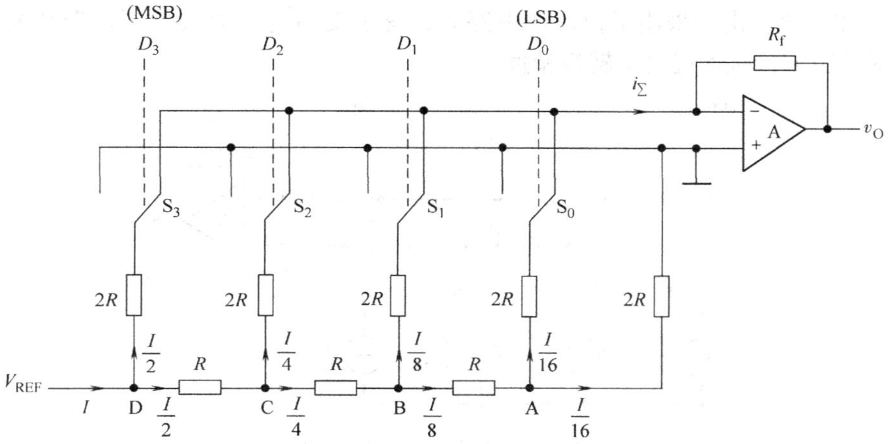

图 10.2.2 倒 T 形电阻网络 D/A 转换器

若取 $R_f = R$ 时，

$$v_O = -R_f i_\Sigma = -\frac{V_{REF}}{2^4}N_B \tag{10.2.6}$$

同理，对于 n 位输入的倒 T 形电阻网络 D/A 转换器，输出电压为

$$v_O = -\frac{V_{REF}}{2^n}N_B \tag{10.2.7}$$

可见，与权电阻网络 D/A 转换器输出电压的计算式（10.2.4）相同，即输出模拟电压的大小与输入二进制数所展开的十进制数成正比。输出电压的变化范围同样可以通过调节 V_{REF}和 R_f来实现。

[**例 10.2.1**] 如图 10.2.2 所示电路中，已知 $R_f = R = 10\text{k}\Omega$，$V_{REF} = -10\text{V}$。试求：

(1) 输入二进制数 $D_3D_2D_1D_0 = 1110$ 时的输出电压 v_O；

(2) 输出电压 v_O的范围。

解 (1) 将 $D_3D_2D_1D_0 = (1110)_2 = (14)_{10}$代入式（10.2.7），得

$$v_O = -\frac{V_{REF}}{2^4}N_B = \frac{10}{2^4}\times 14\text{V} = 8.75\text{V}$$

(2) 将 $D_3D_2D_1D_0 = (1111)_2 = (15)_{10}$代入式（10.2.7），得

$$v_O = -\frac{V_{REF}}{2^4}N_B = \frac{10}{2^4}\times 15\text{V} = 9.375\text{V}$$

所以 D/A 转换器的输出电压范围为 0 ~ 9.375V。

10.2.3 权电流型 D/A 转换

在权电阻网络 D/A 转换和倒 T 形电阻网络 D/A 转换电路中，由于模拟开关存在导通电阻和导通压降，所以各支路电流的大小会受导通电阻和导通压降的影响，而且各开关的导通电阻和导通压降又各不相同，从而会引起转换误差，降低转换精度。为了解决这个问题，可采用权电流型 D/A 转换器，如图 10.2.3 所示。在权电流型 D/A 转换器中，有一组恒流源，这组恒流源从高位到低位电流的大小依次为 $I/2$、$I/4$、$I/8$、$I/16$，即和输入二进制数码对

应的“权”成正比。由于采用了恒流源电路后，每个支路电流的大小不再受开关导通电阻和导通压降的影响，从而提高了转换精度。

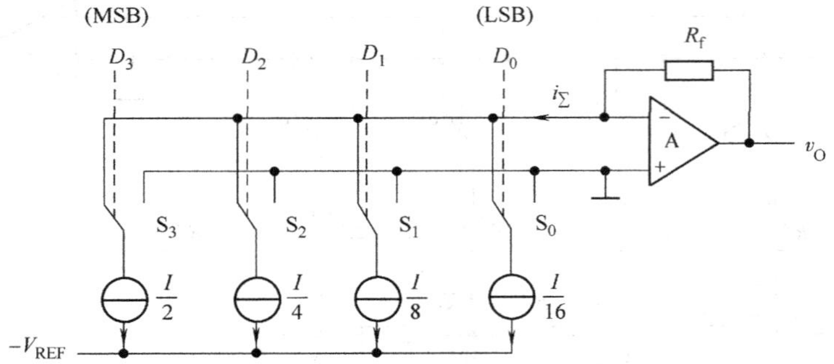

图 10. 2. 3　权电流型 D/A 转换器

在图 10. 2. 3 电路中，当 $D_i=0$ 时，对应的开关接地；当 $D_i=1$ 时，对应的开关将恒流源接至运算放大器的反相端。故输出电压为

$$v_O=i_\Sigma R_f=R_f\left(\frac{I}{2}\times D_3+\frac{I}{4}\times D_2+\frac{I}{8}\times D_1+\frac{I}{16}\times D_0\right)=\frac{R_f I}{2^4}N_B \qquad (10.2.8)$$

可见，输出模拟电压的大小与输入二进制数所展开的十进制数成正比。

10. 2. 4　集成 DAC 及其应用

集成 DAC 的种类很多，按 DAC 的内部电路结构不同分成两种：一种是集成芯片内部只集成了电阻网络（或恒流源网络）和模拟电子开关，其他电路需要外接；另一种是集成芯片内部集成了 DAC 的所有电路。下面介绍 AD7520D/A 转换器的结构及应用，它属于前一种。

1. AD7520D/A 转换器

AD7520 是 10 位数码 CMOS 电流开关倒 T 形电阻网络 D/A 转换器。由 AD7520 组成的 D/A 转换电路如图 10. 2. 4 所示，图中虚框内部分为 AD7520 内部电路，即 AD7520 在应用时必须外接基准电压源和运算放大器。AD7520 芯片外形为双列直插式 16 脚器件，其引线排列图如图 10. 2. 5 所示。由图 10. 2. 4 及式（10. 2. 7）可知，输出电压

$$v_O=-\frac{V_{REF}}{2^{10}}N_B \qquad (10.2.9)$$

式中，N_B为 10 位二进制数 $D_9\sim D_0$所对应的十进制数。

图 10. 2. 4 中每个电子开关的原理电路图如图 10. 2. 6 所示。它是由 9 个 MOS 管组成的 CMOS 模拟电流开关电路。其中 $VT_1\sim VT_3$组成电平转换电路，使输入信号与 TTL 电平兼容。VT_4、VT_5及 VT_6、VT_7构成两个互为倒相的 CMOS 反相器。VT_8和 VT_9的漏极相连后接电阻网络中相应位的 $2R$ 电阻，而源极分别接两个电流输出端 I_{O1}和 I_{O2}，又 VT_8和 VT_9的栅极分别接 VT_4、VT_5及 VT_6、VT_7反相器的输出端，所以 VT_8和 VT_9的工作状态始终相反，一个导通，一个截止，即相当于构成单刀双掷开关。

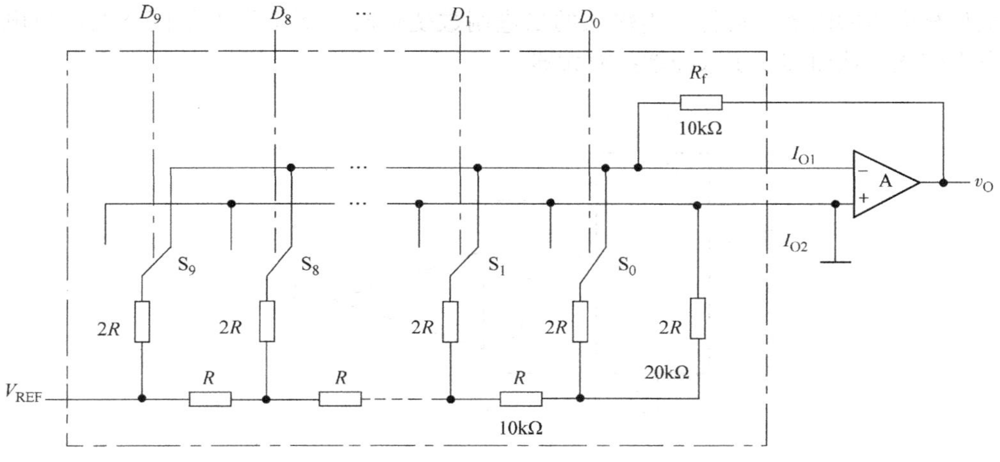

图 10.2.4　AD7520D/A 转换器

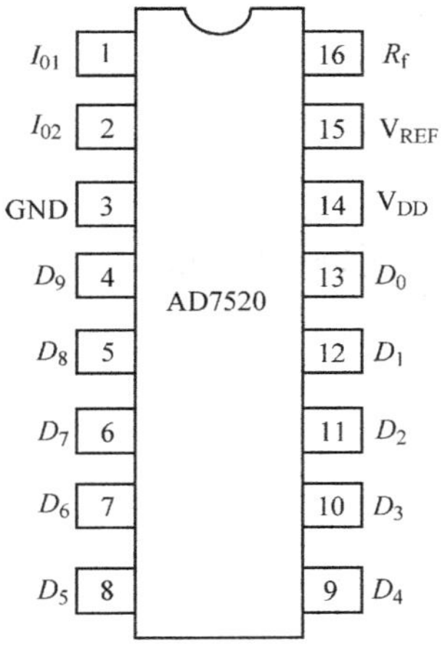

图10.2.5　AD7520 引脚排列

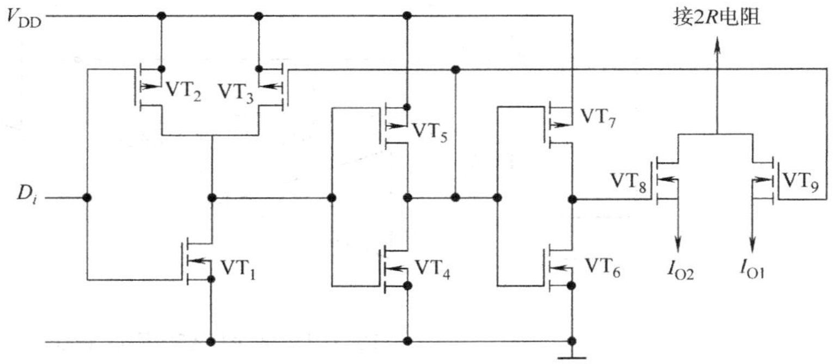

图 10.2.6　CMOS 电流开关电路

当该位数 $D_i=0$ 时，VT_1截止，输出高电平，VT_4、VT_5反相器输出低电平，VT_6、VT_7反相器输出高电平，从而使 VT_8导通、VT_9截止，$2R$ 电阻经 VT_8接至运算放大器的同相输入端，即该位电流 I_i流向 I_{02}。反之，当 $D_i=1$ 时，最后使 VT_8截止、VT_9导通，$2R$ 电阻经 VT_9接至运算放大器的反相输入端，使该位电流 I_i流向 I_{01}，起到电流模拟开关作用。

2. 集成 D/A 转换器应用电路

AD7520 具有结构简单，配置灵活，通用性好等特点。它在实际电路中应用广泛，除了用于数模转换的典型应用外，还可利用它构成数控电流源或电压源、数控增益放大器、数字衰减器和数控频率波形产生电路等。

(1) 数模转换的典型应用　AD7520 作为数模转换电路的基本连接方法如图 10.2.7 所示，图 10.2.7a 为单极性输出方式，图 10.2.7b 为双极性输出方式。

(2) 数控增益放大器和数字衰减器　由 AD7520 构成的数控增益放大器如图 10.2.8 所示。输入信号 v_I接到集成芯片的反馈电阻 R_f端，即 R_f作放大器的输入电阻，而运算放大器 A_1的输出端接到 V_{REF}，即倒 T 形电阻网络成为反相运算放大器 A_1的反馈网络。运算放大器

A_2构成反相电压跟随器。可见，当输入的二进制数变化时，倒T形电阻网络的等效电阻便随之发生变化，从而实现了数控增益放大器。

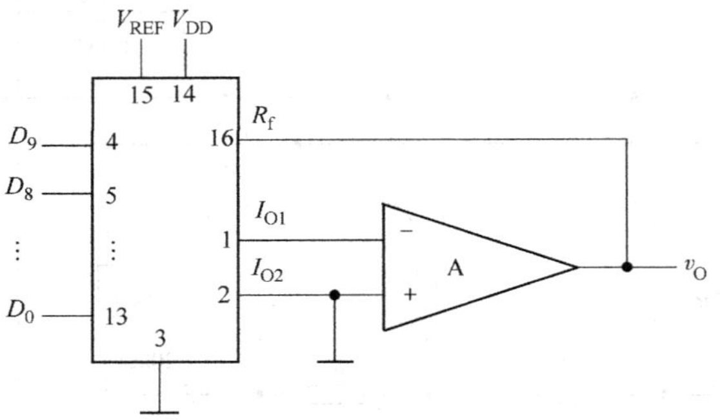

a)

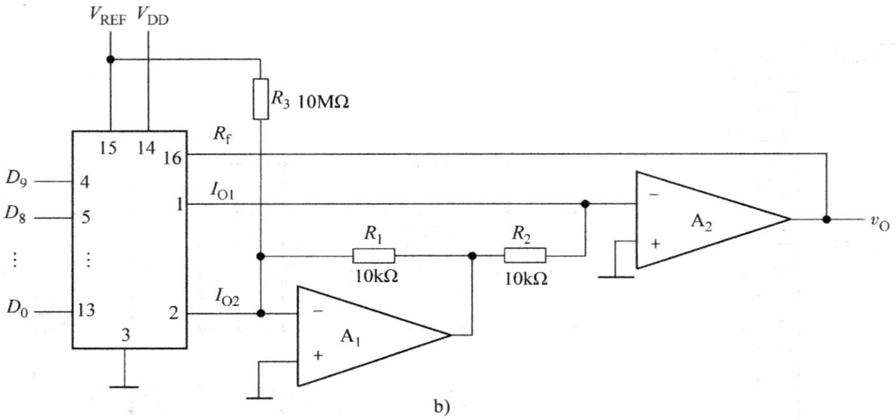

b)

图 10.2.7 用 AD7520 构成 DAC

a）单极性输出方式 b）双极性输出方式

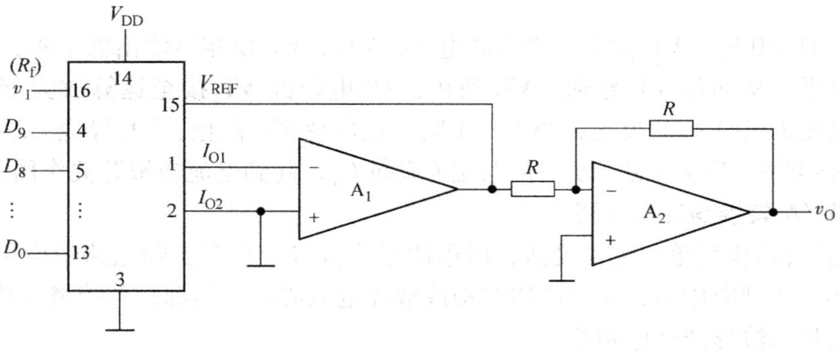

图 10.2.8 用 AD7520 构成数控增益放大器

由图 10.2.8 可知

$$\frac{v_I}{R_f}=\frac{v_I}{R}=\frac{v_O}{2^{10}R}N_B \qquad (10.2.10)$$

所以放大倍数为

$$A_V = \frac{v_O}{v_I} = \frac{2^{10}}{N_B} \quad (10.2.11)$$

如果把图 10.2.8 中的 15 和 16 脚外接互换，即输入信号 v_I接到 V_{REF}，运算放大器 A_1的输出端接到集成芯片的反馈电阻 R_f端，则该电路成为数字式衰减器，如图 10.2.9 所示。同理，可推出衰减倍数为 $v_I/v_O = 2^{10}/N_B$。

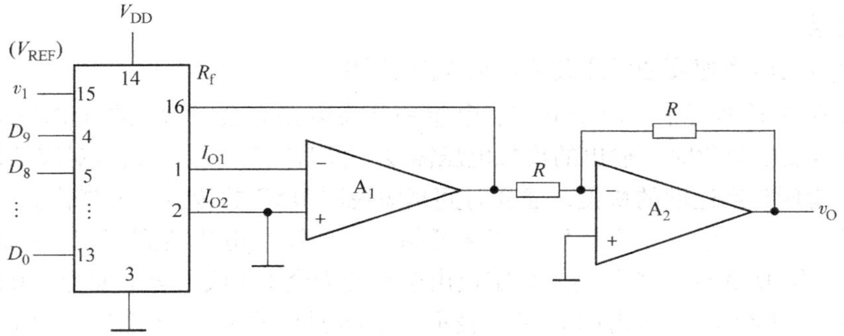

图 10.2.9 用 AD7520 构成数字式衰减器

10.2.5 D/A 转换器的转换精度和转换速度

D/A 转换器的技术指标有很多，这里只介绍两个主要技术指标：转换精度和转换速度。

1. D/A 转换器的转换精度

D/A 转换器的转换精度一般用分辨率和转换误差来描述。

（1）分辨率　分辨率是指对输出最小电压的分辨能力，其大小等于能分辨的最小输出电压与最大输出电压之比，常用百分数表示。输入数字量只有最低有效位为 1 时，对应的输出电压为最小电压 1LSB（Least Significant Bit），输入数字量全为 1 时，对应的输出电压为最大电压 FSR（Full Scale Range）。

对于 n 位 DAC，其分辨率为$\frac{1}{2^n - 1}$。可见，D/A 转换器的位数越高，最小输出电压越小，表明分辨能力越强，即说明在相同的条件下，输出电压的取值个数越多，越能反映出输出电压的细微变化。例如对于 8 位 D/A 转换器的分辨率为$\frac{1}{2^8 - 1} \approx 0.00392$，若电路中的 $V_{REF} = 10V$，则能输出的最小电压为$\frac{1}{2^8}V_{REF} \approx 39mV$，而对于 10 位 D/A 转换器的分辨率为$\frac{1}{2^{10} - 1} \approx 0.00098$，能输出的最小电压为$\frac{1}{2^{10}}V_{REF} \approx 9.77mV$。所以，分辨率有时用 D/A 转换器的位数表示。例如 10 位 AD7520D/A 转换器的分辨率为 10 位。

（2）转换误差　转换误差是指实际的 D/A 转换特性与理想转换特性之间的最大偏差。转换误差常用这个最大偏差与最大输出电压之比的百分数表示，该值越大，表明数模转换器的转换误差越大。例如 D/A 转换器的转换误差为 0.03% FSR，就表示转换误差小于等于满刻度的万分之三。有时，转换误差也用最低有效位的倍数表示。例如给出转换误差为 1LSB，就表示实际输出模拟电压与理论值之间的最大绝对误差小于等于输入只有最低有效位为 1 时的输出电压。如果给出的误差为 LSB/2，就表明输出电压的最大绝对误差小于等于输入只有最低有效位为 1 时的输出电压的一半。

转换误差主要是由于基准电压 V_{REF}的波动、运算放大器的零点漂移、电阻网络阻值偏差及模拟开关的导通电阻和导通电压的变化等引起的。可见，为了获得高精度的 D/A 转换器，不仅要选用高分辨率的 D/A 转换器，还必须选用高稳定度的基准电压源和低漂移的运算放大器等。

2. 转换速度

D/A 转换器的转换速度通常用建立时间 T_s来描述。

在实际的 D/A 转换器中，由于电容、电感和开关电路等会引起电路的时间延迟，所以当输入数字信号发生变化时，输出的模拟电压需要一段时间后才能达到所对应的值。通常用建立时间 T_s来衡量转换速度的快慢，建立时间越短说明 DAC 的转换速度越快。

建立时间 T_s是指从输入数字量发生变化开始，直到输出电压达到规定误差范围时所需的时间。通常，用 D/A 转换器的输入数字量由全 0 变为全 1（或由全 1 变为全 0）时，输出电压误差达到 ± LSB/2 以内所需的时间来表示。不同型号的 D/A 转换器，建立时间不同，一般从几个纳秒到几个微秒。单片集成 D/A 转换器建立时间最短可达 0.1μs 以内，如 10 位 AD7520 的建立时间不大于 500ns。

[**例 10.2.2**] 某系统中有一个 DAC，若该系统要求 DAC 的转换误差小于 0.5%，试回答至少应选多少位的 DAC？

解 若 DAC 的分辨率大于 0.5%，其转换误差不可能小于 0.5%，所以若转换误差小于 0.5%，则分辨率必须小于 0.5% 才行，要使分辨率小于 0.5%，至少应选 8 位 DAC。

10.3 A/D 转换器

由于 A/D 转换器的输入模拟信号在时间和数值上都是连续的，而输出的数字信号在时间和数值上都是离散的，所以，A/D 转换一般要经过取样、保持、量化和编码 4 个过程。下面先介绍取样、保持、量化和编码的概念。

10.3.1 取样、保持、量化和编码

1. 取样与保持

所谓取样，就是把一个时间上连续的模拟信号转换为时间上离散的信号。若输入信号的最高频率分量为 f_{max}，根据取样定理，取样频率 f_s必须满足

$$f_s \geqslant 2f_{max} \tag{10.3.1}$$

取样结束后，要把每个取样的信号保持一段时间，使得 A/D 转换器有充分的时间完成后续的量化及编码。

在实际电路中，取样与保持过程是通过取样 - 保持电路同时完成的。取样 - 保持电路如图 10.3.1 所示。该电路由 MOS 管模拟开关、保持电容和运算放大器构成的电压跟随器组成，图中 v_s为取样控制信号。当 v_s为高电平时，VT 管导通，v_I对电容 C 充电，由于充电时间常数 $\tau_C = R_{on}C$（R_{on}为 VT 管的导通电阻）远小于控制信号 v_s的周期 T_s，所以可认为 v_C与 v_I相同，即对输入信号进行取样。而当 v_s为低电平时，VT 管截止。VT 管截止时的等效电阻及运算放

大器的输入电阻可看作无穷大，所以电容 C 没有放电回路，则电容 C 上的电压 v_C 保持不变，且其值为取样结束瞬间时刻 t_i 所对应的 v_I 值。取样-保持波形示意图如图 10.3.2 所示。

目前，取样-保持电路有专用集成电路产品，如 AD585、AD684、AD1154 等。

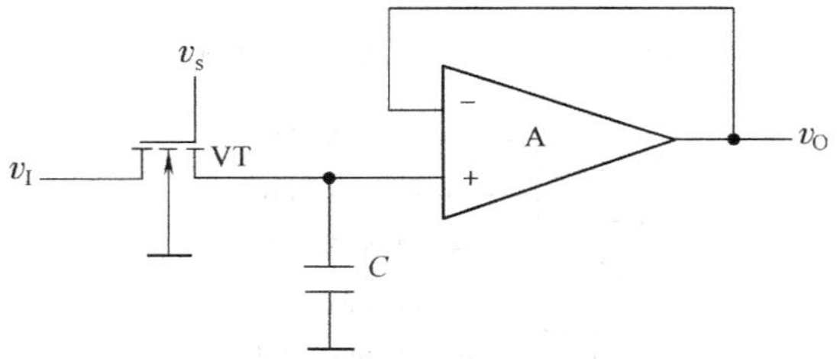

图 10.3.1　取样-保持电路

2. 量化和编码

数字信号不仅在时间上是离散的，而且在数值上也是离散的。经取样、保持所取得的取样信号是在 t_1、t_2、…等时刻的瞬时值，仍属模拟量。而任何一个数字量的大小只能是某个规定的最小数量单位的整数倍，为此，在 A/D 转换过程中，必须把取样-保持得到的电压表示成最小数量单位的整数倍，这一转化过程称为量化，所取的最小数量单位称为量化单位，用 Δ 表示，它是数字信号最低位为 1 时所对应的模拟量，即 1LSB。一般被转换的模拟量不一定能被 Δ 整除，这种因素引起的误差称为量化误差，它属原理误差，是无法消除的。

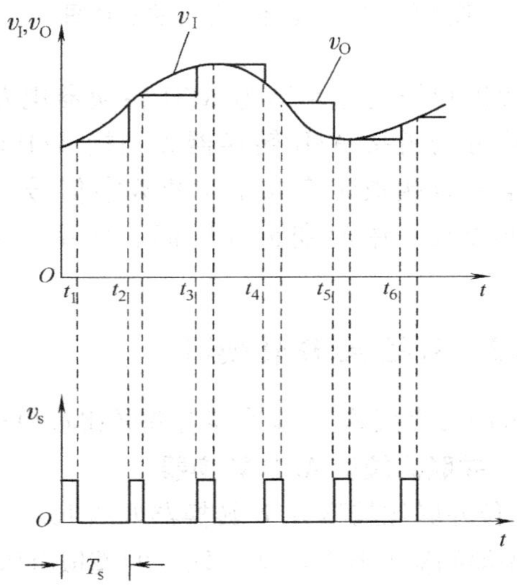

图 10.3.2　取样-保持波形示意图

把量化以后的结果用一组相应的代码表示出来，这一过程称为编码。这些代码就是 A/D 转换器输出的数字量。

量化过程中有两种近似方式：一种是只舍不入量化法，它是将不够量化单位的数舍掉，所以量化误差为 Δ。另一种是四舍五入量化法，即将小于 Δ/2 的数舍去，而将等于或大于 Δ/2 的数保留，取为 Δ，所以量化误差为 Δ/2。

例如 3 位 A/D 转换器的输入信号变化范围为 0～1V，若采用只舍不入量化法，则取 Δ＝1/8V，并规定数值在 0～1/8V 之间的模拟电压都当做 0Δ 对待，相应的二进制编码为 000；数值在 1/8～2/8V 之间的模拟电压都当做 1Δ 对待，相应的二进制编码为 001。依此类推，量化法示意图如图 10.3.3 所示。可见最大量化误差为 Δ＝1/8V。

若采用四舍五入量化法，则取 Δ＝2/15V，将不足半个量化单位部分舍弃，而将等于或大于半个量化单位部分按一个量化单位取值，并规定数值在 0～1/15V（即 0～Δ/2）之间的模拟电压当做 0Δ 对待，输出代码为 000；数值在 1/15～3/15V 之间的模拟电压当做 1Δ 对待，输出代码为 001。依此类推，量化法示意图如图 10.3.4 所示。可见最大量化误差为 Δ/2＝1/15V。

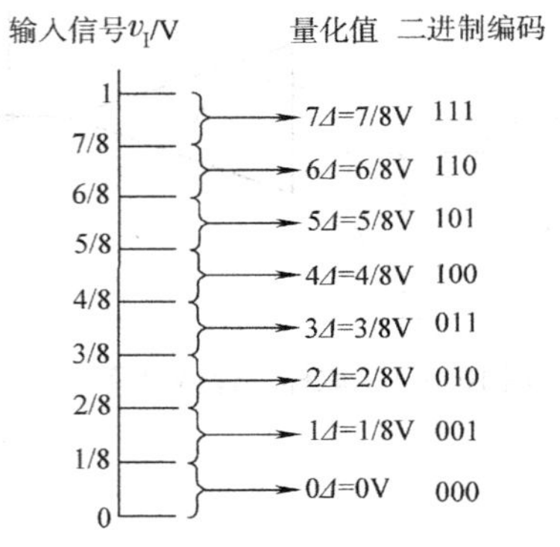

图 10.3.3 只舍不入量化法示意图

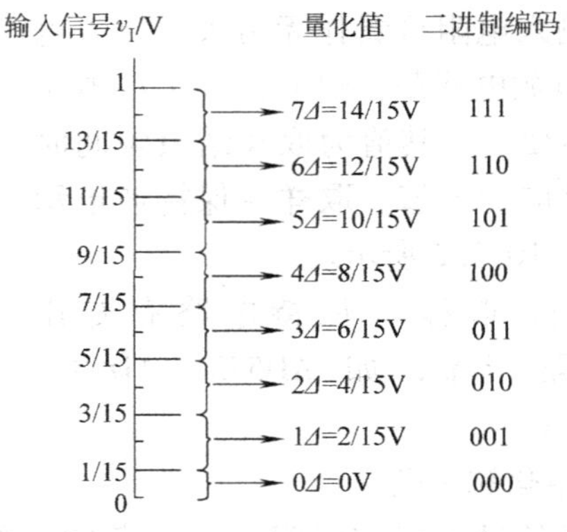

图 10.3.4 四舍五入量化法示意图

量化和编码电路即为 A/D 转换器电路。A/D 转换器类型很多，按转换的工作原理不同可分为直接 A/D 转换器和间接 A/D 转换器两大类。在直接 A/D 转换器中，输入的模拟信号直接被转换成相应的数字信号；而在间接 A/D 转换器中，输入的模拟信号先被转换成某一中间变量（时间、频率等），然后再把这个中间变量转换为输出的数字信号。

10.3.2 直接 A/D 转换器

常用的直接 A/D 转换器有并联比较型和逐次逼近型。

1. 并联比较型 A/D 转换器

3 位并联比较型 A/D 转换器如图 10.3.5 所示。它由电阻分压器、电压比较器、寄存器和优先编码器 4 部分组成。输入的模拟电压 v_I为取样 - 保持的输出电压，输出为 3 位二进制码 $D_2D_1D_0$。

电阻分压器由 8 个电阻组成，将基准电压 V_{REF}分成 8 个等级，即 $1/15V_{REF}$、$3/15V_{REF}$、…、$13/15V_{REF}$、V_{REF}，其中前 7 个等级的电压分别作为相应的 7 个电压比较器 $C_1 \sim C_7$的参考电压。而输入的模拟电压 v_I则接到 7 个比较器的另一个输入端，分别与这 7 个参考电压进行比较。而当比较器的 $v_+ > v_-$时，比较器的输出为 1；$v_+ < v_-$时，比较器的输出为 0。所以，各比较器的输出状态取决于输入模拟电压 v_I的大小，并在 *CP* 脉冲的作用下，将比较结果存入寄存器中，再通过优先编码器对寄存器的状态进行编码，便得到了二进制代码的输出。优先编码器级别最高的是 I_7，最低的是 I_0。

设 v_I变化范围为 $0 \sim V_{REF}$，则由图 10.3.5 可列出 3 位并联比较型 ADC 的输入 - 输出关系表 10.3.1。

并联比较型 A/D 转换器由于各量级同时进行比较，转换时间只受比较器、寄存器和优先编码器等电路延迟时间的限制，所以它的突出优点是转换速度快，并且转换速度与输出的位数无关。但是，为了提高分辨率，输出的位数要增加，该转换器的成本就要提高，而且功耗也增大。因为一个 n 位输出的转换器，所用的电阻个数为 2^n、比较器个数为 $2^n - 1$，即元器件的数目要按几何级数增加，所以这种转换器只适合于高速、低分辨率的情况。

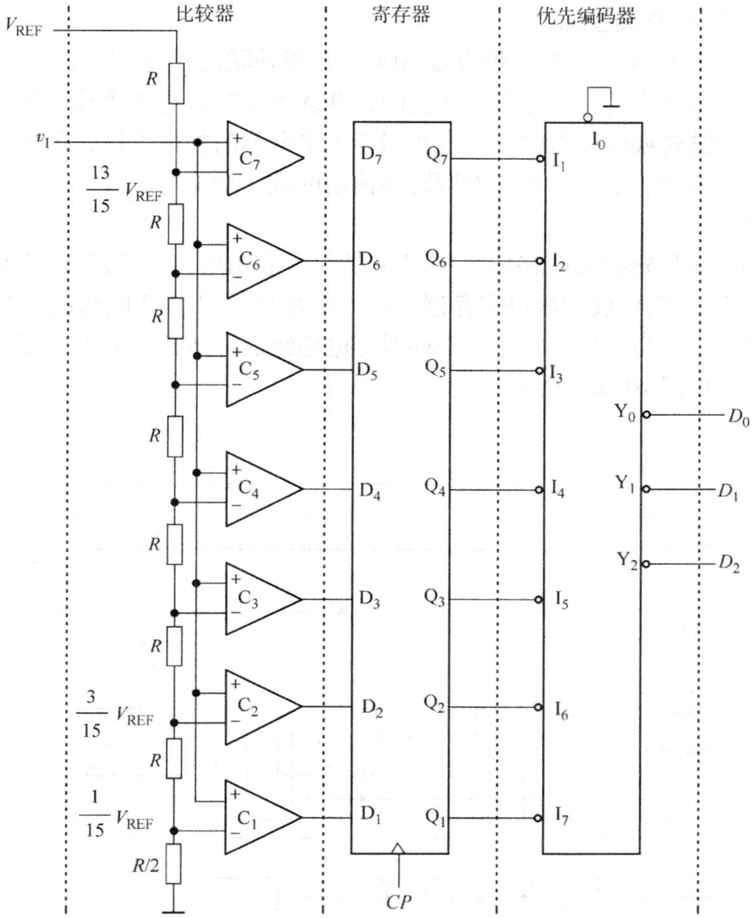

图 10.3.5 3 位并联比较型 A/D 转换器

表 10.3.1 3 位并联比较型 ADC 的输入－输出关系表

输入 v_I 范围	寄存器状态							数字输出		
	Q_7	Q_6	Q_5	Q_4	Q_3	Q_2	Q_1	D_2	D_1	D_0
$0 \leqslant v_I < V_{REF}/15$	0	0	0	0	0	0	0	0	0	0
$V_{REF}/15 \leqslant v_I < 3V_{REF}/15$	0	0	0	0	0	0	1	0	0	1
$3V_{REF}/15 \leqslant v_I < 5V_{REF}/15$	0	0	0	0	0	1	1	0	1	0
$5V_{REF}/15 \leqslant v_I < 7V_{REF}/15$	0	0	0	0	1	1	1	0	1	1
$7V_{REF}/15 \leqslant v_I < 9V_{REF}/15$	0	0	0	1	1	1	1	1	0	0
$9V_{REF}/15 \leqslant v_I < 11V_{REF}/15$	0	0	1	1	1	1	1	1	0	1
$11V_{REF}/15 \leqslant v_I < 13V_{REF}/15$	0	1	1	1	1	1	1	1	1	0
$13V_{REF}/15 \leqslant v_I < V_{REF}$	1	1	1	1	1	1	1	1	1	1

2. 逐次逼近型 A/D 转换器

逐次逼近型 A/D 转换器也是一种直接 ADC，它跟并联比较型 ADC 一样也产生一系列参考电压，但不是并行产生的，而是逐个产生的，并逐次与输入电压比较。比较的原理与天平称物重很相似。即被转换的模拟输入电压相当于天平所称的物体重量，每次产生的参考电压相当于添加砝码后的所有砝码重量，而所转换输出的数字量相当于天平上逐次添加砝码所保留下来的砝码重量。

3 位逐次逼近 A/D 转换器电路如图 10.3.6 所示。它由电压比较器 C、3 位 D/A 转换器、3 个 JK 触发器 FF_2 ~ FF_0 构成的数码寄存器、4 个 D 触发器 FF_A ~ FF_D 构成的节拍脉冲发生器及 3 个 D 触发器 FF_{O2} ~ FF_{O0} 构成的输出寄存器等电路组成。节拍脉冲发生器由环形计数器构成，其输出波形图如图 10.3.7 所示。

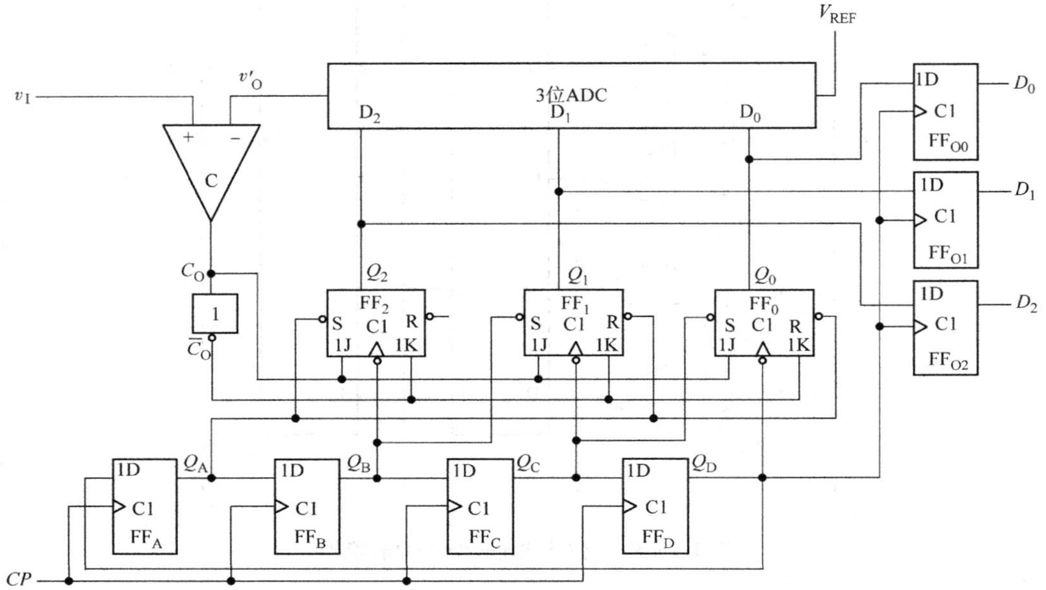

图 10.3.6　3 位逐次逼近 A/D 转换器

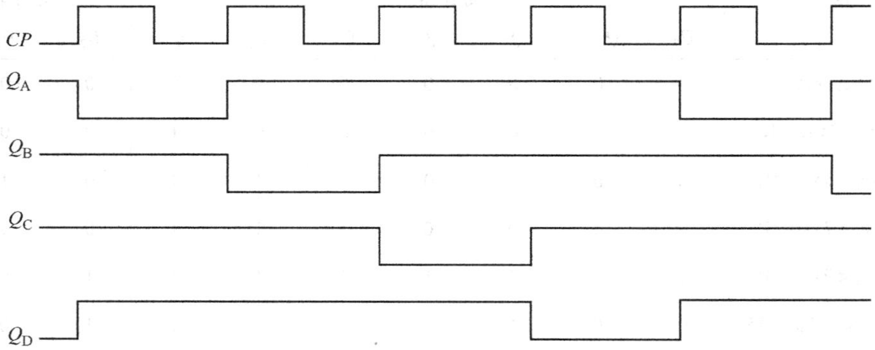

图 10.3.7　节拍脉冲发生器输出波形图

A/D 转换前，将环形计数器置成 $Q_AQ_BQ_CQ_D = 1110$。

第一个 CP 上升沿到来后，$Q_AQ_BQ_CQ_D=0111$，即 Q_A为低电平，通过 JK 触发器的异步置位端和复位端使 $Q_2Q_1Q_0=100$，该数码经 3 位 DAC 转换后，得到 v'_O，并送到比较器 C 与输入信号 v_I比较，若 $v_I \geqslant v'_O$，比较器的输出 $C_O=1$（$\overline{C}_O=0$），使各 JK 触发器的 $JK=10$；当 $v_I<v'_O$时，$C_O=0$（$\overline{C}_O=1$），使各 JK 触发器的 JK = 01。

第二个 CP 上升沿到来后，$Q_AQ_BQ_CQ_D=1011$，这时，Q_B产生一个下降沿，将前一个脉冲所产生的 JK 信号驱动 FF_2，若 $JK=10$，则 $Q_2=1$，保留；若 $JK=01$，即 $Q_2=0$，则不保留，与转换原理吻合。同时，Q_B通过 FF_1的异步置位端使 $Q_1=1$，而 Q_0仍为 0，这时新产生的数码经 3 位 DAC 转换后，再次送到比较器进行比较，得到新的 JK 信号。

第三个 CP 上升沿到来后，$Q_AQ_BQ_CQ_D=1101$，这时，Q_C产生一个下降沿，将前一个脉冲所产生的 JK 信号驱动 FF_1，决定 $Q_1=1$ 是否保留。同时，Q_C通过 FF_0的异步置位端使 $Q_0=1$，而 Q_2保持不变。这时新产生的数码经 3 位 DAC 转换后，又送到比较器进行比较，又得到新的 JK 信号。

第四个 CP 上升沿到来后，$Q_AQ_BQ_CQ_D=1110$，Q_D产生一个下降沿，同样根据这时的 JK 值决定 $Q_0=1$ 是否保留，而 Q_2Q_1保持不变。这时的 $Q_2Q_1Q_0$的值就是所要转换的结果。

第五个 CP 上升沿到来后，Q_D产生一个上升沿，将 $Q_2Q_1Q_0$的值存入输出寄存器，$D_2D_1D_0$即为输出数字量。同时 $Q_AQ_BQ_CQ_D=0111$，又进行下一轮的转换。

可见，逐次逼近 ADC 完成一次 A/D 转换所需时间等于（$n+2$）个 CP 时钟周期，n 为 ADC 的位数。所以它比并联比较型 A/D 转换器的转换速度要慢。但在输出位数较多时，逐次逼近 A/D 转换器的电路规模要比并联比较型小得多，因此，它是目前集成 A/D 转换器产品中用得较多的一种电路。

10.3.3　间接 A/D 转换器

根据中间量的不同，间接 A/D 转换器可分为电压 - 时间变换型（简称 V - T 变换型）和电压 - 频率变换型（简称 V - F 变换型）两类。在间接 A/D 转换器当中用得最多的是双积分型 A/D 转换器，它属于 V - T 变换型。下面介绍双积分型 A/D 转换器。

双积分 A/D 转换器的原理图如图 10.3.8 所示，图中 $v_I>0$。它由积分器、零值比较器、计数器、控制逻辑等电路组成。它的工作原理是对输入模拟电压和基准电压分别进行二次积分，使得第二次的积分时间间隔与输入模拟电压平均值成正比，同时利用计数器通过给定的时钟脉冲测出此时间间隔，即计数器的输出值就是相应的数字量。

A/D 转换前，转换控制信号 $v_S=0$，封锁与非门 G_2，并使计数器和 FF_n清零，还通过非门 G_1将开关 S_2合上，使电容 C 放电。由于 Q_n为 0，它使开关 S_1接到 v_I。当电容 C 放电完毕，$v_S=1$，开关 S_2断开。A/D 转换器开始转换。

1. 第一次积分

由运算放大器 A、电阻 R 及电容 C 组成的积分器对输入模拟信号 v_I进行积分，积分时间常数 $\tau=RC$。因 $v_I>0$，所以积分器输出 $v_O<0$，而比较器输出 $v_C>0$，则 G_2打开，使计数脉冲 CP 进入计数器，从 0 开始计数。当计数到 2^n个脉冲时，如图 10.3.9 的 t_1时刻，n 位二进制计数器全为 0，而 Q_n变为 1，使开关 S_1接到 $-V_{REF}$，第一次积分结束，而且这段时间是固定不变的，用 T_1表示。设计数脉冲 CP 的周期为 T_C，则第一次积分时间为

$$T_1=2^nT_C \tag{10.3.2}$$

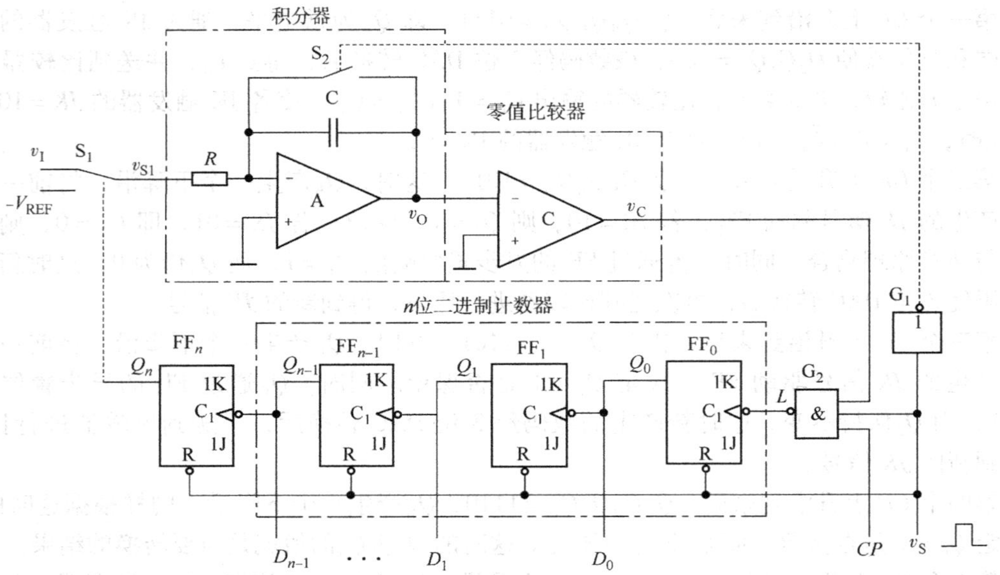

图 10.3.8 双积分 A/D 转换器的原理图

t_1时刻的积分器输出为

$$v_O(t_1) = -\frac{1}{RC}\int_0^{t_1} v_I \mathrm{d}t = -\frac{T_1}{RC}v_I = -\frac{2^n T_C}{RC}v_I \tag{10.3.3}$$

可见，第一次积分结束后，积分器的输出电压v_O与输入电压v_I成正比。

2. 第二次积分

当开关S_1接到基准电压$-V_{REF}$时，因基准电压与输入信号极性相反，故积分器在电容初始电压为$-\frac{2^n T_C}{RC}v_I$的基础上向相反方向进行第二次积分。而这时，二进制计数器又开始从 0 计数。直到积分器的输出电压达到 0 时，如图 10.3.9 的t_2时刻，比较器的输出$v_C = 0$，它封锁了G_2，计数器停止计数。设积分器的输出电压从$-\frac{2^n T_C}{RC}v_I$上升到 0 时所经过的第二次积分时间为T_2，则由

$$v_O(t_2) = -\frac{1}{RC}\int_{t_1}^{t_2}(-V_{REF})\mathrm{d}t - \frac{2^n T_C}{RC}v_I$$

$$= \frac{V_{REF}(t_2 - t_1)}{RC} - \frac{2^n T_C}{RC}v_I$$

$$= \frac{V_{REF}T_2}{RC} - \frac{2^n T_C}{RC}v_I = 0$$

得

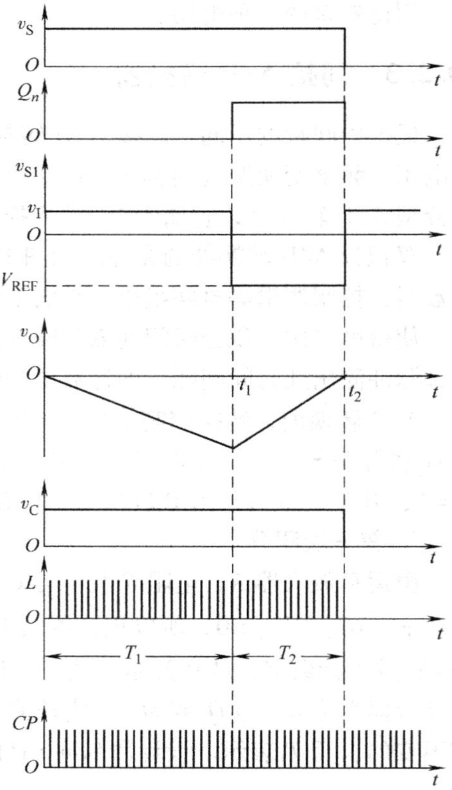

图 10.3.9 双积分 A/D 转换器的工作波形

$$T_2 = \frac{2^n T_C}{V_{REF}} v_I \qquad (10.3.4)$$

上式表明，第二次积分时间 T_2与输入信号 v_I成正比，故属于 V - T 型 ADC。若计数器在 T_2这段时间里所计的脉冲数为 N，则 $T_2 = NT_C$，代入式（10.3.4），得

$$N = \frac{2^n}{V_{REF}} v_I \qquad (10.3.5)$$

若取 $V_{REF} = 2^n$，则

$$N = v_I \qquad (10.3.6)$$

该式表明，计数器第二次所计的脉冲个数为被转换的输入电压 v_I值。

由于双积分 ADC 的输入级为积分器，所以对交流噪声有很强的抑制能力，能有效的抑制电网的工频干扰。虽然电阻、电容这些元器件参数会发生变化，但只要在两次积分时间内不发生变化，对 ADC 转换精度就没有影响，所以工作性能稳定。双积分 ADC 的缺点是工作速度慢，完成一次转换需要（$2n + N$）个 T_c时间。其中 n 为计数器的位数，N 为第二次积分计数器所计脉冲个数，T_c为时钟脉冲的周期。目前，单片集成双积分型 ADC 完成一次转换需要几十毫秒。

10.3.4　集成 ADC

目前，在集成 A/D 转换器产品中，用得较多的是逐次逼近型，它的种类很多，下面介绍集成 A/D 转换器 ADC0804。

ADC0804 是用 CMOS 集成工艺制成的 8 位逐次逼近型 ADC，它的内部电路与图 10.3.6 基本相同，所不同的是：位数增加到 8 位，并且为了提高 ADC 转换精度，在 DAC 的输出端增加了电压偏移电路，作为量化误差修正。

ADC0804 引脚排列如图 10.3.10 所示。各引脚功能及使用如下：

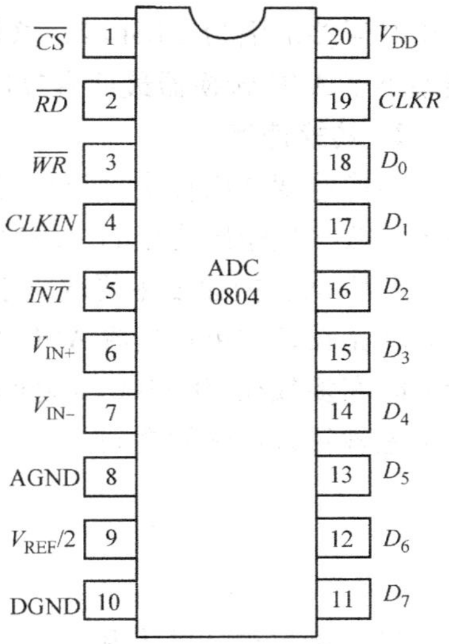

图 10.3.10　ADC0804 引脚排列

V_{IN+}和 V_{IN-}：模拟电压输入端。当单端输入时，模拟输入电压接 V_{IN+}，V_{IN-}接地。当平衡输入时，V_{IN+}、V_{IN-}分别接模拟输入电压的正端和负端。当输入的模拟电压信号存在“零点漂移电压”时，可在 V_{IN-}端接一等值的零点补偿电压，变换时将自动从 V_{IN+}中减去这一电压。

$V_{REF}/2$：基准电压 V_{REF}可以由内部提供，这时 $V_{REF}/2$端悬空，且 $V_{REF} = V_{DD}$，若外部电源接到该管脚，则 V_{REF}的大小为外接电源电压的 2 倍。

$\overline{CS}$：片选信号输入端，低电平有效。

$\overline{WR}$：写信号输入端，低电平有效。当$\overline{CS}$和$\overline{WR}$都为低电平时，启动转换。

$\overline{RD}$：读信号输入，低电平有效，$\overline{RD}$为转换结束后从 ADC 中读出数据的控制信号。

$\overline{INT}$：转换结束输出信号，当 $\overline{INT}$ 输出为低电平时，表示本次模数转换结束。

$CLKIN$：外接时钟信号输入端。

CLKR：内部时钟发生器外接电阻端。ADC0804 的时钟信号可直接从 *CLKIN* 接入，也可通过外接 *R*、*C* 产生模数转换器所需的时钟信号，其频率 $f_{CP}=1/1.1RC$，一般要求频率 100～800kHz。

AGND 和 DGND：分别为模拟地和数字地。

$D_0 \sim D_7$：数字量输出端。

图 10.3.11 是 ADC0804 的典型应用电路图，转换器的时钟脉冲由外接 10kΩ 电阻和 150pF 电容形成，时钟频率约 640kHz。基准电压由其内部提供。为了启动 A/D 转换，应先将开关 S 闭合一下，使 $\overline{WR}$ 端接地，然后再把开关 S 断开，于是转换就开始。模数转换器一经启动，被输入的模拟量就按一定的速度转换成 8 位二进制数码，数字量从输出端 $D_0 \sim D_7$ 输出。

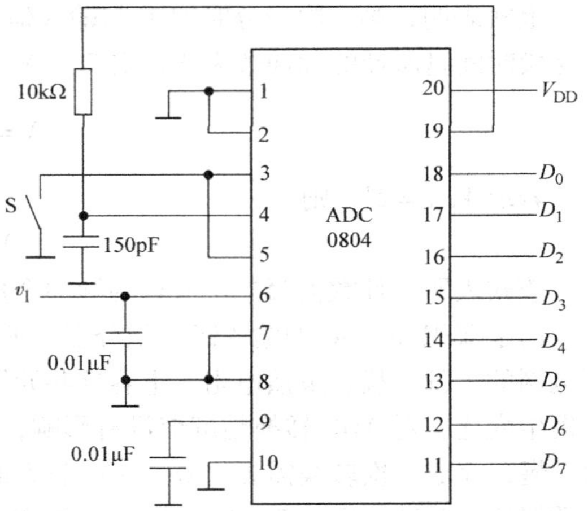

图 10.3.11　ADC0804 的典型应用电路图

10.3.5　A/D 转换器的转换精度与转换速度

1. A/D 转换器的转换精度

A/D 转换器也采用分辨率和转换误差来描述转换精度。

（1）分辨率　ADC 的分辨率又称分解度，通常以二进制数或十进制数的位数表示，位数越多，说明 A/D 转换器对输入信号的分辨能力越强。

（2）转换误差　转换误差表示实际输出的数字量和理论上的输出数字量之间的最大差值，通常用相对误差表示，即最大差值与满量程值之比。一般多以最低有效位的倍数给出。如相对误差范围为 ±LSB/2，这就表明 A/D 转换器实际输出的数字量与理想的数字量之间的误差小于 A/D 转换器最低有效位为 1 的一半。

2. 转换速度

转换速度常用转换时间来表示。转换时间是指 ADC 从接收的模拟信号到来开始，到有稳定的数字量输出为止的一段时间。转换时间越短，说明转换速度越快。

ADC 的转换速度主要取决于转换电路的类型。并联比较型 ADC 的转换速度最高，如 8 位并联比较型的单片集成 ADC 的转换时间可小于 50ns；逐次逼近型 ADC 的转换速度次之，转换时间多数在 10～100μs 之间；双积分型 A/D 转换器的转换速度最低，转换时间多数在几十毫秒到数百毫秒之间。

小　　结

（1）随着电子技术和数字计算机的快速发展，A/D、D/A 转换器在工业过程中的自动检测、自动控制及信号处理等方面都得到广泛应用。此外，ADC 也被广泛用来制作数字式电压表、温度仪表及数字式检测仪表等。

（2）A/D、D/A 转换器的种类很多，本章在 D/A 转换器中，主要介绍了权电阻网络型、倒 T 形电阻网络型、权电流型和集成 AD7520D/A 转换器，并介绍了 D/A 转换器的转换精度和转换速度等主要技术指标。在 A/D 转换器中，主要介绍了直接 A/D 转换器中的并联比较型和逐次逼近型两种，间接 A/D 转换器中的双积分型和集成 ADC0804，同时也介绍了 A/D 转换器的转换精度和转换速度。并联比较型是目前 A/D 转换速度最快的一种，但随着位数的增加，并联比较型 A/D 转换器所用电路庞大，成本高，只有在要求转换速度较高的场合下使用。在实际应用中用得最多的是逐次逼近型。此外，A/D 转换器的输入电压有单极性和双极性之分，所以在选用 A/D 转换器时要注意型号。

（3）不同类型的 A/D、D/A 转换器，由于电路结构不同，所以其转换精度、转换速度、抗干扰能力等也不同。在实际使用中，根据实际需要选择相应类型的转换器，同时对转换器的外围电路的选择也非常重要。为了提高转换器的转换精度，也要提高基准电压源和供电电源的稳定度，并减小环境对转换器工作的影响，否则，即使选择了高分辨率的转换器芯片，也难于提高转换精度。

检　测　题

一、模拟信号与数字信号有什么不同？

二、比较倒 T 形和权电流型 DAC 的优缺点。

三、8 位 DAC 比 10 位 DAC 的转换精度要________，即数字信号的位数越多，转换精度越________。

四、什么是量化、量化单位和量化误差？

五、A/D 转换通常经过________、________、________及________ 4 个过程。

六、模拟信号的最高工作频率为 10kHz，试问取样频率的下限是多少？

七、ADC 的最大输入模拟电压 $v_I = 10V$，当转换成 8 位二进制数时，ADC 可以分辨的最小模拟电压是________ mV；若当转换成 16 位二进制数时，ADC 可以分辨的最小模拟电压是________ mV。

八、在逐次逼近型和双积分型 A/D 转换器中，哪些转换器的转换时间与被转换的模拟信号幅度无关？

九、试列举哪些电子产品应用了 A/D 和 D/A 转换器。

习　　题

［题 10.1］　在图 10.2.1 权电阻网络 D/A 转换器中，已知 $R = 10k\Omega$，$R_f = 5k\Omega$，$V_{REF} = -10V$，试计算当 $D_3D_2D_1D_0 = 0001$、0010、0100、1000 时，输出电压分别是多少？

［题 10.2］　在图 10.1 所示的倒 T 形电阻网络 DAC 中，已知参考电压 $V_{REF} = 10V$，$R = R_f$，试求输出电压的取值范围。

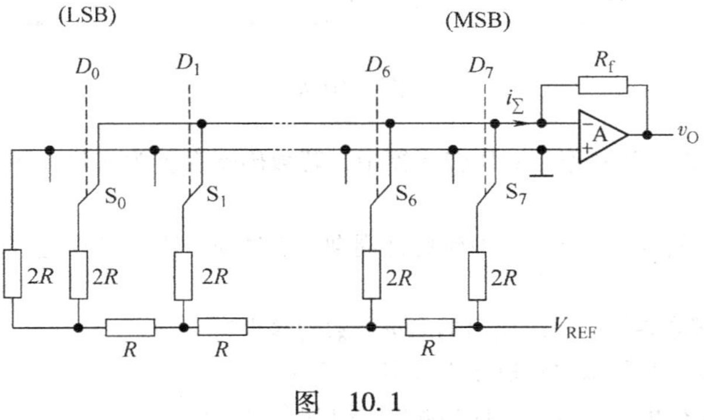

图　10.1

［题 10.3］　在图 10.2 中输入时钟脉冲周期为 T_{CP}，试画出 DAC 输出模拟电压 v_O 的时间波形图（画两个周期）。

[题 10.4] 在 D/A 转换器中，若要求将数字信号转换成模拟信号的分辨率 LSB = 1 时的电压为 5mV，最大满刻度输出电压 $v_O = 10V$，试求该电路输入的二进制数位数 n 为多少？基准电压 V_{REF} 为多少？

[题 10.5] 在 D/A 转换器中，若要求转换精度为 0.25%，则该电路输入的二进制数位数 n 至少为多少？

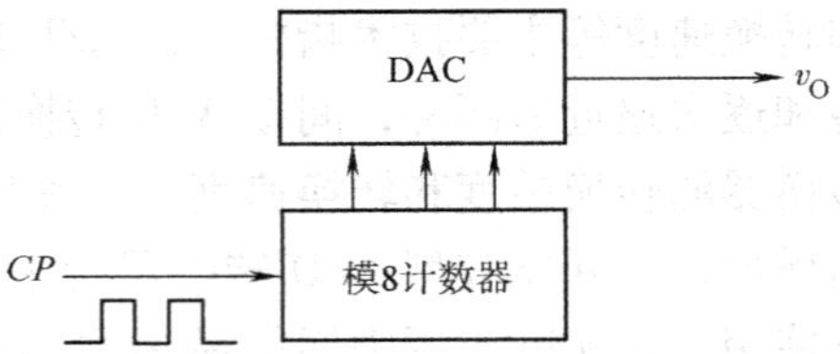

图 10.2

[题 10.6] 在图 10.1 所示的倒 T 形电阻网络 DAC 中，参考电压 $V_{REF} = 10V$，$R = R_f$，为保证 V_{REF} 偏离标准值所引起的误差小于 LSB/2，试计算 V_{REF} 的相对稳定度应为多少？

[题 10.7] 图 10.3 是由 AD7520 组成的另一种双极性输出 D/A 转换器电路。

(1) 试根据电路图写出输出电压 v_O 与输入数码 N_B、基准电压 V_{REF} 及 V_B、R_B 之间的关系式；

(2) 为了得到 ±5V 的最大输出模拟电压，在选定 $R_B = 10k\Omega$ 的条件下，试确定 V_{REF} 和 V_B 的电压。

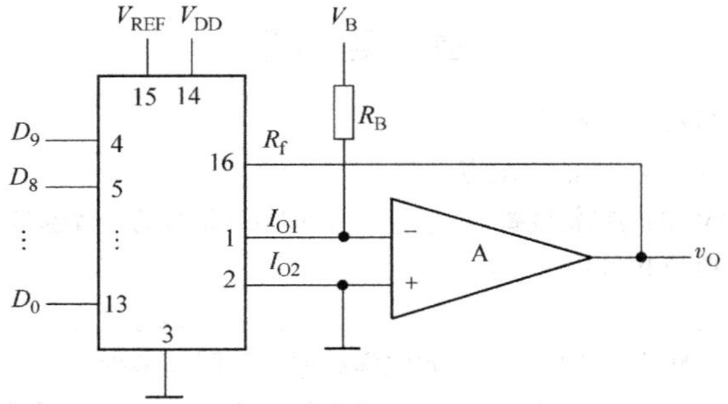

图 10.3

[题 10.8] 试用 AD7520 和同步十六进制计数器 74LS161 组成如图 10.4 所示的 12 阶梯形波形发生器，要求画出完整的电路图。

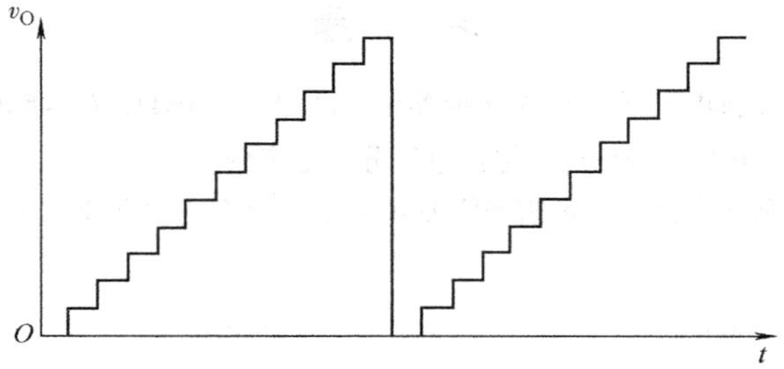

图 10.4

[题 10.9] 在图 10.3.6 逐次逼近 A/D 转换器中，若数码寄存器为 4 位，D/A 转换器也相应为 4 位，$V_{REF} = 8V$。

(1) 试计算完成一次转换需要多少个时钟脉冲周期？若转换一次全过程允许时间为 120μs，则时钟脉冲的频率为多少？

(2) 若 $v_I = 5.9V$，试求转换后相应输出的二进制数为多少？

[题 10.10] 在图 10.3.8 所示的双积分 A/D 转换器中，

(1) 输入信号 v_I 和基准电压 V_{REF} 在极性和数值上有什么要求？

(2) 若 $|v_I| > |V_{REF}|$，则在转换过程中会出现什么问题？

[题 10.11] 在图 10.3.8 双积分 A/D 转换器中，若计数器 $n = 10$，时钟信号频率 $f_{CP} = 1MHz$。

（1）试计算完成一次转换所需要的最长时间是多少？

（2）若基准电压 $V_{REF}=-10V$，最大输入电压 $v_I=10V$，电容 $C=0.1\mu F$，计数器模为 2^n，试计算积分器的电阻 R 为多少？（设运放的最大输出电压幅值为 $V_{om}=\pm10V$）

（3）在上述电路基础上，当输入电压 $v_I=2.5V$ 时，试求转换后相应输出的二进制数为多少？

［题 10.12］　在图 10.3.8 双积分 A/D 转换器中，设时钟频率为 f_{CP}，其分辨率为 n 位，试写出 A/D 转换器的转换频率表达式。

第11章 存 储 器

内容提要

本章系统地介绍了只读存储器（ROM）和随机存储器（RAM）的电路的结构、工作原理和应用等。在只读存储器章节中，概要介绍ROM的分类和特点。将ROM大致分为掩模ROM、可编程ROM（PROM）、可擦除的可编程ROM（EPROM）、电可擦除的可编程ROM（EEPROM）和快闪存储器（Flash Memory）等几种。详细介绍ROM的结构及工作原理。在随机存储器章节中，分别介绍随机存储器的电路结构图、由六管NMOS静态存储单元组成的静态RAM（SRAM）和由单管动态MOS存储单元组成的动态RAM（DRAM）的工作原理和特点。

此外，还重点讲述了用ROM实现组合逻辑函数的概念和方法及存储器容量的扩展方法。本章最后给出ROM和RAM的EDA实现。

教学目标

1. 了解ROM、RAM的分类及使用方法，理解ROM、RAM的工作原理，掌握ROM、PROM的特点。
2. 掌握用ROM实现多输出逻辑函数的方法。
3. 掌握存储器容量扩展的几种形式：字扩展、位扩展和字位同时扩展。
4. 了解EDA实现ROM和RAM的方法，理解Verilog HDL实现存储器的具体程序。

11.1 概述

半导体存储器是一种能存储大量二值信息的半导体器件。数字信息在运算或处理过程中，需要使用专门的存储器进行较长时间的存储，正是因为有了存储器，计算机才有了对信息的记忆功能。半导体存储器是电子计算机以及一些数字系统不可缺少的组成部分。

存储器的容量一般以字节(Byte)为单位，有时也以位(Bit)为单位，通常也以$2^{10}=1024=1K$为计算单位。例如2732存储器的容量是4KB，即4K个字节，也可以说它的容量是$4K\times 8$位$=32K$位。

存储器的种类很多，本章主要讨论半导体存储器。半导体存储器以其品种多、容量大、速度快、耗电省、体积小、操作方便、维护容易等优点，在数字设备中得到了广泛应用。目前，微型计算机的内存普遍采用了大容量的半导体存储器。

半导体存储器从存、取功能上可分为随机存取存储器（Random Access Memory，RAM）和只读存储器（Read-Only Memory，ROM）两大类。

只读存储器在正常工作状态下只能从中读取数据，不能快速地随时修改或重新写入数据。ROM 的优点是电路结构简单，而且在断电以后存在 ROM 中的数据不会丢失。只读存储器（ROM）又可分为掩模 ROM、可编程 ROM（Programmable Read-Only Memory，PROM）、可擦除的可编程 ROM（Erasable Programmable Read-Only Memory，EPROM）和电可擦除的可编程 ROM（Electrically Erasable Programmable Read-Only Memory，E^2PROM）几种不同类型。

随机存储器（RAM）可以随时向存储器写入数据或读出数据。根据所采用的存储单元存储机理的不同，又可分为静态 RAM（Static Random Access Memory，SRAM）和动态 RAM（Dynamic Random Access Memory，DRAM）。

从制造工艺上又可以把半导体存储器分为双极型和 MOS 型。

11.2 只读存储器

只读存储器（ROM）因工作时其内容只能读出而得名，常用于存储数字系统及计算机中不需改写的数据，例如数据转换表及计算机操作系统程序等。ROM 存储的数据不会因断电而消失，即具有非易失性。

11.2.1 ROM 的分类

ROM 是一种永久性数据存储器，按照数据写入方式特点的不同，可分为以下几种：

1. 固定 ROM

也称掩膜 ROM，这种 ROM 在制造时，厂家利用掩膜技术直接把数据写入存储器中，ROM 制成后，其存储的数据也就固定不变了，用户对这类芯片无法进行任何修改。

2. 一次性可编程 ROM（PROM）

PROM 在出厂时，存储内容全为 1（或全为 0），用户可根据自己的需要，利用编程器将某些单元改写为 0（或 1）。PROM 一旦进行了编程，就不能再修改了。

3. 光可擦除可编程 ROM（EPROM）

EPROM 是采用浮栅技术生产的可编程存储器，它的存储单元多采用 N 沟道叠栅 MOS 管，信息的存储是通过 MOS 管浮栅上的电荷分布来决定的，编程过程就是一个电荷注入过程。编程结束后，尽管撤除了电源，但是，由于绝缘层的包围，注入到浮栅上的电荷无法泄漏，因此电荷分布维持不变，EPROM 也就成为非易失性存储器件了。

当外部能源（如紫外线光源）加到 EPROM 上时，EPROM 内部的电荷分布才会被破坏，此时聚集在 MOS 管浮栅上的电荷在紫外线照射下形成光电流被泄漏掉，使电路恢复到初始状态，从而擦除了所有写入的信息。这样 EPROM 又可以写入新的信息。

4. 电可擦除可编程 ROM（E^2PROM）

E^2PROM 也是采用浮栅技术生产的可编程 ROM，但是构成其存储单元的是隧道 MOS 管，隧道 MOS 管也是利用浮栅是否存有电荷来存储二值数据的，不同的是隧道 MOS 管是用电擦除的，并且擦除的速度要快得多（一般为毫秒数量级）。

E^2PROM 的电擦除过程就是改写过程，它具有 ROM 的非易失性，又具备类似 RAM 的功能，可以随时改写（可重复擦写 1 万次以上）。目前，大多数 E^2PROM 芯片内部都备有升压电路。因此，只需提供单电源供电，便可进行读、擦除/写操作，这为数字系统的设计和在线调试提供了极大方便。

5. 快闪存储器

快闪存储器（Flash Memory）的存储单元也是采用浮栅型 MOS 管，存储器中数据的擦除和写入是分开进行的，数据写入方式与 EPROM 相同，需要输入一个较高的电压，因此要为芯片提供两组电源。一个字的写入时间约为 200μs，一般一只芯片可以擦除/写入 100 次以上。

11.2.2 ROM 的结构及工作原理

ROM 的内部结构如图 11.2.1 所示。它主要是由存储矩阵、地址译码器和输出缓冲器组成。其中 $A_0 \sim A_{n-1}$ 为 n 条地址输入线，能产生 2^n 种译码输出，范围从 $W_0 \sim W_{2^n-1}$，输出是 D_0、$D_1 \cdots D_{m-1}$ 共 m 位数据。通常称 $A_0 \sim A_{n-1}$ 为地址线，每种译码输出叫做一个“字”，称 $W_0 \sim W_{2^n-1}$ 为字线，每个字的输出为 m 位，把 $D_0 \sim D_{m-1}$ 叫做位线（或输出数据线）。

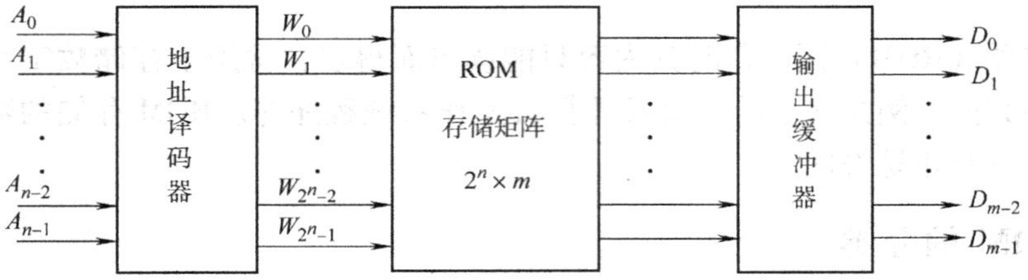

图 11.2.1 ROM 的内部结构示意图

存储矩阵是半导体存储器的核心部分，由若干个存储器单元组成。每个存储单元又由若干个基本存储单元组成，构成一个存储矩阵。例如，一个存储单元由 8 个基本单元组成，可用来存放字长为 8 位的一个字的信息。每一个基本存储单元即为一个字中的一位二值数值。因此在工程中常用字数乘以字长来表示存储器的存储容量。例如 4K×8 位，64K×8 位等。组成 ROM 的基本存储单元的元件可以是电阻、二极管、晶体管以及 MOS 管等。每个单元能存放 1 位二值代码（0 或 1）。按编址形式，存储单元可以分为以下两种方式：①字结构方式，即一旦被地址选中，读出一个存储单元的信息。②位结构方式，即一旦被地址选中，读出一个基本存储单元的信息。

地址译码器的作用是把它的译码输出作为存储矩阵的控制信号以决定某个单元是否被选中，并把其中的数据送到输出缓冲器。

输出缓冲器的作用是不但能提高存储器的带负载能力，而且其输出采用三态控制，可方便与总线连接。

1. ROM 的基本工作原理

（1）电路组成　掩模 ROM 所存储的数据是按照用户的要求而专门设计的，由用户向生产厂家定做，产品出厂时内部存储的数据就已经被“固化”在里边了，只能被读出，不能写入。存储单元可用二极管构成，也可以用双极型晶体管或 MOS 管构成。

图 11.2.2 是一个由二极管构成的具有 2 位地址输入和 4 位数据输出的掩模 ROM 电路。地址译码电路的基本结构如图 11.2.3 所示。

输入地址码是 A_0A_1，输出数据是 $D_0D_1D_2D_3$。输出缓冲器用的是三态门，它有两个作用，一是提高带负载能力；二是实现对输出端状态的控制，以便于和系统总线的连接。ROM 电路中地址译码器电路的基本结构如图 11.2.3 所示。

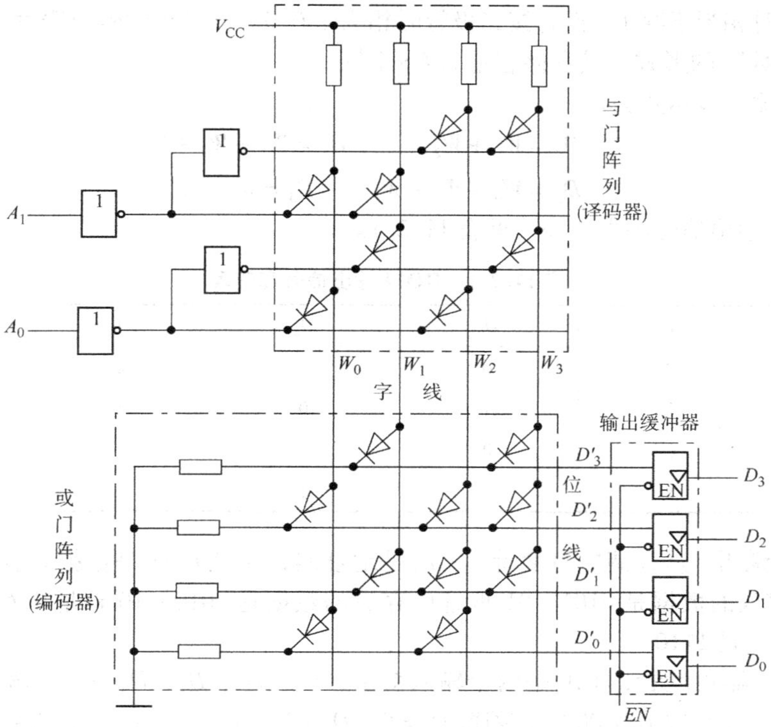

图 11.2.2 二极管 ROM 电路

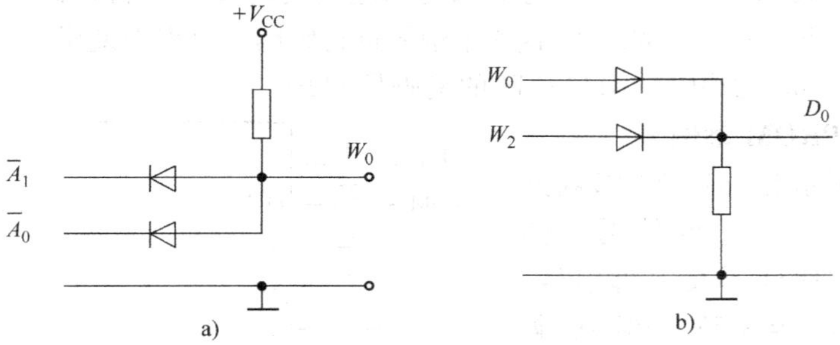

图 11.2.3 ROM 电路中地址译码电路的基本结构

a）二极管与门 b）二极管或门

（2）输出信号表达式 与门阵列输出表达式为

$$W_0=\overline{A}_1\overline{A}_0 \qquad W_1=\overline{A}_1A_0 \qquad W_2=A_1\overline{A}_0 \qquad W_3=A_1A_0$$

地址译码器由 4 个二极管与门组成。2 位地址代码 A_0A_1 能给出 4 个不同的地址。地址译码器将这 4 个地址代码分别译成 $W_0\sim W_3$ 线上的高电平信号。存储矩阵实际上是由 4 个二极管或门组成的编码器，当 $W_0\sim W_3$ 每根线上给出高电平信号时，都会在 $D_0\sim D_3$ 线上输出一个 4 位二值代码。通常将每个输出代码叫一个“字”，并把 $W_0\sim W_3$ 叫做字线，把 $D_0\sim D_3$ 叫做位线，而 A_0A_1 称为地址线。

在读取数据时，只要输入指定的地址码并令 $\overline{EN}=0$，则指定地址内各存储单元所存的数据便会出现在输出数据线上。不难看出，字线和位线的每个交叉点都是一个存储单元。交点处接有二极管时相当于存 1，没有接二极管时相当于存 0。交叉点的数目表示存储器的容量，按“字数×位数”的形式，其存储容量为 4×4 位。

或门阵列输出表达式为

$$D_0 = W_0 + W_2 \qquad D_1 = W_1 + W_2 + W_3$$

$$D_2 = W_0 + W_2 + W_3 \qquad D_3 = W_1 + W_3$$

（3）ROM 输出信号的真值表　见表 11.2.1。

表 11.2.1　ROM 输出信号真值表

A_1	A_0	D_3	D_2	D_1	D_0
0	0	0	1	0	1
0	1	1	0	1	0
1	0	0	1	1	1
1	1	1	1	1	0

（4）功能说明　从存储器角度看，A_0A_1 是地址码，$D_0D_1D_3D_4$ 是数据。表 11.2.1 说明：在 00 地址中存放的数据是 0101；01 地址中存放的数据是 1010，10 地址中存放的是 0111，11 地址中存放的是 1110。

从函数发生器角度看，A_1A_0 是两个输入变量，D_3、D_2、D_1、D_0 是 4 个输出函数。上表中说明：当变量 A_1A_0 取值为 00 时，函数 $D_3=0$、$D_2=1$、$D_1=0$、$D_0=1$；当变量 A_1A_0 取值为 01 时，函数 $D_3=1$、$D_2=0$、$D_1=1$、$D_0=0$。

从译码编码角度看，与门阵列先对输入的二进制代码 A_1A_0 进行译码，得到 4 个输出信号 $W_0 \sim W_3$，再由或门阵列对 $W_0 \sim W_3$ 这 4 个信号进行编码。上表中说明：W_0 的编码是 0101；W_1 的编码是 1010；W_2 的编码是 0111；W_3 的编码是 1110。

2. 常用的 EPROM 举例

图 11.2.4 所示为标准 28 脚双列直插 EPROM2764 的逻辑符号。图 11.2.5 为该芯片的外形及引脚信号。在正常使用时，$V_{CC}=+5V$，$\overline{PGM}$ 引脚接低电平，数据由数据总线输出。在进行编程时，$\overline{PGM}$ 引脚接高电平，V_{PP} 引脚接编程电平 +25V，数据由数据总线输入。

$\overline{OE}$：输出使能端，用来决定是否将 ROM 的输出送到数据总线上去，当 $\overline{OE}=0$ 时，输出可以被使能，当 $\overline{OE}=1$ 时，输出被禁止，ROM 数据输出端为高阻态。

$\overline{CE}$：片选端，用来决定该片 ROM 是否工作，当 $\overline{CE}=0$ 时，ROM 工作，当 $\overline{CE}=1$ 时，ROM 停止工作，且输出

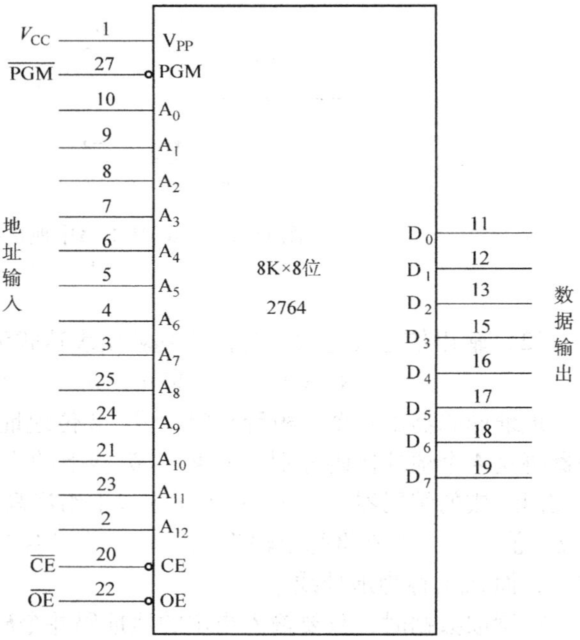

图 11.2.4　标准 28 脚双列直插 EPROM 2764 的逻辑符号

为高阻态（无论$\overline{CE}$为何值）。

ROM 输出能否被使能决定于$\overline{CE}+\overline{OE}$的结果，当$\overline{CE}+\overline{OE}=0$ 时，ROM 输出使能，否则将被禁止，输出端为高阻态。另外，当$\overline{CE}=1$ 时，还会停止对 ROM 内部的译码器等电路供电，其功耗降低到 ROM 工作时的 10% 以下。这样会使整个系统中 ROM 芯片的总功耗大大降低。

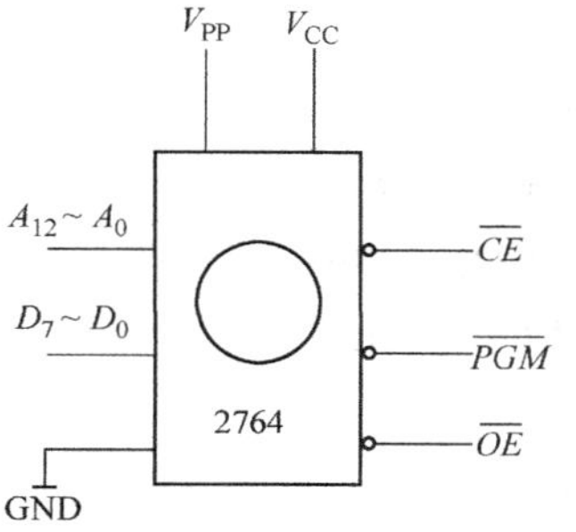

引脚	功能
$A_{12}\sim A_0$	地址线
$D_7\sim D_0$	数 据
$\overline{OE}$	读
$\overline{CE}$	芯片使能
$\overline{PGM}$	编程脉冲输入
V_{PP} V_{CC}	电压输入

图 11.2.5 Intel 2764 EPROM 的外形及引脚信号

11.3 ROM 的应用

11.3.1 用 ROM 实现函数运算表电路

数学运算是数控装置和数字系统中需要经常进行的操作，如果事先把要用到的基本函数变量在一定范围内的取值和相应的函数取值列成表格，写入只读存储器中，则在需要时只要给出规定“地址”就可以快速得到相应的函数值。这种 ROM，实际上已经成为函数运算表电路。

［**例 11.3.1**］ 试用 ROM 构成能实现函数 $y=x^2$ 的运算表电路，x 的取值范围为 0 ~ 15 的正整数。

解 （1）分析要求、设定变量 自变量 x 的取值范围为 0 ~ 15 的正整数，对应的 4 位二进制正整数，用 $B=B_3B_2B_1B_0$ 表示。根据 $y=x^2$ 的运算关系，可求出 y 的最大值是 $15^2=225$，可以用 8 位二进制数 $Y=Y_7Y_6Y_5Y_4Y_3Y_2Y_1Y_0$ 表示。

（2）列真值表——函数运算表（见表 11.3.1）

表 11.3.1 ［例 11.3.1］中 Y 的真值表

B_3	B_2	B_1	B_0	Y_7	Y_6	Y_5	Y_4	Y_3	Y_2	Y_1	Y_0	十进制数
0	0	0	0	0	0	0	0	0	0	0	0	0
0	0	0	1	0	0	0	0	0	0	0	1	1
0	0	1	0	0	0	0	0	0	1	0	0	4
0	0	1	1	0	0	0	0	1	0	0	1	9
0	1	0	0	0	0	0	1	0	0	0	0	16
0	1	0	1	0	0	0	1	1	0	0	1	25
0	1	1	0	0	0	1	0	0	1	0	0	36
0	1	1	1	0	0	1	1	0	0	0	1	49
1	0	0	0	0	1	0	0	0	0	0	0	64
1	0	0	1	0	1	0	1	0	0	0	1	81
1	0	1	0	0	1	1	0	0	1	0	0	100
1	0	1	1	0	1	1	1	1	0	0	1	121
1	1	0	0	1	0	0	1	0	0	0	0	144
1	1	0	1	1	0	1	0	1	0	0	1	169
1	1	1	0	1	1	0	0	0	1	0	0	196
1	1	1	1	1	1	1	0	0	0	0	1	225

(3) 写标准与或表达式

$Y_7 = m_{12} + m_{13} + m_{14} + m_{15}$

$Y_6 = m_8 + m_9 + m_{10} + m_{11} + m_{14} + m_{15}$

$Y_5 = m_6 + m_7 + m_{10} + m_{11} + m_{13} + m_{15}$

$Y_4 = m_4 + m_5 + m_7 + m_9 + m_{11} + m_{12}$

$Y_3 = m_3 + m_5 + m_{11} + m_{13}$

$Y_2 = m_2 + m_6 + m_{10} + m_{14}$

$Y_1 = 0$

$Y_0 = m_1 + m_3 + m_5 + m_7 + m_9 + m_{11} + m_{13} + m_{15}$

(4) 画 ROM 存储矩阵节点连接图 如图 11.3.1 所示。为作图方便，可将 ROM 矩阵中的二极管用节点表示。

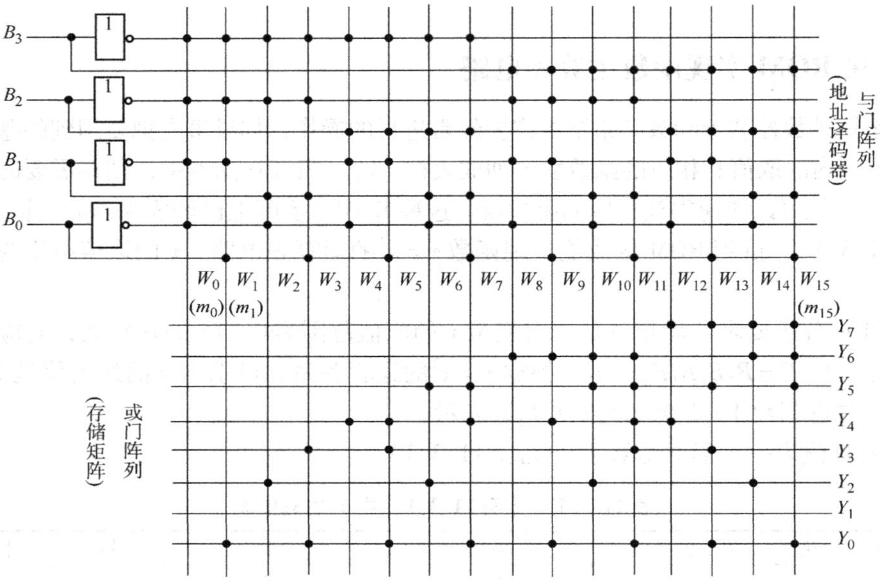

图 11.3.1 [例 11.3.1] ROM 存储矩阵连接图

在图 11.3.1 所示电路中，字线 $W_0 \sim W_{15}$ 分别与最小项 $m_0 \sim m_{15}$ 一一对应，我们注意到作为地址译码器的与门阵列，其连接是固定的，它的任务是完成对输入地址码（变量）的译码工作，产生一个个具体的地址——地址码（变量）的全部最小项；而作为存储矩阵的或门阵列是可编程的，各个交叉点——可编程点的状态，也就是存储矩阵中的内容，可由用户编程决定。

当把 ROM 存储矩阵做一个逻辑部件应用时，可将其用框图表示，如图 11.3.2 所示。

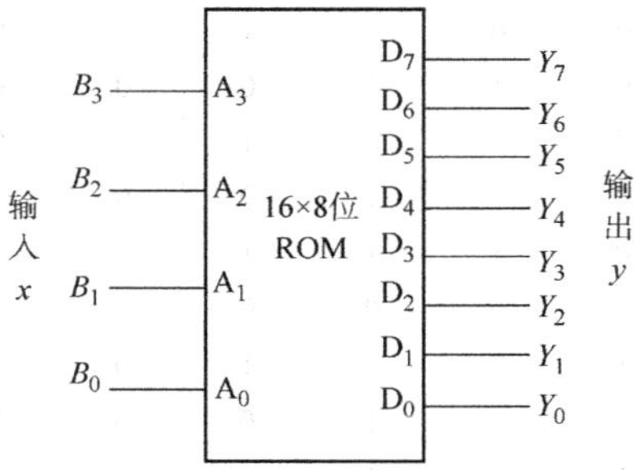

图 11.3.2 [例 11.3.1] ROM 的框图表示方法

11.3.2 用 ROM 实现组合逻辑函数

从 ROM 的逻辑结构示意图可知，只读存储器的基本部分是与门阵列和或门阵列，与门阵列实现对输入变量的译码，产生变量的全部最小项；或门阵列完成有关最小项的或运算，因此从理论上讲，利用 ROM 可以实现任何组合逻辑函数。

[**例 11.3.2**] 试用 ROM 实现下列函数：

$Y_0 = \overline{A}\,\overline{B}C + \overline{A}B\overline{C} + A\overline{B}\,\overline{C} + ABC$

$Y_1 = BC + CA$

$Y_2 = \overline{A}\,\overline{B}\,\overline{C}\,\overline{D} + \overline{A}\,\overline{B}CD + \overline{A}BC\overline{D} + A\overline{B}\,\overline{C}D + AB\overline{C}\,\overline{D} + ABCD$

$Y_3 = ABC + ABD + ACD + BCD$

解 （1）写出各函数的标准与或表达式 按 A、B、C、D 顺序排列变量，将 $Y_0 \sim Y_1$ 扩展成为四变量逻辑函数。

$Y_0 = \sum_m(2, 3, 4, 5, 8, 9, 14, 15)$

$Y_1 = \sum_m(6, 7, 10, 11, 14, 15)$

$Y_2 = \sum_m(0, 3, 6, 9, 12, 15)$

$Y_3 = \sum_m(7, 11, 13, 14, 15)$

（2）选用 16×4 位 ROM，画存储矩阵连线图（见图 11.3.3）。

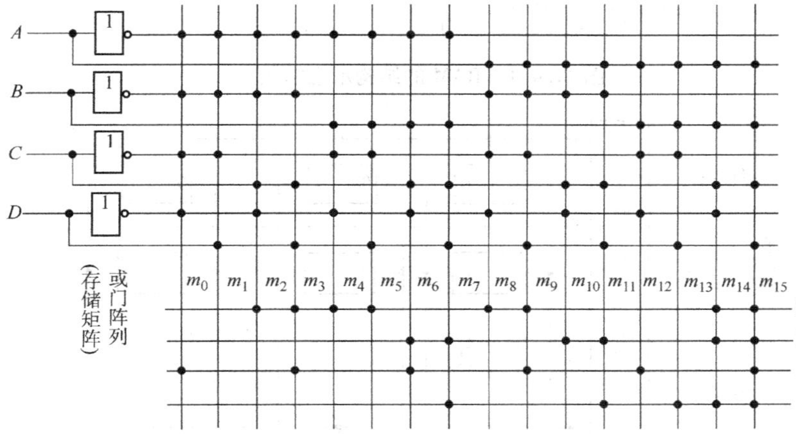

图 11.3.3 [例 11.3.2] ROM 存储矩阵连线图

11.4 随机存取存储器

随机存取存储器简称 RAM，也叫做读/写存储器，既能方便地读出所存数据，又能随时写入新的数据。它具有读、写方便、使用灵活的特点。但是，当电源断电以后它所存储的数据会丢失，即它的数据具有易失性。

按所用器件不同，RAM 分为双极型和 MOS 型两种。MOS 电路（尤其是 CMOS 电路）具有功耗低、集成度高的特点，所以目前大容量的存储器都是采用 MOS 工艺制造。按其工作方式的不同分为静态和动态两大类。

11.4.1 RAM 的基本结构

1. RAM 的基本结构

RAM 的结构示意框图如图 11.4.1 所示，由存储矩阵、地址译码器、读写控制器等几部分组成。

(1) 存储矩阵　RAM 的核心部分是一个寄存器矩阵，用来存储信息，称为存储矩阵。图 11.4.2 所示是 1024×1 位的存储矩阵和地址译码器。属多字 1 位结构，1024 个字排列成 32×32 的矩阵，中间的每一个小方块代表一个存储单元。为了存取方便，给它们编上号，32 行编号为 X_0、X_1、…、X_{31}，32 列编号为 Y_0、Y_1、…、Y_{31}。这样每一个存储单元都有了一个固定的编号（X_i行、Y_j列），称为地址。

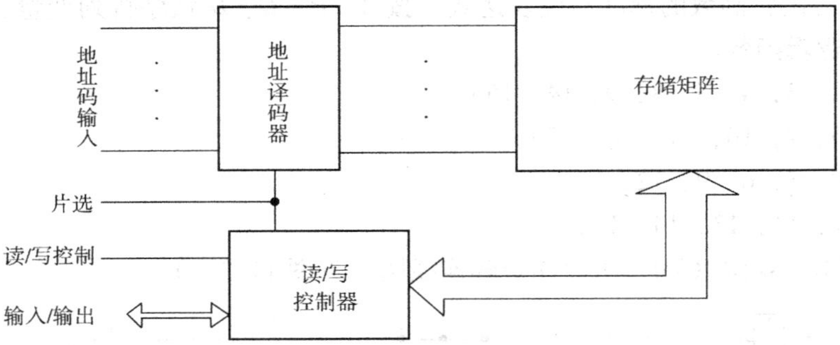

图 11.4.1　RAM 的结构示意框图

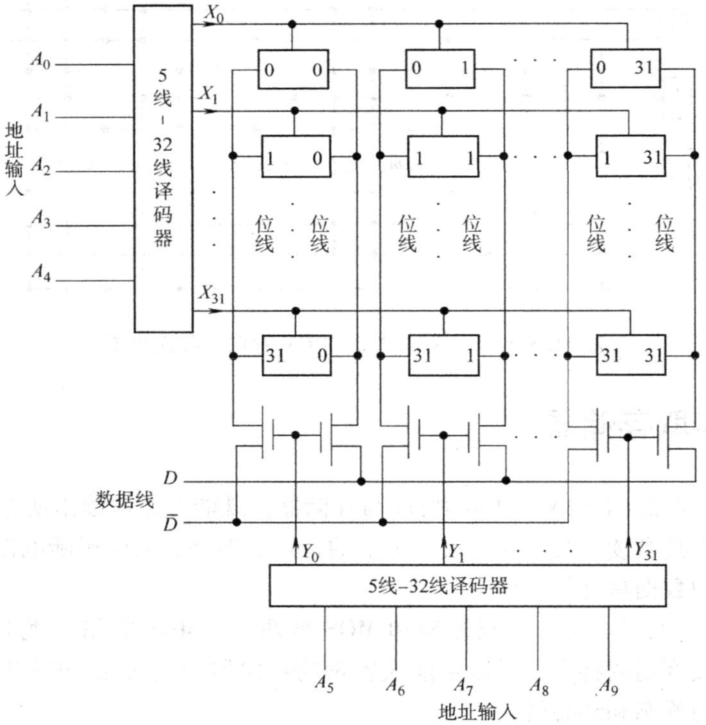

图 11.4.2　1024×1 位 RAM 的存储矩阵

（2）地址译码器　地址译码器的作用，是将寄存器地址所对应的二进制数译成有效的行选信号和列选信号，从而选中该存储单元。地址译码器一般都分成行地址译码器和列地址译码器两部分。

存储器中的地址译码器常用双译码结构。图 11.4.2 中，行地址译码器用 5 输入 32 输出的译码器，地址线（译码器的输入）为 A_0、A_1、…、A_4，输出为 X_0、X_1、…、X_{31}；列地址译码器也用 5 输入 32 输出的译码器，地址线（译码器的输入）为 A_5、A_6、…、A_9，输出为 Y_0、Y_1、…、Y_{31}，这样共有 10 条地址线。例如，输入地址码 $A_9A_8A_7A_6A_5A_4A_3A_2A_1A_0=0000000001$，则行选线 $X_1=1$、列选线 $Y_0=1$，选中第 X_1行第 Y_0列的那个存储单元。从而对该寄存器进行数据的读出或写入。

（3）读/写控制　访问 RAM 时，对被选中的寄存器，究竟是读还是写，通过读/写控制线对电路状态进行控制。当片选输入端$\overline{CS}=0$ 时，为正常工作状态。如果是读，则被选中单元存储的数据经数据线、输入/输出线传送给 CPU；如果是写，则 CPU 将数据经过输入/输出线、数据线存入被选中单元。当$\overline{CS}=1$ 时，所有输入/输出端均为高阻态，不能对 RAM 读/写。

一般 RAM 的读/写控制信号 R/W =1 时，执行读操作，将存储单元数据送到输入/输出端上。低电平为写。

（4）输入/输出　RAM 通过输入/输出端与计算机的中央处理单元（CPU）交换数据，读出时它是输出端，写入时它是输入端，即一线二用，由读/写控制线控制。输入/输出端数据线的条数，与一个地址中所对应的寄存器位数相同，例如在 1024 ×1 位的 RAM 中，每个地址中只有 1 个存储单元（1 位寄存器），因此只有 1 条输入/输出线；而在 256 ×4 位的 RAM 中，每个地址中有 4 个存储单元（4 位寄存器），所以有 4 条输入/输出线。也有的 RAM 输入线和输出线是分开的。RAM 的输出端一般都包含三态缓冲器，以便与系统的数据总线连接。

（5）片选控制　由于受 RAM 的集成度限制，一台计算机的存储器系统往往由许多片 RAM 组合而成。CPU 访问存储器时，一次只能访问 RAM 中的某一片（或几片），即存储器中只有一片（或几片）RAM 中的一个地址接受 CPU 访问，与其交换信息，而其他片 RAM 与 CPU 不发生联系，片选就是用来实现这种控制的。通常一片 RAM 有一根或几根片选线，当某一片的片选线接入有效电平时，该片被选中，地址译码器的输出信号控制该片某个地址的寄存器与 CPU 接通；当片选线接入无效电平时，则该片与 CPU 之间处于断开状态。

2. 常用 RAM 的芯片简介

图 11.4.3 所示是 2K ×8 位静态 CMOS RAM6116 的引脚排列图。$A_0\sim A_{10}$是地址码输入端，$D_0\sim D_7$是数据输出端，$\overline{CS}$是选片端，$\overline{OE}$是输出使能端，$\overline{WE}$是写入控制端。

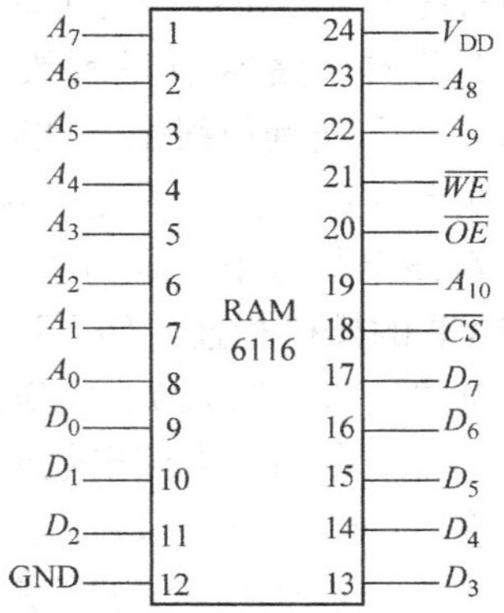

图 11.4.3　静态 RAM 6116 引脚排列图

表 11.4.1 所列是静态 RAM6116 的工作方式与控制信号之间的关系，读出和写入是分开的，而且写入优先。

表 11.4.1　静态 RAM6116 工作方式与控制信号之间的关系

$\overline{CS}$	$\overline{OE}$	$\overline{WE}$	$A_0\sim A_{10}$	$D_0\sim D_7$	工作状态
1	×	×	×	高阻态	低功耗维持
0	0	1	稳定	输出	读
0	×	0	稳定	输入	写

11.4.2 静态随机存储器

存储单元是 SRAM 与 ROM 的最主要差别，它按行、列排成矩阵式结构，静态 RAM 存储器（SRAM）单元由触发器和门控管组成，属于时序逻辑电路。如图 11.4.4 所示。

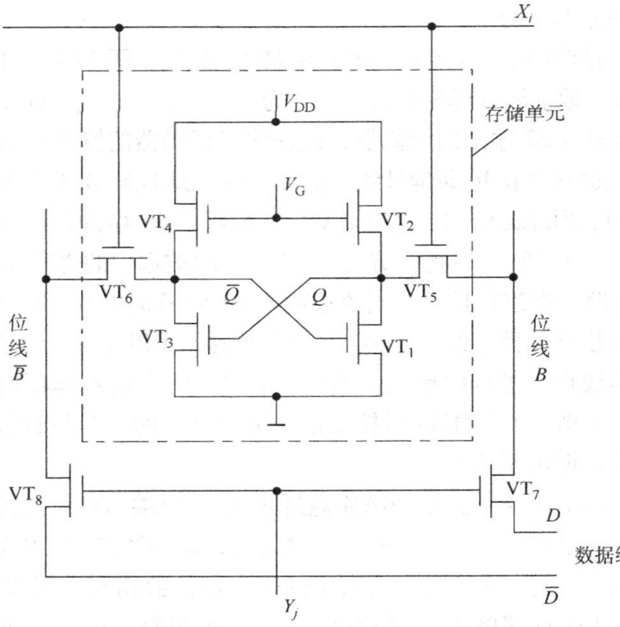

图 11.4.4 6 只 NMOS 管静态存储单元

VT_1 与 VT_2 构成一个反相器，VT_3 与 VT_4 构成另一个反相器，两个反相器的输入与输出交叉连接，构成基本触发器，作为数据存储单元用来存储一位二值数值。触发器有两个稳定状态：VT_1 截止 VT_3 导通时，$Q=1$，称触发器处于“1”态；VT_1 导通 VT_3 截止时，$Q=0$，称触发器处于“0”态。VT_5、VT_6 是门控管，由 X_i 线控制其导通或截止，它们用来控制触发器输出端与位线之间的连接状态。VT_7、VT_8 也是门控管，其导通与截止受 Y_j 线控制，它们是用来控制位线与数据线之间连接状态的，工作情况与 VT_5、VT_6 类似。但并不是每个存储单元都需要这两只管子，而是一列存储单元用两只。所以，只有当存储单元所在的行、列对应的 X_i、Y_j 线均为 1 时，存储单元才能进行读或写操作，这种情况称为选中状态。

若向存储器中写入数据，应使列选择线 Y_j 为高电平，VT_7、VT_8 导通，数据 D、$\overline{D}$ 由 VT_7、VT_8 送到位线上，此时也应使行选择线 $X_i=1$，这时 VT_5、VT_6 导通，亦即传输门导通，位线上的数据就由传输门送入基本 RS 触发器。例如要写入信号为“0”，即 $D=0$，$\overline{D}=1$。则 D 线上的低电平通过 VT_5 连到 VT_3 的栅极，使 VT_3 截止，$\overline{Q}=1$。$\overline{D}$ 线上的高电平通过 VT_6 与 VT_1 的栅极相连，使 VT_1 导通，输出置 0，即 $Q=0$，从而将数据线上 $D=0$ 信号写入了存储电路。若要写入 1，需送入 $D=1$，$\overline{D}=0$，使 VT_1 截止、VT_3 导通，输出置 1，即 $Q=1$。

若从存储器中读出数据，首先得到地址信号使 $X_i=1$，VT_5、VT_6 导通，触发器的状态由传输门送到位线 B 和 $\overline{B}$ 上。当 $Y_j=1$ 时，VT_7、VT_8 两个传输门导通，将位线上的信息送到数据线上。若原来存储的信息为“0”，则 $D=Q=0$，$\overline{D}=\overline{Q}=1$。

当 $X_i=Y_j=0$ 时，VT_5、VT_6、VT_7、VT_8 均截止。触发器保持原状态不变。

由以上分析可知 SRAM 中数据由触发器记忆，在不掉电的情况下，数据能永久保存下来。

11.4.3 动态随机存储器

动态随机存储器（DRAM）在不断电的条件下，且没有写入新的信号之前，触发器将维持原状态不变。即保留原来的信息。但 SRAM 静态功耗大，需要的器件多。而 DRAM 具有功耗低，元件少的特点。

RAM 的动态存储单元是利用 MOS 管栅极和源极之间的极间电容 C_{GS}来存储信息的，如图 11.4.5 所示。信息存于电容 C_{GS}上，C_{GS}上有电荷，表示存有信息“1”，否则存有信息“0”。MOS 管是个门控管，通过控制 VT 的栅极电压来达到把信息从存储单元取到位线或从位线送到存储单元中去的目的。

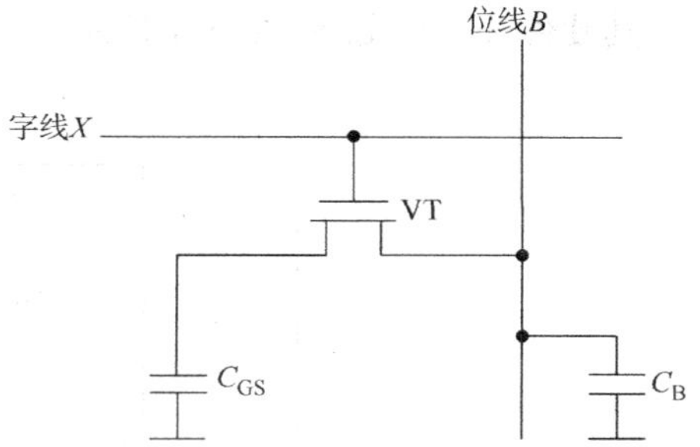

图 11.4.5 单管动态 MOS 存储单元

在进行写操作时，字线 X 为高电平，VT 导通。位线 B 上的信息经过 VT 被存入 C_{GS}中。当位线数据为 1 时，C_{GS}被充电到高电平；若位线数据为 0，C_{GS}放电到低电平。在进行读操作时，字线 $X=1$，使 VT 导通。这时 C_{GS}通过 VT 向 C_B充电，由位线读出信号电平。由于位线上连接元件较多，C_B较大，故位线上电压 v_B很大，需经过放大后才能读出。读操作时 C_{GS}上的电荷会有损失，所以每次信息读出后，应进行信息再生，即刷新电路。

11.5 存储器容量的扩展

在实际应用中，尽管各种容量的存储器产品已经很丰富，但仍需要大容量的 RAM。在单片 RAM 芯片容量不能满足要求时，就需要进行扩展，将多片 RAM 组合起来，构成存储器系统（也称存储体）。

存储器的容量 = 字数 × 位数（字长）

- 容量的扩展
  - 字扩展
    - 线选法
    - 译码法
      - 全译码
      - 非全译码
  - 位扩展

11.5.1 位数（字长）的扩展

通常 RAM 芯片的字长有 1 位、4 位、8 位、16 位和 32 位等。当采用 $2^n\times1$ 位存储器芯片扩展成 $2^n\times K$ 位存储器时，需要 K 片 $2^n\times1$ 位的存储器芯片。连接时，将 K 个芯片的片选信号、读写控制信号及地址线 $A_0\sim A_{n-1}$都分别连到一起，而 K 片存储器的输出端是各自独立的，每片代表一位。

当采用 $2^n\times K_1$位存储器芯片扩展成 $2^n\times K_2$位存储器时（$K_1<K_2$），需要 K（其中 $K=\frac{K_2}{K_1}$）片存储器芯片。连接时需将 K 个存储器芯片作为一组，从而可获得 $K_2=K\times K_1$位输出。位扩展就是用同一地址信号控制几个相同字数的 ROM，从而达到扩展位的目的。

[例 11.5.1] 用两片 8K×8 位 2764 芯片扩展成 8K×16 位 EPROM。

解 $2^n=8\text{K}=8192$，$n=13$，地址线有 13 根，用两片 2764 芯片的 8 位数据总线，分别构

成了 16 位数据总线的高、低 8 位数据总线。将 13 根地址线分别连接到一起，就完成位扩展。

其硬件连接图如图 11.5.1 所示。

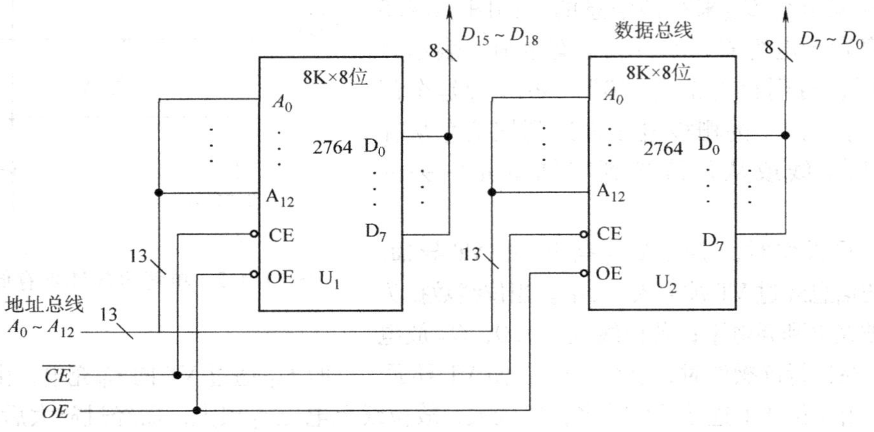

图 11.5.1　[例 11.5.1] 的位扩展连接图

11.5.2　字数的扩展

利用外加译码器控制存储器芯片的片选端可实现字数的扩展。如用 1K×4 位芯片扩展为 4K×4 位芯片时，则需要 4 片 1K×4 位的芯片，再用片选信号来选中不同的芯片。片选可分为线选法和译码法。

1. 线选法

根据所用芯片的单元数（字数）可算出需要的地址线数。用此地址作为低位地址线可对每片内的存储单元进行寻址。

[例 11.5.2]　采用线选法将 2732（4K×8 位）ROM 扩展为 16K×8 位 ROM。

解　需要 4 片 2732 才能扩为 16K×8 位 ROM，字数 $=4K=2^2\times2^{10}=2^{12}$，需要 12 条地址线，设为 A_{11}、A_{10}、…、A_0，将余下的高位地址线 $A_{15}\cdots A_{12}$（或经过反相器）作为线选端连到各个芯片的片选端，高位地址线只允许一个有效电平，哪个高位地址线为有效电平，就选中哪个芯片，可完成字扩展。用线选法构成的存储器，各芯片的地址肯定是不连续的，为了防止片选信号发生混乱，有些地址不允许使用。

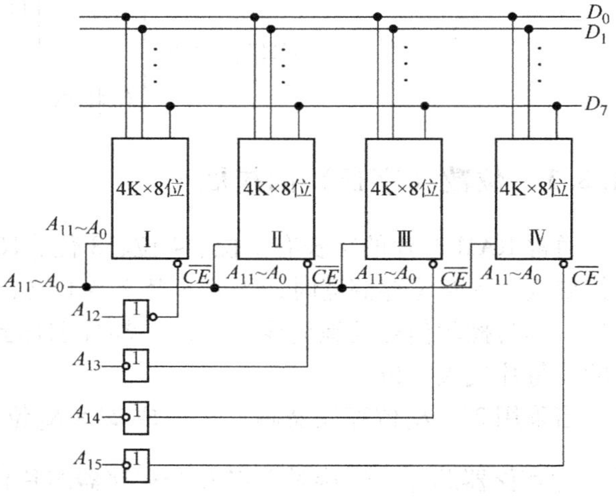

图 11.5.2　[例 11.5.2] 的字扩展电路连接图

其电路连接图如图 11.5.2 所示。地址分配如表 11.5.1 所示。

线选法的字扩展方法具有连线简单，所用器件类型少等特点，适用于存储容量不大的场合。

2. 译码法

根据所用芯片的单元数可知其对应的地址线数，用此地址作为低位地址线对每片内的存储单元进行寻址，而高位地址线需经过译码器后作为各芯片的片选信号。译码法有全译码和非全译码两种。

表 11.5.1 地址分配表

芯 片	A_{15} A_{14} A_{13} A_{12} $A_{11}\cdots$ A_0	地 址 范 围	工 作 情 况
Ⅰ	0 0 0 1 0 … 0	1000～1FFF	Ⅰ号片工作
	0 0 0 1 1 … 1		
Ⅱ	0 0 1 0 0 … 0	2000～2FFF	Ⅱ号片工作
	0 0 1 0 1 … 1		
Ⅲ	0 1 0 0 0 … 0	4000～4FFF	Ⅲ号片工作
	0 1 0 0 1 … 1		
Ⅳ	1 0 0 0 0 … 0	8000～8FFF	Ⅳ号片工作
	1 0 0 0 1 … 1		

(1) 全译码 将所有的高位地址线作为译码器的输入，其输出作为片选端连到各个芯片上。

[例 11.5.3] 试采用译码法将 8K×8 位 ROM 扩为 32K×8 位 ROM。

解 电路连接如图 11.5.3 所示。片内寻址用 $A_{12}\cdots A_0$，存储器扩展要增加的高位地址线 A_{14}、A_{13}作为译码器输入端，故应选 2 线-4线译码器。译码器的 4 个输出分别作为每个 ROM 的片选端。其地址分配见表 11.5.2。

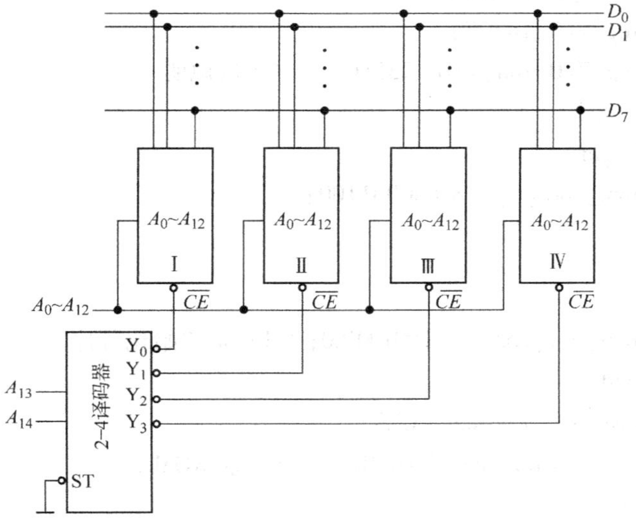

图 11.5.3 [例 11.5.3] 的电路图

表 11.5.2 [例 11.5.3] 的地址分配表

芯片编号	$\overline{Y}_0$ $\overline{Y}_1$ $\overline{Y}_2$ $\overline{Y}_3$	A_{14} A_{13} $A_{12}\cdots$ A_2 A_1	工 作 情 况
Ⅰ	0 1 1 1	00 0000 0000 0000 (0) 00 1111 1111 1111 (8191)	Ⅰ号片工作
Ⅱ	1 0 1 1	01 0000 0000 0000 (8192) 01 1111 1111 1111 (16383)	Ⅱ号片工作
Ⅲ	1 1 0 1	10 0000 0000 0000 (16384) 10 1111 1111 1111 (24575)	Ⅲ号片工作
Ⅳ	1 1 1 0	11 0000 0000 0000 (24576) 11 1111 1111 1111 (32767)	Ⅳ号片工作

全译码特点：每个芯片的寻址范围是唯一的，但电路较复杂。

（2）非全译码　也叫部分译码。它是将高位地址线的一部分接到译码器的输入端，其输出作为各个芯片的片选端，进而完成扩展功能。上述电路 $A_{11}\cdots A_0$ 是片内寻址，4 个片选端用 2 线 -4 线译码器即可实现，用高位地址 A_{13}、A_{12} 连到 2 线 -4 线译码器输入端，4 个输出端分别连到 4 个芯片的片选端，从而完成了扩展功能。A_{15}、A_{14} 的选值随意，存在地址重叠现象。特点：电路简单，但存在地址重叠现象。

11.6　存储器的 Verilog HDL 描述

11.6.1　256×8 位 ROM 的 Verilog HDL 描述

```
module ROM(DOUT,ADDR,CLK);
output[7:0]DOUT;
input CLK;
input[7:0]ADDR;
reg[7:0]DOUT;
reg[7:0]rom_core[255:0]; //变量说明
initial
begin
rom_core[0] =8'b00001100;
.
.
.
rom_core[255] =8'b00100100; //ROM 初始化程序
end
always @ (posedge CLK)
DOUT = rom_core[ADDR]; //寻址 ROM
endmodule
```

11.6.2　8×8 位 RAM 的 Verilog HDL 描述

```
module ram8_8(DATA,ADDR,read,write);
inout[7:0]DATA;//双向数据总线
input[2:0]ADDR;//地址总线
input read,write;//读、写输入信号
reg[7:0]ram_core[7:0];
assign DATA[7:0] =(read = =1)? ram_core[ADDR]:8'bz;//读操作
always @ (posedge write)
ram_core[ADDR] = DATA;//写操作
endmodule
```

小　结

（1）半导体存储器是现代数字系统特别是计算机系统中的重要组成部件，它可分为 RAM 和 ROM 两大类，绝大多数属于 MOS 工艺制成的大规模数字集成电路。

（2）RAM 是一种时序逻辑电路，具有记忆功能。它所存储的数据随电源断电而消失，因此是一种易失性的读写存储器。它包含有 SRAM 和 DRAM 两种类型，前者用触发器记忆数据，后者靠 MOS 管栅极电容存储数据。因此，在不停电的情况下，SRAM 的数据可以长久保持，而 DRAM 则必需定期刷新。

（3）ROM 是一种非易失性的存储器，它存储的是固定数据，一般只能被读出。根据数据写入方式的不同，ROM 又可分成固定 ROM 和可编程 ROM。后者又可细分为 PROM、EPROM、E^2PROM 和快闪存储器等，特别是 E^2PROM 和快闪存储器可以进行电擦写，已兼有了 RAM 的特性。

（4）从逻辑电路构成的角度看，ROM 是由与门阵列和或门阵列构成的组合逻辑电路。ROM 的输出是输入最小项的组合，因此采用 ROM 可方便地实现各种逻辑函数。随着大规模集成电路成本的不断下降，利用 ROM 构成各种组合、时序电路，越来越具有吸引力。

检　测　题

一、半导体存储器从存、取功能上可以分为__________存储器和__________存储器两大类。

二、RAM 按所采用的存储单元工作原理的不同，可以分为__________存储器和__________存储器。

三、ROM 的内部电路是由__________、__________、__________和存储器控制器组成。

四、动态 MOS 存储单元是利用__________存储信息的，为了不丢失信号，必须__________。

五、半导体存储器中，ROM 属于组合逻辑电路，而 RAM 可归属于__________逻辑电路。

习　题

[题 11.1]　假设存储器的容量为 256×8 位，则地址代码应取几位。

[题 11.2]　使用 8 片 1024×8 位的 ROM 组成 4K×16 位的存储器。

[题 11.3]　使用 ROM 电路的阵列逻辑图实现余 3 码转换成 5421BCD 码的码制转换电路。

[题 11.4]　使用 4 片 2114（1024×4 位的 RAM）和 3 线－8 线译码器 74LS138 接成一个 8K×8 位的 RAM。

[题 11.5]　用 ROM 设计一个组合逻辑电路，用来产生下列一组逻辑函数：

$$\begin{cases} Y_1 = \overline{A}\,\overline{B}\,\overline{C}\,\overline{D} + \overline{A}B\,\overline{C}D + A\,\overline{B}C\,\overline{D} + ABCD \\ Y_2 = \overline{A}\,\overline{B}C\,\overline{D} + \overline{A}BCD + A\overline{B}\,\overline{C}\,\overline{D} + AB\,\overline{C}D \\ Y_3 = \overline{A}BD + \overline{B}C\,\overline{D} \\ Y_4 = BD + \overline{B}\,\overline{D} \end{cases}$$

列出 ROM 应有的数据表，画出存储矩阵的点阵图。

[题 11.6]　用一片 256×8 位的 ROM 产生如下一组组合逻辑函数：

$$\begin{cases} Y_1 = AB + BC + CD + DA \\ Y_2 = \overline{A}\,\overline{B} + \overline{B}\,\overline{C} + \overline{C}\,\overline{D} + \overline{D}\,\overline{A} \\ Y_3 = ABC + BCD + ABD + ACD \\ Y_4 = \overline{A}\,\overline{B}\,\overline{C} + \overline{B}\,\overline{C}\,\overline{D} + \overline{A}\,\overline{B}\,\overline{D} + \overline{A}\,\overline{C}\,\overline{D} \\ Y_5 = ABCD \\ Y_6 = \overline{A}\,\overline{B}\,\overline{C}\,\overline{D} \end{cases}$$

列出 ROM 的数据表，画出电路的连接图，表明各输入变量与输出函数的接线端。

[题 11.7] PROM 实现的组合逻辑电路如图 11.1 所示。

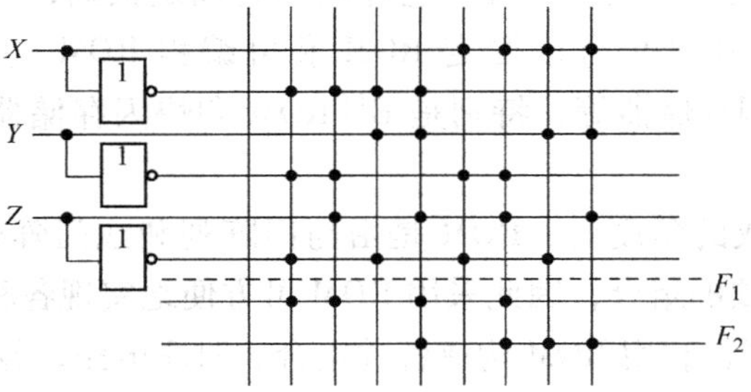

图 11.1

(1) 分析电路功能，说明当 XYZ 为何种取值时，函数 $F_1 = F_2 = 1$。

(2) XYZ 为何种取值时，函数 $F_1 = F_2 = 0$。

第 12 章　可编程逻辑器件

内容提要

本章重点介绍可编程逻辑器件（PLD）的基本特征、分类及各类器件的特点。首先简单介绍 PAL 和 GAL 的基本结构；然后着重介绍 CPLD 与 FPGA 两类 PLD 器件的内部结构、编程原理及实现特点；最后介绍可编程逻辑器件在线编程的原理。

教学目标

1. 基本掌握 PLD 的基本特征、分类以及每种类型的特点。
2. 深刻理解 CPLD 与 FPGA 的各自不同的工作原理和编程特点，掌握根据不同的应用场合选择合适器件实现系统设计的方法。
3. 了解可编程逻辑器件的编程方法。

12.1　概述

可编程逻辑器件（Programmable Logic Device，PLD）是 20 世纪 70 年代发展起来的一种新型逻辑器件，它是大规模集成电路技术的飞速发展与计算机辅助设计（CAD）、计算机辅助生产（CAM）和计算机辅助测试（CAT）相结合的一种产物。利用可编程逻辑器件进行大型的数字系统设计可以解决小规模组合逻辑设计的弊端，因为过多的器件会使系统功耗高，占用空间大和系统可靠性差等问题。可编程逻辑器件是一种由用户编程实现所需功能的半定制集成电路，是目前数字系统设计的主要硬件基础。

可编程逻辑器件发展到现在，已经产生了多种结构，形成了不同的产品。历史上，可编程逻辑器件经历了从可编程只读存储器（Programmable Read-Only Memory，PROM）、可编程逻辑阵列（Programmable Logic Array，PLA）、可编程阵列逻辑（Programmable Array Logic，PAL）、通用阵列逻辑（Generic Array Logic，GAL）等简单可编程逻辑器件（SPLD），到采用大规模集成电路技术的可擦除的可编程器件（Erasable Programmable Logic Device，EPLD）、复杂可编程器件（Complex Programmable Logic Device，CPLD）、现场可编程门阵列（Field Programmable Gate Array，FPGA）的发展过程，在结构、工艺、集成度、功能、速度、灵活性等方面都有很大的改进和提高。

PROM 是 20 世纪 70 年代初期出现的第一代 PLD，其内部结构由“与阵列”和“或阵列”组成，其中“与阵列”固定，“或阵列”可编程，可以用来实现任何“以积之和”形式表示的各种组合逻辑。PROM 采用熔丝工艺编程，只能写一次，不可以擦除。随着技术的发展和应用的要求，出现了 EPROM（紫外线擦除可编程只读存储器）和 E^2PROM（电擦写可编程只读存储器）。

可编程逻辑阵列 PLA 是基于“与 - 或阵列”的一次性编程器件，其“与阵列”和“或阵列”都是可编程的。但由于器件内部资源利用率低，现在已经不常使用，只有在一些传统的场合应用。

可编程阵列逻辑 PAL 是基于“与 - 或阵列”结构的器件，其“与阵列”可编程，“或阵列”是固定连线的。PAL 具有多种的输出结构形式，为数字逻辑设计带来了一定的灵活性。但它仍采用熔断丝工艺，一旦一次性编程后就不能再改写。

通用可编程阵列逻辑 GAL 是一种电可擦写、可重复编程、可设置加密位的 PLD 器件。在实际应用中，由于 GAL 器件对 PAL 器件具有 100% 的兼容性，所以 GAL 几乎完全可以代替 PAL 器件。

PAL 和 GAL 都属于简单的 PLD。低密度可编程器件的优点是易于编程，对开发软件的要求低，但由于低密度可编程逻辑器件的寄存器、I/O 引脚、时钟资源的数目有限，没有内部连接，设计的灵活性受到了明显的限制。

可擦除的可编程逻辑器件 EPLD 由可编程的与或阵列、可编程的寄存器和可编程的I/O 3 部分组成。由于 EPLD 特有的宏单元结构、大量增加的输出宏单元数和大的与阵列，使其在一块芯片内能够更灵活的实现较多的逻辑功能。

简单 PLD 在集成度和性能上难以满足要求，而复杂可编程逻辑器件 CPLD 是 EPLD 的改进型器件，它的集成度更高，功能更强。一般情况下，CPLD 器件至少包含 3 种结构：可编程逻辑宏单元、可编程 I/O 单元和可编程内部连线。部分 CPLD 还集成了 RAM、FIFO 或双口 RAM 等存储器，以适应 DSP 应用设计的要求。

现场可编程门阵列 FPGA 在结构上由逻辑功能块排列为阵列，并由可编程的内部连线连接这些功能块来实现一定的逻辑功能。FPGA 的功能由逻辑结构的配置数据决定，工作时这些配置数据存放在片内的 SRAM 或者熔丝图上。使用 SRAM 的 FPGA 器件，在工作前需要从芯片外部加载配置数据，这些配置数据可以存放在片外的 EPROM 或其他存储体上，人们可以控制加载过程，实现现场修改器件的逻辑功能。

可编程逻辑器件按照编程工艺可分为 4 类：①熔丝或反熔丝编程器件；②UEPROM 编程器件；③E^2PROM 编程器件；④SRAM 编程器件。前 3 类器件称为非易失性器件，它们在编程后，配置数据保持在器件上；第 4 类器件为易失性器件，每次掉电后配置数据会丢失，因而在每次通电时需要重新进行数据配置。

12.2 可编程逻辑器件

12.2.1 PLD 的电路表示法

1. PLD 阵列连接的表示法

PLD 中阵列交叉点上有 3 种连接方式：固定的硬件连接、可编程接通连接、可编程断开连接，表示方法如图 12.2.1 所示。

2. 输入缓冲表示法

PLD 的输入缓冲器和反馈缓冲器都采用互补的输出结构，以产生原变量和反变量两个互补信号，如图 12.2.2 所示。

3. PLD 与、或门表示法

与、或阵列是 PLD 中的基本逻辑阵列，它们由若干个与门和或门组成，每个门都是多输入、多输出形式。以三输入门电路为例，其 PLD 表示法如图 12.2.3 所示。

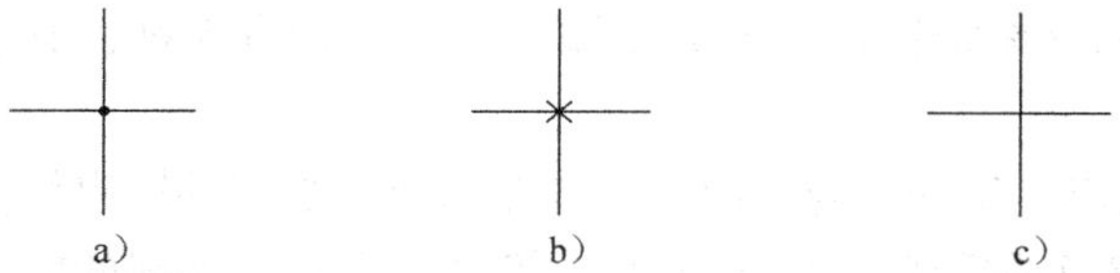

图 12.2.1 PLD 中阵列交叉点上的 3 种连接方式

a）固定硬件连接 b）可编程接通连接 c）可编程断开连接

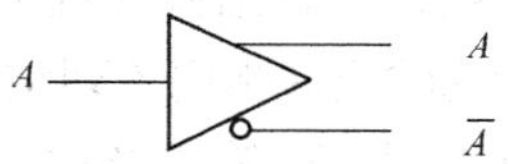

图 12.2.2 PLD 输入缓冲器

例如，一个 PLD 门电路如图 12.2.4 所示，图中

$$Y_1(A,B) = \sum m(1,2) = \overline{A}B + A\overline{B}$$

$$Y_2(A,B) = \sum m(0,3) = \overline{A}\overline{B} + AB$$

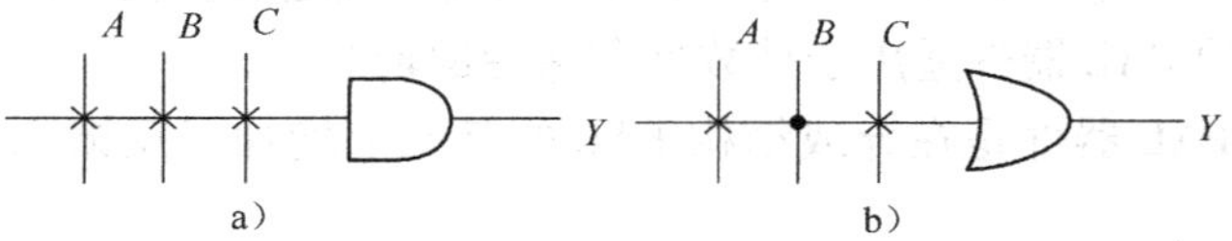

图 12.2.3 三输入门电路 PLD 表示法

a）三输入与门 b）三输入或门

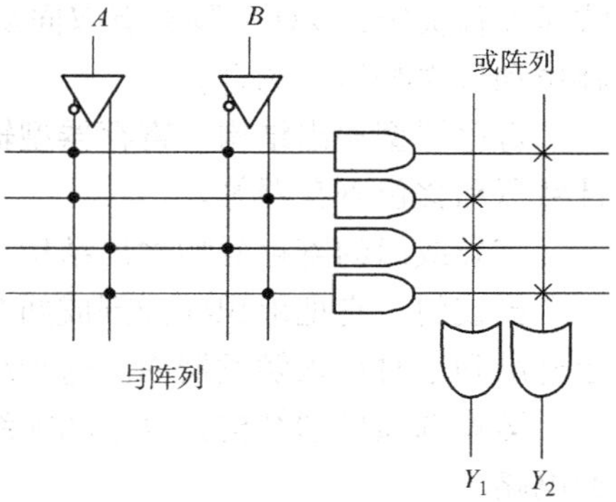

图 12.2.4 PLD 门电路

12.2.2 可编程阵列逻辑器件简介

PAL 是 20 世纪 70 年代推出的一种可编程阵列逻辑器件。PAL 器件由可编程的与逻辑阵列、固定的或逻辑阵列和输出反馈电路 3 部分组成。图 12.2.5 是一个三输入、三输出的 PAL 器件基本结构，图中与阵列可编程连接，或阵列是固定连接。通过对与逻辑阵列编程可以获得不同形式的组合逻辑函数。另外，在有些型号的 PAL 器件中，输出电路中设置有主触发器和从触发器输出到与逻辑阵列的反馈线，利用这种 PAL 器件还可以很方便地构成各种时序逻辑电路。为了适应不同需要，PAL 的输出 I/O 结构很多，往往一种结构方式就有一种 PAL 器件。

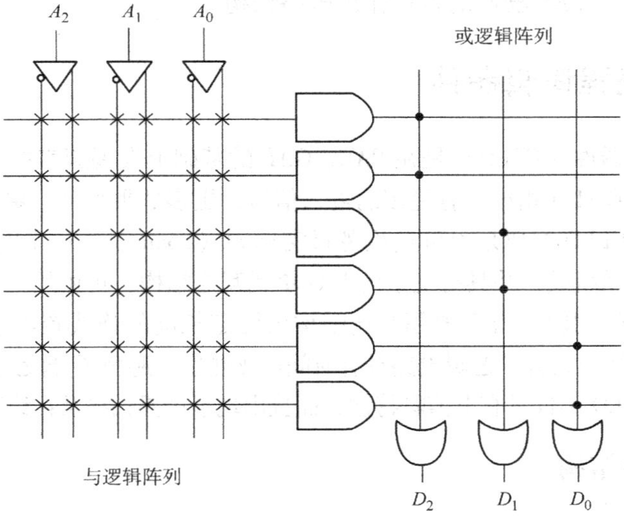

图 12.2.5 PAL 器件基本结构

PAL 器件的型号很多，有固定输出和反馈结构，它的典型输出结构通常有 5 种，其余的结构是在这 5 种结构基础上变形而来。

专用输出基本门阵列结构：该结构输出端是一个与或门、与或非门或者是互补输出结构。

可编程 I/O 输出结构：这种结构有 8 个乘积项、两个输入，其中一根来自外部的输入信号 I，另一根则是来自组合函数的输出反馈或者是来自 I/O 引脚。I/O 引脚的输入或输出方式靠编程决定，I/O 引脚具有双向功能，也可以提供动态的 I/O 控制，这种结构适合于双向移位和传送数据等场合。

寄存器型输出结构：寄存器型输出结构也可以称作时序结构，寄存器型输出结构适用于计数器和移位寄存器等。

带异或门的寄存器型输出结构：这类 PAL 结构实际上是在寄存器型输出结构上增加了一个异或门，它把乘积项分割成两个和项，这两个和项在触发器的输入端异或之后，在时钟上升沿到来时存入触发器内。这种结构的 PAL 器件适用于计数器和保持逻辑等。

运算选通反馈结构：算术功能结构 PAL 器件是在异或结构 PAL 的基础上增加了反馈选通电路。

12.2.3 可编程通用阵列逻辑器件简介

1985 年，Lattice 公司在 PAL 的基础上设计出了通用阵列逻辑器件（GAL）。GAL 首次采用了 E^2PROM 工艺，具有电可擦除重复编程的特点，彻底解决了熔丝型可编程器件的一次可编程问题。GAL 在结构上沿用了 PAL 的“与阵列”可编程、“或阵列”固定的结构，但对 PAL 的输出 I/O 结构进行了较大的改进，其输出部分增加了输出逻辑宏单元（OLMC，Output Logic Micro Cell），这是 GAL 器件的一大特征。

GAL 器件型号定义和 PAL 一样，根据输入/输出的数量来确定，例如 GAL16V8 中的 16 表示阵列的输入端数量，8 表示输出端数量，V 则表示输出形式可以改变的普通型。

通过给 GAL 器件写入不同的结构控制字，就可以得到不同类型的输出电路结构，这些电路结构完全可以取代 PAL 器件的各种输出电路结构。

12.3 复杂可编程逻辑器件

复杂可编程逻辑器件（CPLD）是在 PAL、GAL 的基础上发展起来的高密度可编程逻辑器件（HDPLD），与简单 PLD 相比，有更多的输入信号、更多的乘积项、更多的宏单元和更高的集成密度和速度等。CPLD 主要是由可编程逻辑宏单元（Logic Macro Cell，LMC）和围绕中心的可编程互连矩阵单元组成，并具有复杂的 I/O 单元互连结构，可由用户根据需要生成特定的电路结构，完成一定的功能。由于内部互连结构由固定长度的连线资源组成，布线的延迟确定，属确定型结构，所以设计的逻辑电路具有时间可预测性，避免了分段式互连结构时序不完全预测的缺点。目前 CPLD 不仅具有电擦除特性，而且出现了边界扫描及在线可编程等高级特性。

12.3.1 CPLD 的结构

CPLD 大都包含了 3 种结构：宏单元、可编程 I/O 单元和可编程内部连线矩阵。逻辑宏单元主要由“与或阵列”构成。该结构来自于典型的 PAL、GAL 器件的结构。采用E^2PROM

工艺。任意一个组合逻辑都可以用“与－或”表达式来描述，所以该“与－或阵列”结构能实现大量的组合逻辑功能。

1. 可编程逻辑宏单元

逻辑宏单元内部主要包括与阵列、或阵列、可编程触发器和多路选择器等电路，能独立地配置为时序或组合工作方式，Altera 公司的 MAX7128 型 CPLD 宏单元结构图如图 12.3.1 所示。EPLD 与 GAL 相似，其逻辑宏单元和 I/O 做在一起，因此称为输出逻辑宏单元；CPLD 的宏单元在内部，称为内部逻辑宏单元。这些宏单元除了其密度比 PAL、GAL 高以外，还有许多优点：

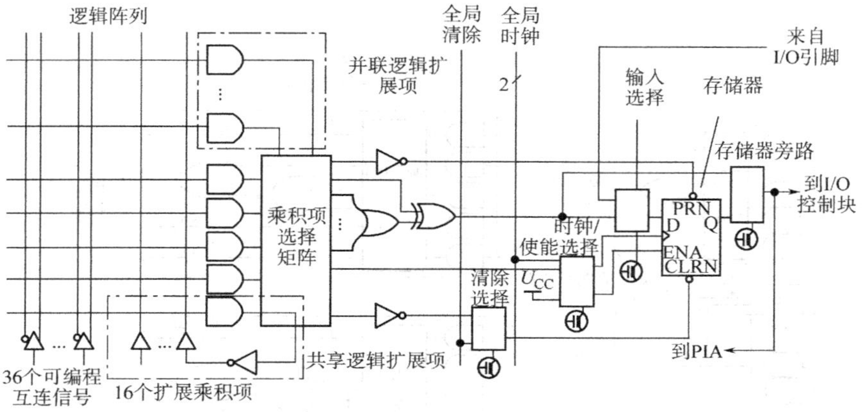

图 12.3.1　MAX7128 型 CPLD 宏单元结构图

（1）多触发器结构和“隐埋”触发器结构　GAL 器件的每个 OLMC 中只有一个触发器，而 EPLD、CPLD 的宏单元内通常含两个或两个以上触发器，其中一个触发器与输出端相连，其余触发器的输出不和输出端相连，但可以通过相应的缓冲电路反馈到与阵列，从而与其他触发器构成较复杂的时序电路。这些不与输出端相连的触发器称为“隐埋”触发器。图 12.3.2 是 EPLDATV750 的 OLMC 电路结构图，它的两个触发器都可直接反馈到与阵列。这种“隐埋”触发器结构对于引脚数有限的 PLD 器件来说，可以增加触发器数目，即增加内部资源。

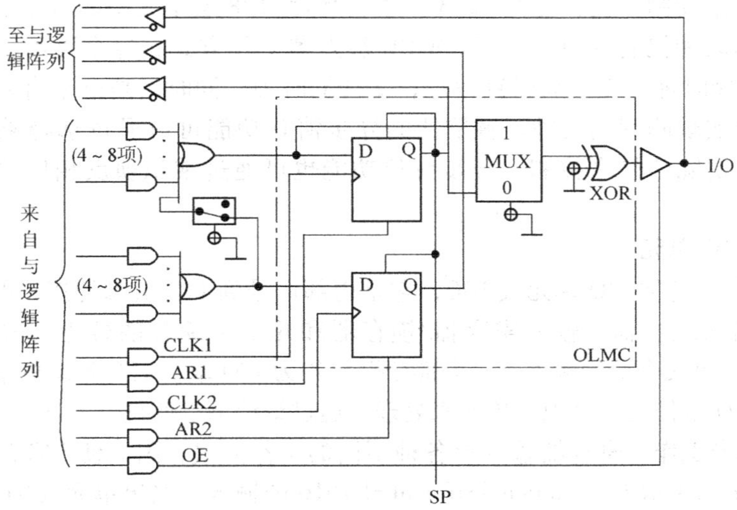

图 12.3.2　EPLD ATV750 的 OLMC 电路结构图

（2）乘积项共享结构　在 PAL 和 GAL 的与阵列中，每个或门的输入乘积项最多为 7 个或 8 个，当要实现多于 8 个乘积项的“与－或”逻辑函数时，必须将“与－或”函数表达式进行逻辑变换。在 EPLD 和 CPLD 的宏单元中，如果输出表达式的与项较多，而对应的或门输入端不够用时，可以借助可编程开关将同一单元（或其他单元）中的其他或门与之联合起来使用，或者在每个宏单元中提供未使用的乘积项供其他宏单元使用和共享。图 12.3.3 中所示的是 MAX7128 的乘积项共享结构，从中可以看到一个逻辑宏单元内可以利用其他宏单元内的乘积项来产生乘积项逻辑，也可以将本宏单元的乘积项输出供其他宏单元使用。

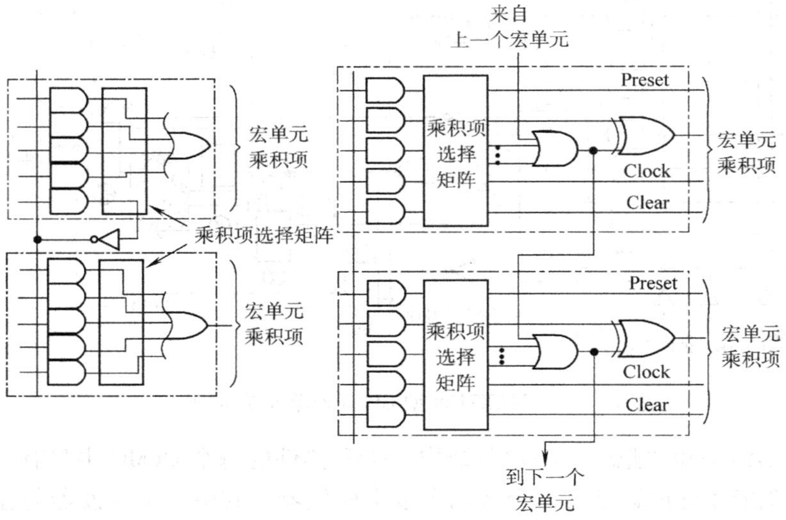

图 12.3.3　MAX7128 的乘积项共享结构

（3）异步时钟和时钟选择　EPLD、CPLD 中各触发器的时钟可以异步工作，通常时钟信号可以通过数据选择器或时钟网络进行选择，触发器的异步清 0 和异步置位信号也可以利用乘积项来控制。例如在图 12.3.1 中，MAX7128 宏单元中的触发器可以单独地编程为具有可编程时钟控制的 D、T、JK 或 SR 触发器工作方式，每个可编程触发器可以按 3 种不同方式选择时钟：①全局时钟信号；②全局时钟，同时由高电平有效的时钟信号使能；③用乘积项实现阵列的时钟。触发器的异步清 0 功能可以通过选择乘积项反相的低电平信号或全局清除信号来控制；异步置位功能也可通过乘积项反相后的低电平信号来控制。

2. 可编程 I/O 单元

输入/输出单元简称 I/O 单元或 IOC，它是内部信号到 I/O 引脚的接口部分。它由三态输出缓冲器、输入缓冲器、输入寄存器/锁存器和几个可编程的数据选择器组成。由于 CPLD 通常只有少数几个专用输入端，大部分端口均为 I/O 端，而且系统的输入信号常常需要锁存，因此 I/O 常作为一个独立单元来处理。通过编程可以使每个 I/O 引脚单独地配置为输入、输出和双向工作、寄存器输入等各种不同的工作方式，因而使 I/O 端的使用更为方便、灵活。图 12.3.4 示出了 Lattice 公司 ispLSI 1016 的输入、输出单元（IOC）结构图。该单元有输入、输出和双向 I/O 3 类组态，靠控制输出三态门使能的 MUX 来选择。

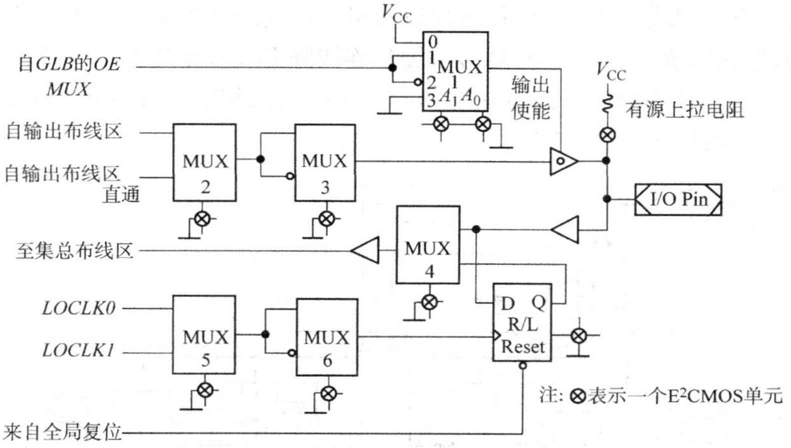

图 12.3.4 ispLSI 1016 的 IOC 结构图

MUX 有两个可编程地址输入 A_1A_0。当 $A_1A_0=00$ 时，三态缓冲器的输出使能为高电平，IOC 处于专用输出组态；若 $A_1A_0=01$ 或 10，则将由逻辑块 GLB 送来的信号控制使能，处于双向 I/O 组态或具有三态缓冲电路的输出组态；若 $A_1A_0=11$，则使能端接地，I/O 处于专用输入组态。图中第 1 行的 MUX1 主要控制三态输出缓冲器的工作状态，第 2 行 MUX3 和 MUX2 用来选择输出极性和选择信号的输出通道。第 3 行 MUX4 用于输入方式选择，由 D 触发器中的 R/L 端编程来确定是寄存器输入还是锁存器输入，当 $R/L=1$ 时，为边沿触发器，当 $R/L=0$ 时，为锁存器。第 4 行 MUX5 和 MUX6 用于时钟信号来源和极性选择。以上各种 I/O 组态可以用图 12.3.5 所示各电路表示。

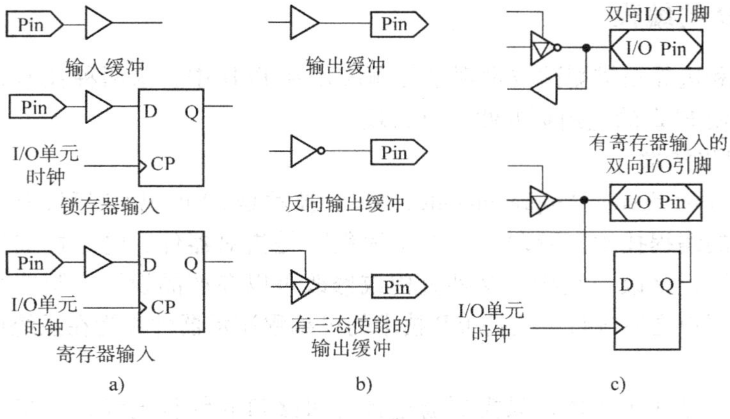

图 12.3.5 IOC 的各种组态

a）输入单元 b）输出单元 c）双向单元

3. 可编程连线阵列

可编程连线阵列的作用是在各逻辑宏单元之间以及各逻辑宏单元和 I/O 单元之间提供互连网络。它是可编程的矩阵网络，编程单元状态控制每条纵线和横线状态是否接通。各逻辑宏单元通过可编程连线阵列接收来自专用输入或输入端的信号，并将宏单元的信号反馈到其需要到达的目的地。图 12.3.6 是 Altera 公司 MAX7000A 器件的结构框图。MAX7000 结构主要由高性能的逻辑阵列块 LAB、I/O 控制块以及可编程连线阵列 PIA 组成。每个逻辑阵列块 LAB 由 16 个宏单元组成，多个 LAB 通过可编程连线阵 PIA 和全局总线连接在一起，并构成所需要的逻辑。全局总线由所有的专用输入、I/O 控制块和宏单元馈给信号送至 PIA，PIA 再把这些信号送到器件内各个地方。

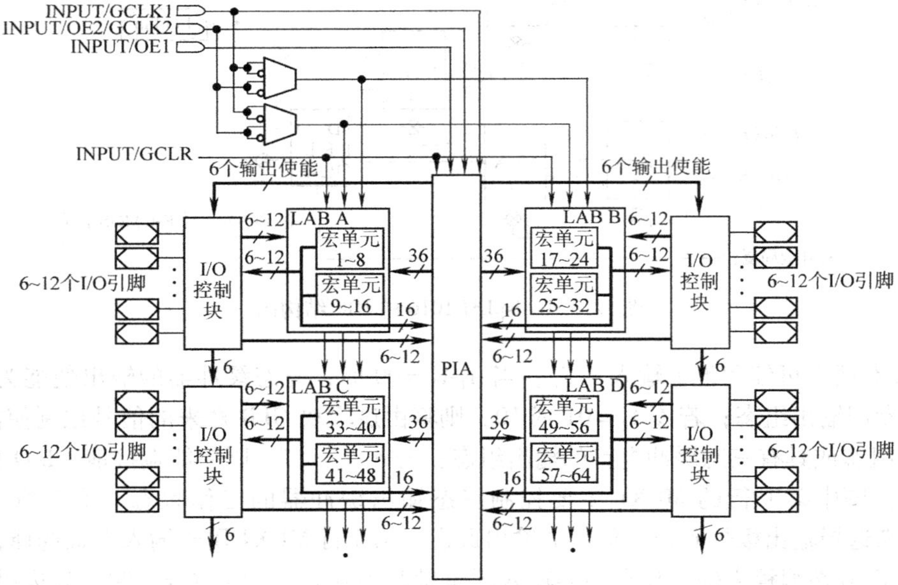

图 12.3.6 MAX7000A 器件的结构框图

12.3.2 CPLD 的编程

在系统编程和边界扫描测试技术现已普遍应用在 PLD 中，这两种技术大大方便了 PLD 的编程和测试，使 PLD 的应用更方便、更高效。

1. 在系统编程技术

在系统编程（In-System Programmabile，ISP）技术是 20 世纪 80 年代末 Lattice 公司首先提出的一种先进的编程技术。所谓“在系统编程”是指对器件、电路板或整个电子系统的逻辑功能可随时进行修改或重构。这种重构或修改可以在产品设计、制造过程中的每个环节，甚至在交付用户之后进行。支持 ISP 技术的可编程逻辑器件称为在系统可编程逻辑器件（ispPLD）。

ispPLD 不需要使用编程器，只需要通过计算机接口和编程电缆，直接在目标系统或印制线路板上进行编程。ispPLD 可以先装配，后编程。因此 ISP 技术有利于提高系统的可靠性，便于系统板的调试和维修。

这里以 Lattice 公司的 ispLSI 为例，具体说明在系统编程的原理。

（1）ISP 编程原理　ispLSI 器件的编程结构如图 12.3.7 所示。

器件的编程信息存储在 E^2CMOS 阵列中。E^2CMOS 存储单元排列成阵列状，当存储单元置 0 时，表示该单元已经编程，相当于连接；当单元置 1 时，表示单元被擦除，相当于开路。

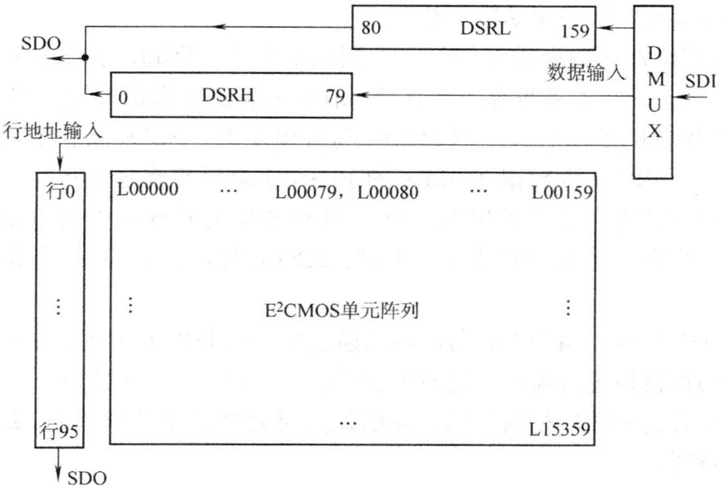

图 12.3.7　ispLSI 器件的编程结构

编程时，寻址和移位操作由地址移位寄存器和数据移位寄存器来完成。地址移位寄存器决定行地址，数据移位寄存器决定单元地址和单元数据内容。这两种寄存器都按照先进先出（FIFO）方式工作。

编程过程分为 3 步：

第 1 步，按地址和命令将用于编程的 JED 文件中的数据自串行输入端（SDI）输入到数据移位寄存器中。

第 2 步，将编程数据从数据移位寄存器写入到 E^2CMOS 逻辑单元中。

第 3 步，将写入的数据自串行输出端输出进行校验。

（2）ISP 编程接口　要实现在系统编程，除了相应的软件外，还需一根编程电缆。编程电缆一端接 PC 机的并口（或串口），另一端接 ISP 器件编程接口。

ISP 编程接口如图 12.3.8 所示，全部的编程操作通过编程接口的 5 根信号线来进行。这 5 根信号线分别是 SDI（串行数据和命令输入）、SDO（串行数据输出）、SCLK（串行时钟线）、ispEN（编程使能信号）和 MODE（模式控制线）。

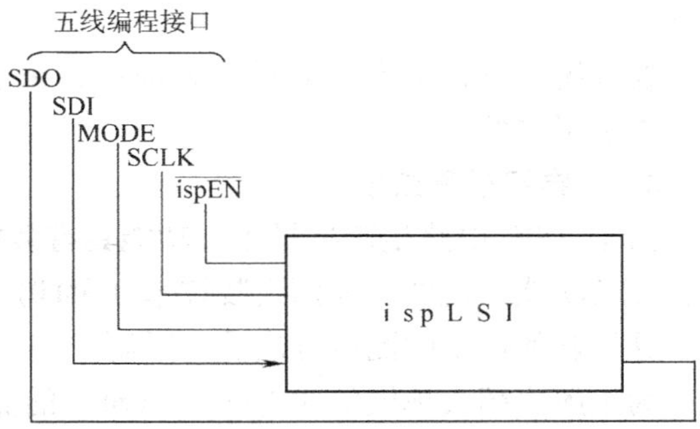

图 12.3.8　ISP 器件编程接口

ispEN 决定器件所处的状态：$\overline{\text{ispEN}}=1$ 时，器件为正常工作状态，一旦 $\overline{\text{ispEN}}$ 被拉低，器件即进入了编程状态。此时，器件的所有 I/O 引脚（编程管脚外）全被置为高阻状态，这样就割断了芯片与外围电路的联系。其余 4 根信号线的作用如下：

SDI 具有双重功能，一为数据输入线，其次与 MODE 一起构成编程状态机的控制线，控制着编程状态的转换；当 MODE 管脚为低电平时，SDI 作为移位寄存器的串行输入；当 MODE 管脚为高电平时，SDI 变成编程状态机的控制信号。SDI 信号在器件的命令和数据移位寄存器之间切换，并由状态机的移位指令决定哪一个移位寄存器从 SDI 中接受输入数据。

SCLK 为串行移位寄存器提供时钟。在不同的状态下，SCLK 分别为串行移位寄存器或 ISP 状态机定时。状态转换和数据输入锁存器操作在时钟的上升沿发生，当 MODE 为高电平时，SCLK 为编程状态机提供时钟；当 MODE 为低电平时，SCLK 将作为移位寄存器时钟。当移位数据输出时，SDO 上的数据在 SCLK 的下一个下降沿来临之后有效。

SDO 接在串行移位寄存器的输出端。至于 SDO 的信号从哪一个寄存器输出，则由 ISP 状态机的移位指令决定。当 MODE 为高电平时，SDO 直接连接到 SDI，旁路掉器件内部的移位寄存器。

（3）多器件 ISP 编程　每个 ISP 器件可以通过独立的 ISP 接口分别进行编程，也可以多个器件通过一个编程接口进行编程，这时就需要配置成串行菊花链方式。

菊花链配置方式是一种串行的结构，它的优点是硬件连接简单，图 12.3.9 是菊花链配置方式的结构示意图。

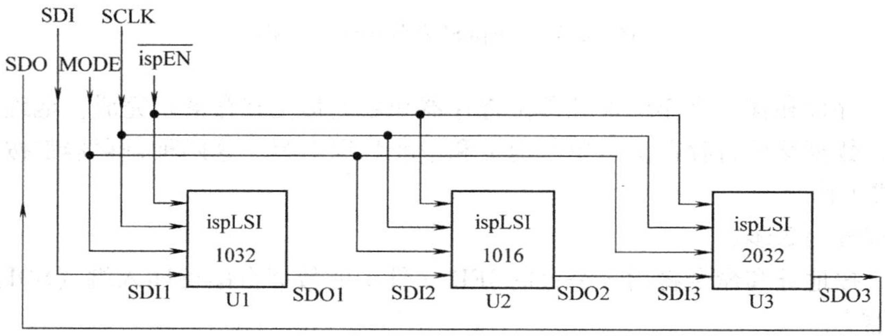

图 12.3.9　菊花链配置方式的结构示意图

在菊花链配置方式下，器件的 MODE、SCLK 和 ispEN 信号线并联，SDI 和 SDO 信号线按菊花链形式连接。ISP 编程接口的 SDI 线接到第一个器件的 SDI 端，第一个器件的 SDO 线接到下一个器件的 SDI 端，最后一个器件的 SDO 线接回到 ISP 接口的 SDO 端。用菊花链配置方式编程时，在一条线上最多可以有 8 个 ISP 器件，这 8 个 ISP 器件可以按任意次序排列。

在系统编程技术为 PLD 的开发应用带来了巨大的优越性，为电子系统的设计、调试和修改提供了方便。

2. 边界扫描测试技术

由于 ASIC 电路生产批量小，功能具有多样性，很难用一种固定的测试策略和测试方法来验证其功能。此外，表面组装技术（SMT）和电路板制造技术的进步，使得电路板变小变密，这样就使传统的测试方法受到限制。

为了解决超大规模集成电路（VLSI）的测试问题，自 1986 年开始，IC 领域的专家成立了联合测试行动组（Joint Test Action Grop，JTAG），并制定了 IEEE1149.1 边界扫描测试（Boundary Scan Test，BST）技术规范。边界扫描测试技术提供了有效地测试高密度引线器件的能力。目前，高密度的 PLD 已普遍应用 JTAG 技术。

JTAG 测试方法提供了一个串行扫描路径，它能捕获器件核心逻辑的内容，也可以测试遵守 JTAG 规范的器件之间的引脚连接情况，而且可以在器件正常工作时捕获功能数据。测试数据从左边的一个边界单元串行移入，捕获的数据从右边的一个边界单元串行移出，然后与标准数据进行比较，就能够知道芯片性能的好坏了。

12.4　现场可编程门阵列

现场可编程门阵列是美国 Xilinx 公司于 1984 年首先推出的大规模可编程集成逻辑器件。与 CPLD 相比，一般 FPGA 具有更高的集成度、更高的逻辑功能和更大的灵活性，它由可编程逻辑芯片逐步演变成系统级芯片，是可编程的 ASIC。

12.4.1　FPGA 的基本结构

FPGA 器件采用逻辑单元阵列结构，它主要由三部分组成：可编程逻辑块（CLB）、输入/输出模块（IBO）和布线通道（Routing Channels）。大量的 CLB 是实现各种逻辑功能的基本单元。CLB 之间为可编程互连线，分布在器件周围的是 IOB。图 12.4.1 所示为 FPGA的基本结构框图。

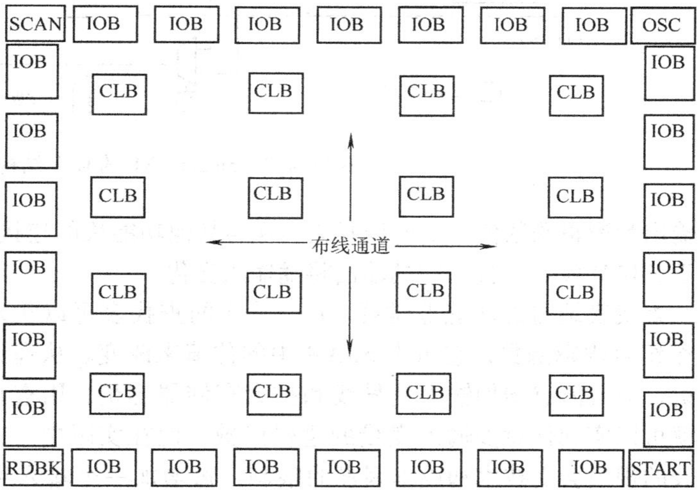

图 12.4.1　FPGA 的基本结构框图

实现组合电路和时序电路的主要逻辑资源是可配置逻辑块，通过 CLB 与开关矩阵的连接来存取通用布线矩阵。FPGA的功能由逻辑结构的配置数据决定。工作时，这些配置数据存放在片内的 SRAM 上。基于 SRAM 的 FPGA 器件，在工作前需要从芯片外部加载配置数据。配置数据可以存储在片外的 EPROM、E^2PROM或计算机软、硬盘中。人们可以控制加载过程，在现场修改器件的逻辑功能，即所谓现场编程。

1. 可编程逻辑模块（可配置逻辑块）

可编程逻辑块（CLB）是 FPGA 的基本功能单元，它可实现绝大多数的逻辑功能，用于构造组合逻辑模块。不仅能够实现逻辑函数，还可以配置成 RAM 等形式。图 12.4.2 是 Xilinx 公司的 FPGA 器件系列 Spartan/XL 的 CLB 结构图，从图中看出，CLB 由函数发生器、数据选择器、触发器和信号变换电路等部分组成。

（1）函数发生器与查找表结构　CLB 有 3 个函数发生器 G、F 和 H，G 和 F 都是四输入函数发生器，H 为三输入函数发生器。这 3 个函数发生器结合起来，可以实现多达 9 个变量的逻辑函数。G、F 和 H 函数发生器都是基于查找表结构。查找表（LUT）本质上就是一个 RAM，如图 12.4.3 所示，其物理结构是用来实现真值表的 SRAM。目前 FPGA 中多使用四输入的 LUT，每一个 LUT 可看成有 4 位地址线的 16 ×1 的 RAM。n 个输入的逻辑函数需要一个 2^n 位容量的 SRAM，函数值存放在 SRAM 中，SRAM 的地址线起输入线的作用，SRAM

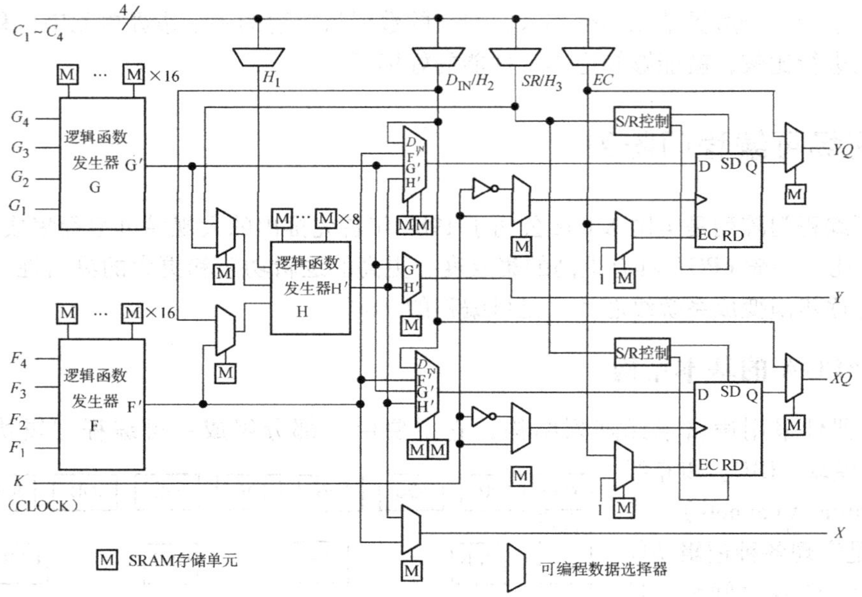

图 12.4.2 Spartan/XL 的 CLB 结构图

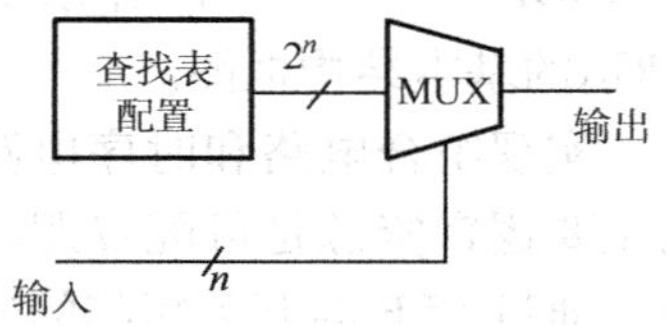

图 12.4.3 查找表结构图

的输出为逻辑函数值，由连线开关实现与其他功能块的连接。由于 SRAM 没有时钟，它的输出将随输入变化。

查找表结构的功能非常强。n 个输入的查找表可以实现 2^n 个组合逻辑函数，它可由 SRAM 中的位值来改变。从理论上讲，只要能够增加输入信号线和扩大存储器容量，用查找表就可以实现任意多输入变量的逻辑函数。但在实际中，查找表的规模会受技术和成本因素的限制，每增加一个输入项，查找表 SRAM 的容量就要扩大一倍。8 个输入项的查找表需要 256B 容量的 SRAM，而 16 个输入项的查找表则需要 64KB 容量的 SRAM，这个规模已经要超过限度了。实际中 FPGA 器件的查找表的输入项不能超过 5 个，多于 5 个输入项的逻辑函数就要由多个查找表逻辑块组合或级联实现。

基于查找表结构的 FPGA 包括 Altera 公司的 FLEX10K、FLEX 8000 器件，Xilinx 公司的 Spartan/XL、XC4000 器件等。

(2) 触发器与数据选择器　逻辑器件一般包含触发器、锁存器及组合逻辑元件。CLB 中有两个边沿触发的 D 触发器。它们具有异步置位和复位端，并有公共的时钟输入端。D 触发器主要用来实现寄存器逻辑。CLB 还有一些多路选择器，这些数据选择器可以被编程，以用来选择触发器的输入信号、时钟有效边沿和输出信号等。

2. 输入/输出模块

目前的 FPGA 支持很多的 I/O 标准，实现 I/O 支持的灵活性。IOB 分布于器件的四周，提供内部逻辑与外围引脚间的连接。每个 IOB 对应一个封装引脚，通过对 IOB 编程，可以把引脚定义为输入、输出或双向 I/O 功能，也可配置为组合逻辑、寄存器逻辑或三态逻辑等。图 12.4.4 所示是 Spartan/XL 器件的 IOB 结构。

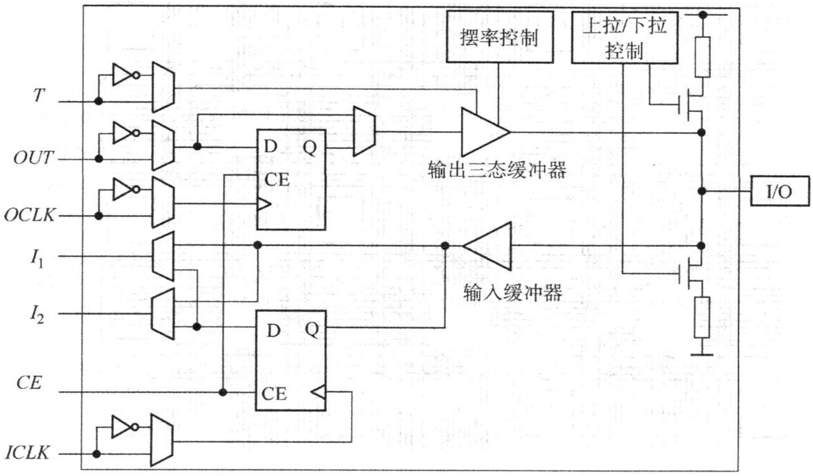

图 12.4.4 Spartan/XL 器件的 IOB 结构

可编程输入/输出单元简称 I/O 单元，是芯片外界电路的接口部分，完成不同电气特性下对输入/输出信号的驱动与匹配要求。外部输入信号可通过 IOB 模块的存储单元输入到 FPGA 内部，也可以直接输入 FPGA 内部。当 IOB 控制的引脚被定义为输入时，引脚上的输入信号先送至输入缓冲器。缓冲器输出的一路可以直接送到 MUX；另一路送到输入通路 D 触发器，再送到 MUX。通过给数据选择器不同的控制信号，可以得到不同的 I_1 和 I_2 以便送到 CLB 阵列。D 触发器可通过编程来确定触发类型，且配有独立的时钟。没有用到的引脚被预置为高阻态。

当 IOB 控制的引脚被定义为输出时，CLB 阵列的输出信号 *OUT* 的一路直接经 MUX 送至输出缓冲器；另一路先存入输出通路 D 触发器，再送至输出缓冲器。输出通路 D 触发器也有独立的时钟，且可任选触发边沿。输出缓冲器既受 CLB 阵列送来的 *OE* 信号控制，使输出引脚有高阻状态，还受转换速率控制电路的控制，使它可高速或低速运行，后者有抑制噪声的作用。

IOB 的 *B* 输出端配有两只 MOS 管，它们的栅极均可编程，分别经上拉电阻或下拉电阻接通 V_{DD}、地线或者不接通，用以改善输出波形和负载能力。

3. 可编程布线区

FPGA 中有多种布线资源，包括局部布线资源、通用布线资源、I/O 布线资源、专用布线资源和全局布线资源等。布线资源连通 FPGA 内部的所有单元用来提供高速可靠的内部连线。而连线的长度和工艺也决定了信号在连线上的驱动能力和传输速度。它将 CLB 之间、CLB 和 IOB 之间连接起来，构成复杂的逻辑。图 12.4.5 所示为 Spartan/XL 器件内部的互连线结构。它提供了通用布线矩阵，并允许可编程元件与通用布线矩阵的多个连接。从图中可以看出，Spartan/XL 器件的互连线主要有 3 种类型，分别称为单长线、双长线和长线。具有相同互连方案的系列 FPGA 器件，能共享时序模型。

单长线是贯穿于 CLB 之间的 8 条垂直和水平的金属线段，其长度分别等于相邻 CLB 的行距和列距。由可编程开关矩阵（PSM）控制 CLB 与单长线之间的连接。

双长线可以将两个不相邻的 CLB 连接起来，长度是单长线的 2 倍。它要经过两个 CLB

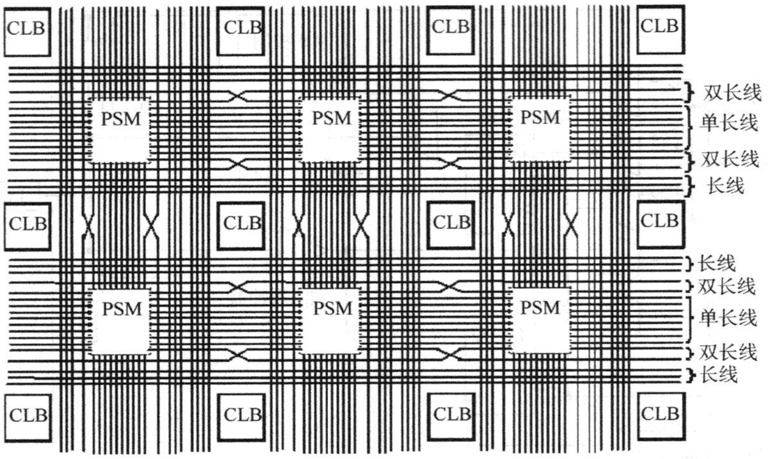

图 12.4.5 Spartan/XL 器件内部的互连线结构

之后才能与 PSM 相连。

单长线和双长线提供了 CLB 之间的快速而灵活的互连，但是传输信号每经过一个可编程开关矩阵（PSM），就会增加一次延时。因此，FPGA 器件内部的延时与器件的结构和布线有关，它的延时是不确定的，也是不可预测的。

长线是垂直或水平地贯穿于整个芯片的金属线。它不经过 PSM，信号延时小，适用于传输距离长、偏移要求小的控制信号或时钟信号。

4. 片内 RAM

在进行数字信号处理、数据加密或数据压缩等复杂数字系统设计时，芯片内都要用到中小规模存储器如单口或多口 RAM，FIFO 缓冲器等。如果将存储模块集成进 PLD 芯片，则不仅可以简化系统的设计，提高系统的工作速度，而且还可以减少数据存储的成本，使芯片内外数据的交换更可靠。

由于半导体工艺已进入亚微米和纳米时代，目前新一代的 FPGA 都提供片内 RAM。这种片内 RAM 的速度非常快，存取速度可以达到 5 ~ 20ns，比任何芯片外解决方案都要快很多倍。FPGA 的片内 RAM 可以分为两类：一类是块 RAM，一类是分布式 RAM。

Xilinx 公司的 Spantan/XL、XC4000 器件中的片内 RAM 是一种分布式 RAM。它主要由排列成分布式阵列的各个可配置逻辑块 CLB 组成，CLB 中的函数发生器可以根据需要被定义为 RAM 使用。也可以将 CLB 配置成 16 × 2 位或是 32 × 1 位的读/写存储器，这时，函数发生器的 F1 ~ F4 和 G1 ~ G4 将作为存储器的地址线，CLB 的其他控制脚将被重新定义。

利用分布 RAM 可实现要求的存储器块，只需要配置足够的 CLB 中的查找表作为 RAM，使分布式 RAM 用起来更加灵活，可用来实现很多功能，如状态寄存器、DMA 计数器、LIFO 堆栈和 FIFO 缓冲器等。Xilinx 公司新一代 FPGA 器件 Virtex、Virtex-E 芯片内，既集成了许多分布式 RAM，又有大量的块式 RAM，同时延时锁定环 DLL 和 I/O 的结合，可以为片外存储器提供更快的存取速度以满足不同设计中对 RAM 的需求。以视频处理为例，对按字节存储的视频行数据，可以存储在块 RAM 中；对按位存储的像素和系数等数据则可存储在分布式 RAM 中，以实现快速而灵活的数据存取。

Altera 公司的 APEX 20K/20KE、FLEX 10K、ACEX 1K 等器件内部的 RAM，称为嵌入式系统块（ESB）。

12.4.2　编程实现原理简介

所有的 FPGA 都需要进行编程或者配置。对于 FPGA 设计者来说，首先要了解 FPGA 中可以实现的逻辑数量、I/O 引脚数和运行速度。在设计时要仔细优化各结构参数。将配置数据写入 FPGA 芯片后，该芯片具有了所设计的功能。FPGA 器件在正常工作时它的配置数据存储在 SRAM 单元中，由于 SRAM 的易失性，配置数据在每次上电时，必须重新载入 SRAM。

对于 ACEX 1K 系列器件，目前实现加载的方法有以下 3 种：

1）采用 PROM 并行加载；

2）采用单片机控制实现加载；

3）通过 JTAG 口直接一次性实现编程数据加载。

第 1 种方式的优点是 PROM 的容量较大、价格低、编程器较好。但它需要占用较多的 FPGA管脚资源，虽然这些资源在加载完成后可用作一般的 I/O 口，但在加载时不允许这些管脚有其他任何外来信号源。第 2 种方式采用单片机控制，由 PROM 中读出并行数据，然后串行送出。由于涉及到单片机编程，对于开发者来说较为不便；另外，如果单片机仅用来实现该任务，较为浪费硬件资源。第 3 种方式是通过 JTAG 口直接一次性实现编程数据加载，但是由于 FPGA 器件的易失性使数据无法永久保存，为调试带来很大的不便。目前，Altera 公司推出了相应的配置器件。在 FPGA 器件配置过程中，配置数据存储在配置器件的 EPROM 中，通过配置器件内部振荡器产生的时钟控制数据输出。

小　　结

（1）目前 PLD 产品主要有 PROM、PAL、GAL、EPLD、CPLD 和 FPGA 等几种类型。其中 PROM、PAL 和 GAL 属于低密度的 PLD 器件（SPLD）；EPLD、CPLD 和 FPGA 属于集成度高的 PLD 器件，属于高密度可编程器件。

（2）普通型 PAL、GAL 器件采用与阵列可编程、或阵列固定的结构。常用的器件有 PAL16L8AM、GAL20V8/A/B 等。

（3）复杂可编程逻辑器件 CPLD 主要是由可编程逻辑宏单元围绕中心的可编程互连矩阵单元组成，并具有复杂的 I/O 单元互连结构，可由用户根据需要生成特定的电路结构，完成一定的功能。由于 CPLD 内部采用固定长度的金属线进行各逻辑块的互连，所以器件所设计的逻辑电路具有时间可预测性，避免了分段式互连结构时序不完全预测的缺点。目前 CPLD 不仅采用 E^2PROM 工艺，而且具有边界扫描以及在系统编程等高级特性。

（4）现场可编程门阵列 FPGA 器件采用逻辑单元阵列（LCA）结构，它由 3 个可编程基本模块阵列组成：输入/输出块阵列、可配置逻辑块阵列及可编程互连网络。LCA 结构的输入/输出块 IOB 排列在芯片周围，它是可配置逻辑块 CLB 与外部引脚的接口。可配置逻辑块 CLB 以矩阵形式排列在芯片中心，构成基本的逻辑功能单元。各 CLB 之间通过互连网络 PI

编程连接，以实现更复杂的逻辑功能。不同系列的 FPGA 的 IOB、CLB、PI 的结构也不同。

（5）CPLD 和 FPGA 器件是集成度更高的可编程逻辑器件，都具有在系统编程及边界扫描能力，大大降低了器件开发难度。另外，CPLD 和 FPGA 分别采用了 E^2PROM 工艺和 SRAM 工艺，因此各自采用不同的配置方式。CPLD 采用的是E^2PROM 工艺，所以编程数据一经下载就不会丢失，通常通过 JTAG 下载口对器件编程。FPGA器件采用的 SRAM 工艺，使得器件内编程数据不能掉电保存，使得器件脱机工作无法实现。目前各个 FPGA 厂商也都推出了相应的配置芯片，对目标系统电路板上的配置芯片进行编程数据的配置。每次目标系统上电，配置芯片将编程数据对 FPGA 进行配置。

检　测　题

一、可编程逻辑器件的类型有哪些？它们的共同特点是什么？

二、FPGA 与 CPLD 有什么区别？

三、E^2PROM 编程器件的工作原理是什么？

四、SRAM 编程器件的工作原理是什么？

五、PLD 电路的表示方法有哪些？

六、可编程逻辑器件的基本结构如何？

习　题

［题 12.1］ 试用 PAL16L8 实现 74LS151 逻辑功能。

［题 12.2］ 设计一个将 4 位二进制码（$B_3B_2B_1B_0$）转换为 4 位循环码（$G_3G_2G_1G_0$）的电路。试分别用 PLA 实现电路，画出相应的与或阵列图。二进制码与循环码转换表如表 12.1 所示。

表 12.1

B_3 B_2 B_1 B_0	G_3 G_2 G_1 G_0	B_3 B_2 B_1 B_0	G_3 G_2 G_1 G_0
0 0 0 0	0 0 0 0	1 0 0 0	1 1 0 0
0 0 0 1	0 0 0 1	1 0 0 1	1 1 0 1
0 0 1 0	0 0 1 1	1 0 1 0	1 1 1 1
0 0 1 1	0 0 1 0	1 0 1 1	1 1 1 0
0 1 0 0	0 1 1 0	1 1 0 0	1 0 1 0
0 1 0 1	0 1 1 1	1 1 0 1	1 0 1 1
0 1 1 0	0 1 0 1	1 1 1 0	1 0 0 1
0 1 1 1	0 1 0 0	1 1 1 1	1 0 0 0

［题 12.3］ 4 位移位寄存器如图 12.1 所示。试用 PLA 及 D 触发器实现图示电路功能，并画出 PLA 阵列图。

［题 12.4］ 试说明在下列应用场合下选用哪种类型的 PLD 最为合适。

（1）小批量定型产品中的中规模逻辑电路。

（2）产品研制过程中需要不断修改的中、小规模逻辑电路。

（3）少量的定型产品中需要的规模较大的逻辑电路。

（4）需要经常改变其逻辑功能的规模较大的逻辑电路。

（5）要求能以遥控方式改变其逻辑功能的逻辑电路。

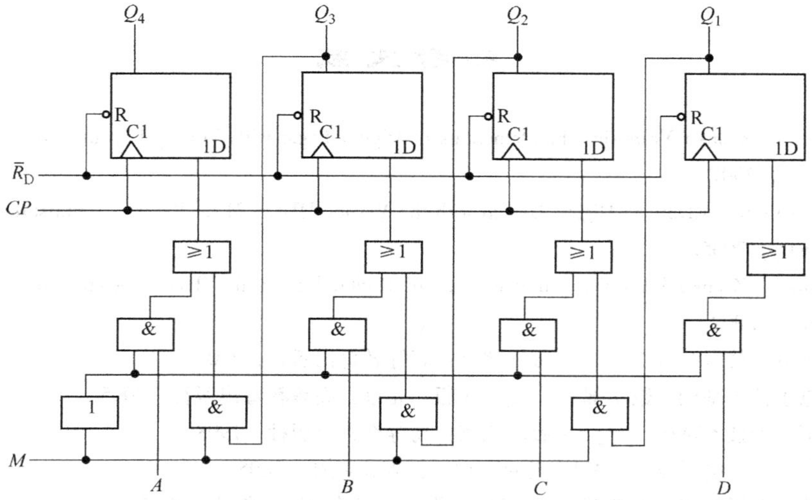

图　12.1

参考文献

[1] Stephen Brown, Zvonko Vranesic. Fundamentals of Digital Logic with Verilog Design [M]. Beijing: China Machine Press, 2007.

[2] Michael D, Ciletti. Advanced Digital Design with the Verilog HDL [M]. Beijing: Publishing House of Electronics Industry, 2005.

[3] Stephen Brown, Zvonko Vranesic. Fundamentals of Digital logic with VHDL Design [M]. Beijing: China Machine Press, 2002.

[4] 阎石. 数字电子技术基础 [M]. 5 版. 北京: 高等教育出版社, 2005.

[5] 康华光. 电子技术基础. 数字部分 [M]. 5 版. 北京: 高等教育出版社, 2005.

[6] 阎石. 数字电子技术基础 [M]. 4 版. 北京: 高等教育出版社, 1998.

[7] 张申科, 等. 数字电子技术 [M]. 北京: 电子工业出版社, 2005.

[8] 余孟尝. 数字电子技术基础简明教程 [M]. 北京: 高等教育出版社, 2006.

[9] 陆秀令. 数字电子技术 [M]. 长沙: 湖南大学出版社, 2005.

[10] Nigel P. Cook. 实用数字电子技术 [M]. 施惠琼, 李黎明, 译. 北京: 清华大学出版社, 2006.

[11] 李中发. 数字逻辑电路 [M]. 北京: 中国水利水电出版社, 2007.

[12] 侯建军, 数字电子技术基础 [M]. 北京: 高等教育出版社, 2007.

[13] 佘新平, 数字电子技术 [M]. 武汉: 华中理工大学出版社, 2007.

[14] Thomas L. Floyd, David M. Buchla. 电子技术基础 [M]. 汪东, 伍薇, 译. 北京: 清华大学出版社, 2006.

[15] 丁志杰, 赵宏图, 梁森. 数字电路—分析与设计 [M]. 北京: 北京理工大学出版社, 2007.

[16] 江小安. 数字电路技术 [M]. 西安: 西安电子科技大学出版社, 2000.

[17] 李哲英, 骆丽, 张有根, 李晓光. 电子技术及其应用基础(数字部分) [M]. 北京: 高等教育出版社, 2003.

[18] 王楚, 沈伯弘. 数字逻辑电路 [M]. 北京: 高等教育出版社, 2000.

[19] 高吉祥. 数字电子技术 [M]. 2 版. 北京: 电子工业出版社, 2008.

[20] 康华光. 电子技术基础(数字部分) [M]. 4 版. 北京: 高等教育出版社, 2000.

[21] 王毓银. 数字电路逻辑设计(脉冲与数字电路) [M]. 3 版. 北京: 高等教育出版社, 1999.

[22] 曾树荣. 半导体器件物理基础 [M]. 北京: 北京大学出版社, 2002.

[23] Betty Lise Anderson, Richard L. Anderson. 半导体器件物理 [M]. 邓宁, 田立林, 任敏, 译. 北京: 清华大学出版社, 2008.

[24] Charles Kittel. 固体物理导论 [M]. 项金钟, 吴兴惠, 译. 北京: 化学工业出版社, 2005.

[25] 张兴, 黄如, 刘晓彦. 微电子学概论 [M]. 北京: 北京大学出版社, 2005.

[26] 何希才, 毛德柱. 新型半导体器件及其应用实例 [M]. 北京: 电子工业出版社, 2002.

[27] 王秀敏, 伦淑娴. 电子技术基础 [M]. 沈阳: 东北大学出版社, 2005.

[28] Donald A. Neamen. 半导体物理与器件 [M]. 赵毅强, 姚素英, 解晓东, 等译. 北京: 电子工业出版社, 2005.

[29] 王金明. 数字系统设计与 Verilog HDL [M]. 北京: 电子工业出版社, 2005.